Objectif BAC 1re S

Maths

Philippe ANGOT
Enseignant agrégé de Mathématiques

François DUBOIS
Enseignant agrégé de Mathématiques

hachette
ÉDUCATION

MODE D'EMPLOI

Ce livre reprend à la base toutes les notions du programme de Première S et les met en œuvre à travers des exercices simples qu'il est indispensable de maîtriser. Il vous permettra ainsi d'assimiler parfaitement le cours et de savoir l'appliquer dans des exercices de difficulté variée.

Chacun des quatorze chapitres comporte cinq grandes parties :

LE COURS

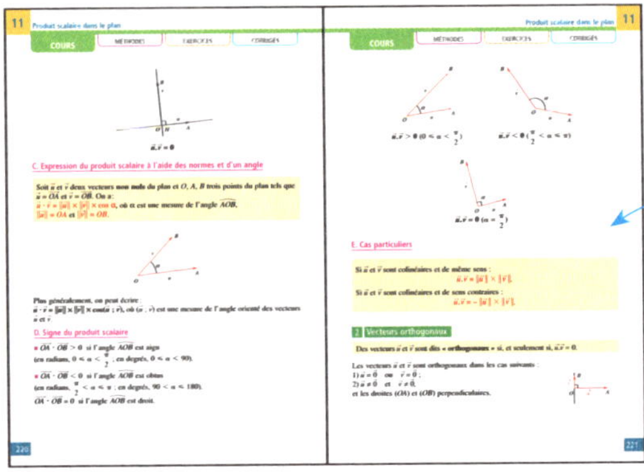

Un cours clair et structuré, avec tout ce qu'il faut savoir

LES MÉTHODES

Chaque méthode correspond à une compétence clé qu'il faut maîtriser. Elle est illustrée par un exercice type, corrigé et commenté.

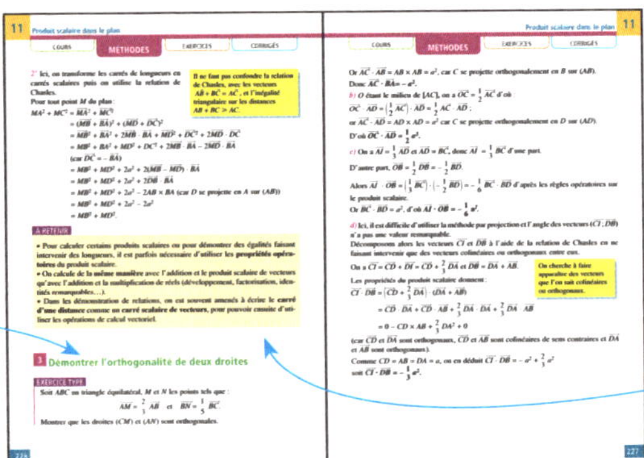

Intitulé de la méthode à acquérir

À retenir : le résumé de la méthode à mettre en œuvre pour résoudre l'exercice

Conception graphique
Couverture : Alain Vambacas
Intérieur : Françoise Bouvard

Composition, schémas et mise en pages
SoftOffice

I.S.B.N. 978.2.01.171460.2

LES EXERCICES

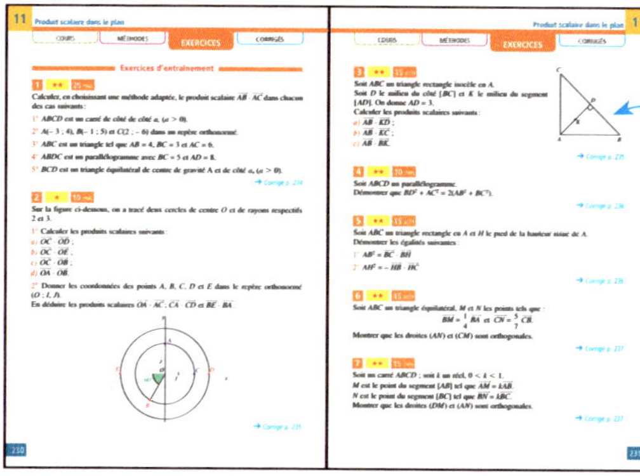

Des exercices progressifs (3 niveaux de difficulté) et minutés pour bien s'entraîner

EXERCICES-BILANS

Pour revoir les notions abordées dans le chapitre

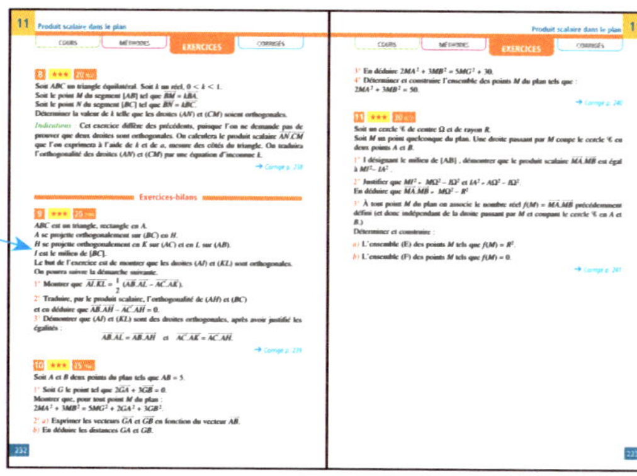

LES CORRIGÉS

De nombreuses aides (rappels de cours, conseils, pièges à éviter…) complètent utilement les corrigés détaillés

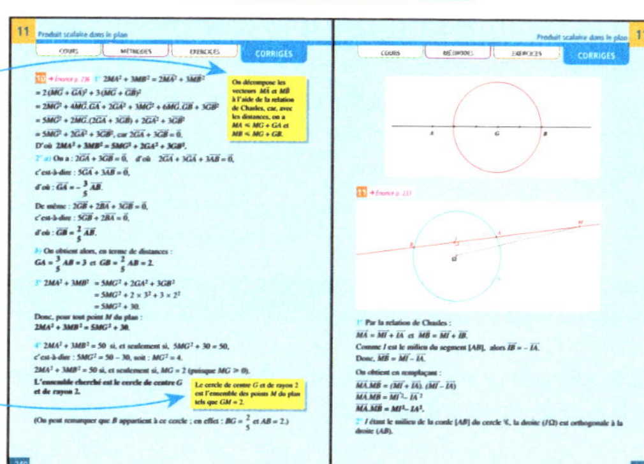

SOMMAIRE

CHAPITRE

1 Étude de fonctions

1 Courbe d'une fonction

Soit f une fonction définie sur un ensemble D.
On appelle **courbe de f**, dans un repère $(O ; I ; J)$ du plan, l'ensemble des points M de coordonnées $(x ; f(x))$, $x \in D$.

Remarque :
Soit $M(x; y)$. L'égalité $y = f(x)$, avec $x \in D$, caractérise l'appartenance de M à la courbe $\mathscr{C}$ de f.
Cette égalité se nomme : équation de la courbe $\mathscr{C}$.

Interprétation graphique d'équations et d'inéquations

Soit $\mathscr{C}$ et $\mathscr{C}'$ les courbes respectives de deux fonctions f et g.

▪ Les **solutions de l'équation $f(x) = g(x)$** sont les abscisses des points d'intersection de $\mathscr{C}$ et $\mathscr{C}'$.

▪ Les **solutions de l'inéquation $f(x) > g(x)$** sont les abscisses des points de $\mathscr{C}$ situés strictement « au-dessus » de $\mathscr{C}'$.

2 Sens de variation d'une fonction

▪ Soit f une fonction définie sur un intervalle I.
Si, pour tous réels x_1 et x_2 de I tels que $x_1 < x_2$:
- $f(x_1) \leqslant f(x_2)$, alors on dit que f est **croissante** sur I ;
- $f(x_1) < f(x_2)$, alors on dit que f est **strictement croissante** sur I ;
- $f(x_1) \geqslant f(x_2)$, alors on dit que f est **décroissante** sur I ;
- $f(x_1) > f(x_2)$, alors on dit que f est **strictement décroissante** sur I.

▪ Une fonction définie sur une intervalle I est dite monotone sur I si elle est croissante sur I ou si elle est décroissante sur I.

Il existe des fonctions non monotones sur un intervalle.

▪ Une fonction f est dite constante sur un intervalle I, s'il existe un réel c tel que, pour tout x de I, $f(x) = c$.

3 Fonctions de références

Les variations des fonctions affines, carrée, inverse et polynôme du second degré sont connues depuis la classe de Seconde. Deux autres fonctions de références viennent s'ajouter en Première.

A. La fonction racine carrée

On appelle fonction racine carrée la fonction f définie sur $[0\,;+\infty[$ par :

$$f(x)=\sqrt{x}.$$

■ La fonction racine carrée est strictement croissante sur $[0\,;+\infty[$.
Autrement dit, pour tous réels x_1 et x_2 de $[0\,;+\infty[$,
$x_1 < x_2$ entraîne $\sqrt{x_1} < \sqrt{x_2}$.

a. Tableau de variation

x	0		$+\infty$
$f(x)=\sqrt{x}$	0	↗	

b. Courbe représentative

Dans un repère orthogonal $(O\,;\,I,\,J)$, la courbe représentative de la fonction racine carrée est une demi-parabole dont l'axe est l'axe des abscisses

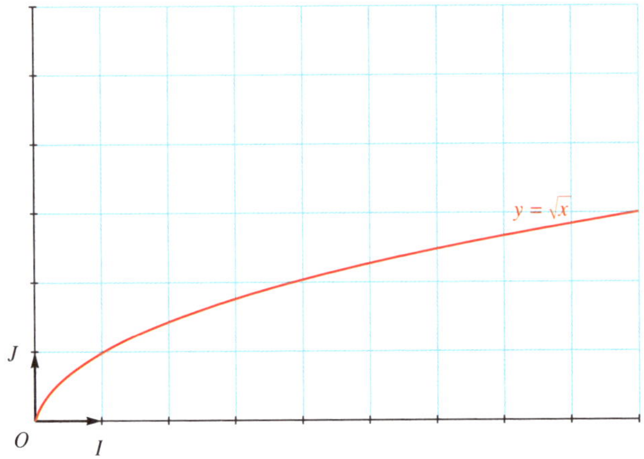

B. La fonction valeur absolue

On appelle **valeur absolue** d'un réel x, le réel noté $|x|$ et défini par :
– si $x \geqslant 0$, alors $|x| = x$;
– si $x \leqslant 0$, alors $|x| = -x$.

Remarque :
$|0| = 0$ et, pour tout réel $x \neq 0$, $|x|$ est un réel strictement positif.

a. Propriétés

Soient x et y deux réels, on a :
- $|x| = 0 \Leftrightarrow x = 0$;
- $|-x| = |x|$;
- $|x| = |y| \Leftrightarrow x = y$ ou $x = -y$.

Soient x un réel et r un réel positif ou nul :
- $|x| = r \Leftrightarrow x = -r$ ou $x = r$;
- $|x| \leqslant r \Leftrightarrow -r \leqslant x \leqslant r$;
- $|x| > r \Leftrightarrow x < -r$ ou $x > r$.

b. Fonction valeur absolue

On appelle fonction **valeur absolue** la fonction f définie sur $\mathbb{R}$ par $f(x) = |x|$.

On a donc $f(x) = \begin{cases} x & \text{si } x \geqslant 0 \\ -x & \text{si } x \leqslant 0 \end{cases}$.

La fonction valeur absolue est strictement décroissante sur $]-\infty\,;0]$ et strictement croissante sur $[0\,;+\infty[$.

x	$-\infty$		0		$+\infty$
$f(x) = \|x\|$		↘	0	↗	

La courbe représentative de f coïncide avec la droite d'équation $y = -x$ sur $]-\infty\,;0]$, et avec la droite d'équation $y = x$ sur $[0\,;+\infty[$.

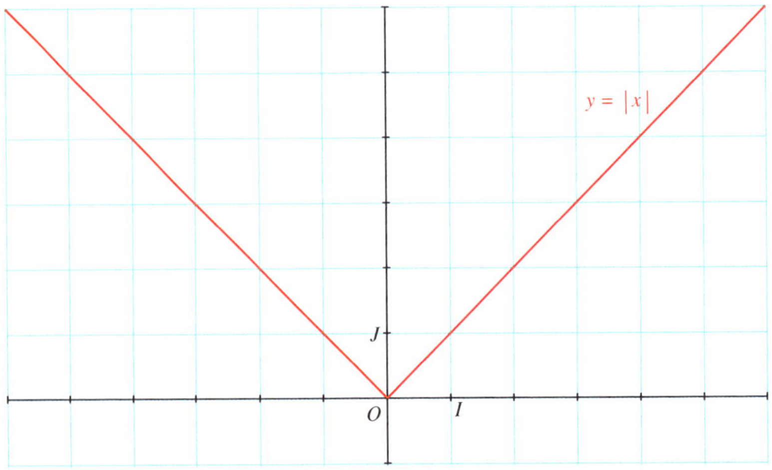

C. Comparaison de x, x^2 et $\sqrt{x}$ sur $[0\,;+\infty[$

- Si $0 < x < 1$, alors $x^2 < x < \sqrt{x}$;
- si $x > 1$, alors $\sqrt{x} < x < x^2$.

Ces encadrements donnent les positions relatives des courbes représentatives de ces trois fonctions sur $[0\,;+\infty[$.

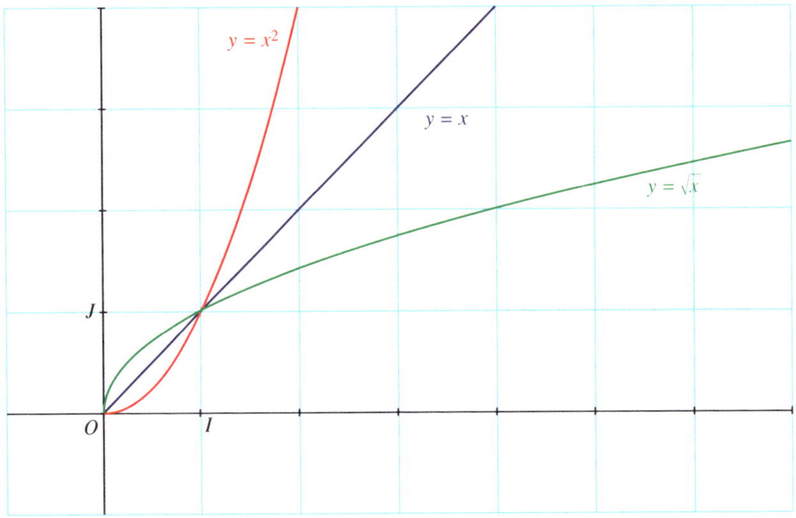

4 Sens de variation et opérations

Soit u une fonction monotone sur un intervalle I ; soit k une fonction constante sur I, et soit λ un nombre réel.

- Les fonctions u et $u + k$ ont le même sens de variation sur I : le sens de variation est inchangé par addition d'une constante à une fonction.

- Si $\lambda > 0$, alors les fonctions u et λu ont le même sens de variation sur I.
Si $\lambda < 0$, alors les fonctions u et λu ont des sens de variation contraires sur I.

- Si u est une fonction monotone et positive sur l'intervalle I, alors les fonctions u et $\sqrt{u}$ ont le même sens de variation sur I.

- Si u est une fonction monotone qui ne s'annule pas sur l'intervalle I, alors les fonctions u et $\frac{1}{u}$ ont des sens de variation contraires sur I.

1 Utiliser les propriétés de la valeur absolue

EXERCICE TYPE

On appelle f la fonction définie sur $\mathbb{R}$ par $f(x) = |x + 2|$.

1° ***a)*** Exprimer $f(x)$ sans valeur absolue.
b) En déduire le sens de variation de f et sa courbe représentative dans un repère orthonormal.
c) Résoudre algébriquement l'équation $f(x) = 3$. Vérifier graphiquement le résultat.

2° On appelle g la fonction définie sur $\mathbb{R}$ par $g(x) = |x + 2| - 2|x - 1|$.
a) À l'aide d'un tableau, exprimer $g(x)$ sans les valeurs absolues.
b) Résoudre l'équation $g(x) = 1$.

CORRIGÉ COMMENTÉ

1° *a)* On applique ici la définition de la valeur absolue.
L'expression de $|x + 2|$ dépend alors du signe de $x + 2$.
En effet, si $x + 2 \leqslant 0$ c'est-à-dire si $x \leqslant -2$, alors $|x + 2| = -(x + 2) = -x - 2$.
Et si $x + 2 \geqslant 0$, c'est-à-dire si $x \geqslant -2$, alors $|x + 2| = x + 2$.
Donc **$f(x) = -x - 2$ sur $]-\infty ; -2]$ et $f(x) = x + 2$ sur $[-2 ; +\infty[$.**

> On applique la définition de la valeur absolue :
> si $x \geqslant 0$, alors $|x| = x$; si $x \leqslant 0$, alors $|x| = -x$.

Remarque :
Pour $x = -2$, on peut utiliser indifféremment l'une ou l'autre expression puisque $f(-2) = 0$.

b) Les fonctions $x \mapsto -x - 2$ et $x \mapsto x + 2$ étant des fonctions affines, respectivement strictement décroissante et croissante sur $\mathbb{R}$, on déduit de l'écriture de $f(x)$ ci-dessus que :
f est strictement décroissante sur $]-\infty ; -2]$ et strictement croissante sur $[-2 ; +\infty[$.

On peut alors construire la courbe représentative de f :

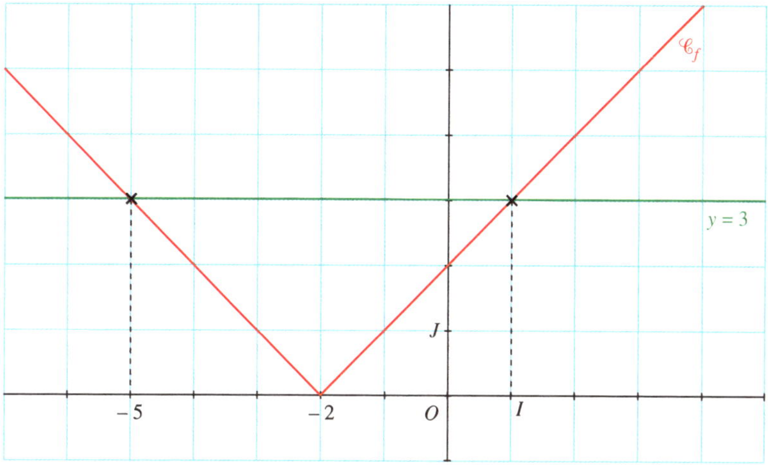

c) L'équation $f(x) = 3$ équivaut à $|x + 2| = 3$, c'est-à-dire à $x + 2 = -3$ ou $x + 2 = 3$, donc $x = -5$ ou $x = 1$.

L'équation $f(x) = 3$ a pour solutions -5 et 1.

Les solutions de cette équation sont les abscisses des points d'intersection de la courbe de f avec la droite d'équation $y = 3$.

On vérifie sur le graphique que la droite d'équation $y = 3$ coupe bien la courbe de f aux points d'abscisses -5 et 1.

2° *a)* On sait, d'après la question 1°, que :

$|x + 2| = -x - 2$ sur $]-\infty ; -2]$ et $|x + 2| = x + 2$ sur $[-2 ; +\infty[$.

On trouve, de même, que :

$|x - 1| = -x + 1$ sur $]-\infty ; 1]$ et $|x - 1| = x - 1$ sur $[1 ; +\infty[$.

Pour déterminer l'expression de $g(x)$, on place ces informations dans un tableau que l'on établit selon le même principe qu'un tableau de signes :

x	$-\infty$ $\quad$ -2	$\quad$ 1	$\quad$ $+\infty$
$\|x + 2\|$	$-x - 2$	$x + 2$	$x + 2$
$\|x - 1\|$	$-x + 1$	$-x + 1$	$x - 1$
$g(x)$	$(-x - 2) - 2(-x + 1)$ $= x - 4$	$(x + 2) - 2(-x + 1)$ $= 3x$	$(x + 2) - 2(x - 1)$ $= -x + 4$

Ainsi :

$g(x) = x - 4$ sur $]-\infty ; -2]$; $g(x) = 3x$ sur $[-2 ; 1]$ et $g(x) = -x + 4$ sur $[1 ; +\infty[$.

Pour les valeurs « frontières » -2 et 1, les expressions écrites à gauche ou à droite s'appliquent toutes les deux.

b) Pour résoudre l'équation $g(x) = 1$, on distingue trois cas.

• Sur l'intervalle $]-\infty\ ;\ -2]$, $g(x) = 1 \Leftrightarrow x - 4 = 1 \Leftrightarrow x = 5$.
Or 5 n'appartient pas à l'intervalle $]-\infty\ ;\ -2]$ et ne peut donc être solution.

• Sur l'intervalle $[-2\ ;\ 1]$, $g(x) = 1 \Leftrightarrow 3x = 1 \Leftrightarrow x = \dfrac{1}{3}$.
$\dfrac{1}{3}$ appartient à l'intervalle $[-2\ ;\ 1]$, donc $\dfrac{1}{3}$ est une solution de cette équation.

• Sur l'intervalle $[1\ ;\ +\infty[$, $g(x) = 1 \Leftrightarrow -x + 4 = 1 \Leftrightarrow x = 3$.
3 appartient à l'intervalle $[1\ ;\ +\infty[$, donc 3 est une solution de l'équation.

L'ensemble des solutions de l'équation $g(x) = 1$ est $S = \left\{\dfrac{1}{3}\ ;\ 3\right\}$.

À RETENIR

• Lorsque l'on travaille avec des expressions contenant des **valeurs absolues**, on doit, en général, distinguer **plusieurs cas**. Pour cela, on applique la définition de la valeur absolue d'un réel. Elle est égale à ce réel si celui-ci est positif, ou à son opposé s'il est négatif.

• Il faut se souvenir que $-x$ est l'opposé de x et n'est pas nécessairement négatif.
Dans la plupart des calculatrices et des logiciels de mathématiques, la fonction valeur absolue est notée Abs. Ainsi $|x|$ s'écrit Abs(x).

2 Étudier le sens de variation des fonctions $u + k$ et λu

EXERCICE TYPE

Étudier le sens de variation des fonctions suivantes :

1° $f : x \mapsto \sqrt{x} - 3$ sur $[0\ ;\ +\infty[$;

2° $g : x \mapsto -2|x|$ sur $\mathbb{R}$;

3° $h : x \mapsto 3 - 4\sqrt{x}$ sur $[0\ ;\ +\infty[$.

CORRIGÉ COMMENTÉ

1° On pose $u(x) = \sqrt{x}$. On constate alors que, pour tout $x \in [0\ ;\ +\infty[$, $f(x) = u(x) - 3$.
On en déduit que la fonction f a même sens de variation que u (fonction du type $u + k$).
Comme la fonction u est strictement croissante sur $[0\ ;\ +\infty[$ (fonction racine carrée), on en déduit que **f est strictement croissante sur $[0\ ;\ +\infty[$**.

2° On pose $u(x) = |x|$. On constate alors que, pour tout $x \in \mathbb{R}$, $g(x) = -2u(x)$.
On en déduit que la fonction g a un sens de variation contraire à celui de u sur chaque intervalle où elle est monotone (fonction du type λu avec $\lambda < 0$).

Comme la fonction u est strictement décroissante sur $]-\infty\ ;\ 0]$ et strictement croissante sur $[0\ ;\ +\infty[$ (fonction valeur absolue), on en déduit que **g est strictement croissante sur $]-\infty\ ;\ 0]$ et strictement décroissante sur $[0\ ;\ +\infty[$.**

3° Ici, on combine les deux propriétés pour obtenir le sens de variation de h.
Comme la fonction $x \mapsto \sqrt{x}$ est strictement croissante sur $[0\ ;\ +\infty[$, la fonction $x \mapsto -4\sqrt{x}$ est strictement décroissante sur $[0\ ;\ +\infty[$ (fonction du type λu avec $\lambda < 0$).
On en déduit alors que la **fonction h est strictement décroissante sur $[0\ ;\ +\infty[$** (fonction du type $u + k$).

On peut, sur une calculatrice ou à l'aide d'un logiciel adapté, construire les courbes représentatives des trois fonctions et ainsi vérifier graphiquement les résultats trouvés :

Il faut parfaitement connaître le sens de variation des fonctions de référence.

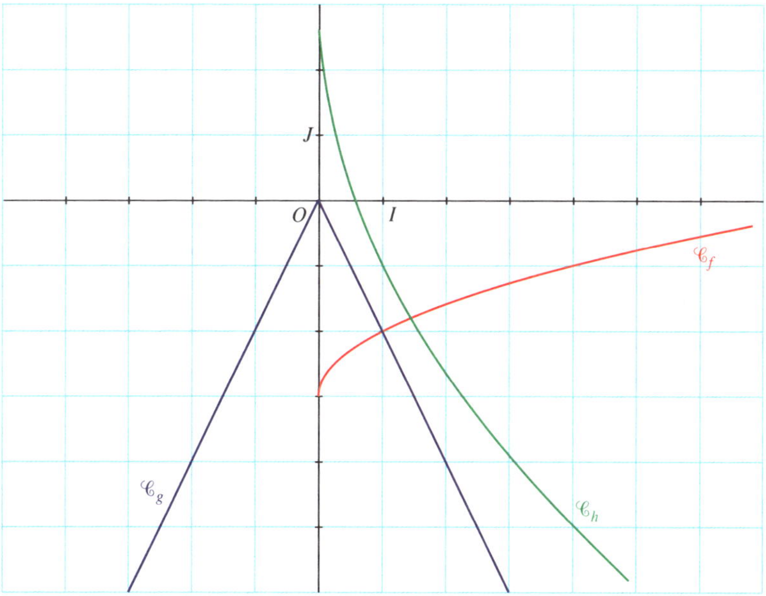

À RETENIR

- **Si l'on connaît** le sens de variation d'une fonction u, on peut **en déduire** le sens de variation d'une fonction f lorsqu'elle s'exprime sous la forme $u + k$ ou λu.
- Dans de nombreux exercices, u est une fonction de référence dont le sens de variation doit être connu.

3 Étudier le sens de variation des fonctions $\sqrt{u}$ et $\frac{1}{u}$

EXERCICE TYPE

Soit la fonction $u : x \mapsto x^2 + 2x + 3$ définie dans $\mathbb{R}$.

1° ***a***) Montrer que, pour tout x de $\mathbb{R}$, $u(x) = (x + 1)^2 + 2$.
b) En déduire le sens de variation de u sur $\mathbb{R}$.

2° Soient les fonctions $f : x \mapsto \sqrt{x^2 + 2x + 3}$ et $g : x \mapsto \dfrac{1}{x^2 + 2x + 3}$.
a) Justifier que f et g sont bien définies sur $\mathbb{R}$.
b) Étudier le sens de variation des fonctions f et g.

CORRIGÉ COMMENTÉ

1° *a)* Développons $(x + 1)^2 + 2$.
Pour tout x de $\mathbb{R}$, $(x + 1)^2 + 2 = x^2 + 2x + 1 + 2 = x^2 + 2x + 3$.
On a donc bien : **pour tout x de $\mathbb{R}$, $u(x) = (x + 1)^2 + 2$.**
b) On constate que $u(x)$ s'écrit sous la forme $a(x - \alpha)^2 + \beta$, avec $a = 1$, $\alpha = -1$ et $\beta = 2$. Une propriété vue en seconde (qui sera revue en première lors de l'étude de la fonction polynôme du second degré, cf. chapitre 2) permet de dire que **u est strictement décroissante sur $]-\infty\ ; -1]$ et strictement croissante sur $[-1\ ; +\infty[$.**

2° *a)* De la question 1° *a)*, on déduit que, pour tout $x \in \mathbb{R}$, $x^2 + 2x + 3 \geqslant 2$, donc $x^2 + 2x + 3 > 0$.
Alors $f(x)$ et $g(x)$ sont bien définis pour tout réel x.

> On rappelle que $\sqrt{x}$ est défini pour $x \geqslant 0$ et que $\frac{1}{x}$ est défini pour $x \neq 0$.

Les fonctions f et g sont définies sur $\mathbb{R}$.
b) On constate que, pour tout $x \in \mathbb{R}$, $f(x) = \sqrt{u(x)}$ et $g(x) = \dfrac{1}{u(x)}$.
D'après la propriété du cours, les fonctions f et u ont même sens de variation, alors que les fonctions g et u ont des sens de variations contraires sur chaque intervalle où u est monotone. On en déduit alors que :
– **la fonction f est strictement décroissante sur $]-\infty\ ; -1]$ et strictement croissante sur $[-1\ ; +\infty[$.**
– **la fonction g est strictement croissante sur $]-\infty\ ; -1]$ et strictement décroissante sur $[-1\ ; +\infty[$.**

À RETENIR

- **Si l'on connaît** le sens de variation d'une fonction u, on peut **en déduire** le sens de variation d'une fonction f lorsqu'elle s'exprime sous la forme $\sqrt{u}$ ou $\frac{1}{u}$.
- Attention toutefois aux ensembles de définition s'ils ne sont pas précisés dans l'énoncé : $\sqrt{u}$ n'est définie que lorsque u est positive et $\frac{1}{u}$ n'a de sens que lorsque u ne s'annule pas.

Exercices d'entraînement

1 ★★ 15 min Résoudre algébriquement dans $[0\ ;+\infty[$ les équations et inéquations suivantes, puis vérifier graphiquement les résultats trouvés :

1° $\sqrt{x} = 4$; 2° $\sqrt{x} = 2\sqrt{2}$; 3° $\sqrt{x} = -1$;
4° $\sqrt{x} \leqslant 3$; 5° $\sqrt{x} > x$.

→ Corrigé p. 20

2 ★ 10 min Résoudre algébriquement les équations et inéquations suivantes, puis vérifier graphiquement les résultats trouvés :

1° $|x| = 4$; 2° $|x| = -1$; 3° $|x| \leqslant 2$; 4° $|2x| < 6$.

→ Corrigé p. 21

3 ★ 10 min Sachant que $-3 \leqslant x \leqslant 5$, déterminer un encadrement de $|x|$. Illustrer graphiquement le résultat trouvé.

→ Corrigé p. 22

4 ★★ 15 min Résoudre algébriquement les équations et inéquations suivantes :

1° $|x - 3| = \dfrac{2}{5}$; 2° $|x - 2| = |2x + 1|$; 3° $|3x - 5| = x$;
4° $|2x - 6| \leqslant 5$; 5° $|1 - 3x| > 2$.

→ Corrigé p. 22

5 ★★ 15 min Pour tout $x \in \mathbb{R}$, on pose $f(x) = |2x - 4|$.

1° Calculer $f(\sqrt{3})$; $f(\pi)$; $f(\sqrt{8} + 1)$.

2° Résoudre l'équation $f(x) = 1$.

3° *a)* Exprimer $f(x)$ sans la valeur absolue.
b) En déduire la courbe représentative de f dans un repère orthogonal.
c) Retrouver graphiquement le résultat du 2°.

→ Corrigé p. 23

6 ★ **10 min** Une fonction u admet le tableau de variation suivant :

x	-2		1		3		6
$u(x)$	-1	↘	-5	↗	4	↘	0

Donner le tableau de variation des fonctions :

1° $f = \frac{1}{2}u$; 2° $g = u - 2$; 3° $h = -3u$.

→ Corrigé p. 23

7 ★ **5 min** Étudier le sens de variation des fonctions suivantes :

1° $f : x \mapsto -\frac{1}{2}\sqrt{x}$ sur $[0 ; +\infty[$;

2° $g : x \mapsto |x| - 4$ sur $\mathbb{R}$;

3° $h : x \mapsto 2\sqrt{x} + 1$ sur $[0 ; +\infty[$.

→ Corrigé p. 24

8 ★ **5 min** Une fonction u admet le tableau de variation suivant :

x	-4		-1		0		3
$u(x)$	2	↘	$\frac{1}{2}$	↗	4	↘	1

Donner les tableaux de variation des fonctions $f = \sqrt{u}$ et $g = \frac{1}{u}$.

→ Corrigé p. 24

9 ★ **10 min** Étudier le sens de variation de chacune des fonctions suivantes sur l'intervalle I donné :

1° $f : x \mapsto \sqrt{4 - 2x}$ et $I =]-\infty ; 2]$;

2° $g : x \mapsto \frac{1}{3x - 1}$ et $I = [1 ; +\infty[$;

3° $h : x \mapsto -2\sqrt{x^2 + 1}$ et $I = [0 ; +\infty[$;

4° $k : x \mapsto \frac{1}{\sqrt{2x+1}}$ et $I = [0 ; +\infty[$.

→ Corrigé p. 25

Exercices-bilans

10 ★★ **15 min** Soit la fonction f définie sur $\mathbb{R}$ par $f(x) = 3|x-5| - 2|x+2|$.

1° *a)* À l'aide d'un tableau, exprimer $f(x)$ sans les valeurs absolues.
b) En déduire les variations de $f(x)$. Dresser son tableau de variation.

2° Résoudre dans $\mathbb{R}$ l'équation $f(x) = 4$.

→ Corrigé p. 25

11 ★★★ **30 min** Soit la fonction f définie sur $\mathbb{R}$ par $f(x) = |x-1| + \dfrac{1}{4}$.

1° Exprimer $f(x)$ sans valeur absolue, puis en déduire le tableau de variation de f.

2° Soit g la fonction définie sur $\mathbb{R}$ par $g(x) = \sqrt{f(x)}$.
Étudier les variations de g et dresser son tableau de variation.

3° Soit h la fonction définie sur $\mathbb{R}$ par $h(x) = \dfrac{1}{f(x)}$.
Étudier les variations de h et dresser son tableau de variation.

4° On note $\mathscr{C}_f$, $\mathscr{C}_g$ et $\mathscr{C}_h$ les courbes représentatives de f, g et h dans un repère orthonormal $(O\,;\, I, J)$.
a) Calculer les coordonnées des points d'intersection de $\mathscr{C}_f$ et de $\mathscr{C}_h$.
b) Montrer que $\mathscr{C}_g$ passe également par ces points.
c) Construire les courbes $\mathscr{C}_f$, $\mathscr{C}_g$ et $\mathscr{C}_h$.

→ Corrigé p. 26

1 → Énoncé p. 17 Pour les questions 1°, 2°, 3° et 4°, on applique les propriétés suivantes, qui découlent directement de la stricte croissance de la fonction racine carrée sur $[0\,;+\infty[$: **pour tous réels a et b positifs, $\sqrt{a}=\sqrt{b} \Leftrightarrow a=b$ et $\sqrt{a}<\sqrt{b} \Leftrightarrow a<b$.**
Toutes les équations et inéquations posées n'ont de sens que si $x \in [0\,;+\infty[$.
On note S l'ensemble des solutions.

1° $\sqrt{x}=4 \Leftrightarrow \sqrt{x}=\sqrt{16} \Leftrightarrow\Leftrightarrow x=16$, donc **$S=\{16\}$.**

2° $\sqrt{x}=2\sqrt{2} \Leftrightarrow \sqrt{x}=\sqrt{8} \Leftrightarrow x=8$, d'où **$S=\{8\}$.**

3° L'équation $\sqrt{x}=-1$ **n'a pas de solution**, car $\sqrt{x}\geqslant 0$ pour tout $x \in [0\,;+\infty[$, **$S=\emptyset$.**
Graphiquement, les droites d'équations $y=4$ et $y=2\sqrt{2}$ coupent la courbe de la fonction racine carrée respectivement aux points d'abscisses 16 et 8.
La droite d'équation $y=-1$ ne coupe pas la courbe de la fonction racine carrée.

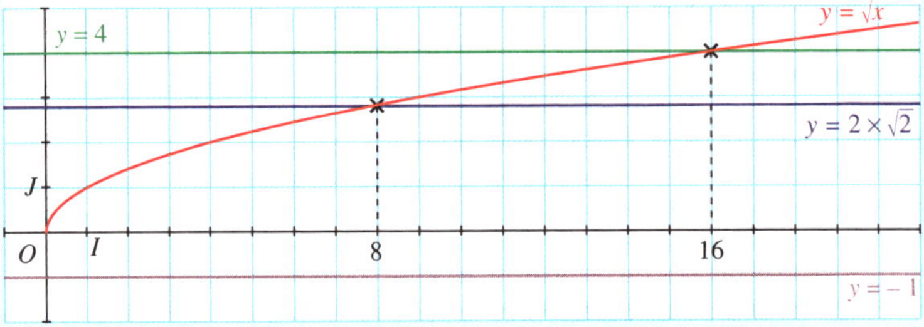

4° $\sqrt{x}\leqslant 3 \Leftrightarrow \sqrt{x}\leqslant\sqrt{9} \Leftrightarrow x\leqslant 9$. Comme $x \in [0\,;+\infty[$, alors **$S=[0\,;9]$.**

5° Pour tout $x \in [0\,;+\infty[$:
$\sqrt{x}>x \Leftrightarrow x>x^2 \Leftrightarrow x-x^2>0 \Leftrightarrow x(1-x)>0 \Leftrightarrow 1-x>0$, et $x\neq 0$ alors **$S=]0\,;1[$.**
(Pour résoudre cette inéquation, nous avons besoin de travailler par équivalences. Il n'est donc pas possible d'appliquer la propriété énoncée dans le cours, page 10, dans laquelle il n'y a qu'une implication).
Graphiquement, la courbe de la fonction racine carrée est située sous la droite d'équation $y=3$ sur l'intervalle $[0\,;9]$, et strictement au-dessus de la droite d'équation $y=x$ sur l'intervalle $]0\,;1[$.

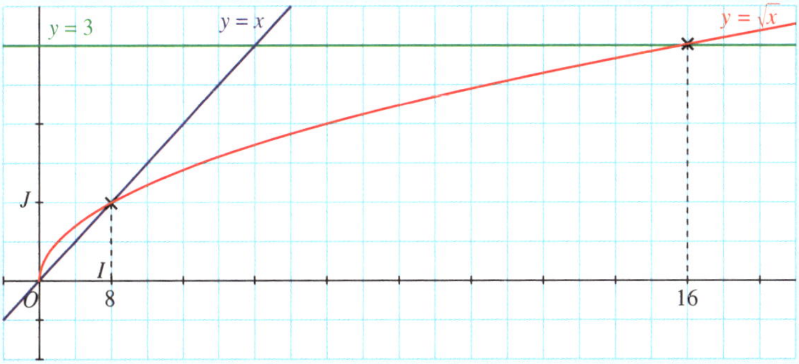

2 → *Énoncé p. 17* 1° $|x| = 4 \Leftrightarrow x = -4$ ou $x = 4$, donc $\boldsymbol{S = \{-4\ ;\ 4\}}$.
La droite d'équation $y = 4$ coupe la courbe de la fonction valeur absolue aux points d'abscisses -4 et 4.

2° La valeur absolue d'un nombre réel étant toujours positive ou nulle, il est impossible d'avoir $|x| = -1$, donc $\boldsymbol{S = \emptyset}$.
La droite d'équation $y = -1$ ne coupe pas la courbe de la fonction valeur absolue.

3° $|x| \geqslant 2 \Leftrightarrow x \leqslant -2$ ou $x \geqslant 2$, donc $\boldsymbol{S =]-\infty\ ;\ -2] \cup [2\ ;\ +\infty[}$.
La courbe de la fonction valeur absolue est au-dessus de la droite d'équation $y = 2$ sur les intervalles $]-\infty\ ;\ -2]$ et $[2\ ;\ +\infty[$.

4° $|2x| < 6 \Leftrightarrow 2|x| < 6 \Leftrightarrow |x| < 3 \Leftrightarrow -3 < x < 3$, donc $\boldsymbol{S =]-3\ ;\ 3[}$.
La courbe de la fonction valeur absolue est en dessous de la droite d'équation $y = 3$ sur l'intervalle $]-3\ ;\ 3[$.

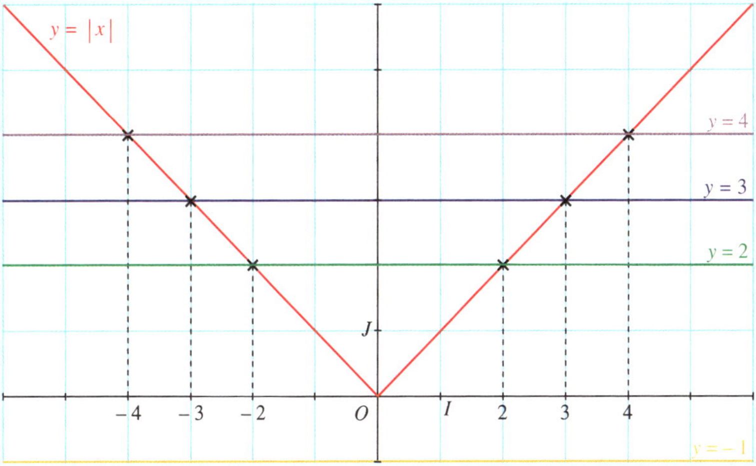

On vérifie la valeur des solutions sur la courbe.

3 → Énoncé p. 17 Si $-3 \leqslant x \leqslant 5$, alors $-3 \leqslant x \leqslant 0$ ou $0 \leqslant x \leqslant 5$.
Mais si $-3 \leqslant x \leqslant 0$, alors $|x| = -x$ et donc $0 \leqslant |x| \leqslant 3$ et si $0 \leqslant x \leqslant 5$, alors $|x| = x$ et $0 \leqslant |x| \leqslant 5$. Donc si $-3 \leqslant x \leqslant 5$, alors $0 \leqslant |x| \leqslant 3$ ou $0 \leqslant |x| \leqslant 5$ ce qui entraîne $\mathbf{0 \leqslant |x| \leqslant 5}$.
Lorsque x décrit l'intervalle $[-3 ; 5]$, on voit immédiatement, sur le graphique, que $|x|$ décrit l'intervalle $[0 ; 5]$:

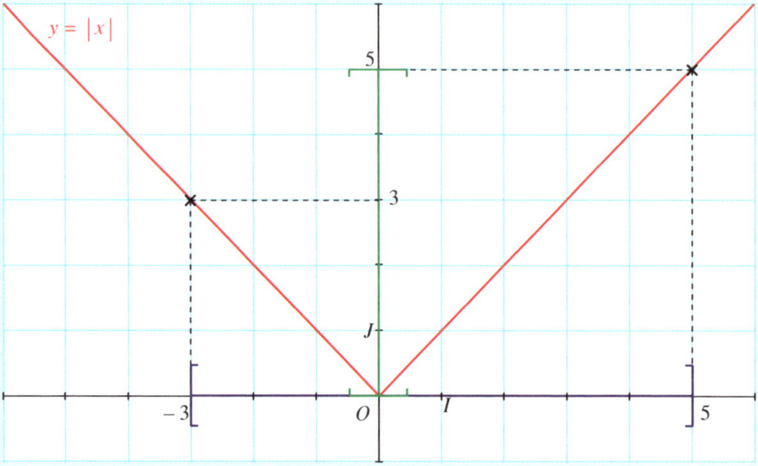

$|x|$ représente l'ordonnée d'un point de la courbe.

4 → Énoncé p. 17 1° $|x-3| = \frac{2}{5} \Leftrightarrow x - 3 = -\frac{2}{5}$ ou $x - 3 = \frac{2}{5} \Leftrightarrow x = \frac{13}{5}$ ou $x = \frac{17}{5}$.
On a alors $\boldsymbol{S} = \left\{\frac{\mathbf{13}}{\mathbf{5}} ; \frac{\mathbf{17}}{\mathbf{5}}\right\}$.

2° $|x-2| = |2x+1| \Leftrightarrow x - 2 = -2x - 1$ ou $x - 2 = 2x + 1$
$\Leftrightarrow 3x = 1$ ou $-x = 3$
$\Leftrightarrow x = \frac{1}{3}$ ou $x = -3$, donc $\boldsymbol{S} = \left\{\mathbf{-3} ; \frac{\mathbf{1}}{\mathbf{3}}\right\}$.

On utilise ici :
$|x| = r \Leftrightarrow x = r$ ou $x = -r$
$|x| \leqslant r \Leftrightarrow -r \leqslant x \leqslant r$
$|x| \geqslant r \Leftrightarrow x \leqslant -r$ ou $x \geqslant r$
(r étant un réel positif).

3° Cette équation n'a de solution que si $x \geqslant 0$.

Dans ce cas, on a $|3x-5| = x \Leftrightarrow 3x - 5 = x$ ou $3x - 5 = -x \Leftrightarrow 2x = 5$ ou $4x = 5$
$\Leftrightarrow x = \frac{5}{2}$ ou $x = \frac{5}{4}$.
Les deux valeurs trouvées étant positives, on a $\boldsymbol{S} = \left\{\frac{\mathbf{5}}{\mathbf{4}} ; \frac{\mathbf{5}}{\mathbf{2}}\right\}$.

4° $|2x-6| \leqslant 5 \Leftrightarrow -5 \leqslant 2x - 6 \leqslant 5 \Leftrightarrow 1 \leqslant 2x \leqslant 11 \Leftrightarrow \frac{1}{2} \leqslant x \leqslant \frac{11}{2}$,
d'où $\boldsymbol{S} = \left[\frac{\mathbf{1}}{\mathbf{2}} ; \frac{\mathbf{11}}{\mathbf{2}}\right]$.

5° $|1-3x| > 2 \Leftrightarrow 1 - 3x < -2$ ou $1 - 3x > 2 \Leftrightarrow -3x < -3$ ou $-3x > 1$
$\Leftrightarrow x > 1$ ou $x < -\frac{1}{3}$, d'où $\boldsymbol{S} = \left]-\infty ; -\frac{\mathbf{1}}{\mathbf{3}}\right[\cup \left]\mathbf{1} ; +\infty\right[$.

5 → Énoncé p. 17 1° $f(\sqrt{3}) = |2\sqrt{3} - 4| = \mathbf{-2\sqrt{3} + 4}$, car $2\sqrt{3} - 4$ est négatif.

$f(\pi) = |2\pi - 4| = \mathbf{2\pi - 4}$, car $2\pi - 4$ est positif.

$f(\sqrt{8} + 1) = |2\sqrt{8} - 2| = \mathbf{2\sqrt{8} - 2}$, car $2\sqrt{8} - 2$ est positif.

2° $f(x) = 1 \Leftrightarrow |2x - 4| = 1 \Leftrightarrow 2x - 4 = -1$ ou $2x - 4 = 1 \Leftrightarrow 2x = 3$ ou $2x = 5$

$\Leftrightarrow x = \frac{3}{2}$ ou $x = \frac{5}{2}$.

On a alors $\mathbf{S = \left\{\frac{3}{2} ; \frac{5}{2}\right\}}$.

3° *a)* Si $2x - 4 \leqslant 0$, c'est-à-dire si $x \leqslant 2$, alors $|2x - 4| = -2x + 4$, et si $2x - 4 \geqslant 0$, c'est-à-dire si $x \geqslant 2$ alors $|2x - 4| = 2x - 4$,

donc $\mathbf{f(x) = -2x + 4}$ **sur** $\mathbf{]-\infty ; 2]}$ et $\mathbf{f(x) = 2x - 4}$ **sur** $\mathbf{[2 ; +\infty[}$.

b) et *c)* On en déduit que la courbe représentative de f coïncide avec la droite d'équation $y = -2x + 4$ sur $]-\infty ; 2]$ et avec la droite d'équation $y = 2x - 4$ sur $[2 ; +\infty[$:

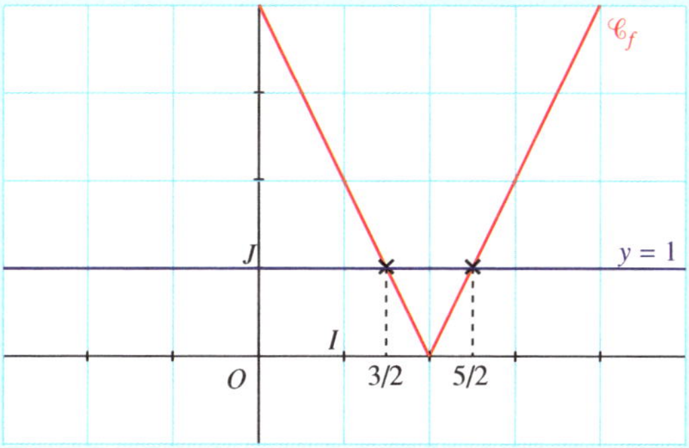

On retrouve que la droite d'équation $y = 1$ coupe la courbe représentative de f aux points d'abscisses $\frac{3}{2}$ et $\frac{5}{2}$.

6 → Énoncé p. 18 1° La fonction f a même sens de variation que u (fonction du type λu avec $\lambda > 0$) :

x	-2		1		3		6
$f(x)$	$-\frac{1}{2}$	↘	$-\frac{5}{2}$	↗	2	↘	0

2° La fonction g a même sens de variation que u (fonction du type $u + k$) :

x	-2		1		3		6
$g(x)$	-3	↘	-7	↗	2	↘	-2

3° La fonction h a un sens de variation contraire à celui de u (fonction du type λu avec $\lambda < 0$) :

x	-2		1		3		6
$h(x)$	3	↗	15	↘	-12	↗	0

7 → *Énoncé p. 18* 1° La fonction f a un sens de variation contraire à celui de la fonction racine carrée (fonction du type λu avec $\lambda < 0$).
On en déduit que **f est strictement décroissante sur $[0\ ;+\infty[$.**

2° La fonction g a même sens de variation que la fonction valeur absolue (fonction du type $u + k$).
On en déduit que **g est strictement décroissante sur $]-\infty\ ;0]$ et strictement croissante sur $[0\ ;+\infty[$.**

3° La fonction h a même sens de variation que la fonction racine carrée (fonction du type λu avec $\lambda > 0$, puis $u + k$).
On en déduit alors que la **fonction h est strictement croissante sur $[0\ ;+\infty[$.**

8 → *Énoncé p. 18* On peut remarquer que les fonctions f et g sont bien définies sur $[-4\ ;3]$, car la fonction u, qui admet pour minimum $\frac{1}{2}$, est strictement positive (et donc non nulle) sur cet intervalle.
f a même sens de variation que u, alors que g a un sens de variation contraire. On en déduit les tableaux suivants :

x	-4		-1		0		3
$f(x)$	$\sqrt{2}$	↘	$\frac{1}{\sqrt{2}}$	↗	2	↘	1

x	-4		-1		0		3
$g(x)$	$\frac{1}{2}$	↗	2	↘	$\frac{1}{4}$	↗	1

9 → *Énoncé p. 18* 1° La fonction $u : x \mapsto 4 - 2x$ est strictement décroissante et de signe positif ou nul sur I et $f = \sqrt{u}$, donc ***f* est strictement décroissante sur *I*.**

2° La fonction $u : x \mapsto 3x - 1$ est strictement croissante sur I et ne s'annule pas, et $g = \frac{1}{u}$ donc ***g* est strictement décroissante sur *I*.**

3° La fonction $u : x \mapsto x^2 + 1$ est strictement croissante et de signe positif ou nul sur I, alors la fonction $x \mapsto \sqrt{x^2 + 1}$ est également strictement croissante sur I. Alors ***h* est strictement décroissante sur *I*.**

4° La fonction $u : x \mapsto 2x + 1$ est strictement croissante et de signe positif sur I, alors la fonction $x \mapsto \sqrt{2x + 1}$ est également strictement croissante sur I. Alors ***k* est strictement décroissante sur *I*.**

10 → *Énoncé p. 19* 1° *a)* $x - 5$ s'annule et change de signe en 5.
$x + 2$ s'annule et change de signe en -2.
L'expression de $f(x)$ est donnée par le tableau suivant :

x	$-\infty$ $\quad$ -2	-2 $\quad$ 5	5 $\quad$ $+\infty$
$\lvert x - 5\rvert$	$-x + 5$	$-x + 5$	$x - 5$
$\lvert x + 2\rvert$	$-x - 2$	$x + 2$	$x + 2$
$\boldsymbol{f(x)}$	$\boldsymbol{-x + 19}$	$\boldsymbol{-5x + 11}$	$\boldsymbol{x - 19}$

b) Pour $x \in]-\infty ; -2]$, $f(x) = -x + 19$. ***f* est strictement décroissante sur $]-\infty ; -2[$.**
Pour $x \in [-2 ; 5]$, $f(x) = -5x + 11$. ***f* est strictement décroissante sur $[-2 ; 5]$.**
Pour $x \in [5 ; +\infty[$, $f(x) = x - 19$. ***f* est strictement croissante sur $[5 ; +\infty]$.**
On en déduit le tableau de variation de la fonction f :

x	$-\infty$		5		$+\infty$
$f(x)$		↘	-14	↗	

On n'oubliera pas de vérifier qu'un nombre n'est solution de l'équation que s'il appartient à l'intervalle dans lequel l'équation a été résolue.

2° Dans l'intervalle $]-\infty ; -2]$, $f(x) = 4 \Leftrightarrow -x + 19 = 4 \Leftrightarrow x = 15$. Or 15 n'appartient pas à l'intervalle $]-\infty ; -2]$, donc n'est pas solution.

Dans l'intervalle]– 2 ; 5] : $f(x) = 4 \Leftrightarrow -5x + 11 = 4 \Leftrightarrow x = \frac{7}{5}$.
Le nombre $\frac{7}{5}$ appartient à l'intervalle]– 2 ; 5], donc est solution.
Dans l'intervalle]5 ; +∞[, $f(x) = 4 \Leftrightarrow x - 19 = 4 \Leftrightarrow x = 23$.
Le nombre 23 appartient à l'intervalle]5 ; +∞[, donc est solution.
L'ensemble des solutions de l'équation $f(x) = 4$ est $S = \left\{\frac{7}{5} ; 23\right\}$.

11 → Enoncé p. 19 1° Pour $x \in]-\infty ; 1]$, $f(x) = -x + 1 + \frac{1}{4} = -x + \frac{5}{4}$.
Pour $x \in [1 ; +\infty[$, $f(x) = x - 1 + \frac{1}{4} = x - \frac{3}{4}$.
On en déduit que f est strictement décroissante sur]–∞ ; 1], et strictement croissante sur [1 ; +∞[. D'où le tableau de variation :

x	$-\infty$	1	$+\infty$
$f(x)$	↘	$\frac{1}{4}$	↗

2° g a le même sens de variation que f (fonction du type $\sqrt{u}$). Donc **g est strictement décroissante sur]–∞ ; 1], et strictement croissante sur [1 ; +∞[.**
On en déduit son tableau de variation :

x	$-\infty$	1	$+\infty$
$g(x)$	↘	$\frac{1}{2}$	↗

On pourra faire apparaître les courbes des fonctions sur l'écran de la calculatrice et vérifier ainsi le sens de variation.

3° h a un sens de variation contraire à f (fonction du type $\frac{1}{u}$). Donc **h est strictement croissante sur]–∞ ; 1], et strictement décroissante sur [1 ; +∞[.**
D'où le tableau :

x	$-\infty$	1	$+\infty$
$g(x)$	↗	4	↘

4° *a)* Les abscisses des points d'intersection de $\mathscr{C}_f$ et de $\mathscr{C}_h$ sont solutions de l'équation $f(x) = h(x)$.
$f(x) = h(x) \Leftrightarrow f(x) = \frac{1}{f(x)} \Leftrightarrow (f(x))^2 = 1 \Leftrightarrow f(x) = -1$ ou $f(x) = 1$.
Or $f(x)$ est strictement positif pour tout réel x et ne peut donc pas être égal à – 1.

Alors $f(x) = h(x) \Leftrightarrow f(x) = 1 \Leftrightarrow |x-1| = \frac{3}{4} \Leftrightarrow x - 1 = -\frac{3}{4}$ ou $x - 1 = \frac{3}{4}$
$\Leftrightarrow x = \frac{1}{4}$ ou $x = \frac{7}{4}$.

Ensuite, on calcule $f\left(\frac{1}{4}\right)$ et $f\left(\frac{7}{4}\right)$: on trouve $f\left(\frac{1}{4}\right) = f\left(\frac{7}{4}\right) = 1$.

Les points d'intersection de $\mathscr{C}_f$ et de $\mathscr{C}_h$ sont les points de coordonnées $\left(\frac{1}{4}\ ;\ 1\right)$ et $\left(\frac{7}{4}\ ;\ 1\right)$.

b) Comme $f\left(\frac{1}{4}\right) = f\left(\frac{7}{4}\right) = 1$, on en déduit que $g\left(\frac{1}{4}\right) = \sqrt{f\left(\frac{1}{4}\right)} = 1$ et que, de même, $g\left(\frac{7}{4}\right) = 1$.

$\mathscr{C}_g$ passe également par les points de coordonnées $\left(\frac{1}{4}\ ;\ 1\right)$ et $\left(\frac{7}{4}\ ;\ 1\right)$.

c) f est une fonction affine par morceaux. Sa courbe représentative est la réunion de deux demi-droites que l'on trace chacune à l'aide de deux points. On construit les courbes représentatives de g et de h à l'aide de quelques points dont on calcule les coordonnées à la calculatrice.

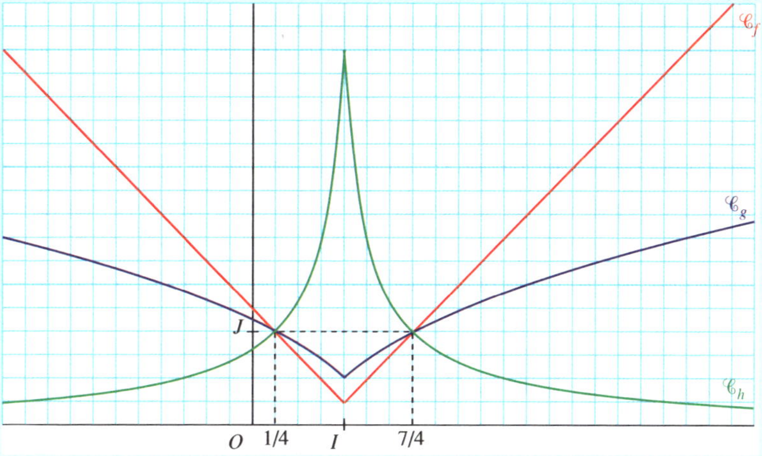

CHAPITRE

2 Le second degré

1 Définition et vocabulaire

Une fonction f définie dans $\mathbb{R}$ est appelée **fonction polynôme du second degré** (ou plus simplement polynôme du second degré ou encore trinôme du second degré) s'il existe des réels a, b et c, avec $\boldsymbol{a \neq 0}$ tels que, pour tout réel x, $f(x) = ax^2 + bx + c$.

- On dit que le réel α est **racine** du polynôme du second degré f lorsque $f(\alpha) = 0$.

Autrement dit :

α est racine de f si, et seulement si, α est solution de l'équation $f(x) = 0$.

2 Racines et factorisation du polynôme du second degré

Soit le polynôme du second degré $f : x \mapsto ax^2 + bx + c$ (a, b et c réels, $a \neq 0$).
Le réel $\Delta = b^2 - 4ac$ est appelé « **discriminant** » du polynôme.

- Si $\Delta < 0$, alors **f n'admet pas de racine réelle ;** de plus, $f(x)$ n'est pas factorisable.
- Si $\Delta = 0$, alors **f admet une seule racine : $x_0 = \dfrac{-b}{2a}$** ; de plus, pour tout réel x : $f(x) = a(x - x_0)^2$.
- Si $\Delta > 0$, alors **f admet deux racines distinctes :**

$$x_1 = \frac{-b-\sqrt{\Delta}}{2a} \quad \text{et} \quad x_2 = \frac{-b+\sqrt{\Delta}}{2a};$$

de plus, pour tout réel x : $f(x) = a(x - x_1)(x - x_2)$.

3 Variations et représentation graphique de la fonction polynôme du second degré

Soit la fonction polynôme du second degré $f : x \mapsto ax^2 + bx + c$ (a, b et c réels, $a \neq 0$).
Le sens de variation de f dépend du signe de a et est donné par les tableaux suivants :

■ **Si $a < 0$:**

x	$-\infty$		$-\dfrac{b}{2a}$		$+\infty$
$f(x)$		↗	$\dfrac{-\Delta}{4a}$	↘	
	$-\infty$				$-\infty$

■ **Si $a > 0$:**

x	$-\infty$		$-\dfrac{b}{2a}$		$+\infty$
	$+\infty$				$+\infty$
$f(x)$		↘	$\dfrac{-\Delta}{4a}$	↗	

Dans un repère orthonormal $(O\,;\,I,\,J)$, la courbe représentative $\mathcal{P}$ d'une fonction polynôme du second degré $f : x \mapsto ax^2 + bx + c$ (a, b et c réels, $a \neq 0$) est une parabole de sommet le point S de coordonnées $\left(-\dfrac{b}{2a}\,;\,-\dfrac{\Delta}{4a}\right)$ et d'axe la droite d'équation $x = -\dfrac{b}{2a}$.

■ Si $a > 0$, alors la parabole $\mathcal{P}$ est « tournée vers le haut » :

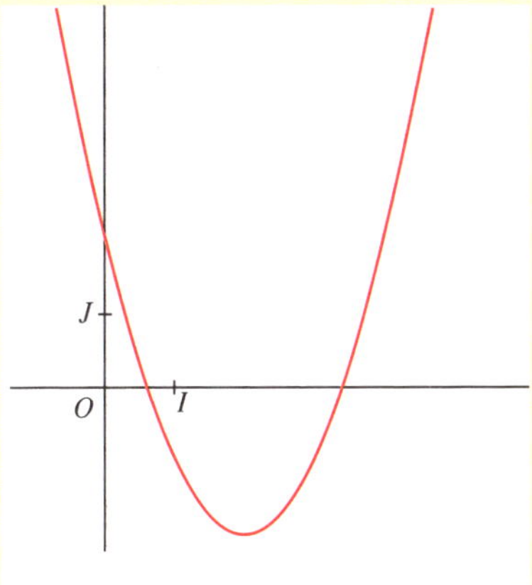

■ Si $a < 0$, alors la parabole $\mathcal{P}$ est « tournée vers le bas » :

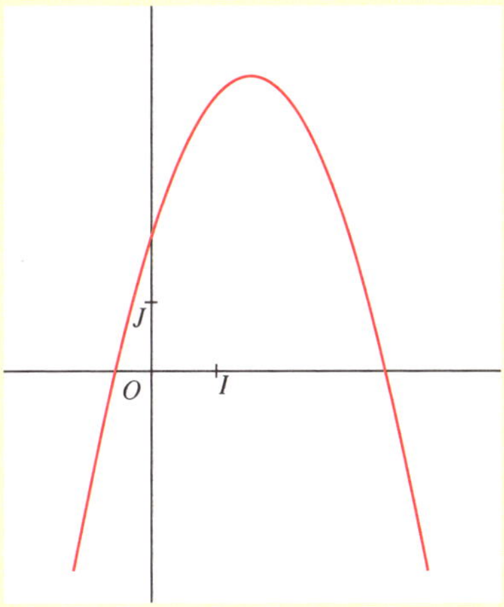

4 Signe du polynôme du second degré

Soit le polynôme du second degré $f : x \mapsto ax^2 + bx + c$ (a, b et c réels, $a \neq 0$).
Le signe de f est donné par les trois tableaux suivants :

- **Si** $\Delta < 0$, alors $f(x)$ est toujours du signe de a :

x	$-\infty$	$+\infty$
$f(x)$	signe de a	

- **Si** $\Delta = 0$, alors $f(x)$ est toujours du signe de a, sauf pour $x = \frac{-b}{2a}$:

x	$-\infty$		$\frac{-b}{2a}$		$+\infty$
$f(x)$		signe de a	0	signe de a	

- **Si** $\Delta > 0$, alors $f(x)$ est :

– du signe de a à « l'extérieur des racines » ;
– du signe de $-a$ à « l'intérieur des racines ».

x	$-\infty$		x_1		x_2		$+\infty$
$f(x)$		signe de a	0	signe de $-a$	0	signe de a	

5 Algorithme de résolution de l'équation du second degré

Variables
A, B, C, Delta, X0, X1, X2 : nombres réels
Traitement
Saisir A, B, C
Affecter à Delta la valeur $B^2 - 4AC$
Afficher « Delta = », Delta
Si (Delta<0)
alors
Afficher « L'équation n'a pas de solution. »
Sinon
Si (Delta=0)
Alors
Affecter à X0 la valeur –B/(2A)
Afficher « L'équation a une solution double X0 = », X0
Sinon
Affecter à X1 la valeur (–B–rac(Delta))/(2A)
Affecter à X2 la valeur (–B+rac(Delta))/(2A)
Afficher « L'équation a deux solutions : »
Afficher « x1 = », X1
Afficher « x2 = », X2
Fin Si
Fin Si

1 Résoudre une équation du second degré

EXERCICE TYPE

Résoudre les équations suivantes d'inconnue x.

1° $2x^2 + 2x - 12 = 0$.

2° $0{,}5x^2 - x + 0{,}5 = 0$.

3° $-x^2 + 3x - 5 = 0$.

CORRIGÉ COMMENTÉ

1° La première étape consiste à identifier les coefficients a, b et c pour appliquer correctement les formules du cours.

$2x^2 + 2x - 12$ est de la forme $ax^2 + bx + c$, avec $a = 2$, $b = 2$ et $c = -12$.

Le discriminant Δ est $\Delta = 2^2 - 4(2)(-12) = 4 + 96 = 100$.

Δ étant strictement positif, l'équation admet deux solutions :

$$x_1 = \frac{-b-\sqrt{\Delta}}{2a} = \frac{-2-10}{4} = \frac{-12}{4} = -3$$

et $$x_2 = \frac{-b+\sqrt{\Delta}}{2a} = \frac{-2+10}{4} = \frac{8}{4} = 2.$$

> Les formules permettant de calculer discriminant et solutions éventuelles doivent être parfaitement connues.

Donc l'**équation $2x^2 + 2x - 12 = 0$ admet deux solutions : -3 et 2.**

2° Le polynôme du second degré $0{,}5x^2 - x + 0{,}5$ est de la forme $ax^2 + bx + c$, avec $a = 0{,}5$, $b = -1$ et $c = 0{,}5$. Calculons le discriminant du polynôme :

$$\Delta = (-1)^2 - 4(0{,}5)(0{,}5) = 1 - 4 \times 0{,}25 = 0.$$

Δ étant nul, l'équation n'admet qu'une solution :

$$x_0 = \frac{-b}{2a} = \frac{1}{2 \times 0{,}5} = 1.$$

Donc l'**équation $0{,}5x^2 - x + 0{,}5 = 0$ admet une seule solution : 1.**

3° $-x^2 + 3x - 5$ est de la forme $ax^2 + bx + c$, avec $a = -1$, $b = 3$ et $c = -5$.

Ici $\Delta = 3^2 - 4(-1)(-5) = 9 - 20 = -11$.

Δ étant strictement négatif, l'**équation n'admet pas de solution réelle.**

À RETENIR

Pour **résoudre une équation du second degré**, on doit :
- **repérer** dans l'expression proposée **les valeurs des coefficients** a, b et c ;
- **calculer le discriminant** $\Delta = b^2 - 4ac$;
- selon **le signe de Δ, calculer les éventuelles solutions** à l'aide des formules du cours.

2 Factoriser et étudier le signe d'un polynôme du second degré

EXERCICE TYPE

Soit le polynôme du second degré $f(x) = 2x^2 - 4x - 6$.

1° Factoriser $f(x)$ en produit de facteurs du premier degré.

2° Déterminer, en fonction du réel x, le signe du polynôme $f(x)$.

3° Résoudre dans $\mathbb{R}$ l'inéquation $2x^2 - 4x - 6 \leqslant 0$.

CORRIGÉ COMMENTÉ

Les trois questions de cet exercice utilisent les résultats du cours concernant la factorisation et le signe d'un polynôme du second degré.

1° Le discriminant Δ est : $\Delta = (-4)^2 - 4 \times 2 \times (-6) = 16 + 48 = 64$.
Δ étant strictement positif, f admet deux racines distinctes : -1 et 3. On sait, d'après le cours, que, si le polynôme $ax^2 + bx + c$ admet deux racines distinctes x_1 et x_2, alors il se factorise en $a(x - x_1)(x - x_2)$.
Donc, ici, on obtient $\boldsymbol{f(x) = 2(x - 3)(x + 1)}$.

2° f admet deux racines distinctes -1 et 3.
Dans ce cas, $f(x)$ est du signe de a à l'extérieur des racines et du signe de $-a$ entre les racines.
Ici, a est strictement positif ($a = 2$), d'où :

$$f(x) > 0, \text{ si } x \in]-\infty, -1[\cup]3 ; +\infty[$$

et

$$f(x) < 0, \text{ si } x \in]-1 ; 3[.$$

On peut également retenir qu'un polynôme du second degré est toujours du signe de a, sauf entre ses éventuelles racines.

Remarque : On peut également obtenir ce résultat en dressant un tableau de signes à partir de la factorisation obtenue à la question 1°.

3° La réponse à la question précédente nous donne immédiatement les solutions de l'inéquation proposée.
En effet, $2x^2 - 4x - 6 \leqslant 0$, si $x \in [-1 ; 3]$ (l'inégalité étant large, les valeurs -1 et 3 font partie de l'ensemble des solutions).
L'ensemble des solutions de l'inéquation $2x^2 - 4x - 6 \leqslant 0$ est donc l'intervalle $[-1 ; 3]$.

À RETENIR

• **Pour factoriser un polynôme** du second degré, on doit :
– **calculer son discriminant Δ** ;
– **factoriser** :
dans le cas où f admet deux racines ($f(x) = a(x - x_1)(x - x_2)$) ;
dans le cas où f n'admet qu'une racine ($f(x) = a(x - x_0)^2$).
• Un polynôme du second degré $ax^2 + bx + c$ est du signe de a à l'extérieur des racines et du signe de $-a$ à l'intérieur lorsque $\Delta > 0$. Il est toujours du signe de a si $\Delta = 0$ ou $\Delta < 0$.

3 Utiliser la forme la mieux adaptée pour résoudre un problème

EXERCICE TYPE

On définit la fonction polynôme f du second degré par :

$$f(x) = (2x + 1)(2x - 3).$$

1° Écrire $f(x)$ sous forme développée.

2° Écrire $f(x)$ sous forme canonique.

3° Utiliser la forme la mieux adaptée pour résoudre les problèmes suivants :
a) déterminer le minimum de f ;
b) déterminer le signe de $f(x)$ en fonction des valeurs du réel x ;
c) résoudre dans $\mathbb{R}$ l'inéquation $f(x) > -3$.

CORRIGÉ COMMENTÉ

Il s'agit ici de choisir la forme qui permettra de résoudre le plus facilement le problème posé.

1° Pour tout nombre réel x, $f(x) = 4x^2 + 2x - 6x - 3$.
La forme développée de $f(x)$ est $\boldsymbol{f(x) = 4x^2 - 4x - 3}$.

2° Pour obtenir la forme canonique, on part de la forme développée que l'on factorise par le coefficient de x^2, c'est-à-dire par 4 : $f(x) = 4\left(x^2 - x - \frac{3}{4}\right)$.
On cherche un nombre réel α, tel que les deux premiers termes du développement de $(x - \alpha)^2$ soient $x^2 - x$.
Il suffit que $2\alpha = 1$, c'est-à-dire $\alpha = \frac{1}{2}$. Ainsi $\boldsymbol{\left(x - \frac{1}{2}\right)^2 = x^2 - x + \frac{1}{4}}$.

On écrit $f(x)$ en cherchant à faire apparaître $x^2 - x + \frac{1}{4}$:

$$f(x) = 4\left(x^2 - x + \frac{1}{4} - 1\right).$$

$\boldsymbol{f(x) = 4\left[\left(x - \frac{1}{2}\right)^2 - 1\right]}$ est la forme canonique de $f(x)$.

3° *a)* On utilise la forme canonique.

Pour tout réel x, $\left(x - \frac{1}{2}\right)^2 \geqslant 0$

donc $\left[\left(x - \frac{1}{2}\right)^2 - 1\right] \geqslant -1$; $4\left[\left(x - \frac{1}{2}\right)^2\right] - 1\right] \geqslant -4$

ainsi $f(x) \geqslant -4$. **Le minimum – 4 est atteint pour $x = \frac{1}{2}$; $f\left(\frac{1}{2}\right) = -4$.**

b) La forme factorisée donne immédiatement les solutions de l'équation $f(x) = 0$.

$$(2x + 1)(2x - 3) = 0 \Leftrightarrow 2x + 1 = 0 \text{ ou } 2x - 3 = 0 \Leftrightarrow x = -\frac{1}{2} \text{ ou } x = \frac{3}{2}.$$

On applique ensuite la règle de signe du trinôme.

Le coefficient de x^2 étant $a = 4$, de signe positif :

$f(x) > 0$ pour tout $x \in \left]-\infty ; -\frac{1}{2}\right[\cup \left]\frac{3}{2} ; +\infty\right[$;

$f(x) < 0$ pour tout $x \in \left]-\frac{1}{2} ; \frac{3}{2}\right[$

$f(x) = 0$ pour $x = -\frac{1}{2}$ ou $x = \frac{3}{2}$.

c) La résolution de l'inéquation s'obtient aisément à l'aide de la forme développée.

Pour tout réel x, $f(x) > -3 \Leftrightarrow 4x^2 - 4x - 3 > -3 \Leftrightarrow 4x^2 - 4x > 0 \Leftrightarrow x(x - 4) > 0$.

On applique ensuite la règle de signe du trinôme à $x(x - 4)$, dont les racines sont 0 et 4. Le coefficient de x^2 étant 1 (positif), on en déduit que

$x(x - 4) > 0 \Leftrightarrow x \in]-\infty ; 0[\cup]4 ; +\infty[$.

Donc **$f(x) > -3 \Leftrightarrow x \in]-\infty ; 0[\cup]4 ; +\infty[$.**

À RETENIR

• L'écriture algébrique d'une fonction polynôme du second degré, peut se présenter sous différentes formes : **développée, factorisée ou forme canonique**.
D'autres formes encore existent.

• Pour de nombreux problèmes, il existe une forme donnant souvent le plus simplement la réponse :

– la **forme factorisée** permet de résoudre immédiatement des équations telles $f(x) = 0$ ou des inéquations $f(x) > 0$; $f(x) \geqslant 0$; $f(x) < 0$; $f(x) \leqslant 0$;

– la **forme développée** doit être privilégiée le plus souvent pour des résolutions d'équation du type $f(x) = k$ ou d'inéquations $f(x) > k$ etc. lorsque k est un réel non nul ;

– la **forme canonique** donne immédiatement l'extremum de la fonction et sera utilisée pour la détermination des coordonnées du sommet de la parabole. On peut aussi l'utiliser pour la résolution d'équations et d'inéquations.

N.B. La liste des problèmes ne saurait être ici exhaustive.

Exercices d'entraînement

1 ★ 5 min Résoudre dans $\mathbb{R}$ les équations suivantes d'inconnue x :

a) $x^2 + 4x + 15 = 0$; *b)* $3x^2 - 12 = 0$;
c) $x^2 - 2\sqrt{2}x + 1 = 0$.

→ Corrigé p. 39

2 ★★ 10 min Résoudre dans $\mathbb{R}$ les équations suivantes d'inconnue x :
(on effectuera le changement d'inconnue $X = x^2$)

a) $x^4 - 2x^2 + 3 = 0$; *b)* $2x^4 + 4x^2 - 6 = 0$.

→ Corrigé p. 39

3 ★★ 10 min Résoudre dans $\mathbb{R}$ les équations suivantes d'inconnue x :

a) $\dfrac{x-1}{x+2} = \dfrac{1}{x}$; *b)* $\dfrac{x-1}{3} + \dfrac{4}{x} = 2$.

→ Corrigé p. 39

4 ★ 5 min Résoudre dans $\mathbb{R}$ les systèmes suivants d'inconnues x et y :

a) $\begin{cases} x + y = -4 \\ xy = -5 \end{cases}$; *b)* $\begin{cases} x + y = 8 \\ xy = 8. \end{cases}$

→ Corrigé p. 40

5 ★ 5 min Factoriser, si cela est possible, le polynôme dans chacun des cas suivants.

a) $f(x) = -2x^2 + 2x - \dfrac{1}{2}$; *b)* $f(x) = 2x^2 - 5x - 3$;
c) $f(x) = -x^2 + 2x - 4$.

→ Corrigé p. 41

6 ★ 5 min Étudier, en fonction de x, le signe de $f(x)$ dans chacun des cas suivants :

a) $f(x) = x^2 - 3x + 4$; *b)* $f(x) = -x^2 + 3x - 1$;
c) $f(x) = -\dfrac{1}{2}x^2 + 3x - \dfrac{9}{2}$.

→ Corrigé p. 41

7 ★ 5 min Résoudre les inéquations suivantes :

a) $x^2 - x - 2 > 0$; *b)* $-\dfrac{1}{2}x^2 + x - 3 \geqslant 0$.

→ Corrigé p. 42

8 ★ **10 min** On donne des fonctions polynômes du second degré f, g, h, sous l'une des formes : développée, factorisée ou forme canonique.

Chaque fois que cela est possible, écrire les deux autres formes, et choisir celle qui est le mieux adaptée à la résolution de la question posée.

1° $f(x) = (2x - 6)(5 - x)$; question : résoudre l'équation $f(x) = -30$.

2° $f(x) = 2x^2 + 5x + 3$; question : résoudre l'inéquation $f(x) = 0$.

3° $f(x) = (x - 1)^2 + 4$; question : résoudre l'équation $f(x) = 1$.

→ Corrigé p. 42

9 ★★★ **25 min** Dans un repère orthonormal du plan d'origine O, on donne la droite $\mathcal{D}$ d'équation $y = 2x + 2$.

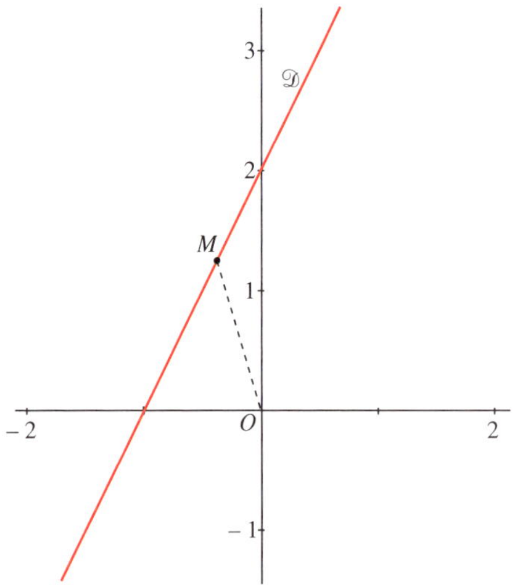

M désigne un point variable de la droite $\mathcal{D}$, de coordonnées $(x\,;\,y)$. On cherche à déterminer s'il existe un point M tel que le carré de la distance OM est minimal et à déterminer alors ses coordonnées.

1° Exprimer OM^2 en fonction de la seule variable x.

2° On désigne par f la fonction associant à l'abscisse x du point M le nombre réel OM^2. Construire la courbe représentative $\mathcal{C}$ de la fonction f dans un repère orthonormal du plan. Vérifier que $\mathcal{C}$ est une parabole ; calculer les coordonnées du sommet.

3° En déduire la réponse au problème posé.

4° Montrer qu'il existe deux points M de la droite $\mathcal{D}$ tels que $OM = \sqrt{8}$ et calculer leurs coordonnées.

5° Placer les points obtenus aux questions 3° et 4° sur la droite $\mathcal{D}$.

→ Corrigé p. 43

10 ★★ **10 min** f étant une fonction polynôme du second degré définie par :

$$f(x) = ax^2 + bx + c.$$

Écrire un algorithme qui, après avoir lu les valeurs de a, b et c, calcule et affiche les valeurs de $f(x)$ lorsque x décrit un intervalle $[x_{\min}\,;\,x_{\max}]$ par pas de h ($h > 0$).

→ Corrigé p. 45

Exercices-bilans

11 ★★★ 30 min Le plan est rapporté à un repère orthonormal $(O~;I~;J)$.

1° On considère la fonction f définie sur $\mathbb{R}$ par $f(x) = ax^2 + bx + c$.
Déterminer les réels a, b et c pour que la parabole représentative de la fonction f admette pour sommet le point $S(-1~;4)$ et passe par le point $A(0~;3)$.

2° On considère maintenant la fonction f définie par $f(x) = -x^2 - 2x + 3$, et on appelle $\mathcal{P}$ sa courbe représentative.
a) Dresser le tableau de variation de la fonction f.
b) Construire $\mathcal{P}$ dans le repère $(O~;I~;J)$.

3° *a)* Vérifier que $A(-2~;3)$ appartient à $\mathcal{P}$.
b) Déterminer l'équation réduite de la droite $\mathcal{D}$ passant par le point A et de coefficient directeur $-\frac{3}{2}$.
c) Déterminer les coordonnées de l'autre point d'intersection de $\mathcal{P}$ et de $\mathcal{D}$.
d) Construire $\mathcal{D}$ dans le repère $(O~;I~;J)$.

4° On appelle $\mathcal{D}_m$ la droite d'équation $y = mx + 2m + 3$.
a) Vérifier que, pour tout $m \in \mathbb{R}$, la droite $\mathcal{D}_m$ passe par A.
b) Déterminer la valeur de m pour laquelle l'intersection de $\mathcal{P}$ et de $\mathcal{D}_m$ ne contient qu'un point.
c) Pour la valeur de m trouvée précédemment, calculer l'équation réduite de $\mathcal{D}_m$ et la construire dans le repère $(O~;I~;J)$.

→ Corrigé p. 45

12 ★★★ 25 min Un agriculteur dispose de 500 mètres de clôture électrique pour fermer un enclos rectangulaire.
Il cherche quelles sont les dimensions du rectangle pour lesquelles l'aire est maximale.
On désigne par x et y les dimensions de ce rectangle (x ou y peuvent être indifféremment largeur ou longueur).

1° Exprimer le périmètre du rectangle en fonction de x et y ; en déduire une expression de y en fonction de x.

2° Déterminer dans quel intervalle I, x et y varient.

3° On désigne par f la fonction associant à la variable x, l'aire du rectangle. Exprimer $f(x)$ en fonction de x.

4° Construire dans un repère du plan la parabole $\mathcal{P}$ représentant f. On précisera les coordonnées du sommet S de la parabole $\mathcal{P}$.

5° En déduire la réponse au problème posé ; quelles sont alors les valeurs de x et y ? Calculer l'aire maximale A_M du rectangle.

6° Déterminer, par le calcul, les valeurs du nombre réel x pour lesquelles l'aire $f(x)$ est égale à la moitié de l'aire maximale (on donnera des valeurs approchées à 0,1 près).

→ Corrigé p. 46

1 → Énoncé p. 35 *a)* Le discriminant Δ est :
$\Delta = 4^2 - 4 \times 15 = 16 - 60 = -44$.
Δ étant strictement négatif, **l'équation $x^2 + 4x + 15 = 0$ n'admet pas de solution.**

b) Il n'est pas nécessaire, ici, d'utiliser la méthode du discriminant car
$3x^2 - 12 = 3(x^2 - 4) = 3(x - 2)(x + 2)$,
donc $3x^2 - 12 = 0$ si, et seulement si, $x - 2 = 0$ ou $x + 2 = 0$, c'est-à-dire :

$$x = 2 \text{ ou } x = -2.$$

L'équation $3x^2 - 12 = 0$ admet deux solutions $x = -2$ et $x = 2$.

c) Le discriminant Δ est : $\Delta = (-2\sqrt{2})^2 - 4 \times 1 \times 1 = 8 - 4 = 4$; $\Delta > 0$.
L'équation admet deux solutions :

$$x_1 = \frac{-b - \sqrt{\Delta}}{2a} = \frac{2\sqrt{2} - 2}{2} = \sqrt{2} - 1$$

et

$$x_2 = \frac{-b + \sqrt{\Delta}}{2a} = \frac{2\sqrt{2} + 2}{2} = \sqrt{2} + 1.$$

L'équation $x^2 - 2\sqrt{2}x + 1 = 0$ admet deux solutions : $\sqrt{2} - 1$ et $\sqrt{2} + 1$.

2 → Énoncé p. 35 *a)* On pose $X = x^2$.
L'équation devient $X^2 - 2X + 3 = 0$ et $\Delta = (-2)^2 - 4(1)(3) = 4 - 12 = -8$.
Δ étant strictement négatif, **l'équation $x^4 - 2x^2 + 3 = 0$ n'admet pas de solution.**

b) On pose $X = x^2$. L'équation devient $2X^2 + 4X - 6 = 0$.
Le discriminant en est : $\Delta = (4)^2 - 4(2)(-6) = 16 + 48 = 64$.
L'équation d'inconnue X admet deux solutions :

$$X_1 = \frac{-4 - 8}{4} = -3 \quad \text{et} \quad X_2 = \frac{-4 + 8}{4} = 1.$$

Or $X = x^2$, donc $X = -3$ équivaut à $x^2 = -3$, ce qui est impossible ;
$X = 1$ équivaut à $x^2 = 1$, d'où $x = -1$ ou $x = 1$.
L'équation $2x^4 + 4x^2 - 6 = 0$ admet deux solutions : -1 et 1.

> De telles équations sont appelées *équations bicarrées.*

3 → Énoncé p. 35 *a)* Pour que ces expressions aient un sens, il est nécessaire que $x \neq -2$ et $x \neq 0$. Par suite, on obtient : $\dfrac{x - 1}{x + 2} - \dfrac{1}{x} = 0$. On réduit au même dénominateur, on obtient $\dfrac{x(x - 1) - (x + 2)}{x(x + 2)} = 0$, soit $\dfrac{x^2 - 2x - 2}{x(x + 2)} = 0$.

Or, un quotient est nul si, et seulement si, son numérateur est nul.
Cette équation est donc équivalente à $x^2 - 2x - 2 = 0$, avec $x \neq -2$ et $x \neq 0$.
$\Delta = (-2)^2 - 4(1)(-2) = 4 + 8 = 12$.

Comme $\Delta > 0$, l'équation admet deux solutions :

$$x_1 = \frac{2-\sqrt{12}}{2} = 1-\sqrt{3} \quad \text{et} \quad x_2 = \frac{2+\sqrt{12}}{2} = 1+\sqrt{3}.$$

x_1 et x_2 étant différents de – 2 et de 0, **l'équation $\frac{x-1}{x+2} = \frac{1}{x}$ admet deux solutions : $1-\sqrt{3}$ et $1+\sqrt{3}$.**

b) Pour que ces expressions aient un sens, il est nécessaire que $x \neq 0$.
On obtient $\frac{x-1}{3} + \frac{4}{x} - 2 = 0$; $\frac{x(x-1)+12-6x}{3x} = 0$, soit $\frac{x^2-7x+12}{3x} = 0$.

Or, un quotient est nul si, et seulement si, son numérateur est nul.
Cette équation est donc équivalente à $x^2 - 7x + 12 = 0$ avec $x \neq 0$.
$\Delta = (-7)^2 - 4 \times 12 = 49 - 48 = 1$.
Comme $\Delta > 0$, l'équation admet deux solutions :

$$x_1 = \frac{7-1}{2} = 3 \quad \text{et} \quad x_2 = \frac{7+1}{2} = 4.$$

x_1 et x_2 étant non nuls, **l'équation $\frac{x-1}{3} + \frac{4}{x} = 2$ admet deux solutions : 3 et 4.**

4 → *Énoncé p. 35*

> La résolution du système par la méthode de substitution conduira à une équation du second degré.

a) $\begin{cases} x+y=-4 \\ xy=-5 \end{cases}$ équivaut à $\begin{cases} x=-4-y \\ (-4-y)\,y=-5, \end{cases}$

c'est-à-dire $\begin{cases} x=-4-y \\ -y^2-4y+5=0. \end{cases}$

La seconde équation est du second degré avec :
$\Delta = (-4)^2 - 4\,(-1)(5) = 16 + 20 = 36$.
Cette équation admet deux solutions : $y_1 = \frac{4-6}{-2} = 1$ et $y_2 = \frac{4+6}{-2} = -5$.
Si $y = 1$, alors $x = -4 - 1 = -5$.
Si $y = -5$, alors $x = -4 + 5 = 1$.

Le système $\begin{cases} x+y=-4 \\ xy=-5 \end{cases}$ admet deux solutions : (– 5 ; 1) et (1 ; – 5).

b) $\begin{cases} x+y=8 \\ xy=8 \end{cases}$ équivaut à $\begin{cases} x=8-y \\ (8-y)y=8, \end{cases}$

c'est-à-dire $\begin{cases} x=8-y \\ -y^2+8y-8=0. \end{cases}$

Résolvons la seconde équation :

$$\Delta = (8)^2 - 4\,(-1)(-8) = 64 - 32 = 32.$$

Cette équation admet deux solutions :

$y_1 = \dfrac{-8-\sqrt{32}}{-2} = 4+\sqrt{8} = 4+2\sqrt{2}$ et $y_2 = \dfrac{-8+\sqrt{32}}{-2} = 4-\sqrt{8} = 4-2\sqrt{2}$.

Si $y = 4+2\sqrt{2}$, alors $x = 8-(4+2\sqrt{2}) = 4-2\sqrt{2}$.
Si $y = 4-2\sqrt{2}$, alors $x = 8-(4-2\sqrt{2}) = 4+2\sqrt{2}$.

Le système $\begin{cases} x+y=8 \\ xy=8 \end{cases}$ admet deux solutions :

$$\mathbf{(4-2\sqrt{2}\,;\,4+2\sqrt{2})\ \text{et}\ (4+2\sqrt{2}\,;\,4-2\sqrt{2}).}$$

5 → *Énoncé p. 35* *a)* $f(x) = -2x^2+2x-\dfrac{1}{2}$,

$\Delta = 2^2-4(-2)\left(-\dfrac{1}{2}\right) = 4-4 = 0$.

f admet une racine : $x_0 = \dfrac{-2}{-4} = \dfrac{1}{2}$.

Comme $a = -2$, on déduit $\mathbf{f(x) = -2\left(x-\dfrac{1}{2}\right)^2}$.

b) $f(x) = 2x^2-5x-3$
$\Delta = (-5)^2-4(2)(-3) = 25+24 = 49$.

f admet deux racines distinctes : $x_1 = \dfrac{5-7}{4} = -\dfrac{1}{2}$ et $x_2 = \dfrac{5+7}{4} = 3$.

Comme $a = 2$, on déduit $\mathbf{f(x) = 2(x-3)\left(x+\dfrac{1}{2}\right) = (x-3)(2x+1)}$.

c) $f(x) = -x^2+2x-4$
$\Delta = (2)^2-4(-1)(-4) = 4-16 = -12$.
$\Delta < 0$, le polynôme f n'est pas factorisable dans $\mathbb{R}$.

6 → *Énoncé p. 35* *a)* $f(x) = x^2-3x+4$
$\Delta = (-3)^2-4(1)(4) = 9-16 = -7$.
$\Delta < 0$, alors $f(x)$ est toujours du signe de a.
Or $a = 1$, donc **$f(x) > 0$ pour tout** $x \in \mathbb{R}$.

b) $f(x) = -x^2+3x-1$
$\Delta = (3)^2-4(-1)(-1) = 9-4 = 5$.

f admet deux racines : $x_1 = \dfrac{-3-\sqrt{5}}{-2} = \dfrac{3+\sqrt{5}}{2}$ et $x_2 = \dfrac{-3+\sqrt{5}}{-2} = \dfrac{3-\sqrt{5}}{2}$.

$a = -1$ donc $a < 0$, d'où :

$\mathbf{f(x) < 0}$ **si** $\mathbf{x \in \left]-\infty\,;\,\dfrac{3-\sqrt{5}}{2}\right[\cup \left]\dfrac{3+\sqrt{5}}{2}\,;\,+\infty\right[}$ (extérieur des racines) ;

$\mathbf{f(x) > 0}$ **si** $\mathbf{x \in \left]\dfrac{3-\sqrt{5}}{2}\,;\,\dfrac{3+\sqrt{5}}{2}\right[}$ (intérieur des racines).

c) $f(x) = -\frac{1}{2}x^2 + 3x - \frac{9}{2}$

$$\Delta = (3)^2 - 4\left(\frac{-1}{2}\right)\left(\frac{-9}{2}\right) = 9 - 9 = 0.$$

f admet une racine : $x_0 = \dfrac{-3}{2\left(\frac{-1}{2}\right)} = 3.$

Comme $\Delta = 0$, $f(x)$ est toujours du signe de a (sauf pour $x = 3$, où $f(x) = 0$).

Or $a = -\frac{1}{2}$, donc $\boldsymbol{f(x) < 0}$ **pour tout** $\boldsymbol{x \neq 3}$ **et** $\boldsymbol{f(3) = 0}$**.**

7 → *Énoncé p. 35* *a)* $x^2 - x - 2 > 0$

$\Delta = (-1)^2 - 4(1)(-2) = 1 + 8 = 9.$

Le polynôme a deux racines distinctes :

$$x_1 = \frac{1-3}{2} = -1 \quad \text{et} \quad x_2 = \frac{1+3}{2} = 2.$$

On veut que le polynôme soit strictement positif, c'est-à-dire du signe de a. Il suffit pour cela de prendre x « à l'extérieur des racines ».

L'ensemble des solutions de $\boldsymbol{x^2 - x - 2 > 0}$ **est** $\boldsymbol{]-\infty\,;-1[\,\cup\,]2\,;+\infty[}$ (intervalles ouverts, car inégalité stricte).

> Résoudre une inéquation du second degré passe par la détermination du signe du trinôme et donc par le calcul du discriminant et de ses éventuelles racines.

b) $-\frac{1}{2}x^2 + x - 3 \geqslant 0$

$\Delta = (1)^2 - 4\left(-\frac{1}{2}\right)(-3) = 1 - 6 = -5.$

On veut que le polynôme soit positif, or $-\frac{1}{2}x^2 + x - 3$ est toujours du signe de a puisque $\Delta < 0$.

Comme $a < 0$, **l'inéquation** $\boldsymbol{-\frac{1}{2}x^2 + x - 3 \geqslant 0}$ **n'a pas de solution.**

8 → *Énoncé p. 36* 1° On donne la forme factorisée.

Forme développée : $f(x) = -2x^2 + 16x - 30$.

Forme canonique : $f(x) = -2[(x-4)^2 - 1]$.

Pour résoudre l'équation $f(x) = -30$, il est plus simple d'utiliser la forme développée : pour tout nombre réel x, $f(x) = -30 \Leftrightarrow -2x^2 + 16x - 30 = -30$

$$f(x) = -30 \Leftrightarrow -2x^2 + 16x = 0$$
$$f(x) = -30 \Leftrightarrow -2x(x-8) = 0$$
$$f(x) = -30 \Leftrightarrow x = 0 \text{ ou } x = 8.$$

L'ensemble des solutions est $\boldsymbol{S = \{0\,;\,8\}}$**.**

2° On donne la forme développée.
Pour la forme canonique, on écrit :

$$f(x) = 2\left(x^2 + \frac{5}{2}x + \frac{3}{2}\right) = 2\left[\left(x + \frac{5}{4}\right)^2 - \frac{25}{16} + \frac{3}{2}\right].$$

Forme canonique : $f(x) = 2\left[\left(x + \frac{5}{4}\right)^2 - \frac{1}{16}\right].$

Forme factorisée : $f(x) = 2\left[\left(x + \frac{5}{4}\right) - \frac{1}{4}\right]\left[\left(x + \frac{5}{4}\right) + \frac{1}{4}\right]$

$$f(x) = 2(x + 1)\left(x + \frac{3}{2}\right) = (x + 1)(2x + 3).$$

Pour résoudre l'équation $f(x) = 0$, il est plus simple d'utiliser la forme factorisée.
Pour tout nombre réel x, $f(x) = 0 \Leftrightarrow (x + 1)\ (2x + 3) = 0$
Pour tout nombre réel x, $f(x) = 0 \Leftrightarrow (x + 1) = 0$ ou $(2x + 3) = 0$
Pour tout nombre réel x, $f(x) = 0 \Leftrightarrow x = -1$ ou $x = -\frac{3}{2}$.
L'ensemble des solutions est $\mathbf{S} = \left\{-\frac{3}{2}\ ;\ -1\right\}$.

3° On donne la forme canonique
Forme développée : $f(x) = x^2 - 2x + 5$.
Il n'existe pas de forme factorisée dans $\mathbb{R}$, car une somme de deux carrés ne permet pas l'utilisation de l'identité remarquable $a^2 - b^2 = (a - b)(a + b)$ pour factoriser.
Pour résoudre l'équation $f(x) = 1$, il est plus simple d'utiliser la forme canonique :
pour tout nombre réel x, $f(x) = 1 \Leftrightarrow (x - 1)^2 + 4 = 1$.
Pour tout nombre réel x, $f(x) = 1 \Leftrightarrow (x - 1)^2 = -3$.
Le carré d'un nombre réel étant de signe positif ou nul, il n'existe aucun nombre réel tel que $(x - 1)^2 = -3$.
L'équation n'admet donc aucune solution.

9 → *Énoncé p. 36* 1° $OM^2 = x^2 + y^2$ avec $y = 2x + 2$.
Donc $\boldsymbol{OM^2 = x^2 + (2x + 2)^2}$.

2° En développant, on obtient :

$$f(x) = x^2 + 4x^2 + 8x + 4,$$

soit $f(x) = 5x^2 + 8x + 4$.
f étant une fonction polynôme de degré 2, sa courbe représentative dans un repère orthonormal du plan est une parabole de sommet S.
L'abscisse de S est $\boldsymbol{x_S} = \frac{-8}{2 \times 5} = \boldsymbol{-\frac{4}{5}}$; l'ordonnée du point S est : $y_S = f\left(-\frac{4}{5}\right) = \boldsymbol{\frac{4}{5}}$.

3° La fonction f est décroissante sur l'intervalle $\left]-\infty\ ;\ -\frac{4}{5}\right]$, croissante sur $\left[-\frac{4}{5}\ ;\ +\infty\right[$; f atteint son minimum en $-\frac{4}{5}$.

Le point M_0 de la droite $\mathcal{D}$ tel que OM^2 est minimal a pour abscisse $\boldsymbol{x = -\frac{4}{5}}$ et pour ordonnée $\boldsymbol{y} = 2 \times \left(-\frac{4}{5}\right) + 2 = \boldsymbol{\frac{2}{5}}$.

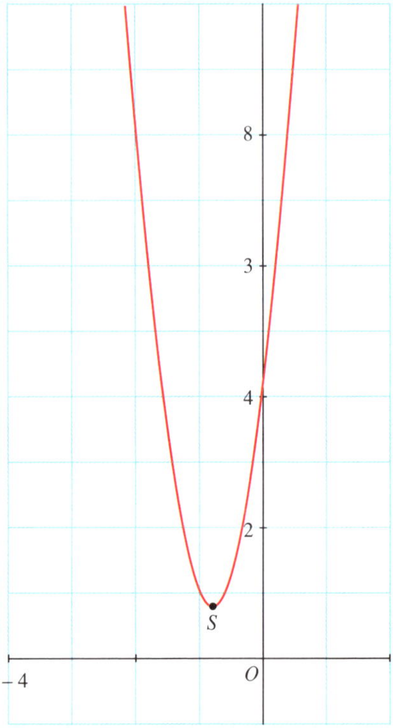

> Ne pas confondre ici l'ordonnée du point M_0 de la droite $\mathcal{D}$ avec l'ordonnée du sommet S de la parabole représentant la fonction f.

4° On cherche les valeurs de x pour lesquelles $f(x) = 8$.
Pour tout réel x, $f(x) = 8 \Leftrightarrow 5x^2 + 8x - 4 = 0$.
Le discriminant est $\Delta = 8^2 - 4 \times 5 \times (-4) = 144$.
$\Delta > 0$; l'équation admet deux solutions dans $\mathbb{R}$:

$$x_1 = \frac{-8-12}{2 \times 5} = -2 \quad \text{et} \quad x_2 = \frac{-8+12}{2 \times 5} = \frac{2}{5}.$$

Les deux points de la droite $\mathcal{D}$ tels que $OM = \sqrt{8}$ sont $M_1(-2\ ;\ -2)$ et $M_2\left(\frac{2}{5}\ ;\ \frac{14}{5}\right)$.

5°

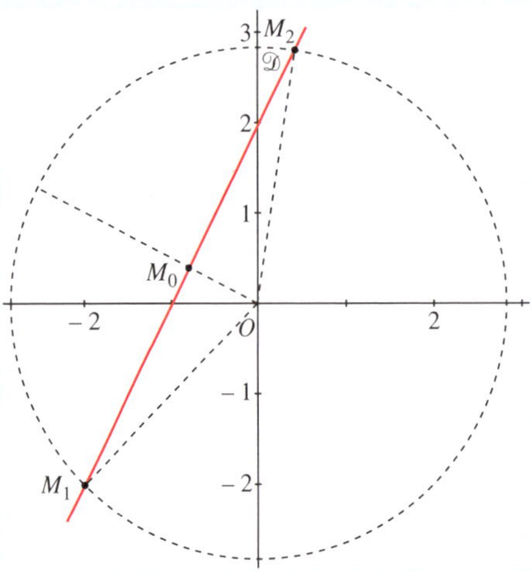

On a représenté le cercle de centre O, de rayon $\sqrt{8}$, coupant la droite $\mathcal{D}$ aux points M_1 et M_2.
On pourra observer que le point M_0 est le projeté orthogonal de l'origine O sur la droite $\mathcal{D}$.

10 → *Énoncé p. 36*

Variables

A, B, C, X, FX, H, Xmin, Xmax : nombres réels

Traitement

Saisir A, B, C, Xmin, Xmax, H
Affecter à X la valeur Xmin
Tant que (X ⩽ Xmax) **faire**
Afficher « x = »; X
Affecter à FX la valeur $AX^2 + BX + C$
Afficher « f(x) = »; FX
Affecter à X la valeur X+H
Fin Tant que

11 → *Énoncé p. 37* 1° La parabole représentant f a pour sommet $S(-1\ ;4)$, alors $f(x)$ est de la forme $a(x+1)^2+4$.

De plus, elle passe par $A(0\ ;3)$, alors $f(0)=3$, d'où $a+4=3$, c'est-à-dire $a=-1$.

Dans ce cas, pour tout $x \in \mathbb{R}$, $f(x) = -(x+1)^2+4$, c'est-à-dire, en développant, $f(x) = -x^2-2x+3$.

On a donc $a=-1$, $b=-2$ et $c=3$.

2° *a)* D'après la question précédente, les coordonnées du sommet de $\mathcal{P}$ sont $(-1\ ;4)$ et comme a est négatif, on obtient le tableau suivant :

x	$-\infty$	-1	$+\infty$
$f(x)$	$-\infty$ ↗	4	↘ $-\infty$

b) On calcule les coordonnées de quelques points et on trace la parabole $\mathcal{P}$ tournée vers le bas dans le repère donné.

3° *a)* On a $f(-2) = -(-2)^2 - 2\times(-2)+3 = -4+4+3 = 3$.

$\mathcal{P}$ passe donc bien par le point $A(-2\ ;3)$.

b) La droite $\mathcal{D}$ a une équation de la forme $y = -\dfrac{3}{2}x + b$, où b est un réel.

Comme $\mathcal{D}$ passe par A, on a $3 = -\dfrac{3}{2}\times(-2)+b$, d'où $b=0$.

La droite $\mathcal{D}$ a donc pour équation $y = -\dfrac{3}{2}x$.

c) Les abscisses des points d'intersection de $\mathcal{P}$ et de $\mathcal{D}$ sont solutions de l'équation $-x^2-2x+3 = -\dfrac{3}{2}x$ qui est équivalente à $-x^2-\dfrac{1}{2}x+3=0$ et donc à $-2x^2-x+6=0$.

Cette dernière équation a pour discriminant $\Delta = 49$ et pour solutions $x_1 = -2$ et $x_2 = \frac{3}{2}$.

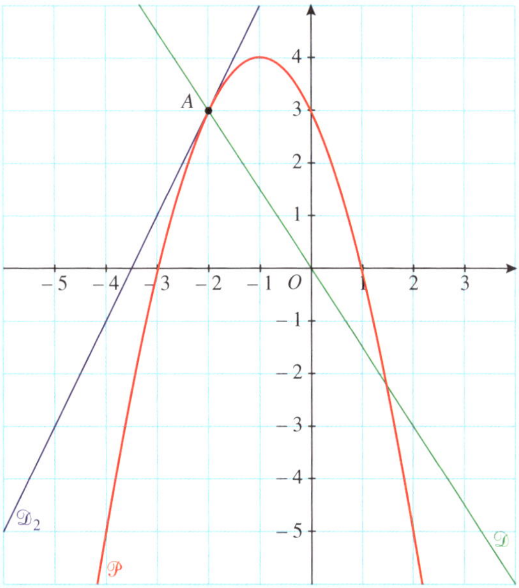

x_1 est l'abscisse du point A et donc x_2 est l'abscisse de l'autre point d'intersection. On calcule son ordonnée à l'aide de l'équation de $\mathscr{D}$.

L'autre point d'intersection de $\mathscr{P}$ et de $\mathscr{D}$ a pour coordonnées $\left(\frac{3}{2} ; -\frac{9}{4}\right)$.

d) On remarque que la droite $\mathscr{D}$ passe par l'origine du repère (voir graphique).

4° *a)* Pour tout $m \in \mathbb{R}$,

$m \times (-2) + 2m + 3 = -2m + 2m + 3$
$= 3.$

Les coordonnées de A vérifient l'équation de $\mathscr{D}_m$, donc **A appartient bien à $\mathscr{D}_m$ pour tout réel m.**

b) Les abscisses des points d'intersection de $\mathscr{P}$ et de $\mathscr{D}_m$ sont solutions de l'équation $-x^2 - 2x + 3 = mx + 2m + 3$.

Cette équation est équivalente à $-x^2 - (2 + m)x - 2m = 0$.

$\Delta = (-(m+2))^2 - 4 \times (-1) \times (-2m) = m^2 + 4m + 4 - 8m$
$= m^2 - 4m + 4 = (m-2)^2$.

On en déduit que $\mathscr{P}$ et $\mathscr{D}_m$ n'ont qu'un seul point d'intersection si et seulement si $\Delta = 0$, soit $\boldsymbol{m = 2}$.

c) Dans le cas où $m = 2$, **$\mathscr{D}_2$ a pour équation $y = 2x + 7$.**

On dit que la droite $\mathscr{D}_2$ est tangente à la parabole p au point A.

12 → *Énoncé p. 37* 1° Le périmètre est $\boldsymbol{P = 2x + 2y}$.

$2x + 2y = 500 \Leftrightarrow x + y = 250 \Leftrightarrow \boldsymbol{y = 250 - x}$.

2° La mesure d'un côté est un nombre réel positif ou nul, inférieur ou égal au demi-périmètre. **x et y varient dans l'intervalle $I = [0 ; 250]$** .

3° L'aire est le produit xy. Donc $\boldsymbol{f(x) = x(250 - x)}$ pour tout x de l'intervalle $[0 ; 250]$.

4° f est une fonction polynôme du second degré : $f(x) = -x^2 + 250x$.

Le sommet S de la parabole $\mathscr{P}$ a pour abscisse $x_S = \frac{-250}{2 \times (-1)} = \mathbf{125}$;

l'ordonnée du point S est : $f(125) = -125^2 + 250 \times 125 = \mathbf{15\,625}$.
(Voir figure page suivante.)

5° L'aire est maximale pour $x = 125$; alors $y = 125$: le rectangle est donc un carré de 125 m de côté.

L'aire maximale est 15 625 m².

La fonction f présente un maximum, car le coefficient a de x^2 est négatif.

6° 15 625 : 2 = 7 812,5.

On résout l'équation $f(x) = 7\,812{,}5$, avec x élément de l'intervalle $[0; 250]$.

$f(x) = 7\,812{,}5 \Leftrightarrow -x^2 + 250x - 7\,812{,}5 = 0$.

Le discriminant de l'équation est $\Delta = 250^2 - 4 \times (-1) \times (-7\,812{,}5) = 31\,250$.

Le discriminant étant positif, l'équation admet deux solutions réelles :

$x_1 = \dfrac{-250 - \sqrt{31\,250}}{-2}$, soit $x_1 \approx$ **213,4** ;

$x_2 = \dfrac{-250 + \sqrt{31\,250}}{-2}$, soit $x_2 \approx$ **36,6**.

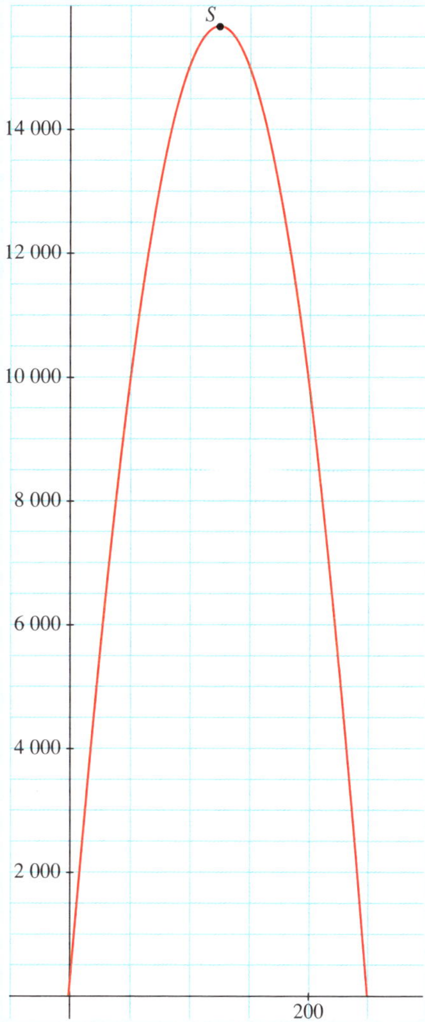

CHAPITRE

3 Dérivation en un point

1 Notion de limite finie d'une fonction en 0

Conformément aux directives du programme, nous ne donnons pas de définition de la limite d'une fonction en 0.

■ Cependant, on comprendra qu'une fonction f admet une limite l en 0 si $f(x)$ peut devenir aussi « proche » de l que l'on veut, à condition que toutes les valeurs de x soient « suffisamment proches » de 0.

Si une fonction f admet une limite l en 0, on notera $\lim\limits_{x \to 0} f(x) = l$.

■ On admettra le résultat suivant valable pour **les fonctions usuelles étudiées en première.**

Si f est définie en 0, alors $\lim\limits_{x \to 0} f(x) = f(0)$.

■ Pour déterminer la limite d'une fonction f en 0, on utilisera souvent les transformations d'écriture.

2 Nombre dérivé en un point

Soit f une fonction numérique définie sur un intervalle I contenant le réel a.

On dit que la fonction f est **dérivable** en a si le rapport $\dfrac{f(a+h)-f(a)}{h}$ admet une limite finie L lorsque h tend vers 0.

Le réel L s'appelle le « nombre dérivé de f en a » et se note $f'(a)$.

■ Autrement dit :

si f est dérivable en a, alors $\lim\limits_{h \to 0} \dfrac{f(a+h)-f(a)}{h} = f'(a)$.

En posant $x = a + h$, on a :

si f est dérivable en a, alors $\lim\limits_{x \to a} \dfrac{f(x)-f(a)}{x-a} = f'(a)$.

Remarque :

Le réel $\dfrac{f(a+h)-f(a)}{h}$ est le taux d'accroissement de la fonction f entre les réels a et $a + h$.

3 Interprétation graphique

Soit $\mathscr{C}$ la courbe représentative de f dans un repère orthonormal $(O ; I ; J)$.
Si f est dérivable en a, alors $\mathscr{C}$ admet au point A de coordonnées $(a ; f(a))$ une tangente de coefficient directeur $f'(a)$.

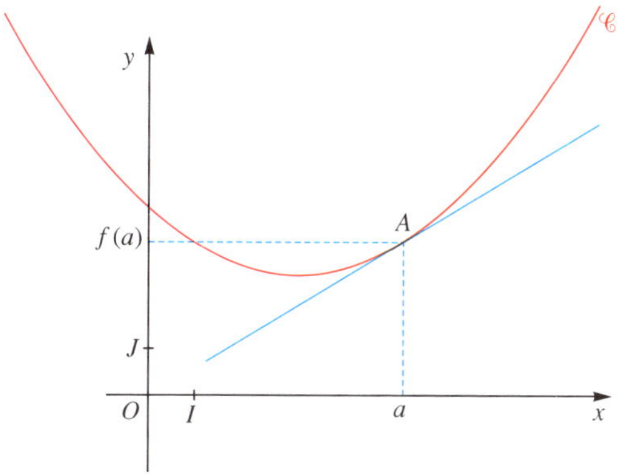

Ainsi :

Si f est dérivable en a, la tangente à la courbe $\mathscr{C}$ au point A de coordonnées $(a ; f(a))$ a pour équation :

$$y = f'(a)(x-a) + f(a).$$

1 Calculer le nombre dérivé d'une fonction en un point

EXERCICE TYPE

1° Soit la fonction f définie par $f(x) = x^2 + 3x - 1$.
Montrer que f est dérivable en 1 et calculer le nombre dérivé de f en 1.

2° Soit la fonction f définie par $f(x) = \dfrac{x-1}{x+3}$.
Montrer que f est dérivable en -2 et calculer le nombre dérivé de f en -2.

3° Soit la fonction f définie par $f(x) = \sqrt{x+4}$.
Montrer que f est dérivable en 0 et calculer le nombre dérivé de f en 0.

CORRIGÉ COMMENTÉ

1° Appliquons la définition de la fonction dérivable en a avec $a = 1$.
Calculons $\dfrac{f(1+h)-f(1)}{h}$ pour tout $h \neq 0$, afin d'en déterminer la limite lorsque h tend vers 0.

$$\begin{aligned} f(1+h) &= (1+h)^2 + 3(1+h) - 1 \\ &= 1 + 2h + h^2 + 3 + 3h - 1 \\ &= h^2 + 5h + 3. \end{aligned}$$

Or $f(1) = 3$ donc, pour tout $h \neq 0$,

$$\frac{f(1+h)-f(1)}{h} = \frac{h^2+5h+3-3}{h} = \frac{h^2+5h}{h} = h+5.$$

Alors $\displaystyle\lim_{h\to 0} \frac{f(1+h)-f(1)}{h} = \lim_{h\to 0}(h+5) = 5.$

Cette égalité prouve que **f est dérivable en 1 ; de plus, $f'(1) = 5$.**

2° Appliquons la définition de la fonction dérivable en a, avec $a = -2$.
Calculons $f(-2+h)$, pour tout réel h non nul (avec $-2+h \neq -3$) :

$$f(-2+h) = \frac{-2+h-1}{-2+h+3} = \frac{h-3}{h+1}.$$

Calculons $\dfrac{f(-2+h)-f(-2)}{h}$ afin d'en déterminer la limite quand h tend vers 0.

$f(-2+h) = \dfrac{h-3}{h+1}$ et $f(-2) = \dfrac{-3}{1} = -3$,

d'où $\dfrac{f(-2+h)-f(-2)}{h} = \dfrac{\dfrac{h-3}{h+1}+3}{h} = \dfrac{h-3+3(h+1)}{h(h+1)}$ après réduction au même dénominateur ;

ainsi, $\dfrac{f(-2+h)-f(-2)}{h} = \dfrac{4h}{h(h+1)} = \dfrac{4}{h+1}$, car $h \neq 0$.

Alors $\lim\limits_{h \to 0} \dfrac{f(-2+h)-f(-2)}{h} = \lim\limits_{h \to 0} \dfrac{4}{h+1} = 4$.

f est dérivable en – 2 et $f'(-2) = 4$.

3° Appliquons la définition de la fonction dérivable en a avec $a = 0$.

Pour tout réel h non nul (avec $h \geqslant -4$), calculons $\dfrac{f(0+h)-f(0)}{h}$ afin d'en déterminer la limite quand h tend vers 0.

$$\frac{f(0+h)-f(0)}{h} = \frac{f(h)-f(0)}{h} = \frac{\sqrt{h+4}-2}{h}.$$

On applique ici la technique de la « quantité conjuguée » en multipliant numérateur et dénominateur par $\sqrt{h+4}+2$, alors :

$$\frac{f(0+h)-f(0)}{h} = \frac{(\sqrt{h+4}-2)(\sqrt{h+4}+2)}{h(\sqrt{h+4}+2)} = \frac{(\sqrt{h+4})^2-2^2}{h(\sqrt{h+4}+2)}$$

$$= \frac{h+4-4}{h(\sqrt{h+4}+2)} = \frac{h}{h(\sqrt{h+4}+2)} = \frac{1}{\sqrt{h+4}+2}.$$

> $\sqrt{a} - b$ est appelé *quantité conjuguée* de $\sqrt{a} + b$.

D'où $\lim\limits_{h \to 0} \dfrac{f(0+h)-f(0)}{h} = \lim\limits_{h \to 0} \dfrac{1}{\sqrt{h+4}+2} = \dfrac{1}{\sqrt{4}+2} = \dfrac{1}{4}$.

Donc f définie par $f(x) = \sqrt{x+4}$ est dérivable en 0 et $f'(0) = \dfrac{1}{4}$.

À RETENIR

- Pour **montrer qu'une fonction f est dérivable** en un réel a à l'aide de la définition, il faut **calculer le taux d'accroissement** $\dfrac{f(a+h)-f(a)}{h}$ afin d'en chercher **la limite** lorsque h tend vers 0.
Pour cela, on sera amené à utiliser des transformations d'écritures (réduction au même dénominateur, méthode de la « quantité conjuguée », simplification par h…).
- La fonction f est dérivable en a si ce taux d'accroissement **admet une limite finie** (c'est-à-dire un réel) lorsque h tend vers 0.
- **La valeur de cette limite** est égale **au nombre dérivé de f en a.**

2 Déterminer graphiquement un nombre dérivé

EXERCICE TYPE

Le graphique ci-dessous donne la courbe $\mathscr{C}$ représentative d'une fonction f définie sur l'intervalle [– 2 ; 4] ainsi qu'un certain nombre de ses tangentes :

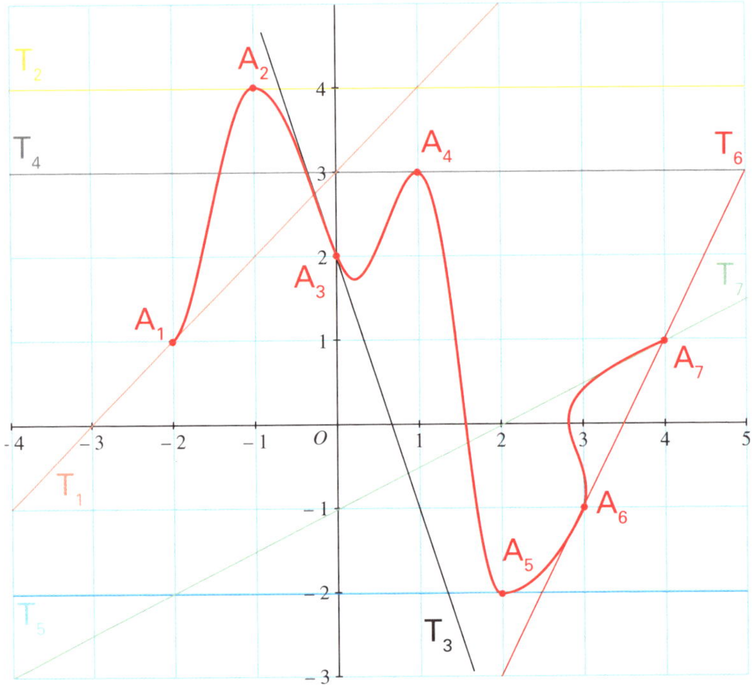

Déterminer graphiquement les valeurs de $f'(a)$ pour $a \in \{-2 ; -1 ; 0 ; 1 ; 2 ; 3 ; 4\}$.

CORRIGÉ COMMENTÉ

D'après une propriété du cours, lorsque la fonction f est dérivable en a, $f'(a)$ est le coefficient directeur de la droite tangente à la courbe représentative de f au point d'abscisse a.

• $f'(-2)$ est donc le coefficient directeur de la tangente à la courbe $\mathscr{C}$ au point d'abscisse – 2. Ce point est le point de coordonnées (– 2 ; 1).
La tangente à $\mathscr{C}$ en ce point est la droite tracée en orange sur la figure.

On rappelle que le coefficient directeur d'une droite (AB) est le nombre réel $a = \dfrac{y_B - y_A}{x_B - x_A}$.

Cette droite passe par les points de coordonnées (– 2 ; 1) et (0 ; 3).

Son coefficient directeur est donc $\frac{3-1}{0-(-2)} = \frac{2}{2} = 1$. On a alors $\mathbf{f'(-2) = 1}$.

• $f'(-1)$ est le coefficient directeur de la tangente à la courbe $\mathscr{C}$ au point d'abscisse – 1. Ce point est le point de coordonnées (– 1 ; 4).
La tangente à $\mathscr{C}$ en ce point est la droite tracée en jaune sur la figure. Cette droite est parallèle à l'axe des abscisses. Son coefficient directeur est donc nul. On a alors $\mathbf{f'(-1) = 0}$.

• La tangente au point de $\mathscr{C}$ d'abscisse 0 (en noir sur la figure) passe par les points de coordonnées (0 ; 2) et (1 ; – 1).
Son coefficient directeur est alors $\frac{-1-2}{1-0} = -3$.
D'où $\mathbf{f'(0) = -3}$.

• Les tangentes aux points de $\mathscr{C}$ d'abscisses 1 et 2 (respectivement tracées en gris et en bleu) sont parallèles à l'axe des abscisses. On a alors $\mathbf{f'(1) = 0}$ et $\mathbf{f'(2) = 0}$.

• La tangente au point de $\mathscr{C}$ d'abscisse 3 (en rouge sur la figure) passe par les points de coordonnées (3 ; – 1) et (4 ; 1).
Son coefficient directeur est alors $\frac{1-(-1)}{4-3} = \frac{2}{1} = 2$.
D'où $\mathbf{f'(3) = 2}$.

• Enfin, la tangente au point de $\mathscr{C}$ d'abscisse 4 (en vert sur la figure) passe par les points de coordonnées (4 ; 1) et (2 ; 0).
Son coefficient directeur est alors $\frac{0-1}{2-4} = \frac{-1}{-2} = \frac{1}{2}$.
D'où $\mathbf{f'(4) = \frac{1}{2}}$.

À RETENIR

• Le **nombre dérivé de *f* en *a*** (c'est-à-dire $f'(a)$) est le **coefficient directeur** de la tangente à la courbe représentative de *f* **en son point d'abscisse *a*.**
• Si la tangente est **parallèle à l'axe des abscisses**, alors son coefficient directeur est nul et $f'(a) = 0$.
• Si la tangente n'est pas parallèle à l'axe des abscisses, son coefficient directeur (et donc $f'(a)$) s'obtient par la formule $\frac{y_B - y_A}{x_B - x_A}$ où $(x_A ; y_A)$ et $(x_B ; y_B)$ sont les coordonnées de deux points distincts A et B de cette tangente. On choisira, si possible, des points à coordonnées entières.

3 Déterminer l'équation d'une tangente à une courbe de fonction dérivable

EXERCICE TYPE

Déterminer, pour chacune des fonctions suivantes, une équation de la tangente à la courbe représentative $\mathscr{C}$ au point A d'abscisse a.

1° $f(x) = 2x^2 + 3x - 4$ et $a = 1$.

2° $f(x) = \dfrac{x-1}{x+1}$ et $a = -2$.

CORRIGÉ COMMENTÉ

1° Il s'agit d'appliquer la formule $y = f'(a)(x-a) + f(a)$ avec $a = 1$.
$f(1) = 2 + 3 - 4 = 1$.
Pour calculer $f'(1)$, il faut pour l'instant se reporter à la définition :

$$\frac{f(1+h)-f(1)}{h} = \frac{2(1+h)^2 + 3(1+h) - 4 - 1}{h}$$

$$= \frac{2h^2 + 4h + 2 + 3 + 3h - 4 - 1}{h} = \frac{2h^2 + 7h}{h} = 2h + 7.$$

$$\lim_{h \to 0} \frac{f(1+h)-f(1)}{h} = \lim_{h \to 0} (2h+7) = 7.$$

***f* est dérivable en 1 et *f*'(1) = 7.**

La tangente à $\mathscr{C}$ en A a pour équation :

$y = f'(1)(x-1) + f(1)$

c'est-à-dire $y = 7(x-1) + 1$

et donc $\boldsymbol{y = 7x - 6}$.

2° $f(-2) = \dfrac{-2-1}{-2+1} = \dfrac{-3}{-1} = 3$.

$$\frac{f(-2+h)-f(-2)}{h} = \frac{\dfrac{-2+h-1}{-2+h+1} - 3}{h} = \frac{\dfrac{h-3}{h-1} - 3}{h} = \frac{\dfrac{h-3-3(h-1)}{h-1}}{h} = \frac{-2h}{(h-1)h} = \frac{-2}{h-1}.$$

$$\lim_{h \to 0} \frac{f(-2+h)-f(-2)}{h} = \lim_{h \to 0} \frac{-2}{h-1} = 2.$$

f est dérivable en -2 et $f'(-2) = 2$.

La tangente à $\mathscr{C}$ en A a pour équation :

$y = f'(-2)(x+2) + f(-2)$

c'est-à-dire $y = 2(x+2) + 3$

et donc $\boldsymbol{y = 2x + 7}$.

À RETENIR

Pour **déterminer une équation de la tangente** à la courbe de f au point d'abscisse a, il suffit d'**appliquer la formule** :

$$y = f'(a)(x - a) + f(a).$$

Pour cela, on doit **calculer $f(a)$**, puis **déterminer $f'(a)$** en se reportant (pour l'instant) à la définition du nombre dérivé.

Exercices d'entraînement

1 ★★ 15 min 1° Soit la fonction f définie par $f(x) = -2x^2 + 3x - 1$.
Montrer que f est dérivable en -1 et calculer le nombre dérivé de f en -1.

2° Soit la fonction f définie par $f(x) = \dfrac{x}{x-1}$.

Montrer que f est dérivable en 2 et calculer le nombre dérivé de f en 2.

→ Corrigé p. 58

2 ★★ 15 min 1° Soit la fonction f définie par $f(x) = x^3 + 2x^2 - x + 1$.
Montrer que f est dérivable en 0 et calculer $f'(0)$.

2° Soit la fonction f définie par $f(x) = \sqrt{x+3}$.
Montrer que f est dérivable en -2 et calculer le nombre dérivé de f en -2.
(Vous utiliserez la technique de la « quantité conjuguée ».)

→ Corrigé p. 58

3 ★ 10 min Soit la fonction f définie par $f(x) = 2x^2 - x + 3$.
Montrer que, pour tout réel a, f est dérivable en a et calculer $f'(a)$.

(Vous chercherez la limite en 0 de $\dfrac{f(a+h) - f(a)}{h}$ en gardant a sous forme littérale.)

→ Corrigé p. 59

4 ★ 5 min Le graphique ci-dessous donne la courbe représentative $\mathscr{C}$ d'une fonction f définie et dérivable sur $[-2 ; 4]$ ainsi que certaines de ses tangentes :

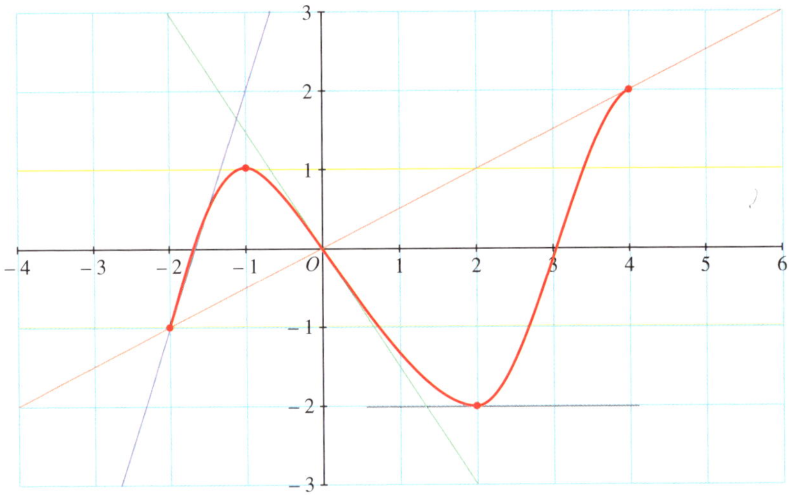

Déterminer graphiquement les valeurs de $f'(a)$ pour $a \in \{-2 ; -1 ; 0 ; 2 ; 4\}$.

→ Corrigé p. 59

5 ★ **10 min** Une fonction f, définie et strictement croissante sur l'intervalle $[-1 ; 3]$ est telle que :

- $f(-1) = -1$ et $f'(-1) = 3$
- $f(1) = 1$ et $f'(1) = 0$
- $f(3) = 2$ et $f'(3) = 1$

1° Déterminer les équations des tangentes à la courbe représentative $\mathscr{C}$ de f aux points A, B, C d'abscisses respectives -1, 1, 3.

2° Construire, dans un repère orthonormal, une courbe pouvant représenter la fonction f, ainsi que les tangentes.

→ Corrigé p. 59

6 ★ **15 min** Déterminer, pour chacune des fonctions f suivantes, une équation de la tangente à la courbe représentative $\mathscr{C}$ au point A d'abscisse a.

1° $f(x) = -3x^2 + 2x - 4$, $a = 1$.

2° $f(x) = \dfrac{x}{x-1}$, $a = 2$ (voir méthode 1, page 50).

3° $f(x) = \sqrt{x+3}$, $a = -2$ (voir méthode 2, page 52).

→ Corrigé p. 60

Exercices-bilans

7 ★★★ **20 min** Soit la fonction f définie sur $\mathbb{R}$ par $f(x) = -x^2 + 2x - 4$ et $\mathscr{C}$ sa courbe représentative dans un repère $(O ; I ; J)$.

1° Déterminer une équation de la tangente (T_a) à la courbe $\mathscr{C}$ au point A d'abscisse a.

2° En déduire les coordonnées des deux points A_1 et A_2 de $\mathscr{C}$ appartenant respectivement aux tangentes (T_1) et (T_2) qui passent par l'origine du repère.
Donner les équations de (T_1) et de (T_2).

3° Construire $\mathscr{C}$, (T_1) et (T_2).

→ Corrigé p. 61

1 → Énoncé p. 56 1° On applique la définition avec $a = -1$.

$$\frac{f(-1+h)-f(-1)}{h} = \frac{-2(-1+h)^2+3(-1+h)-1-(-6)}{h}$$
$$= \frac{-2+4h-2h^2-3+3h+5}{h} = \frac{-2h^2+7h}{h} = -2h+7.$$

Alors $\lim\limits_{h \to 0} \frac{f(-1+h)-f(-1)}{h} = \lim\limits_{h \to 0}(-2h+7) = 7$.

f définie par $f(x) = -2x^2+3x-1$ est dérivable en -1 et $f'(-1) = 7$.

2° On applique la définition avec $a = 2$.

$$\frac{f(2+h)-f(2)}{h} = \frac{\frac{2+h}{2+h-1}-2}{h} = \frac{\frac{2+h}{1+h}-2}{h} = \frac{\frac{2+h}{1+h}-\frac{2+2h}{1+h}}{h} = \frac{\frac{-h}{1+h}}{h} = \frac{-1}{1+h}.$$

Alors $\lim\limits_{h \to 0} \frac{f(2+h)-f(2)}{h} = \lim\limits_{h \to 0} \frac{-1}{1+h} = -1$.

f définie par $f(x) = \frac{x}{x-1}$ est dérivable en 2 et $f'(2) = -1$.

2 → Énoncé p. 56 1° On applique la définition avec $a = 0$.

$$\frac{f(0+h)-f(0)}{h} = \frac{f(h)-1}{h} = \frac{h^3+2h^2-h}{h} = h^2+2h-1.$$

Alors $\lim\limits_{h \to 0} \frac{f(0+h)-f(0)}{h} = \lim\limits_{h \to 0} h^2+2h-1 = -1$.

Donc f définie par $f(x) = x^3+2x^2-x+1$ est dérivable en 0 et $f'(0) = -1$.

2° On applique la définition avec $a = -2$.

$$\frac{f(-2+h)-f(-2)}{h} = \frac{\sqrt{-2+h+3}-1}{h} = \frac{\sqrt{h+1}-1}{h}.$$

On applique la technique de la « quantité conjuguée » en multipliant par $\sqrt{1+h}+1$, alors :

$$\frac{f(-2+h)-f(-2)}{h} = \frac{(\sqrt{h+1}-1)(\sqrt{h+1}+1)}{h(\sqrt{h+1}+1)} = \frac{(\sqrt{h+1})^2-1}{h(\sqrt{h+1}+1)}$$
$$= \frac{h+1-1}{h(\sqrt{h+1}+1)} = \frac{h}{h(\sqrt{h+1}+1)} = \frac{1}{\sqrt{h+1}+1}.$$

D'où $\lim\limits_{h \to 0} \frac{f(-2+h)-f(-2)}{h} = \lim\limits_{h \to 0} \frac{1}{\sqrt{h+1}+1} = \frac{1}{2}$.

Donc f définie par $f(x) = \sqrt{x+3}$ est dérivable en -2 et $f'(-2) = \frac{1}{2}$.

3 → *Énoncé p. 56* On applique la définition en prenant a, réel fixé.

$$\frac{f(a+h)-f(a)}{h} = \frac{2(a+h)^2-(a+h)+3-(2a^2-a+3)}{h}$$

$$= \frac{2a^2+4ah+2h^2-a-h+3-2a^2+a-3}{h} = \frac{2h^2+(4a-1)h}{h} = 2h+4a-1.$$

Dans ce cas, $\lim\limits_{h\to 0} \dfrac{f(a+h)-f(a)}{h} = \lim\limits_{h\to 0}(2h+4a-1) = 4a-1.$

Donc f définie par $f(x) = 2x^2 - x + 3$ est dérivable en a, pour tout réel a, et $f'(a) = 4a - 1$.

Remarque : La fonction qui à tout réel a associe $f'(a) = 4a - 1$ est la fonction dérivée de f (*voir chapitre* 4).

4 → *Énoncé p. 56* • $f'(-2)$ est le coefficient directeur de la tangente à $\mathscr{C}$ au point d'abscisse – 2 (tracée en bleu sur la figure).
Cette tangente passe par les points de coordonnées (– 2 ; – 1) et (– 1 ; 2).
Son coefficient directeur est $\dfrac{2-(-1)}{-1-(-2)} = \dfrac{3}{1} = 3$. D'où $\boldsymbol{f'(-2) = 3}$.

• La tangente à $\mathscr{C}$ au point d'abscisse –1 (tracée en jaune) est parallèle à l'axe des abscisses.
Alors $\boldsymbol{f'(-1) = 0}$.

• La tangente à $\mathscr{C}$ à l'origine (tracée en vert) passe par O et le point de coordonnées (2 ; – 3).
Son coefficient directeur est $\dfrac{-3-0}{2-0} = -\dfrac{3}{2}$. D'où $\boldsymbol{f'(0) = -\dfrac{3}{2}}$.

• La tangente à $\mathscr{C}$ au point d'abscisse 2 (tracée en gris) est parallèle à l'axe des abscisses.
Alors $\boldsymbol{f'(2) = 0}$.

• La tangente à $\mathscr{C}$ au point d'abscisse 4 (tracée en orange) passe par le point de coordonnées (4 ; 2) et par l'origine O.
Son coefficient directeur est $\dfrac{2-0}{4-0} = \dfrac{1}{2}$. D'où $\boldsymbol{f'(4) = \dfrac{1}{2}}$.

5 → *Énoncé p. 57* 1° D'après la formule du cours, la tangente à $\mathscr{C}$ au point d'abscisse – 1 a pour équation :
$y = f'(-1)(x-(-1)) + f(-1)$, c'est-à-dire $y = 3(x+1) - 1$ soit $\boldsymbol{y = 3x + 2}$.
La tangente à $\mathscr{C}$ au point d'abscisse 1 a pour équation :
$y = f'(1)(x-1) + f(1)$, c'est-à-dire $y = 0 \times (x-1) + 1$ soit $\boldsymbol{y = 1}$.
La tangente à $\mathscr{C}$ au point d'abscisse 3 a pour équation :
$y = f'(3)(x-3) + f(3)$, c'est-à-dire $y = (x-3) + 2$ soit $\boldsymbol{y = x - 1}$.

2° La courbe représentative de f passe par le point de coordonnée $A(-1\ ;\ -1)$ car $f(-1) = -1$ et a, en ce point, une tangente d'équation $y = 3x + 2$ d'après la question 1°.
Cette tangente passe également par le point de coordonnées $(0\ ;\ 2)$ par exemple.
On peut donc placer A sur le graphique et tracer la tangente en A.
$\mathscr{C}$ passe par le point $B(1\ ;\ 1)$ et, comme $f'(1) = 0$, admet en ce point une tangente parallèle à l'axe des abscisses.
Enfin, $\mathscr{C}$ passe par le point $C(3\ ;\ 2)$ et a en ce point une tangente d'équation $y = x - 1$.
Cette tangente passe également par le point de coordonnées $(2\ ;\ 1)$ par exemple.
On place alors C et on trace la tangente en C.
La courbe $\mathscr{C}$ doit alors passer par les points A, B et C et être tangente en ces points aux droites tracées précédemment :

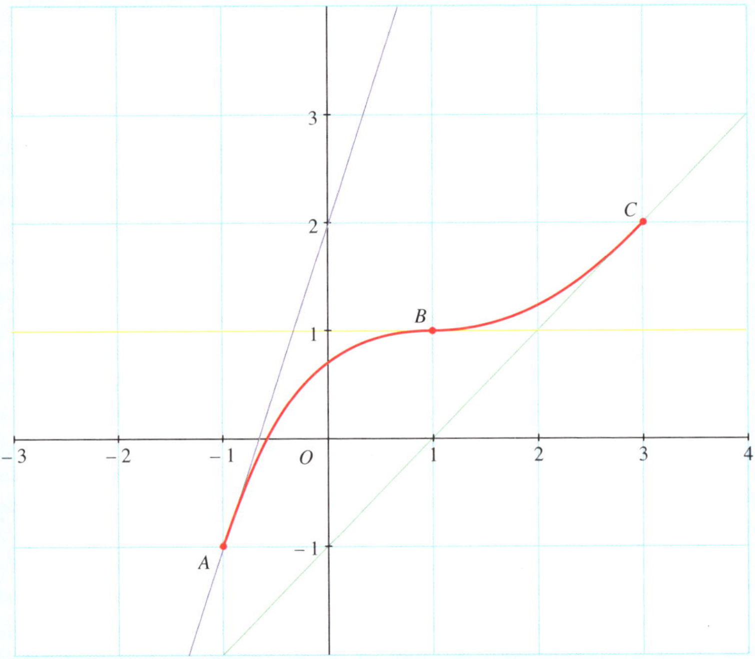

Il existe une infinité de fonctions, donc de courbes, vérifiant les conditions imposées.

6 → *Énoncé p. 57* 1° Il s'agit d'appliquer la formule $y = f'(a)(x - a) + f(a)$ avec $a = 1$.
$f(1) = -3 + 2 - 4 = -5$.

Pour calculer $f'(1)$, il faut pour l'instant se reporter à la définition :

$$\frac{f(1+h)-f(1)}{h} = \frac{-3(1+h)^2+2(1+h)-4+5}{h} = \frac{-3h^2-6h-3+2+2h-4+5}{h}$$

$$= \frac{-3h^2-4h}{h} = -3h-4.$$

$$\lim_{h \to 0} \frac{f(1+h)-f(1)}{h} = \lim_{h \to 0} -3h-4 = -4.$$

f est dérivable en 1 et $f'(1) = -4$.

La tangente à $\mathscr{C}$ en A a pour équation :

$$y = f'(1)(x-1)+f(1)$$
$$y = -4(x-1)-5$$
$$\mathbf{y = -4x-1.}$$

2° La tangente à $\mathscr{C}$ au point d'abscisse 2 a pour équation :
$y = f'(2)(x-2)+f(2)$.
Or $f(2) = 2$ et $f'(2) = -1$ (calcul effectué à l'exercice **1** 2°).
La tangente à $\mathscr{C}$ en A a donc pour équation : $y = -1(x-2)+2$ soit $\mathbf{y = -x+4}$**.**

3° La tangente à $\mathscr{C}$ au point d'abscisse -2 a pour équation :
$y = f'(-2)(x+2)+f(-2)$.

Or $f(-2) = 1$ et $f'(-2) = \frac{1}{2}$ (calcul effectué à l'exercice **2** 2°).
La tangente à $\mathscr{C}$ en A a donc pour équation : $y = \frac{1}{2}(x+2)+1$, soit $\mathbf{y = \frac{1}{2}x+2}$**.**

7 → *Énoncé p. 57* 1° La tangente (T_a) au point A d'abscisse a a pour équation :

$$y = f'(a)(x-a)+f(a).$$

$f(a) = -a^2+2a-4$.
Pour calculer $f'(a)$, on applique, pour l'instant, la définition en prenant a réel fixé.

$$\frac{f(a+h)-f(a)}{h} = \frac{-(a+h)^2+2(a+h)-4-(-a^2+2a-4)}{h}$$

$$= \frac{-a^2-2ah-h^2+2a+2h-4+a^2-2a+4}{h}$$

$$= \frac{-h^2+(2-2a)h}{h}$$

$$= -h+2-2a.$$

Dans ce cas, $\lim_{h \to 0} \frac{f(a+h)-f(a)}{h} = \lim_{h \to 0} (-h+2-2a) = -2a+2$.

Donc f définie par : $f(x) = -x^2+2x-4$ est bien dérivable en a, pour tout réel a, et $f'(a) = -2a+2$.

À chaque valeur de a correspond une tangente et une équation de tangente.

L'équation de (T_a) est :
$y = (-2a + 2)(x - a) - a^2 + 2a - 4$,
c'est-à-dire :

$$\boldsymbol{y = (-2a + 2)\,x + a^2 - 4.}$$

2° (T_a) passe par l'origine O si, et seulement si, $a^2 - 4 = 0$,
c'est-à-dire : $a = 2$ ou $a = -2$.
Si $a = -2$ est l'abscisse de A_1, alors $\boldsymbol{A_1(-2\,;\,-12)}$ et $(\boldsymbol{T_1})$ a pour équation : $\boldsymbol{y = 6x}$.
Si $a = 2$ est l'abscisse de A_2, alors $\boldsymbol{A_2}(2\,;\,-4)$ et $(\boldsymbol{T_2})$ a pour équation : $\boldsymbol{y = -2x}$.

3° Voir figure ci-contre.

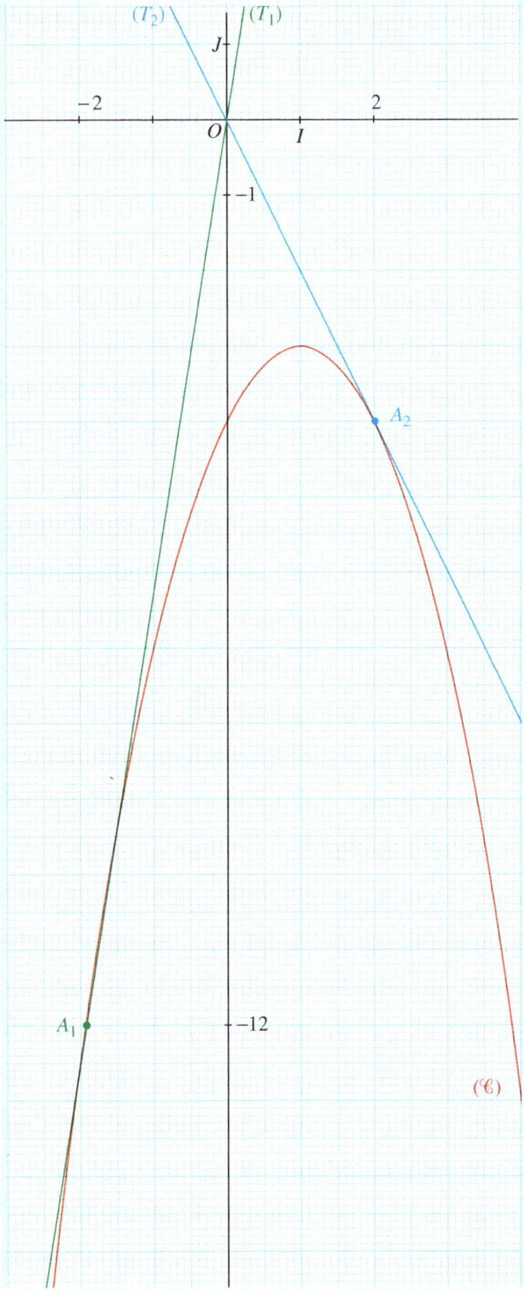

Dérivées de fonctions : techniques de calcul

CHAPITRE 4

1 Fonctions dérivées

A. Définition

On dit qu'une fonction f **est dérivable sur un intervalle I** si f est définie sur I et si f admet un nombre dérivé en tout nombre réel a de l'intervalle I.
Si f est une fonction dérivable sur un intervalle I, on appelle **fonction dérivée** de la fonction f, la fonction usuellement notée f' qui associe à tout nombre réel a de l'intervalle I, le nombre dérivé de f en a.
Ainsi le nombre dérivé de f en a sera noté $f'(a)$.

B. Dérivées des fonctions usuelles

Fonction f	Ensemble de définition de f	Fonction dérivée f'	Ensemble de dérivabilité de f
$f: x \mapsto k$ (k : constante)	$\mathbb{R}$	$f': x \mapsto 0$	$\mathbb{R}$
$f: x \mapsto x^n$ (n entier naturel, $n \neq 0$)	$\mathbb{R}$	$f': x \mapsto nx^{n-1}$	$\mathbb{R}$
$f: x \mapsto \frac{1}{x}$	$\mathbb{R}^*$	$f': x \mapsto -\frac{1}{x^2}$	$\mathbb{R}^*$
$f: x \mapsto \sqrt{x}$	$[0\ ; +\infty[$	$f': x \mapsto \frac{1}{2\sqrt{x}}$	$]0\ ; +\infty[$

Remarques :

- $\mathbb{R}^*$ désigne $\mathbb{R}$ privé du nombre 0, c'est-à-dire la réunion des intervalles $]0\ ; +\infty[$ et $]-\infty\ ; 0[$.
- Vous devez bien noter que la fonction $x \mapsto \sqrt{x}$ est définie sur l'intervalle $[0\ ; +\infty[$ ($\sqrt{0}$ existe), alors qu'elle n'est pas dérivable en 0.
- La fonction dérivée de $x \mapsto x$ est $x \mapsto 1$ (cas particulier de $x \mapsto x^n$ lorsque $n = 1$).

C. Opérations sur les fonctions dérivables

■ u et v désignent des fonctions dérivables sur un intervalle I et k désigne un nombre réel.

Propriété	Dérivée
La fonction $f = u + v$ dérivable sur I	$(u + v)' = u' + v'$
La fonction $f = ku$ dérivable sur I	$(ku)' = ku'$
La fonction $f = uv$ dérivable sur I	$(uv)' = u'v + uv'$

■ u et v désignent des fonctions dérivables sur un intervalle I et pour tout réel x de I, $v(x) \neq 0$.

Propriété	Dérivée
La fonction $f = \frac{1}{v}$ dérivable sur I	$\left(\frac{1}{v}\right)' = -\frac{v'}{v^2}$
La fonction $f = \frac{u}{v}$ dérivable sur I	$\left(\frac{u}{v}\right)' = \frac{u'v - uv'}{v^2}$

Remarques :

■ On appelle **fonction polynôme** toute fonction pouvant s'écrire sous la forme :

$$x \mapsto a_n x^n + a_{n-1} x^{n-1} + \ldots + a_1 x + a_0$$

où a_0, …, a_n désignent des nombres réels. **Toute fonction polynôme est dérivable sur $\mathbb{R}$.**

■ On appelle **fonction rationnelle** toute fonction :

$$f = \frac{u}{v}$$

où u et v désignent des fonctions polynômes.

Toute fonction rationnelle f est dérivable sur tout intervalle où v ne s'annule pas.

1 Utiliser la formule de dérivation de $u + v$ et de λu

EXERCICE TYPE

Justifier la dérivabilité et calculer la dérivée des fonctions :

a) $f : x \mapsto 3x^5 - 4x^3 + \frac{1}{2}x^2 - 5x + 3$ définie dans $\mathbb{R}$;

b) $f : x \mapsto 3x + \frac{2}{x}$ définie dans $\mathbb{R}\backslash\{0\}$.

CORRIGÉ COMMENTÉ

> Même dans le cas où l'énoncé ne le demande pas explicitement, il est conseillé de justifier rapidement la dérivabilité.

a) f est une fonction polynôme, donc f est dérivable dans $\mathbb{R}$.

Par application du théorème de dérivation d'une somme de fonctions, du produit par un réel, on obtient :

pour tout réel x, $f'(x) = 3 \times 5x^4 - 4 \times 3x^2 + \frac{1}{2} \times 2x - 5 \times 1 + 0$

$$\boldsymbol{f'(x) = 15x^4 - 12x^2 + x - 5.}$$

b) $x \mapsto 3x$ est dérivable dans $\mathbb{R}$ comme fonction affine.

$x \mapsto \frac{1}{x}$ est dérivable dans $\mathbb{R}\backslash\{0\}$, donc $x \mapsto \frac{2}{x}$ est dérivable dans $\mathbb{R}\backslash\{0\}$.

Par suite, f est dérivable dans $\mathbb{R}\backslash\{0\}$, comme somme des deux fonctions dérivables $x \mapsto 3x$ et $x \mapsto \frac{2}{x}$.

On en déduit : pour tout $x \in \mathbb{R}\backslash\{0\}$, $f'(x) = 3 \times 1 + 2 \times \frac{-1}{x^2}$

$$\boldsymbol{f'(x) = 3 - \frac{2}{x^2}.}$$

À RETENIR

Lorsqu'une fonction apparaît comme une **somme de fonctions** élémentaires **de type λu,** où u est une fonction dont la dérivée est connue, on pourra **combiner les formules de dérivation de $u + v$ et de λu.**

2 Utiliser la formule de dérivation de *uv*

EXERCICE TYPE

Justifier la dérivabilité et calculer la dérivée de la fonction $f : x \mapsto (1-2x)\sqrt{x}$ définie dans $]0\ ;+\infty[$.

CORRIGÉ COMMENTÉ

La fonction $x \mapsto 1-2x$ est dérivable dans $\mathbb{R}$ comme fonction affine.
La fonction $x \mapsto \sqrt{x}$ est dérivable dans $]0\ ;+\infty[$ par théorème.
Donc f est dérivable dans $]0\ ;+\infty[$ comme produit des fonctions dérivables

$$u : x \mapsto 1-2x \quad \text{et} \quad v : x \mapsto \sqrt{x}.$$

On utilise la formule de dérivation du produit uv,
sachant que, pour tout $x \in\ ]0\ ;+\infty[$, $u'(x) = -2$ et $v'(x) = \dfrac{1}{2\sqrt{x}}$.

On obtient ainsi, pour tout $x \in\ ]0\ ;+\infty[$: $f'(x) = (-2)\sqrt{x} + (1-2x) \times \dfrac{1}{2\sqrt{x}}$,
que l'on peut aussi écrire :

$$f'(x) = \frac{-2\sqrt{x} \times 2\sqrt{x} + (1-2x)}{2\sqrt{x}}$$

$$\boldsymbol{f'(x) = \frac{1-6x}{2\sqrt{x}}}.$$

En l'absence de consigne précise, il est conseillé de réduire au maximum l'expression obtenue.

À RETENIR

Lorsqu'une fonction apparaît comme un **produit de deux fonctions *u* et *v*** dont les dérivées sont connues, on pourra **appliquer la formule de dérivation du produit *uv*.**

3 Utiliser la formule de dérivation de $\frac{1}{v}$

EXERCICE TYPE

Justifier la dérivabilité et calculer la dérivée des fonctions :

a) $f : x \mapsto \dfrac{1}{2+3x}$ définie dans $\mathbb{R}\backslash\left\{-\dfrac{2}{3}\right\}$;

b) $g : x \mapsto \dfrac{-3}{x^2-1}$ définie dans $\mathbb{R}\backslash\{-1 ; 1\}$.

CORRIGÉ COMMENTÉ

a) La fonction $v : x \mapsto 2+3x$ est une fonction affine, donc dérivable dans $\mathbb{R}$, ne s'annulant pas dans $\mathbb{R}\backslash\left\{-\dfrac{2}{3}\right\}$.

Par conséquent, sa fonction inverse $f = \dfrac{1}{v}$ est définie et dérivable dans $\mathbb{R}\backslash\left\{-\dfrac{2}{3}\right\}$.

Pour tout $x \in \mathbb{R}\backslash\left\{-\dfrac{2}{3}\right\}$:

$$\boldsymbol{f'(x)} = -\frac{v'(x)}{v^2(x)} = -\boldsymbol{\frac{3}{(2+3x)^2}}.$$

> On appliquera cette formule en présence d'une fraction dont le numérateur est une constante.

b) La fonction $v : x \mapsto x^2 - 1$ est une fonction polynôme, donc dérivable dans $\mathbb{R}$, ne s'annulant pas dans $\mathbb{R}\backslash\{-1 ; 1\}$. Par conséquent, sa fonction inverse $\dfrac{1}{v}$ est définie et dérivable dans $\mathbb{R}\backslash\{-1 ; 1\}$.

Or $g = -3 \times \dfrac{1}{v}$ est le produit du réel -3 par la fonction $\dfrac{1}{v}$ dérivable ;

donc la fonction g est dérivable dans $\mathbb{R}\backslash\{-1 ; 1\}$.

Pour tout $x \in \mathbb{R}\backslash\{-1 ; 1\}$, $g'(x) = -3 \times \dfrac{-v'(x)}{v^2(x)} = -3 \times \dfrac{-2x}{(x^2-1)^2}$.

$$\boldsymbol{g'(x) = \frac{6x}{(x^2-1)^2}}.$$

À RETENIR

Lorsqu'une fonction apparaît comme **l'inverse d'une autre fonction,** dont la dérivée est connue, on pourra **appliquer la formule de dérivation de $\frac{1}{v}$** sur tout intervalle où v ne s'annule pas.

4 Utiliser la formule de dérivation de $\frac{u}{v}$

EXERCICE TYPE

Justifier la dérivabilité et calculer la dérivée de la fonction :

$f : x \mapsto \dfrac{x+3}{1+2x}$ définie dans $\mathbb{R}\setminus\left\{-\dfrac{1}{2}\right\}$.

CORRIGÉ COMMENTÉ

• La fonction $u : x \mapsto x+3$ est définie, dérivable dans $\mathbb{R}$ et, pour tout réel x, $u'(x) = 1$.
En effet, u est une fonction affine.

• La fonction $v : x \mapsto 1+2x$ est définie, dérivable dans $\mathbb{R}$ et, pour tout réel x, $v'(x) = 2$.
En effet, v est une fonction affine.

• $v(x) = 0$ si, et seulement si, $x = -\dfrac{1}{2}$; donc v ne s'annule pas dans $\mathbb{R}\setminus\left\{-\dfrac{1}{2}\right\}$.

Par conséquent, $f = \dfrac{u}{v}$ **est dérivable dans** $\mathbb{R}\setminus\left\{-\dfrac{1}{2}\right\}$ **comme quotient de fonctions dérivables** et, pour tout $x \in \mathbb{R}\setminus\left\{-\dfrac{1}{2}\right\}$,

$$f'(x) = \frac{u'(x)v(x) - u(x)v'(x)}{v^2(x)}$$

$$f'(x) = \frac{1 \times (1+2x) - (x+3) \times 2}{(1+2x)^2}$$

$$\boldsymbol{f'(x) = \frac{-5}{(1+2x)^2}}.$$

On ne développera pas, en général, le dénominateur.

À RETENIR

Lorsqu'une fonction apparaît comme le **quotient de deux fonctions *u* et *v*,** dont les dérivées sont connues, on pourra **appliquer la formule de dérivation de $\frac{u}{v}$**, sur tout intervalle où v ne s'annule pas.

Exercices d'entraînement

1 ★ 5 min

Justifier la dérivabilité et calculer la dérivée des fonctions suivantes.

1° $f : x \mapsto \frac{1}{2}x^4 - \frac{5}{3}x^3 + 3x^2 - 2x + 1$ définie dans $\mathbb{R}$.

2° $g : x \mapsto x^2 - 2\sqrt{x} + 1$ définie dans $]0\,;+\infty[$.

→ Corrigé p. 71

2 ★ 10 min

Justifier la dérivabilité et calculer la dérivée des fonctions suivantes.

1° $f : x \mapsto x^2\sqrt{x}$ dans $]0\,;+\infty[$.

2° $g : x \mapsto (1-2x)(x^4 + x^2 + 1)$ dans $\mathbb{R}$.

3° $h : x \mapsto \left(x + \frac{1}{x}\right)(1 + 2\sqrt{x})$ dans $]0\,;+\infty[$.

→ Corrigé p. 71

3 ★★ 10 min

Justifier la dérivabilité et calculer la dérivée des fonctions suivantes.

1° $f : x \mapsto \frac{1}{2x+5}$ définie dans $\mathbb{R}\backslash\left\{-\frac{5}{2}\right\}$.

2° $g : x \mapsto \frac{1}{\sqrt{x}}$ définie dans $]0\,;+\infty[$.

3° $h : x \mapsto \frac{2}{x(x-1)}$ définie dans $\mathbb{R}\backslash\{0\,;1\}$.

→ Corrigé p. 72

4 ★★ 15 min

Justifier la dérivabilité et calculer la dérivée des fonctions suivantes.

1° $f : x \mapsto \frac{1+3x}{x+1}$ définie dans $\mathbb{R}\backslash\{-1\}$.

2° $g : x \mapsto \frac{2-x}{1+x^2}$ définie dans $\mathbb{R}$.

3° $h : x \mapsto \frac{2-\sqrt{x}}{2+\sqrt{x}}$ définie dans $]0\,;+\infty[$.

→ Corrigé p. 72

Exercice-bilan

5 ★★ 25 min

En combinant éventuellement plusieurs théorèmes, justifier la dérivabilité et calculer la dérivée des fonctions suivantes.

1° $f : x \mapsto (x^2 + 1)(x^3 + 2x^2 + x - 1)$ définie dans $\mathbb{R}$.

2° $g : x \mapsto x\sqrt{x} + \dfrac{2}{x + 1}$ définie dans $]0 ; +\infty[$.

3° $h : x \mapsto \dfrac{x + 1}{x - 1} - \dfrac{x - 1}{x + 1}$ définie dans $\mathbb{R} \setminus \{-1 ; 1\}$.

4° $f : x \mapsto \dfrac{2x + 3}{5 - x}$ définie dans $\mathbb{R} \setminus \{5\}$.

5° $f : x \mapsto \dfrac{-x + 4}{2x - 6}$ définie dans $\mathbb{R} \setminus \{3\}$.

6° $f : x \mapsto \dfrac{x^2 - 2x + 3}{x(x - 2)}$ définie dans $\mathbb{R} \setminus \{0 ; 2\}$.

→ Corrigé p. 73

1 → *Énoncé p. 69* 1° f définie par $f(x) = \frac{1}{2}x^4 - \frac{5}{3}x^3 + 3x^2 - 2x + 1$ est une **fonction polynôme, définie, dérivable dans $\mathbb{R}$.**
Pour tout réel x, $\boldsymbol{f'(x) = 2x^3 - 5x^2 + 6x - 2}$.

2° La fonction $x \mapsto x^2$ et la fonction $x \mapsto 1$ sont dérivables dans $\mathbb{R}$, donc dans $]0\,;+\infty[$; la fonction $x \mapsto \sqrt{x}$ est dérivable dans $]0\,;+\infty[$, donc la fonction $x \mapsto -2\sqrt{x}$ est dérivable dans $]0\,;+\infty[$.

La fonction g définie par $g(x) = x^2 - 2\sqrt{x} + 1$ est dérivable dans $]0\,;+\infty[$ comme somme de fonctions dérivables.

Pour tout $x \in\,]0\,;+\infty[$, $\boldsymbol{g'(x) = 2x - \frac{1}{\sqrt{x}}}$.

2 → *Énoncé p. 69* 1° La fonction $u : x \mapsto x^2$ est dérivable dans $\mathbb{R}$, donc dans $]0\,;+\infty[$ et $u'(x) = 2x$.
La fonction $v : x \mapsto \sqrt{x}$ est dérivable dans $]0\,;+\infty[$ et $v'(x) = \frac{1}{2\sqrt{x}}$.

f définie par $f(x) = x^2\sqrt{x}$ est donc dérivable dans $]0\,;+\infty[$ comme produit de fonctions dérivables.

Et pour tout $x \in\,]0\,;+\infty[$, $f'(x) = 2x \times \sqrt{x} + x^2 \times \frac{1}{2\sqrt{x}}$ que l'on peut écrire $\boldsymbol{f'(x) = \frac{5}{2}x\sqrt{x}}$.

2° Les fonctions $u : x \mapsto 1 - 2x$ et $v : x \mapsto x^4 + x^2 + 1$ sont dérivables dans $\mathbb{R}$ comme fonctions polynômes et $u'(x) = -2$ et $v'(x) = 4x^3 + 2x$.
Donc leur **produit g est dérivable dans $\mathbb{R}$:**
$g'(x) = (-2) \times (x^4 + x^2 + 1) + (1 - 2x)(4x^3 + 2x)$.
Aucune forme factorisée simple ne s'imposant, on peut développer et l'on obtient :
$\boldsymbol{g'(x) = -10x^4 + 4x^3 - 6x^2 + 2x - 2}$.

> On aurait pu, bien sûr, commencer par développer $g(x)$ et calculer ensuite la dérivée.

3° La fonction $u : x \mapsto x + \frac{1}{x}$ est dérivable dans $]0\,;+\infty[$, comme somme des fonctions dérivables $x \mapsto x$ et $x \mapsto \frac{1}{x}$; $u'(x) = 1 - \frac{1}{x^2}$.
La fonction $v : x \mapsto 1 + 2\sqrt{x}$ est dérivable dans $]0\,;+\infty[$, comme somme des fonctions dérivables $x \mapsto 1$ et $x \mapsto 2\sqrt{x}$; $v'(x) = \frac{1}{\sqrt{x}}$.

La fonction h définie par $h(x) = \left(x + \frac{1}{x}\right)(1 + 2\sqrt{x})$ est donc dérivable comme produit de fonctions dérivables.

Pour tout $x \in\,]0\,;+\infty[$, $h'(x) = \left(1 - \frac{1}{x^2}\right)(1 + 2\sqrt{x}) + \left(x + \frac{1}{x}\right) \times \frac{1}{\sqrt{x}}$ que l'on peut écrire $h'(x) = \frac{1}{x^2}\left[(x^2 - 1)(1 + 2\sqrt{x}) + (x^2 + 1)\sqrt{x}\right]$. $\boldsymbol{h'(x) = \frac{1}{x^2}(3x^2\sqrt{x} + x^2 - \sqrt{x} - 1)}$.

3 → Énoncé p. 69 1° La fonction affine $v : x \mapsto 2x + 5$ est dérivable dans $\mathbb{R}$; $v'(x) = 2$.
$2x + 5 = 0$ si, et seulement si, $x = -\frac{5}{2}$; donc $v(x)$ ne s'annule pas dans $\mathbb{R}\setminus\left\{-\frac{5}{2}\right\}$.
Par conséquent, $\boldsymbol{f = \frac{1}{v}}$ **est dérivable dans** $\mathbb{R}\setminus\left\{-\frac{5}{2}\right\}$**.**

Pour tout $x \in \mathbb{R}\setminus\left\{-\frac{5}{2}\right\}$, $\boldsymbol{f'(x) = -\frac{2}{(2x+5)^2}}$.

2° La fonction $v : x \mapsto \sqrt{x}$ est dérivable dans $]0 ; +\infty[$; $v'(x) = \frac{1}{2\sqrt{x}}$ et, pour tout $x \in\ ]0 ; +\infty[$, $v(x) \neq 0$. Par conséquent, $\boldsymbol{f = \frac{1}{v}}$ **est dérivable dans** $]\mathbf{0} ; +\infty[$ et, pour tout $x \in\ ]0 ; +\infty[$, $\boldsymbol{f'(x)} = -\dfrac{\frac{1}{2\sqrt{x}}}{(\sqrt{x})^2} = \boldsymbol{-\frac{1}{2x\sqrt{x}}}$.

> Pour tout x dans $]0 ; +\infty[$, $(\sqrt{x})^2 = x$, et ensuite, diviser par x revient à multiplier par $\frac{1}{x}$.

3° La fonction $v : x \mapsto x(x-1)$ est dérivable dans $\mathbb{R}$ comme fonction polynôme : $v(x) = x^2 - x$, donc $v'(x) = 2x - 1$.
$x(x-1) = 0$ si, et seulement si, $x = 0$ ou $x - 1 = 0$, c'est-à-dire si $x = 0$ ou $x = 1$.

Par suite, pour tout $x \in \mathbb{R}\setminus\{0 ; 1\}$, $v(x) \neq 0$. Donc **la fonction** $\boldsymbol{\frac{1}{v}}$ **est dérivable dans** $\mathbb{R}\setminus\{\mathbf{0 ; 1}\}$**,** tout comme $h = \frac{2}{v}$.

Pour tout $x \in \mathbb{R}\setminus\{0 ; 1\}$, $\boldsymbol{h'(x)} = 2 \times \dfrac{-(2x-1)}{[x(x-1)]^2} = \boldsymbol{\dfrac{-4x+2}{x^2(x-1)^2}}$.

4 → Énoncé p. 69 1° f définie par $f(x) = \frac{1+3x}{x+1}$ est une fonction rationnelle, définie dans $\mathbb{R}\setminus\{-1\}$ comme quotient des deux fonctions affines $u : x \mapsto 1 + 3x$ et $v : x \mapsto x + 1$ dérivables : $u'(x) = 3$ et $v'(x) = 1$.
***f* est donc dérivable dans** $\mathbb{R}\setminus\{-\mathbf{1}\}$**,** et, pour tout $x \in \mathbb{R}\setminus\{-1\}$,

$f'(x) = \dfrac{3(x+1) - (1+3x) \times 1}{(x+1)^2}$; $\boldsymbol{f'(x) = \dfrac{2}{(x+1)^2}}$.

2° g est une fonction rationnelle définie dans $\mathbb{R}$ (car $1 + x^2$ ne s'annule pas), comme quotient des fonctions polynômes $u : x \mapsto 2 - x$ et $v : x \mapsto 1 + x^2$ dérivables : $u'(x) = -1$ et $v'(x) = 2x$.
***g* est donc dérivable dans** $\mathbb{R}$, et, pour tout réel x,

$g'(x) = \dfrac{(-1) \times (1+x^2) - (2-x) \times 2x}{(1+x^2)^2}$; $\boldsymbol{g'(x) = \dfrac{x^2 - 4x - 1}{(1+x^2)^2}}$.

3° La fonction $x \mapsto \sqrt{x}$ est dérivable dans $]0\ ;+\infty[$, donc les fonctions $u : x \mapsto 2 - \sqrt{x}$ et $v : x \mapsto 2 + \sqrt{x}$ sont dérivables dans $]0\ ;+\infty[$:

$u'(x) = -\dfrac{1}{2\sqrt{x}}$ et $v'(x) = \dfrac{1}{2\sqrt{x}}$. De plus, pour tout $x \in\ ]0\ ;+\infty[$, $2 + \sqrt{x} \neq 0$.

La fonction h est donc dérivable dans $]0\ ;+\infty[$ et, pour tout $x \in\ ]0\ ;+\infty[$,

$$h'(x) = \frac{-\frac{1}{2\sqrt{x}}(2+\sqrt{x}) - \frac{1}{2\sqrt{x}}(2-\sqrt{x})}{(2+\sqrt{x})^2}\ ;$$

$$\mathbf{h'(x) = \frac{-2}{\sqrt{x}(2+\sqrt{x})^2}}.$$

La fonction f n'est pas ici une fonction rationnelle en raison de la présence de racines carrées.

5 → Énoncé p. 70 1° On pourrait développer $f(x)$, puis calculer sa dérivée ; ici, nous dériverons f comme **produit de deux fonctions polynômes dérivables.**

La connaissance de toutes les formules de dérivation est essentielle pour résoudre cet exercice.

$u : x \mapsto x^2 + 1\ ;\quad u'(x) = 2x$

$v : x \mapsto x^3 + 2x^2 + x - 1\ ;\quad v'(x) = 3x^2 + 4x + 1.$

Pour tout réel x, $f'(x) = 2x(x^3 + 2x^2 + x - 1) + (x^2 + 1)(3x^2 + 4x + 1)$.

Développons : $f'(x) = 2x^4 + 4x^3 + 2x^2 - 2x + 3x^4 + 4x^3 + x^2 + 3x^2 + 4x + 1$

$\mathbf{f'(x) = 5x^4 + 8x^3 + 6x^2 + 2x + 1.}$

2° Les fonctions $x \mapsto x$ et $x \mapsto \sqrt{x}$ sont dérivables dans $]0\ ;+\infty[$, leur produit $x \mapsto x\sqrt{x}$ est donc dérivable dans $]0\ ;+\infty[$.

La fonction $x \mapsto x + 1$ est dérivable dans $]0\ ;+\infty[$, et ne s'annule pas, donc $x \mapsto \dfrac{1}{x+1}$ puis $x \mapsto \dfrac{2}{x+1}$ sont dérivables dans $]0\ ;+\infty[$.

g est donc dérivable comme somme de fonctions dérivables.

Pour tout $x \in\ ]0\ ;+\infty[$, $g'(x) = 1 \times \sqrt{x} + x \times \dfrac{1}{2\sqrt{x}} + 2 \times \dfrac{-1}{(x+1)^2}$

$$\mathbf{g'(x) = \frac{3}{2}\sqrt{x} - \frac{2}{(x+1)^2}}.$$

3° Les fonctions $u : x \mapsto x + 1$ et $v : x \mapsto x - 1$ sont des fonctions affines, dérivables dans $\mathbb{R}$; $u'(x) = 1$; $v'(x) = 1$.

La fonction rationnelle $\dfrac{u}{v} : x \mapsto \dfrac{x+1}{x-1}$ est dérivable dans $\mathbb{R}\backslash\{1\}$.

La fonction rationnelle $\dfrac{v}{u} : x \mapsto \dfrac{x-1}{x+1}$ est dérivable dans $\mathbb{R}\backslash\{-1\}$.

Par conséquent, **la fonction h est dérivable dans $\mathbb{R}\setminus\{-1 ; 1\}$, comme somme de fonctions dérivables.** Pour tout $x \in \mathbb{R}\setminus\{-1 ; 1\}$,

$$h'(x) = \frac{1 \times (x-1) - (x+1) \times 1}{(x-1)^2} - \frac{1 \times (x+1) - (x-1) \times 1}{(x+1)^2}$$

$$h'(x) = \frac{-2}{(x-1)^2} - \frac{2}{(x+1)^2} = -2 \times \frac{(x+1)^2 + (x-1)^2}{(x-1)^2(x+1)^2}$$

$$\boldsymbol{h'(x) = -4 \times \frac{x^2+1}{(x-1)^2(x+1)^2}}.$$

4° f est une fonction rationnelle, quotient de la fonction $u : x \mapsto 2x+3$ par la fonction $v : x \mapsto 5-x$. $5-x=0$ si et seulement si $x=5$.
Donc **f est une fonction rationnelle dérivable sur $\mathbb{R}\setminus\{5\}$.**
Dérivée de la fonction u: $u' : x \mapsto 2$.
Dérivée de la fonction v: $v' : x \mapsto -1$.
Par application de la formule de la dérivée d'un quotient :
pour tout $x \in \mathbb{R}\setminus\{5\}$, $f'(x) = \dfrac{2(5-x)-(-1)(2x+3)}{(5-x)^2}$, soit $\boldsymbol{f'(x) = \dfrac{13}{(5-x)^2}}$.

5° f est une fonction rationnelle, quotient de la fonction $u : x \mapsto -x+4$ par la fonction $v : x \mapsto 2x-6$. $2x-6=0$ si et seulement si $x=3$.
Donc **f est une fonction rationnelle dérivable sur $\mathbb{R}\setminus\{3\}$.**
Dérivée de la fonction u: $u' : x \mapsto -1$.
Dérivée de la fonction v: $v' : x \mapsto 2$.
Par application de la formule de la dérivée d'un quotient :
pour tout $x \in \mathbb{R}\setminus\{3\}$, $f'(x) = \dfrac{(-1)(2x-6)-2(-x+4)}{(2x-6)^2}$, soit $\boldsymbol{f'(x) = \dfrac{-2}{(2x-6)^2}}$.

6° f est une fonction rationnelle, quotient de la fonction $u : x \mapsto x^2-2x+3$ par la fonction $v : x \mapsto x(x-2)$. $x(x-2)=0$ si et seulement si $x=0$ ou $x=2$.
Donc **f est une fonction rationnelle dérivable dans $\mathbb{R}\setminus\{0 ; 2\}$.**
Dérivée de la fonction u : $u' : x \mapsto 2x-2$.
Dérivée de la fonction v : $v' : x \mapsto 2x-2$.
Par application de la formule de la dérivée d'un quotient :
pour tout $x \in \mathbb{R}\setminus\{0 ; 2\}$, $f'(x) = \dfrac{(2x-2)\,x(x-2)-(2x-2)(x^2-2x+3)}{x^2(x-2)^2}$

$$= \frac{(2x-2)[x(x-2)-(x^2-2x+3)]}{x^2(x-2)^2}$$

$$= \frac{2(x-1)[x^2-2x-x^2+2x-3]}{x^2(x-2)^2}$$

$$= \boldsymbol{\frac{-6(x-1)}{x^2(x-2)^2}}.$$

Dérivées de fonctions : applications

CHAPITRE 5

1 Étude du sens de variation d'une fonction

■ I désigne un intervalle, f est une fonction définie sur I, dérivable.
Si, pour tout x de I, $f'(x) = 0$, alors f est **constante**.
Si, pour tout x de I, $f'(x) \geqslant 0$, alors f est **croissante**.
Si, pour tout x de I, $f'(x) \leqslant 0$, alors f est **décroissante**.

■ Soit f une fonction dérivable sur l'intervalle $[a ; b]$.
Si, pour tout x de $]a ; b[$, $f'(x) > 0$, alors f est **strictement croissante** sur $[a ; b]$.
Si, pour tout x de $]a ; b[$, $f'(x) < 0$, alors f est **strictement décroissante** sur $[a ; b]$.

2 Extremums

A. Maximum et minimum

Soit f une fonction définie sur un intervalle I.

■ Pour $x_0 \in I$, on dit que f admet un **maximum** en x_0 sur I si, pour tout réel x de I, $f(x) \leqslant f(x_0)$.
$f(x_0)$ est le maximum de f.

■ Pour $x_1 \in I$, on dit que f admet un **minimum** en x_1 sur I si, pour tout réel x de I, $f(x) \geqslant f(x_1)$.
$f(x_1)$ est le minimum de f.

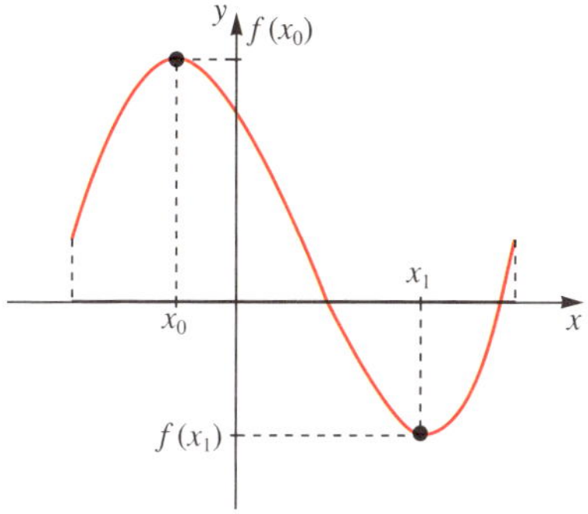

B. Maximum local et minimum local

Soit f une fonction définie sur un intervalle I.

■ Pour $x_0 \in I$, on dit que f admet un **maximum local** en x_0 s'il existe un intervalle $]a\,;b[$ inclus dans I tel que $f(x_0)$ est le maximum de f sur $]a\,;b[$.
$f(x_0)$ est un maximum local de f.

■ Pour $x_1 \in I$, on dit que f admet un **minimum local** en x_1 s'il existe un intervalle $]a'\,;b'[$ inclus dans I tel que $f(x_1)$ est le minimum de f sur $]a'\,;b'[$.
$f(x_1)$ est un minimum local de f.

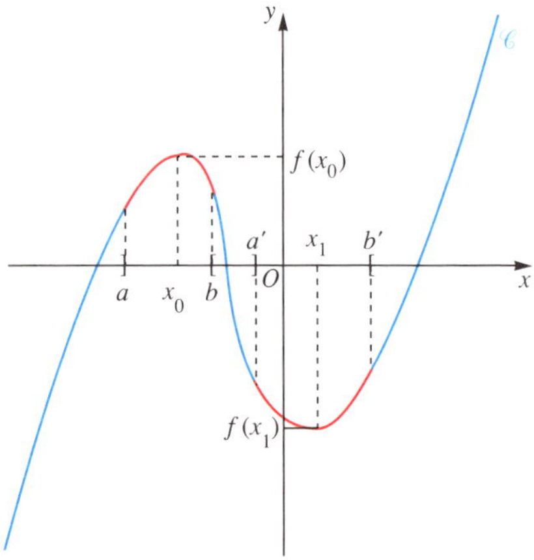

3 Majorants-minorants

Soit f une fonction définie sur un intervalle I.

On dit que le nombre réel M est **un majorant de f** si, pour tout x de I, $f(x) \leqslant M$.
On dit alors que **f est majorée par M.**

On dit que le nombre réel m est **un minorant de f** si, pour tout x de I, $f(x) \geqslant m$.
On dit alors que **f est minorée par m.**

Remarques :

■ Si M est un majorant de f, alors tout réel M' tel que $M' \geqslant M$ est aussi un majorant de f.

■ Si m est un minorant de f, alors tout réel m' tel que $m' \leqslant m$ est aussi un minorant de f.

■ Une fonction est dite « bornée » si elle est à la fois majorée et minorée.

4 Détermination d'extremums locaux

Soit f une fonction dérivable sur un intervalle I.
Si f admet un **extremum local** en un réel c intérieur à I (c'est-à-dire différent des extrémités), alors $f'(c) = 0$.

Remarque :
Les nombres réels où f admet un extremum sont à chercher parmi les solutions de l'équation $f'(x) = 0$. Cela ne veut pas dire pour autant que toutes les solutions soient des valeurs où f admet un extremum : autrement dit, la réciproque de ce théorème est fausse.
L'exemple simple suivant le prouve : $I = \mathbb{R}$; $f : x \mapsto x^3$; $c = 0$.
$f'(x) = 3x^2$. Il est clair que $f'(0) = 0$; pourtant, f n'admet pas d'extremum en 0 (f est strictement croissante dans $\mathbb{R}$).

■ Soit f une fonction dérivable sur un intervalle I.
Soit c un réel intérieur à I.
Si f' s'annule et change de signe en c, alors f admet un extremum local en c.

x		c	
$f'(x)$	$+$	0	$-$
f	↗	$f(c)$	↘

f admet un **maximum local** en c, égal à $f(c)$.

x		c	
$f'(x)$	$-$	0	$+$
f	↘	$f(c)$	↗

f admet un **minimum local** en c, égal à $f(c)$.

1 Déterminer les variations d'une fonction polynôme et ses extremums éventuels

EXERCICE TYPE

Soit f la fonction définie dans $\mathbb{R}$ par :

$$f(x) = 2x^3 + 3x^2 - 12x + 1.$$

1° Établir le tableau de variation et préciser les extremums locaux.

2° Construire la courbe $\mathscr{C}$ de la fonction f dans un repère orthogonal en plaçant les tangentes aux points où f admet un extremum relatif.

CORRIGÉ COMMENTÉ

1° f est dérivable sur $\mathbb{R}$, en tant que fonction polynôme.

Pour tout réel x, $f'(x) = 2 \times 3x^2 + 3 \times 2x - 12$

$f'(x) = 6x^2 + 6x - 12.$

On met 6 en facteur : $f'(x) = 6(x^2 + x - 2)$.

On étudie le signe de $f'(x)$, polynôme du second degré. Le discriminant de l'équation $x^2 + x - 2 = 0$ est : $\Delta = 1^2 - 4 \times 1 \times (-2) = 9$. $\Delta > 0$.

L'équation admet deux solutions :

$$x_1 = \frac{-1-3}{2} = -2 \quad \text{et} \quad x_2 = \frac{-1+3}{2} = 1.$$

D'où la factorisation : $f'(x) = 6(x-1)(x+2)$.

On applique le théorème donnant le signe d'un polynôme du second degré.

x	$-\infty$		-2		1		$+\infty$
$(x-1)(x+2)$		$+$	0	$-$	0	$+$	

On en déduit le tableau de variation de f :

x	$-\infty$		-2		1		$+\infty$
$f'(x)$		$+$	0	$-$	0	$+$	
f		↗	21	↘	-6	↗	

$f(-2) = 21$
$f(1) = -6$

Sur $]-\infty\,;\,-2]$, f est strictement croissante. Sur $[-2\,;\,1]$, f est strictement décroissante. Sur $[1\,;\,+\infty]$, f est strictement croissante.

f admet un maximum local, égal à 21, atteint pour $x = -2$.
f admet un minimum local, égal à – 6, atteint pour $x = 1$.

21 est un maximum local, mais pas absolu. Par exemple, $f(3) > 21$. De même, -6 est un minimum local, mais pas absolu.

2°

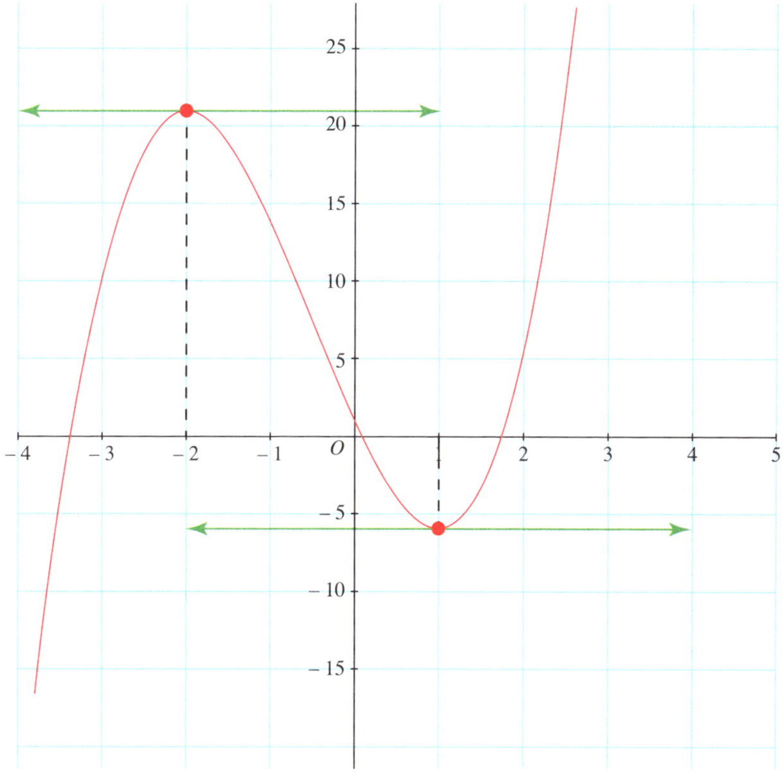

À RETENIR

Voir page 81.

2 Déterminer les variations d'une fonction rationnelle et ses extremums éventuels

EXERCICE TYPE

Soit la fonction f définie sur $\mathbb{R}\setminus\{1\}$ par $f(x) = \dfrac{x+1}{x-1}$.

Établir le tableau de variation de f.

CORRIGÉ COMMENTÉ

f est dérivable sur son ensemble de définition, en tant que fonction rationnelle.

On peut écrire $f(x) = \dfrac{u(x)}{v(x)}$, avec $u(x) = x + 1$ et $v(x) = x - 1$.

Pour tout $x \in \mathbb{R}\setminus\{1\}$, $f'(x) = \dfrac{u'(x)\,v(x) - u(x)\,v'(x)}{[v(x)]^2}$.

$$f'(x) = \frac{1 \times (x-1) - (x+1) \times 1}{(x-1)^2} = \frac{-2}{(x-1)^2}.$$

• **Étude du signe de $f'(x)$**

Pour tout $x \in \mathbb{R}\setminus\{1\}$, $(x-1)^2$ est strictement positif.
Donc $f'(x)$ est strictement négative.
On en déduit le tableau de variation de f :

x	$-\infty$		1		$+\infty$
$f'(x)$		$-$	‖	$-$	
f		↘	‖	↘	

Il convient de préciser les intervalles sur lesquels f est strictement décroissante ; dire simplement que f est strictement décroissante serait faux.

Sur $]-\infty\,;1[$, f est strictement décroissante.
Sur $]1\,;+\infty[$, f est strictement décroissante.

À RETENIR

• Pour **établir le tableau de variation d'une fonction polynôme ou rationnelle :**
– **on calculera sa fonction dérivée** sur l'ensemble de définition à l'aide des théorèmes de dérivation ;
– **on donnera l'expression de la dérivée** sous une forme factorisée, ce qui permet en général l'étude du signe ;
– **on étudiera le signe de chaque facteur** (on observera en particulier, s'il y en a, les facteurs « toujours positifs ») et l'on en déduira le signe de $f'(x)$ (à l'aide d'un tableau de signes) ;
– **on donnera les variations de** f dans un tableau « de variation », par intervalles où f' est de signe constant.

• **Les extremums locaux,** s'il y en a, correspondent aux nombres réels x_0 tels que $f'(x_0) = 0$ et tels que $f'(x)$ change de signe de part et d'autre de x_0. La valeur de l'extremum est alors $f(x_0)$.

3 Résoudre un problème d'optimisation

EXERCICE TYPE

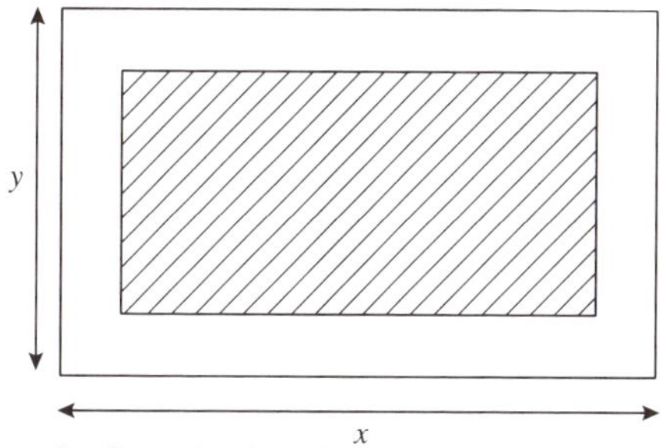

On dispose d'une feuille rectangulaire dont l'aire, en cm^2, est 400 et les mesures des côtés sont x et y (x et y peuvent être indifféremment largeur ou longueur).
x et y, exprimés en cm, appartiennent à l'intervalle $[10 ; 30]$.
À l'intérieur de cette feuille rectangulaire, est construit un rectangle (hachuré sur la figure), dont les côtés sont parallèles aux bords de la feuille et sont obtenus en laissant une marge constante de 1 cm. On cherche à déterminer les dimensions à donner à la feuille rectangulaire, pour que l'aire du rectangle hachuré soit maximale.

1° Exprimer l'aire de la feuille en fonction de x et y ; en déduire y en fonction de x.

2° Exprimer l'aire hachurée en fonction de x et y ; en déduire l'aire en fonction de x seulement.

3° Soit f la fonction associant à tout nombre réel x de l'intervalle $[10 ; 30]$ l'aire de la surface hachurée.
Étudier les variations de la fonction f dans l'intervalle $[10 ; 30]$.
En déduire la réponse au problème posé.

CORRIGÉ COMMENTÉ

1° L'aire d'un rectangle est le produit des longueurs des côtés ; cette aire est donc le produit xy.
Puisque l'aire de la feuille est supposée constante, égale à 400, alors $xy = 400$.
On en déduit y en fonction de x : $\boldsymbol{y = \frac{400}{x}}$.

2° Déduction faite de la marge, les longueurs des côtés du rectangle hachuré sont : $x - 2$ et $y - 2$.
L'aire du rectangle hachuré est donc : $\boldsymbol{A = (x - 2)(y - 2)}$.
Or, $y = \frac{400}{x}$; donc, $\boldsymbol{A = (x - 2)\left(\frac{400}{x} - 2\right)}$.

3° Pour tout $x \in [10 ; 30]$, $f(x) = (x - 2)\left(\frac{400}{x} - 2\right)$.

Développons : $f(x) = x \times \frac{400}{x} - 2x - 2 \times \frac{400}{x} + 4$.

$$f(x) = 400 - 2x - \frac{800}{x} + 4.$$

$$f(x) = 404 - 2x - \frac{800}{x}.$$

La fonction f est dérivable dans l'intervalle $[10 ; 30]$, comme somme de la fonction affine $u : x \mapsto 404 - 2x$, dérivable et de la fonction $v : x \mapsto -\frac{800}{x}$, dérivable (produit du nombre réel -800 par la fonction inverse $x \mapsto \frac{1}{x}$).
Pour déterminer la dérivée f', on utilise la dérivée de u ($u'(x) = -2$) et la dérivée de la fonction inverse $\left(x \mapsto \frac{-1}{x^2}\right)$.
Ainsi, pour tout $x \in [10 ; 30]$, $f'(x) = -2 - 800 \times \frac{-1}{x^2}$.

Pour tout $x \in [10 ; 30]$,

$$f'(x) = \frac{-2x^2 + 800}{x^2}$$

On écrit $f'(x)$ sous forme factorisée, de façon à pouvoir étudier simplement son signe.

$$f'(x) = \frac{-2(x^2 - 400)}{x^2}$$

$$f'(x) = \frac{-2(x - 20)(x + 20)}{x^2}$$ (par factorisation de la différence de deux carrés $x^2 - 400$).

Étude du signe de $f'(x)$:
Pour tout $x \in [10 ; 30]$, $x^2 > 0$ et $x + 20 > 0$. Donc, $f'(x)$ a le même signe que $-2(x - 20)$.

Tableau de variation de f :

x	10		20		30
$f'(x)$		+	0	–	
f	$f(10)$	↗	324	↘	$f(30)$

Conclusion : d'après le tableau de variation, l'aire du rectangle hachuré est maximale pour $x = 20$.
Alors, $y = 20$ (la feuille est alors un carré) et l'aire du rectangle hachuré, en cm^2, est 324.

À RETENIR

Les **problèmes d'optimisation** conduisent le plus souvent à des recherches de valeurs maximales ou minimales d'une fonction. Une fois le problème concret traduit en termes de variable et de fonction, l'étude des variations de cette fonction, notamment par le calcul de sa dérivée, permet de répondre à la question.

Exercices d'entraînement

1 ★ 10 min

Soit la fonction f définie dans $\mathbb{R}$ par $f(x) = 2x^3 + x^2 - 20x - 2$.

1° Établir le tableau de variation de f et préciser ses extremums locaux.

2° Construire la courbe $\mathscr{C}$ de la fonction f dans un repère orthogonal en plaçant les tangentes aux points où f admet un extremum relatif.

→ Corrigé p. 86

2 ★ 10 min

Soit la fonction f définie dans $\mathbb{R}$ par $f(x) = -x^3 + 2x^2 - 2x - 7$.

1° Établir le tableau de variation de f.

2° Construire la courbe $\mathscr{C}$ de la fonction f dans un repère orthogonal.

→ Corrigé p. 87

3 ★ 10 min

Soit la fonction f définie sur $\mathbb{R}\backslash\{-2\}$ par $f(x) = \dfrac{3x+4}{2(x+2)}$.
Établir le tableau de variation de f.

→ Corrigé p. 88

4 ★ 10 min

Soit la fonction f définie sur $\mathbb{R}\backslash\{-5\}$ par $f(x) = \dfrac{x^2+x+5}{x+5}$.
Établir le tableau de variation de f.

→ Corrigé p. 89

5 ★★★ 30 min

Soit la fonction $f : x \mapsto \dfrac{1}{x^2+x+1}$ définie dans $\mathbb{R}$.

1° Justifier que f est définie, dérivable dans $\mathbb{R}$. Calculer $f'(x)$.

2° Établir le tableau de variation de la fonction f.

3° En déduire le maximum M de la fonction f.

4° *a)* Montrer que, pour tout réel a appartenant à $]0\,;M[$, l'équation $f(x) = a$ admet deux solutions.
b) En déduire que f n'admet pas de minimum.

→ Corrigé p. 89

6 ★★ **20 min**

On considère un triangle ABC rectangle en A tel que $AB = 1$.
On désigne par x la distance AC ($x \in]0\,;+\infty[$).
Soit H le projeté orthogonal de A sur la droite (BC).

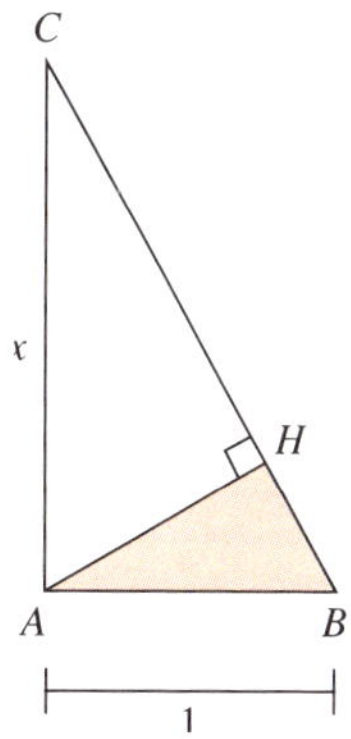

1° Exprimer l'aire du triangle ABH en fonction du réel positif x.

2° On notera $f(x)$ cette aire. Étudier les variations de la fonction f.
En déduire la valeur du réel x telle que l'aire du triangle ABH est maximale.

→ Corrigé p. 91

Exercices-bilans

7 ★★ **30 min**

Soit la fonction f définie dans l'intervalle $[-2\,;2]$ par $f(x) = \dfrac{x^4}{4} + \dfrac{x^3}{3} - 2x$.

1° Calculer la dérivée de la fonction f.

2° Soit $g(x) = f'(x)$. Calculer la dérivée $g'(x)$ de la fonction g.
Établir le tableau de variation de g.

3° En observant que $f'(1) = 0$, déterminer le signe de $f'(x)$.
Établir le tableau de variation de f. Préciser les extremums de f.

4° Construire la courbe $\mathscr{C}'$ de la fonction g et la courbe $\mathscr{C}$ de la fonction f.

→ Corrigé p. 92

8 ★★ **30 min**

Dans un repère orthonormé du plan, on donne la parabole $\mathscr{P}$ d'équation $y = x^2$.
Soit A le point de coordonnées $(3\,;0)$.
Soit x un nombre réel quelconque. M est un point mobile de la parabole $\mathscr{P}$ d'abscisse x, d'ordonnée x^2. On construit un carré $AMNP$.
On cherche à déterminer pour quel(s) point(s) M de la parabole $\mathscr{P}$, l'aire du carré est minimale. (On pourra tout d'abord procéder à une expérimentation de l'exercice sur un logiciel de géométrie dynamique ; on fera une figure dans le cas où $x = 2$.)

1° Exprimer l'aire du carré en fonction de x.

2° Soit f la fonction associant à tout réel x, l'aire du carré $AMNP$.
Étudier les variations de la fonction f (on vérifiera que, pour tout nombre réel x, $f'(x) = (x-1)(4x^2 + 4x + 6)$).
En déduire la réponse au problème.

→ Corrigé p. 94

1 → *Énoncé p. 84* 1° f définie par $f(x) = 2x^3 + x^2 - 20x - 2$ est dérivable sur $\mathbb{R}$ en tant que fonction polynôme.

$$f'(x) = 6x^2 + 2x - 20$$

$$f'(x) = 2\,(3x^2 + x - 10).$$

Le discriminant du polynôme $3x^2 + x - 10$ est :

$$\Delta = 1^2 - 4 \times 3 \times (-10) = 121$$

$\Delta > 0$, donc le polynôme $3x^2 + x - 10$ admet deux racines :

$$x_1 = \frac{-1 - \sqrt{121}}{2 \times 3} = \frac{-12}{6}$$

$$= -2$$

$$\text{et} \quad x_2 = \frac{-1 + \sqrt{121}}{2 \times 3} = \frac{10}{6}$$

$$= \frac{5}{3}.$$

Le signe de $f'(x)$ est le signe de $3x^2 + x - 10$, d'où :

x	$-\infty$		-2		$\frac{5}{3}$		$+\infty$
$f'(x)$		$+$	0	$-$	0	$+$	
f		↗	$f(-2)$	↘	$f\left(\frac{5}{3}\right)$	↗	

On conserve les valeurs exactes dans un tableau de variation.

$f(-2) = 26$;

$f\left(\frac{5}{3}\right) = -\frac{629}{27}$

f admet un maximum local, égal à 26, atteint pour $x = -2$.

f admet un minimum local, égal à $-\frac{629}{27}$, atteint pour $x = \frac{5}{3}$.

2°

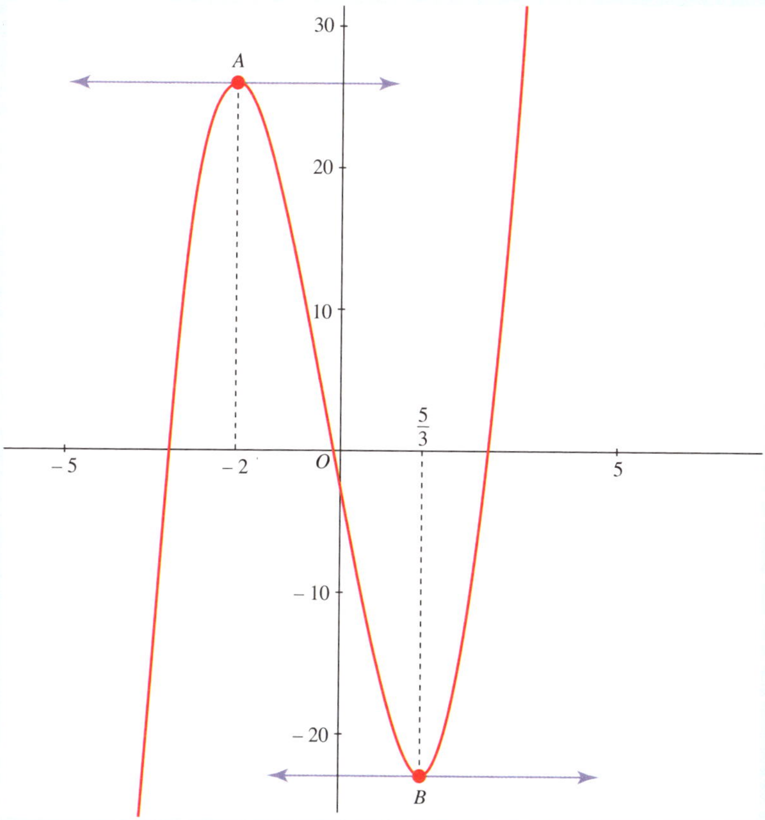

2 → Énoncé p. 84 1° f définie par $f(x) = -x^3 + 2x^2 - 2x - 7$ est dérivable sur $\mathbb{R}$ en tant que fonction polynôme.

$$f'(x) = -3x^2 + 4x - 2.$$

Le discriminant du polynôme $-3x^2 + 4x - 2$ est :

$$\Delta = 4^2 - 4 \times (-3) \times (-2) = -8.$$

Δ est négatif, donc $f'(x)$ est du signe du coefficient de x^2, c'est-à-dire négatif :

x	$-\infty$	$+\infty$
$f'(x)$	$-$	
f	↘	

***f* est strictement décroissante dans $\mathbb{R}$.**

2°

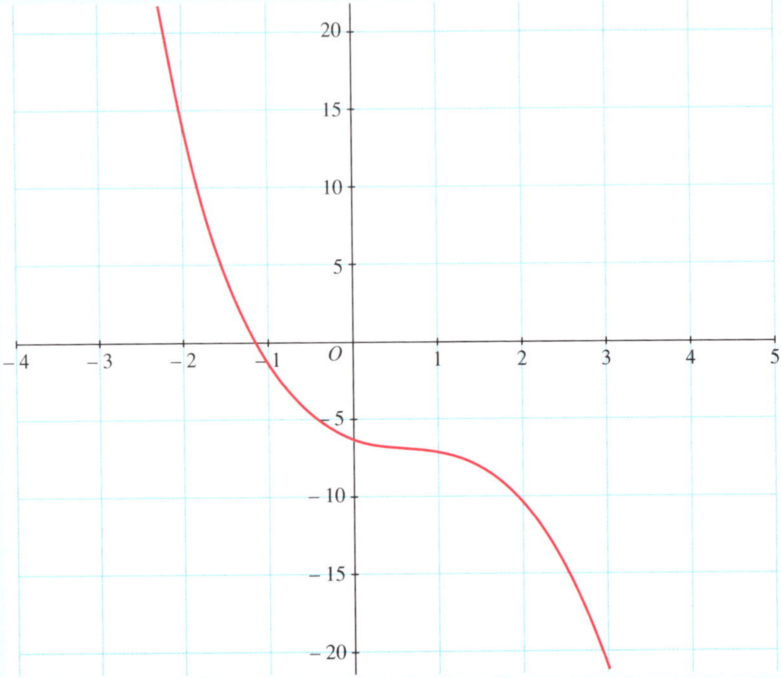

3 → *Énoncé p. 84* f définie par $f(x) = \dfrac{3x+4}{2(x+2)}$ est dérivable sur son ensemble de définition $\mathbb{R} \setminus \{-2\}$ en tant que fonction rationnelle. On écrit : $f(x) = \dfrac{1}{2} \times \dfrac{3x+4}{x+2}$.

Pour tout $x \in \mathbb{R} \setminus \{-2\}$, $f'(x) = \dfrac{1}{2} \times \dfrac{3(x+2) - (3x+4) \times 1}{(x+2)^2}$

$$f'(x) = \frac{2}{2(x+2)^2}$$

$$f'(x) = \frac{1}{(x+2)^2}.$$

Pour tout $x \in \mathbb{R} \setminus \{-2\}$, $(x+2)^2 > 0$ donc $f'(x) > 0$.

x	$-\infty$	-2	$+\infty$
$f'(x)$	+	‖	+
f	↗	‖	↗

Puisque l'ensemble de définition de f ne contient pas -2, les variations seront données sur les intervalles ouverts $]-\infty\,;-2[$ et $]-2\,;+\infty[$.

4 → *Énoncé p. 84* f définie par $f(x) = \dfrac{x^2 + x + 5}{x + 5}$ est dérivable sur son ensemble de définition $\mathbb{R} \setminus \{-5\}$, en tant que fonction rationnelle.
Pour tout $x \in \mathbb{R} \setminus \{-5\}$:

$$f'(x) = \frac{(2x + 1)(x + 5) - (x^2 + x + 5) \times 1}{(x + 5)^2} = \frac{x^2 + 10x}{(x + 5)^2} = \frac{x(x + 10)}{(x + 5)^2}.$$

Pour tout $x \in \mathbb{R} \setminus \{-5\}$, $(x + 5)^2 > 0$, donc $f'(x)$ est du même signe que $x(x + 10)$; $x(x + 10)$ est un polynôme du second degré dont les racines sont 0 et -10. D'où :

x	$-\infty$		-10		0		$+\infty$
signe de $x(x + 10)$		$+$	0	$-$	0	$+$	

On en déduit le tableau de variation de f :

x	$-\infty$		-10		-5		0		$+\infty$
$f'(x)$		$+$	0	$-$	‖	$-$	0	$+$	
f		↗	-19	↘	‖	↘	1	↗	

5 → *Énoncé p. 84* 1° $f(x) = \dfrac{1}{x^2 + x + 1}$ est définie si, et seulement si :

$$x^2 + x + 1 \neq 0.$$

• Or, le discriminant de l'équation du second degré $x^2 + x + 1 = 0$ est $\Delta = 1^2 - 4 \times 1 \times 1 = -3$; $\Delta < 0$ donc l'équation $x^2 + x + 1 = 0$ n'a pas de solution. Par conséquent, la fonction f est définie dans $\mathbb{R}$.

• Soit la fonction $v : x \mapsto x^2 + x + 1$ définie dans $\mathbb{R}$; v est dérivable dans $\mathbb{R}$ comme fonction polynôme et $v'(x) = 2x + 1$.

Par suite, comme $f = \dfrac{1}{v}$, la fonction f est dérivable dans $\mathbb{R}$ et, pour tout réel x,

$$\mathbf{f'(x) = -\frac{2x + 1}{(x^2 + x + 1)^2}}.$$

> Il est plus judicieux d'utiliser ici la formule de dérivation de $\dfrac{1}{v}$ que celle de $\dfrac{u}{v}$.

2° Étudions le signe de $f'(x)$.
Puisque, pour tout réel x, $x^2 + x + 1 \neq 0$, alors $(x^2 + x + 1)^2 > 0$.
On en déduit que $f'(x)$ a le même signe que $-(2x + 1)$.

D'où le tableau de variation :

x	$-\infty$		$-\frac{1}{2}$		$+\infty$
$2x+1$		$-$	0	$+$	
$f'(x)$		$+$	0	$-$	
f		$\nearrow$	$\frac{4}{3}$	$\searrow$	

f est strictement croissante sur $\left]-\infty\,;-\frac{1}{2}\right]$.

f est strictement décroissante sur $\left[-\frac{1}{2}\,;+\infty\right[$.

3° Les variations de la fonction f indiquent que $\boldsymbol{M = \frac{4}{3}}$ **est le maximum absolu de la fonction f** ; il est atteint pour $x = -\frac{1}{2}$.

4° *a)* Soit a un nombre réel tel que $0 < a < \frac{4}{3}$.

• Pour tout réel x, $f(x) = a$ équivaut successivement à :

$\frac{1}{x^2+x+1} = a$

$x^2+x+1 = \frac{1}{a}$ (car $a \neq 0$)

$x^2+x+1-\frac{1}{a} = 0$.

On obtient une équation du second degré dont le discriminant s'exprime en fonction de a : $\Delta' = 1^2 - 4 \times 1 \times \left(1 - \frac{1}{a}\right) = -3 + \frac{4}{a}$.

• Puisque $0 < a < \frac{4}{3}$, alors $3 < \frac{4}{a}$; donc $0 < -3 + \frac{4}{a}$.

Le discriminant Δ' est strictement positif, l'équation $x^2+x+1-\frac{1}{a} = 0$, donc $f(x) = a$, admet deux solutions :

$$\boldsymbol{x_1 = \frac{-1-\sqrt{\Delta'}}{2} = -\frac{1}{2} - \frac{\sqrt{\Delta'}}{2}} \quad \text{et} \quad \boldsymbol{x_2 = -\frac{1}{2} + \frac{\sqrt{\Delta'}}{2}}.$$

b) Pour tout réel x, $x^2+x+1 > 0$ donc $f(x) > 0$.

Raisonnons par l'absurde : si f admet un minimum m, alors celui-ci est strictement positif $\left(\text{et inférieur à } \frac{4}{3}\right)$. D'après le résultat établi à la question précédente, l'équation $f(x) = m$ admet deux solutions.

Considérons $x_2 = -\frac{1}{2} + \frac{\sqrt{-3+\frac{4}{m}}}{2}$; $f(x_2) = m$ et $x_2 > -\frac{1}{2}$.

Or f est strictement décroissante sur $\left[-\frac{1}{2} ; +\infty\right[$.

Choisissons un réel x tel que $x_2 < x$. Alors $f(x_2) > f(x)$, c'est-à-dire $m > f(x)$.
Ainsi, m ne peut être le minimum de f puisqu'il existe $x \in \mathbb{R}$ tel que $f(x) < m$.
Ce raisonnement prouve que la fonction f n'a pas de minimum.

6 → *Énoncé p. 85* 1° $\cos \widehat{ABC} = \frac{AB}{BC}$ dans le triangle ABC rectangle en A.

$\cos \widehat{HAC} = \frac{AH}{AC}$ dans le triangle AHC rectangle en H.

$\cos \widehat{ABH} = \frac{BH}{AB}$ dans le triangle AHB rectangle en H.

Étant donné l'égalité des angles :

$\widehat{ABC} = \widehat{HAC} = \widehat{ABH}$, on en déduit :

$\frac{AB}{BC} = \frac{AH}{AC} = \frac{BH}{AB}$. Sachant que $AB = 1$ et $AC = x$, on en déduit $BC = \sqrt{1 + x^2}$

par la propriété de Pythagore, puis :

$$AH = AC \times \frac{AB}{BC} = x \times \frac{1}{\sqrt{1+x^2}} ; \quad BH = AB \times \frac{AB}{BC} = \frac{1}{\sqrt{1+x^2}}.$$

L'aire du triangle ABH est $\mathscr{A} = \frac{1}{2} AH \times BH = \frac{1}{2} \times \frac{x}{1+x^2}$.

2° Soit $f(x) = \frac{1}{2} \times \frac{x}{1+x^2}$, $x \in \left]0 ; +\infty\right[$.

> On laissera la constante $\frac{1}{2}$ en facteur, pour une question de simplicité des calculs de $f'(x)$.

- $1 + x^2$ ne s'annule pas dans $\left]0 ; +\infty\right[$; en effet, $1 + x^2 > 0$ pour tout réel x.
- Les fonctions $u : x \mapsto x$ et $v : x \mapsto 1 + x^2$ sont dérivables dans $\mathbb{R}$, donc dans $\left]0 ; +\infty\right[$ donc f est dérivable dans $\left]0 ; +\infty\right[$ $\left(f = \frac{1}{2} \times \frac{u}{v}\right)$.

Pour tout $x \in \left]0 ; +\infty\right[$, $f'(x) = \frac{1}{2} \times \frac{1 \times (1+x^2) - 2x^2}{(1+x^2)^2} = \frac{1}{2} \times \frac{1-x^2}{(1+x^2)^2}$.

• Étude du signe de $f'(x)$

Pour tout $x \in \left]0 ; +\infty\right[$, $(1 + x^2)^2 > 0$. Donc $f'(x)$ a le même signe que $1 - x^2$; or $1 - x^2 = (1 - x)(1 + x)$ et $1 + x > 0$ pour tout $x \in \left]0 ; +\infty\right[$.
On en déduit que $f'(x)$ a le même signe que $1 - x$.

D'où, le tableau de variation :

x	0		1		$+\infty$
$f'(x)$		$+$	0	$-$	
f		↗	$\frac{1}{4}$	↘	

f est strictement croissante sur $]0\,;1]$.
f est strictement décroissante sur $[1\,;+\infty[$.

Le tableau de variation indique que l'aire est maximale et vaut $\frac{1}{4}$, lorsque $x = 1$ (c'est-à-dire lorsque le triangle ABC est isocèle et rectangle).

7 → *Énoncé p. 85* 1° f définie par $f(x) = \frac{x^4}{4} + \frac{x^3}{3} - 2x$ est dérivable sur $[-2\,;2]$, comme fonction polynôme.
Pour tout $x \in [-2\,;2]$, $\boldsymbol{f'(x) = x^3 + x^2 - 2}$.

2° $g : x \mapsto x^3 + x^2 - 2$ définie sur $[-2\,;2]$.
g est dérivable sur $[-2\,;2]$, comme fonction polynôme.
Pour tout $x \in [-2\,;2]$, $g'(x) = 3x^2 + 2x$; $\boldsymbol{g'(x) = x(3x+2)}$.
Étudions le signe de g' et les variations de g :

	-2		$-\frac{2}{3}$		0		2
x		$-$		$-$	0	$+$	
$3x+2$		$-$	0	$+$		$+$	
$g'(x)$		$+$	0	$-$	0	$+$	
g	-6	↗	$-\frac{50}{27}$	↘	-2	↗	10

3° Dans $[-2\,;0]$, la fonction g admet pour maximum $-\frac{50}{27}$, nombre réel négatif.

On en déduit que, pour tout $x \in [-2\,;0]$, $f'(x) \leqslant -\frac{50}{27} < 0$:

$f'(x)$ est de signe négatif dans $[-2\,;0]$.
Dans $[0\,;2]$, la fonction $g = f'$ est strictement croissante et $f'(1) = 0$.

Si $0 \leq x < 1$, alors $f'(x) < f'(1)$ donc $f'(x) < 0$.
Si $1 < x \leq 2$, alors $f'(x) > f'(1)$ donc $f'(x) > 0$.
Finalement : **si $x \in [-2\ ;1[$, alors $f'(x) < 0$;**
si $x \in]1\ ;2]$, alors $f'(x) > 0$.
D'où le tableau de variation de la fonction f :

> Dans certains cas, le signe d'une fonction peut se déduire directement du tableau de variation.

x	-2		1		2
$f'(x)$		$-$	0	$+$	
f	$\frac{16}{3}$	↘	$-\frac{17}{12}$	↗	$\frac{8}{3}$

f est strictement décroissante sur $[-2\ ;1]$.
f est strictement croissante sur $[1\ ;2]$.

Le maximum de la fonction f est $\frac{16}{3}$.

Le minimum de la fonction f est $-\frac{17}{12}$.

4°

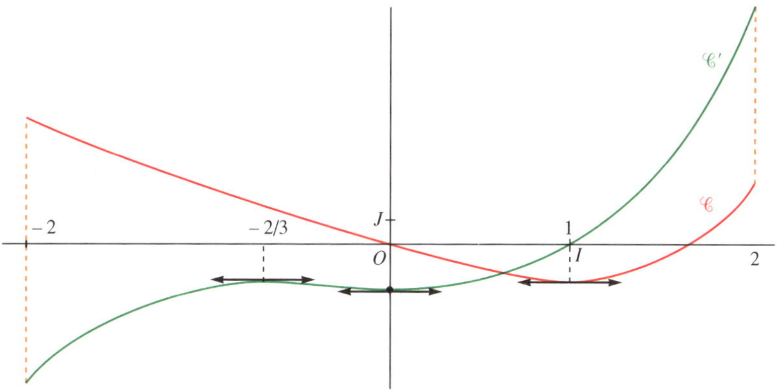

8 → *Énoncé p. 85*

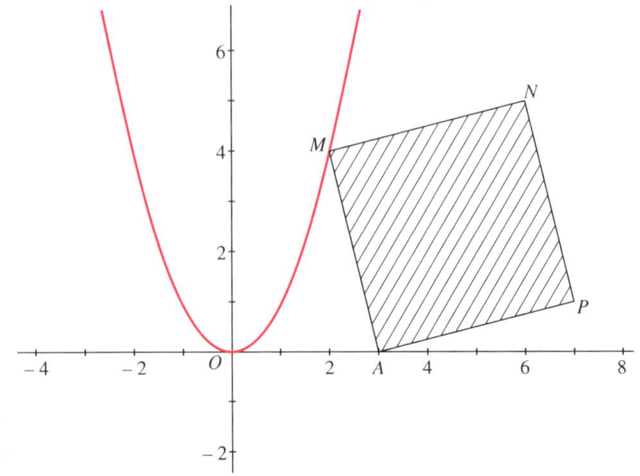

1° L'aire du carré est $\boldsymbol{AM^2 = (x - 3)^2 + (x^2)^2}$, en appliquant la formule de calcul de la distance de deux points dans un repère orthonormé du plan.

2° On définit la fonction $f : x \mapsto (x - 3)^2 + (x^2)^2$.
En développant : $f(x) = x^4 + x^2 - 6x + 9$. f est dérivable dans $\mathbb{R}$ comme fonction polynôme et pour tout nombre réel x, $f'(x) = 4x^3 + 2x - 6$.

• Vérifions la factorisation proposée dans l'énoncé en la développant :
$(x - 1)(4x^2 + 4x + 6) = 4x^3 + 4x^2 + 6x - 4x^2 - 4x - 6$.
$(x - 1)(4x^2 + 4x + 6) = 4x^3 + 2x - 6$.
Pour tout nombre réel x, $f'(x) = (x - 1)(4x^2 + 4x + 6)$.

• Étudions le signe de $f'(x)$.
Le discriminant du polynôme du second degré $4x^2 + 4x + 6$ est :

$$\Delta = 4^2 - 4 \times 4 \times 6 = -80.$$

Le discriminant étant de signe négatif, le signe de $4x^2 + 4x + 6$ est constant pour tout réel x : il est le signe du coefficient 4 de x^2, c'est-à-dire strictement positif.
Par conséquent, $f'(x)$ a le même signe que $x - 1$.

x	$-\infty$		1		$+\infty$
$f'(x)$		$-$	0	$+$	
f		↘	5	↗	

D'après le tableau de variation, l'aire est minimale pour $x = 1$; alors $M(1 ; 1)$ et l'aire minimale est 5.

Suites numériques : généralités

CHAPITRE 6

1 Notion de suite

■ **Une liste de nombres réels que l'on peut numéroter à l'aide des nombres entiers naturels** constitue une bonne représentation de ce que l'on peut nommer une **suite**.

■ De nombreux exemples concrets peuvent donner lieu à des suites ; citons-en quelques-uns.

A. En économie

Une personne place une somme d'argent sur un compte bancaire à taux d'intérêts fixe ; chaque année, elle demande le relevé de la somme dont elle dispose.
On numérote les années : 0 ; 1 ; 2… À chaque nombre entier naturel n, on associe la somme en compte u_n.
On définit ainsi la suite (u_n) dont les termes représentent la somme en compte en fonction de l'année.

B. En biologie

On étudie l'évolution d'une population de micro-organismes ; chaque heure on prélève un échantillon pour estimer le nombre d'organismes présents.
On numérote les heures : 0 ; 1 ; 2… À chaque nombre entier naturel n, on associe le nombre estimé u_n de bactéries.
On définit ainsi la suite (u_n) dont les termes représentent le nombre de bactéries en fonction du nombre d'heures.

C. En physique

On dispose d'un échantillon contenant une certaine proportion d'atomes radioactifs ; on procède à un relevé à intervalle de temps constant (heure ; jour ; année ; siècle.) permettant de mesurer la proportion d'atomes restant à cette date.
On numérote les jours, par exemple : 0 ; 1 ; 2… À chacun on associe la proportion u_n d'atomes radioactifs restants.
On définit ainsi la suite (u_n) dont les termes représentent la proportion d'atomes radioactifs en fonction du nombre de jours.

D. En arithmétique

Soit n un entier naturel supérieur ou égal à 2. On place dans le plan n points distincts ; on associe à l'entier naturel n le nombre u_n de segments distincts que l'on peut former en joignant ces points.

On définit ainsi la suite (u_n) dont les termes représentent le nombre de segments en fonction du nombre n de points.

2 Définition

On définit une suite en associant à tout entier naturel n, un nombre réel noté u_n. Une **suite est** donc **une fonction de $\mathbb{N}$ dans $\mathbb{R}$**.

Notations

Il faut distinguer :
- u_n qui désigne **le terme de rang n de la suite** ;
- (u_n) qui désigne **la suite elle-même**.

3 Mode de génération des termes d'une suite

A. Expression explicite en fonction de l'entier n

On peut définir une suite en donnant un expression explicite du terme u_n en fonction de l'entier n, par exemple par une formule algébrique.

Exemples :
- $u_n = 3 \times 5^n \quad (n \in \mathbb{N})$;
- $u_n = n^2 + 3n - 5 \quad (n \in \mathbb{N})$;
- $u_n = \dfrac{n+2}{n(n-1)} \quad (n \in \mathbb{N}\backslash\{0 ; 1\})$.

En particulier, si f est une fonction définie sur l'intervalle $[0; +\infty[$ (ou sur un intervalle contenant $[0; +\infty[$), on peut alors définir la suite de terme général $u_n = f(n)$, $n \in \mathbb{N}$.

Construction des termes de la suite (u_n) telle que $u_n = f(n)$, à partir de la courbe $\mathscr{C}$ de la fonction f

Le terme u_n de la suite est l'ordonnée du point de la courbe dont l'abscisse est l'entier n.

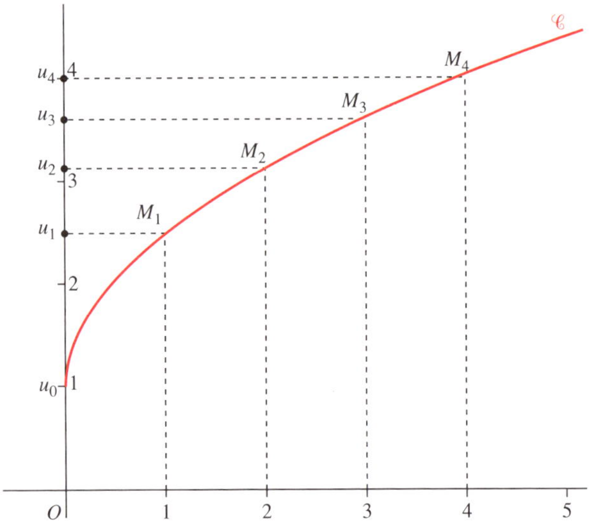

B. Mode de génération par récurrence

Le mode de génération par récurrence consiste à donner le terme initial u_0, puis à définir chaque terme à partir du précédent, en général à l'aide d'une formule algébrique. Dans ce cas, pour connaître u_n, il est nécessaire d'avoir déterminé au préalable tous les termes précédents $u_0, u_1, \ldots u_{n-1}$.

Exemples :

- $u_0 = 1$, et pour tout entier naturel n, $u_{n+1} = 2u_n + 3$:
$u_0 = 1$; $u_1 = 5$; $u_2 = 13$; $u_3 = 29\ldots$

- $u_0 = -1$, et pour tout entier naturel n, $u_{n+1} = (u_n)^2 - u_n + 1$:
$u_0 = -1$; $u_1 = 3$; $u_2 = 7$; $u_3 = 43\ldots$

En particulier, si f est une fonction définie sur un intervalle I vérifiant $f(I) \subset I$ (c'est-à-dire que tout nombre réel x appartenant à I admet pour image $f(x)$ appartenant à I), on peut alors définir à partir de n'importe quel terme initial u_0 élément de I, la suite (u_n) telle que pour tout entier naturel n, $u_{n+1} = f(u_n)$.
De plus, tous les termes de la suite (u_n) appartiennent alors à I.

Construction des premiers termes de la suite (u_n) telle que $u_{n+1} = f(u_n)$ à partir de la courbe $\mathscr{C}$ de la fonction f

On construit une suite de points M_n de coordonnées $(u_n ; u_{n+1})$.
La droite $\mathscr{D}$ d'équation $y = x$ est un moyen géométrique pour faire apparaître l'ordonnée u_{n+1} du point M_n sur l'axe des abscisses, afin de réitérer la construction, pour obtenir le point suivant M_{n+1}.

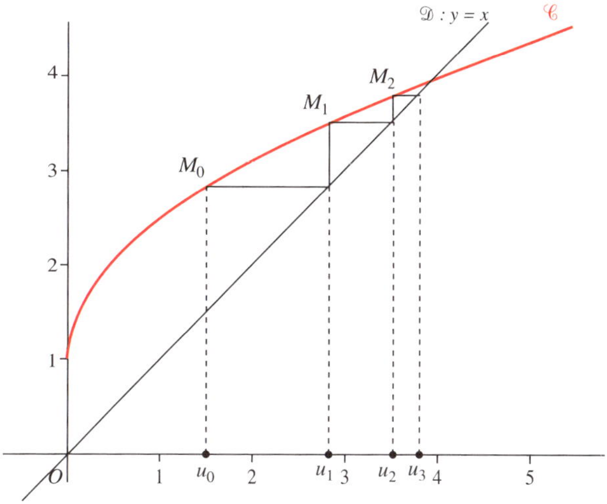

4 Sens de variation d'une suite

■ On dit qu'une suite (u_n), définie dans $\mathbb{N}$ est :

• **croissante**, si pour tout entier n, $u_{n+1} \geqslant u_n$;
• **strictement croissante**, si pour tout entier n, $u_{n+1} > u_n$;
• **décroissante**, si pour tout entier n, $u_{n+1} \leqslant u_n$;
• **strictement décroissante**, si pour tout entier n, $u_{n+1} < u_n$.

■ Pour étudier le sens de variation d'une suite, il suffira le plus souvent dans les exercices d'étudier le signe de la différence $u_{n+1} - u_n$:

• si pour tout entier naturel n, $u_{n+1} - u_n \geqslant 0$, alors la suite est croissante ;
• si pour tout entier naturel n, $u_{n+1} - u_n \leqslant 0$, alors la suite est décroissante.

■ Une suite dont tous les termes sont égaux est dite **constante** (ou **stationnaire**).

■ Les suites **strictement croissantes** et les suites **strictement décroissantes** sont qualifiées de **suites strictement monotones**.

1 Calculer les premiers termes d'une suite et illustrer graphiquement le mode de génération

EXERCICE TYPE

On examinera deux cas :

1° *Suite définie de façon explicite par $u_n = f(n)$*

Calculer les cinq premiers termes de la suite (u_n) définie par :

$$u_n = 2n - 1, \qquad \text{pour tout entier } n.$$

Illustrer graphiquement le processus de génération des termes.

2° *Suite définie par récurrence*

Calculer les cinq premiers termes de la suite (v_n) définie par :

$$\begin{cases} v_0 = 2 \\ v_{n+1} = 2v_n - 1, \end{cases} \qquad \text{pour tout entier } n.$$

Illustrer graphiquement le processus de génération des termes.

CORRIGÉ COMMENTÉ

1° Il *s*'agit d'une suite définie de *façon explicite* par $u_n = f(n)$, où f est la fonction $f : x \mapsto 2x - 1$.

Pour calculer les valeurs de u_n, on remplace n par sa valeur :

$$\boldsymbol{u_0} = f(0) = 2 \times 0 - 1 = \mathbf{-1}\ ;$$
$$\boldsymbol{u_1} = f(1) = 2 \times 1 - 1 = \mathbf{1}\ ;$$
$$\boldsymbol{u_2} = f(2) = 2 \times 2 - 1 = \mathbf{3}\ ;$$
$$\boldsymbol{u_3} = f(3) = 2 \times 3 - 1 = \mathbf{5}\ ;$$
$$\boldsymbol{u_4} = f(4) = 2 \times 4 - 1 = \mathbf{7}.$$

> Les termes d'une suite définie de façon **explicite** sont construits sur l'axe des **ordonnées**, alors que ceux d'une suite définie **par récurrence** le sont sur l'axe des **abscisses**.

Pour illustrer graphiquement le processus de génération des termes, on trace, dans un repère du plan, la courbe de la fonction f (ici, la droite d'équation $y = 2x - 1$) : u_n est l'ordonnée du point de la courbe d'abscisse n.

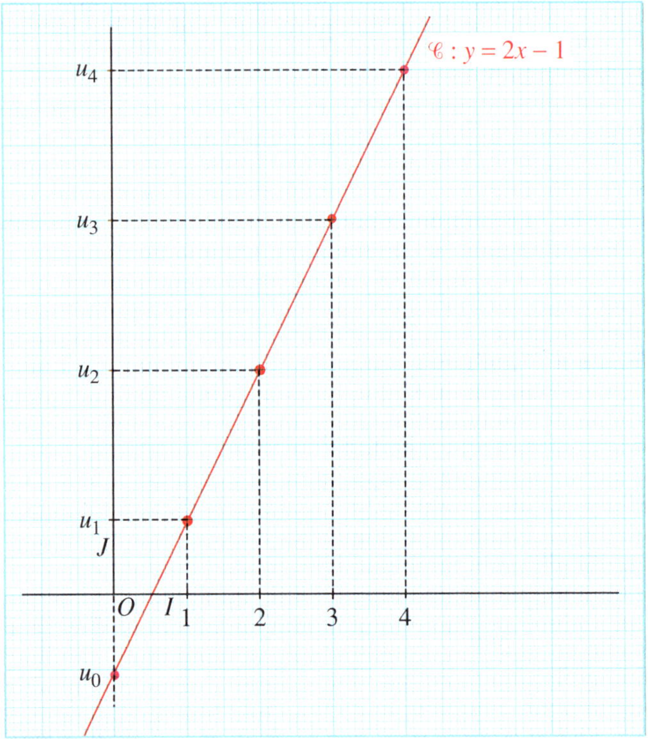

2° Il s'agit d'une suite définie *par récurrence* par $v_{n+1} = f(v_n)$, où f est la fonction $f : x \mapsto 2x - 1$.

Pour $n = 0$, $\boldsymbol{v_1} = f(v_0) = 2v_0 - 1 = 2 \times 2 - 1 = \mathbf{3}$;
pour $n = 1$, $\boldsymbol{v_2} = f(v_1) = 2v_1 - 1 = 2 \times 3 - 1 = \mathbf{5}$;
pour $n = 2$, $\boldsymbol{v_3} = f(v_2) = 2v_2 - 1 = 2 \times 5 - 1 = \mathbf{9}$;
pour $n = 3$, $\boldsymbol{v_4} = f(v_3) = 2v_3 - 1 = 2 \times 9 - 1 = \mathbf{17}$.

Pour illustrer graphiquement le processus de génération des termes, on trace, dans un repère du plan, la courbe $\mathscr{C}$ de la fonction f.

Le point de la courbe $\mathscr{C}$ d'abscisse $x = v_n$ a pour ordonnée $y = f(v_n) = v_{n+1}$. On « renvoie » ensuite v_{n+1} en abscisse, en utilisant la droite d'équation $y = x$, et on réitère la construction.

$M_0(v_0 ; v_1)$; $M_1(v_1 ; v_2)$; $M_2(v_2 ; v_3)$; $M_3(v_3 ; v_4)$.

(voir le graphique page suivante)

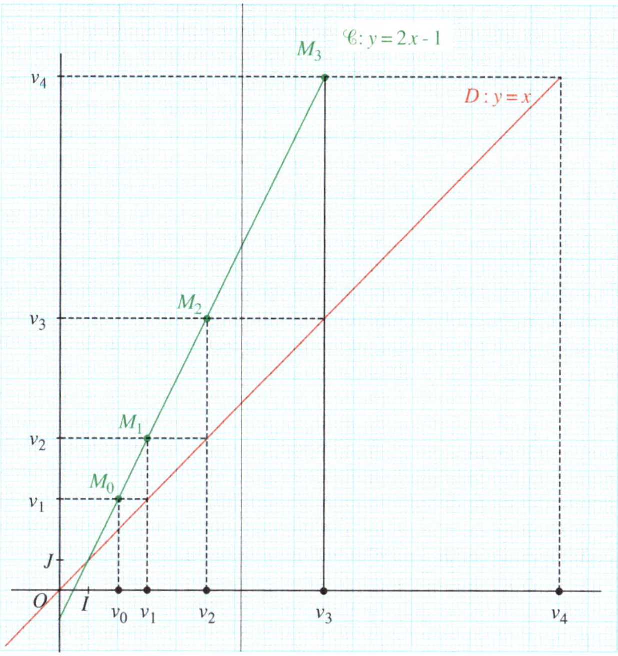

À RETENIR

Pour **calculer les premiers termes** d'une suite et **illustrer graphiquement** leur mode de génération, il faut **observer** si la suite est de la **forme** (1) : $\boldsymbol{u_n = f(n)}$ ou (2) : $\boldsymbol{u_{n+1} = f(u_n)}$.

- Si la suite est de la forme (1), on doit :

– **expliciter** la fonction f ;

– **calculer** $\boldsymbol{f(x)}$, comme on le fait pour une fonction, en donnant à x des valeurs entières : 0 ; 1 ; 2, etc.

Si $\mathscr{C}$ est la courbe de f, u_n est l'ordonnée du point de $\mathscr{C}$ d'abscisse n.

- Si la suite est de la forme (2) :

– on doit **expliciter** la fonction f ;

– le calcul de u_{n+1} nécessite **le calcul des termes précédents.**

Si $\mathscr{C}$ est la courbe de f, u_{n+1} est l'ordonnée du point de $\mathscr{C}$ d'abscisse u_n. La construction du point $M_n(u_n ; u_{n+1})$ **nécessite la construction de tous les précédents** $M_0(u_0 ; u_1)$; $M_1(u_1 ; u_2)$, etc.

2 Étudier le sens de variation d'une suite

EXERCICE TYPE

Soit la suite numérique de terme général $u_n = \dfrac{n+2}{n+1}$.

Étudier le sens de variation de la suite (u_n).

CORRIGÉ COMMENTÉ

Soit $n \in \mathbb{N}$. On calcule $u_{n+1} - u_n$.

u_{n+1} se calcule en remplaçant n par $n + 1$ dans l'expression de u_n, soit :

$$u_{n+1} = \frac{(n+1)+2}{(n+1)+1}.$$

On en déduit $u_{n+1} = \dfrac{n+3}{n+2}$.

$$u_{n+1} - u_n = \frac{n+3}{n+2} - \frac{n+2}{n+1} = \frac{(n+3)(n+1)-(n+2)^2}{(n+2)(n+1)}$$

$$u_{n+1} - u_n = \frac{(n^2+4n+3)-(n^2+4n+4)}{(n+2)(n+1)} = \frac{-1}{(n+2)(n+1)}.$$

Étude du signe de $u_{n+1} - u_n$

n est un entier naturel, donc n est positif ou nul.

$n + 2$ et $n + 1$ sont donc strictement positifs ;

donc le produit $(n + 2)(n + 1)$ est strictement positif.

D'où $\dfrac{-1}{(n+2)(n+1)}$ est strictement négatif.

> On n'oubliera pas que n est un entier naturel, donc toujours positif ou nul.

Conclusion

On a prouvé que, pour tout entier n, $u_{n+1} - u_n < 0$, c'est-à-dire $u_{n+1} < u_n$.

Par définition, la suite (u_n) est strictement décroissante.

Autre méthode : u_n s'exprime explicitement en fonction de n.

$u_n = f(n)$, où f est la fonction $f : x \mapsto \dfrac{x+2}{x+1}$.

Étudions les variations de f sur l'intervalle $[0 ; +\infty[$ (f est effectivement définie sur cet intervalle).

Pour cela, calculons la dérivée de f (n'appliquer cette méthode qu'après avoir traité les chapitres 5 et 6) :

$$f'(x) = \frac{1 \times (x+1) - (x+2) \times 1}{(x+1)^2}$$

$$f'(x) = \frac{-1}{(x+1)^2}.$$

Pour tout réel $x \in [0 ; +\infty[$, $(x+1)^2 > 0$, donc $\frac{-1}{(x+1)^2} < 0$; f est donc strictement décroissante sur l'intervalle $[0 ; +\infty[$, ce qui signifie que, si $0 \leqslant a < b$, alors $f(a) > f(b)$.

En particulier, pour tout entier naturel n : $n < n+1$, donc $f(n) > f(n+1)$ ou encore : $u_n > u_{n+1}$.

La suite (u_n) est donc, par définition, strictement décroissante.

> On ne doit en aucun cas dériver le terme général d'une suite.
> La notion de dérivée n'a en effet de sens que pour une fonction définie sur un ou plusieurs intervalles de $\mathbb{R}$.

À RETENIR

• Pour **étudier le sens de variation** d'une suite, on pourra :
– soit **calculer $u_{n+1} - u_n$ et étudier son signe ;**
– soit si $u_n = f(n)$, f étant une **fonction simple à étudier, étudier le sens de variation** de f. Dans ce cas :
• Si f est croissante sur $[0 ; +\infty[$, alors la suite (u_n) est croissante.
• Si f est décroissante sur $[0 ; +\infty[$, alors la suite (u_n) est décroissante.

Exercices d'entraînement

1 ★ 5 min

Soit la suite (u_n) telle que pour tout entier naturel n, $u_n = -\frac{1}{2}n + 3$.

1° Calculer les termes u_0, u_1, u_2, u_3 et u_4 de la suite.

2° Illustrer graphiquement la construction des premiers termes de u_0 à u_4.

→ Corrigé p. 107

2 ★ 10 min

Soit la suite (u_n) telle que $u_0 = 8$ et, pour tout entier naturel, $u_{n+1} = \frac{1}{2}u_n - 2$.

1° Calculer les termes u_1, u_2, u_3 et u_4 de la suite.

2° Illustrer graphiquement la construction des premiers termes de u_0 à u_4.

→ Corrigé p. 107

3 ★ 5 min

Soit la suite (u_n) telle que pour tout entier naturel n, $u_n = n^2 + n - 4$.

1° Calculer les termes u_0, u_1, u_2, u_3 et u_4 de la suite.

2° Illustrer graphiquement la construction des premiers termes de u_0 à u_4.

→ Corrigé p. 108

4 ★ 10 min

Soit la suite (u_n) telle que $u_0 = 2\sqrt{2}$ et, pour tout entier naturel n, $u_{n+1} = \frac{(u_n)^2}{4}$.

1° Calculer les termes u_1, u_2 et u_3 de la suite.

2° Illustrer graphiquement la construction des premiers termes de u_0 à u_3.

→ Corrigé p. 109

5 ★ 15 min

Soit la suite (u_n) telle que $u_0 = \frac{1}{2}$ et, pour tout entier naturel n, $u_{n+1} = \frac{1 + u_n}{u_n}$.

On admettra que tous les termes de la suite peuvent être définis par cette relation de récurrence.

1° Calculer « à la main » sous forme d'une fraction irréductible u_1, u_2 et u_3.

2° À partir de la courbe $\mathscr{C}$ de la fonction $f : x \mapsto \frac{1 + x}{x}$ définie sur l'intervalle $]0 ; +\infty[$, construire les termes u_0, u_1, u_2 et u_3.

→ Corrigé p. 109

6 ★ 5 min

Étudier le sens de variation de la suite (u_n) de terme général : $u_n = \dfrac{n+2}{n+3}$ $(n \in \mathbb{N})$.

→ *Corrigé p. 110*

7 ★ 10 min

Étudier le sens de variation de la suite (u_n) de terme général : $u_n = n^2 + 2n - 2$ $(n \in \mathbb{N})$.

→ *Corrigé p. 110*

8 ★★ 10 min

Étudier le sens de variation de la suite (u_n) de terme général $u_n = \dfrac{2^n}{n+1}$.

Indication : On montrera que $u_{n+1} - u_n = \dfrac{n2^n}{(n+1)(n+2)}$.

→ *Corrigé p. 110*

9 ★★★ 15 min

Soit la suite (u_n) telle que pour tout entier naturel n, $u_n = n(-2)^n$.

1° Montrer que pour tout entier naturel n **pair,** $u_{n+1} < 0 \leqslant u_n < u_{n+2}$.

2° En déduire qu'il n'existe aucun rang à partir duquel la suite (u_n) est monotone.

3° À l'aide d'un logiciel de géométrie, construire le nuage de points $(n\ ;\ u_n)$ pour n compris entre 0 et 14.

→ *Corrigé p. 111*

10 ★★ 15 min

1° Écrire un algorithme permettant d'obtenir le terme de rang 20 de la suite (u_n) telle que $u_0 = 8$ et, pour tout entier naturel n, $u_{n+1} = \dfrac{3}{4}u_n + 1$. Le mettre en application pour obtenir une valeur approchée de u_{20} avec trois décimales.

2° Écrire un algorithme permettant d'obtenir les termes de rang 20 à 25 de la suite (u_n) telle que $u_0 = 10$ et, pour tout entier naturel n, $u_{n+1} = 0{,}9u_n + 2$.
Le mettre en application, pour obtenir une valeur approchée de u_{20} à u_{25} avec trois décimales.

→ *Corrigé p. 112*

Exercice-bilan

11 ★★ **20 min**

Soit la suite (u_n) telle que $u_0 = 6$, et pour tout entier naturel n, $u_{n+1} = \frac{3}{2} u_n - 2$.

1° Construire sur un graphique les termes u_0, u_1, u_2, u_3 et u_4.

2° Calculer à 0,01 près les termes de u_0 à u_{10}, puis calculer u_{20} et u_{30}.

3° Soit la suite (v_n) telle que pour tout entier naturel n, $v_n = 4 + 2 \times \left(\frac{3}{2}\right)^n$.

a) Calculer v_0, v_1, v_2, v_3 et v_4.

b) Vérifier que pour tout entier naturel n, $v_{n+1} = \frac{3}{2} v_n - 2$.

4° Étudier le sens de variation de la suite (v_n).

→ *Corrigé p. 112*

1 → Énoncé p. 104 $u_n = -\frac{1}{2}n + 3$: la suite (u_n) est définie de façon explicite par $\boldsymbol{u_n = f(n)}$, où f est la fonction : $\boldsymbol{f : x \mapsto -\frac{1}{2}x + 3}$.

1° $\boldsymbol{u_0} = f(0) = \boldsymbol{3}$; $\boldsymbol{u_1} = f(1) = \boldsymbol{\frac{5}{2}}$; $\boldsymbol{u_2} = f(2) = \boldsymbol{2}$; $\boldsymbol{u_3} = f(3) = \boldsymbol{\frac{3}{2}}$; $\boldsymbol{u_4} = f(4) = \boldsymbol{1}$.

2° On trace la courbe $\mathscr{C}$ de la fonction f (droite d'équation $y = -\frac{1}{2}x + 3$).

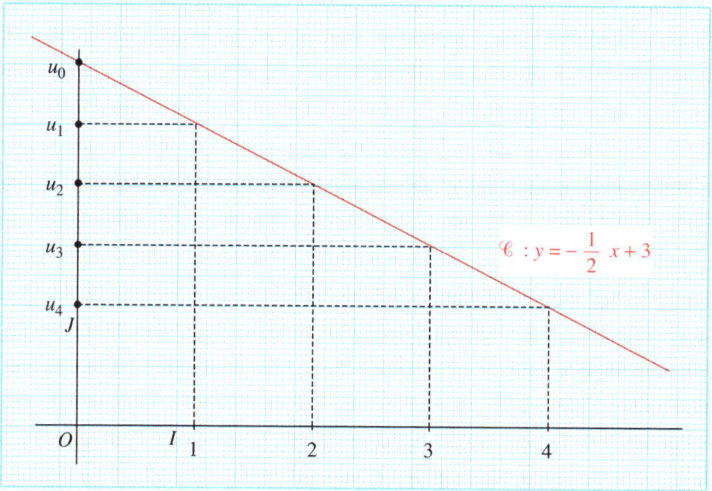

2 → Énoncé p. 104 $u_{n+1} = \frac{1}{2}u_n - 2$: la suite (u_n) est définie par récurrence par $\boldsymbol{u_{n+1} = f(u_n)}$, où f est la fonction $\boldsymbol{f : x \mapsto \frac{1}{2}x - 2}$.

1° $\boldsymbol{u_0 = 8}$; $\boldsymbol{u_1} = f(u_0) = \frac{1}{2} \times 8 - 2 = \boldsymbol{2}$; $\boldsymbol{u_2} = f(u_1) = \frac{1}{2} \times 2 - 2 = \boldsymbol{-1}$;

$\boldsymbol{u_3} = f(u_2) = \frac{1}{2} \times (-1) - 2 = \boldsymbol{-\frac{5}{2}}$; $\boldsymbol{u_4} = f(u_3) = \frac{1}{2} \times \left(-\frac{5}{2}\right) - 2 = \boldsymbol{-\frac{13}{4}}$.

2° On trace la courbe $\mathscr{C}$ de la fonction f (droite d'équation $y = \frac{1}{2}x - 2$) et la droite D d'équation $y = x$.

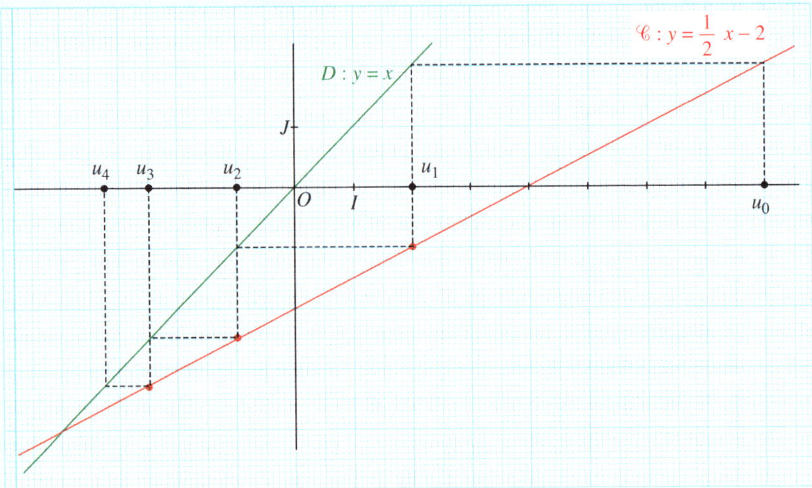

3 → *Énoncé p. 104* $u_n = n^2 + n - 4$ est définie explicitement par $\boldsymbol{u_n = f(n)}$, où f est la fonction $\boldsymbol{f : x \mapsto x^2 + x - 4}$.

1° $\boldsymbol{u_0} = f(0) = \boldsymbol{-4}$;

$\boldsymbol{u_1} = f(1) = \boldsymbol{-2}$;

$\boldsymbol{u_2} = f(2) = \boldsymbol{2}$;

$\boldsymbol{u_3} = f(3) = \boldsymbol{8}$;

$\boldsymbol{u_4} = f(4) = \boldsymbol{16}$.

> $\mathscr{C}$ est une parabole de sommet de coordonnées $\left(-\frac{1}{2} \ ; \ -\frac{17}{4}\right)$.

2° On trace la courbe $\mathscr{C}$ de la fonction f (parabole d'équation $y = x^2 + x - 4$).

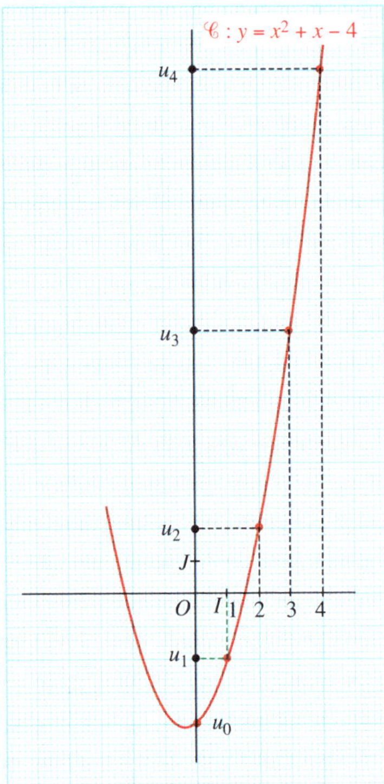

4 → Énoncé p. 104 $u_{n+1} = \frac{u_n^2}{4}$; la suite (u_n) est définie par récurrence par :

$\boldsymbol{u_{n+1} = f(u_n)}$, où f est la fonction $\boldsymbol{f : x \mapsto \frac{x^2}{4}}$.

1° $\boldsymbol{u_0 = 2\sqrt{2}}$; $\boldsymbol{u_1} = f(u_0) = \frac{u_0^2}{4} = \frac{(2\sqrt{2})^2}{4} = \frac{8}{4} = \mathbf{2}$;

$\boldsymbol{u_2} = f(u_1) = \frac{u_1^2}{4} = \frac{4}{4} = \mathbf{1}$; $\boldsymbol{u_3} = f(u_2) = \frac{u_2^2}{4} = \mathbf{\frac{1}{4}}$.

2° On trace la courbe $\mathscr{C}$ de la fonction f $\left(\text{parabole d'équation } y = \frac{x^2}{4}\right)$ et la droite D d'équation $y = x$.

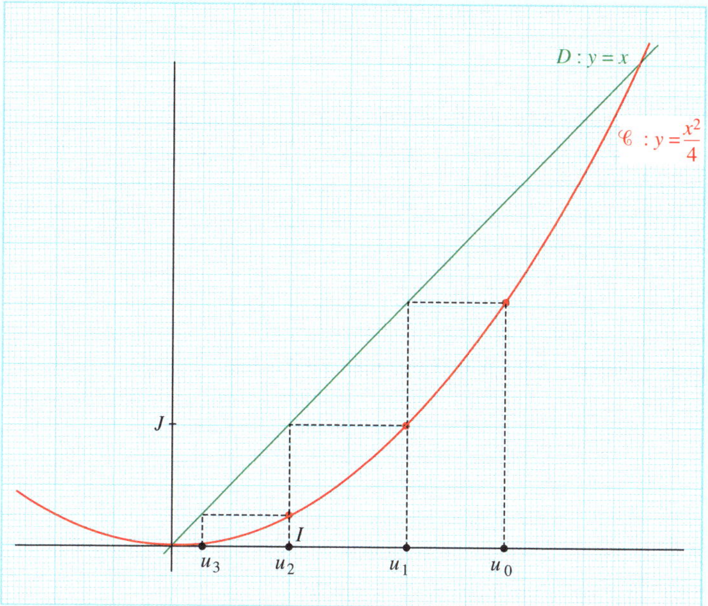

5 → Énoncé p. 104

1° $u_1 = f\left(\frac{1}{2}\right) = \frac{1 + \frac{1}{2}}{\frac{1}{2}} = 2 \times \frac{3}{2} = 3$; $u_2 = f(3) = \frac{1+3}{3} = \frac{4}{3}$;

$u_3 = f\left(\frac{4}{3}\right) = \frac{1 + \frac{4}{3}}{\frac{4}{3}} = \frac{7}{3} \times \frac{3}{4} = \frac{7}{4}$.

2° Construction des termes u_0, u_1, u_2 et u_3 à partir de la courbe $\mathscr{C}$ de la fonction f.

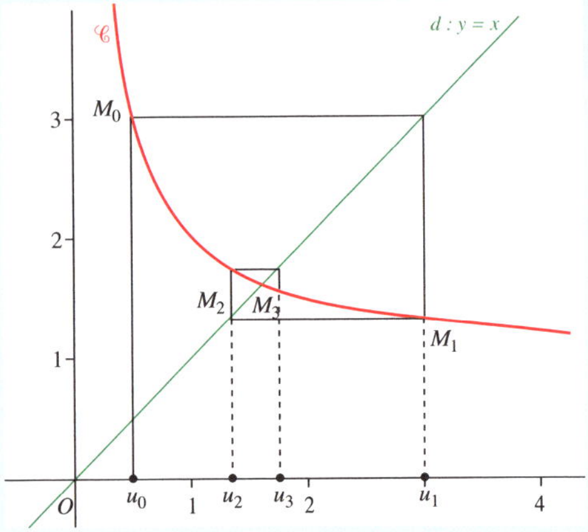

On peut remarquer que $f(x) = \dfrac{1}{x} + 1$.

La courbe $\mathscr{C}$ est une branche d'hyperbole.

6 → Énoncé p. 105 Pour tout entier naturel n :

$$u_{n+1} - u_n = \frac{(n+1)+2}{(n+1)+3} - \frac{n+2}{n+3} = \frac{n+3}{n+4} - \frac{n+2}{n+3} = \frac{(n+3)^2 - (n+2)(n+4)}{(n+3)(n+4)}$$

$$u_{n+1} - u_n = \frac{1}{(n+3)(n+4)}.$$

n est un entier naturel, donc $n + 3 > 0$ et $n + 4 > 0$.

Donc $u_{n+1} - u_n > 0$ ou encore $u_{n+1} > u_n$.

Par définition, la **suite (u_n) est strictement croissante**.

7 → Énoncé p. 105 Pour tout entier naturel n :

$$u_{n+1} - u_n = [(n+1)^2 + 2\,(n+1) - 2] - (n^2 + 2n - 2)$$

$$u_{n+1} - u_n = n^2 + 2n + 1 + 2n + 2 - 2 - n^2 - 2n + 2 = 2n + 3.$$

n étant un entier naturel, $2n + 3 > 0$; donc $u_{n+1} - u_n > 0$, c'est-à-dire $u_{n+1} > u_n$.

Donc, la **suite (u_n) est strictement croissante**.

(On peut également montrer que la fonction $f : x \mapsto x^2 + 2x - 2$ est strictement croissante sur $[0\,;+\infty[$; en effet, $f'(x) = 2x + 2$ est strictement positif sur $[0\,;+\infty[$.)

8 → Énoncé p. 105 Pour tout entier naturel n :

$$u_{n+1} - u_n = \frac{2^{n+1}}{(n+1)+1} - \frac{2^n}{n+1} = \frac{2^{n+1}}{n+2} - \frac{2^n}{n+1} = \frac{2 \times 2^n}{n+2} - \frac{2^n}{n+1} = 2^n\left(\frac{2}{n+2} - \frac{1}{n+1}\right)$$

$$u_{n+1} - u_n = 2^n\,\frac{2\,(n+1) - (n+2)}{(n+1)(n+2)} = \frac{n\,2^n}{(n+1)(n+2)}.$$

Pour tout entier naturel n : $2^n > 0$, $n + 1 > 0$ et $n + 2 > 0$.

Comme $n \geqslant 0$, alors $u_{n+1} - u_n \geqslant 0$, c'est-à-dire $u_{n+1} \geqslant u_n$.
Par définition, la suite (u_n) est croissante.
La suite (u_n) n'est pas strictement croissante, car $u_0 = u_1 = 1$; elle est strictement croissante à partir du rang 1.

9 → Énoncé p. 105 1° Soit n un entier naturel pair.

Les termes de rang pairs de la suite (u_n) sont positifs, alors que ceux de rang impairs sont négatifs.

$0 < (-2)^n$ et $0 \leqslant n$, donc, par produit $0 \leqslant n(-2)^n$.
$u_{n+1} = (n+1)(-2)^{n+1}$; puisque n est un entier pair, alors $n+1$ est un entier impair, donc $(-2)^{n+1} < 0$.
Comme $n+1 > 0$, alors $(n+1)(-2)^{n+1} < 0$.
Ainsi $u_{n+1} < 0$.
$u_{n+2} = (n+2)(-2)^{n+2}$
$u_{n+2} = (n+2)(-2)^n \times 4 = 4n(-2)^n + 8 \times (-2)^n = 4u_n + 2^{n+3}$.
$u_{n+2} - u_n = 3u_n + 2^{n+3}$ est strictement positif, car $u_n \geqslant 0$ et $2^{n+3} > 0$, donc $u_n < u_{n+2}$.
On en déduit que pour tout entier naturel n pair, $\boldsymbol{u_{n+1} < 0 \leqslant u_n < u_{n+2}}$.

2° Soit N un entier naturel quelconque. On choisit un entier naturel n pair tel que $N \leqslant n$.
D'après la propriété précédente, $u_{n+1} < 0 \leqslant u_n < u_{n+2}$.
La suite (u_n) n'est pas croissante, car $u_{n+1} < u_n$.
La suite (u_n) n'est pas décroissante, car $u_{n+1} < u_{n+2}$.
Quel que soit le rang N, la suite (u_n) n'est donc, à partir du rang N, ni croissante, ni décroissante.

3°

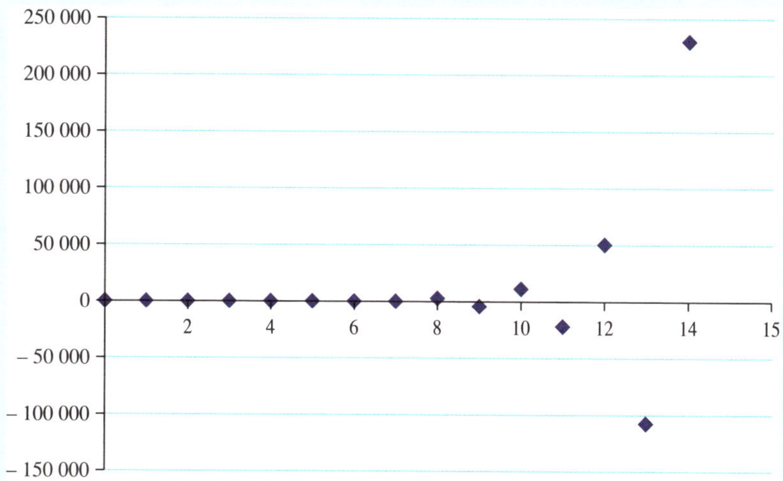

10 → Énoncé p. 105

1° **Variables**
N, nombre entier naturel
U, nombre réel
Traitement
Affecter à N la valeur 0
Affecter à U la valeur 8
Tant que N < 20 **faire**
N prend la valeur N + 1
U prend la valeur 0,75 × U + 1
Fin tant que
Sortie
Afficher « U20 = » ; U

$U_{20} \approx 4{,}012$

2° **Variables**
N, nombre entier naturel
U, nombre réel
Traitement
Affecter à N la valeur 0
Affecter à U la valeur 10
Tant queN < 20 **faire**
N prend la valeur N + 1
U prend la valeur 0,9 × U + 2
Fin tant que
Tant que N ⩽ 25 **faire**
Afficher « N = » ; N ; « Un= » ; U
N prend la valeur N + 1
U prend la valeur 0,9 × U + 2
Fin tant que

Pour obtenir les termes de rang 20 à 25, il faut avoir au préalable calculé les termes de rang 1 à 19.

Applications :
- pour $n = 20$, $u_{20} \approx 18{,}784$;
- pour $n = 21$, $u_{21} \approx 18{,}906$;
- pour $n = 22$, $u_{22} \approx 19{,}015$;
- pour $n = 23$, $u_{23} \approx 19{,}114$;
- pour $n = 24$, $u_{24} \approx 19{,}202$;
- pour $n = 25$, $u_{25} \approx 19{,}282$.

11 → Énoncé p. 106

1° On construit la droite D d'équation $y = \frac{3}{2}x - 2$ et la droite d d'équation $y = x$.

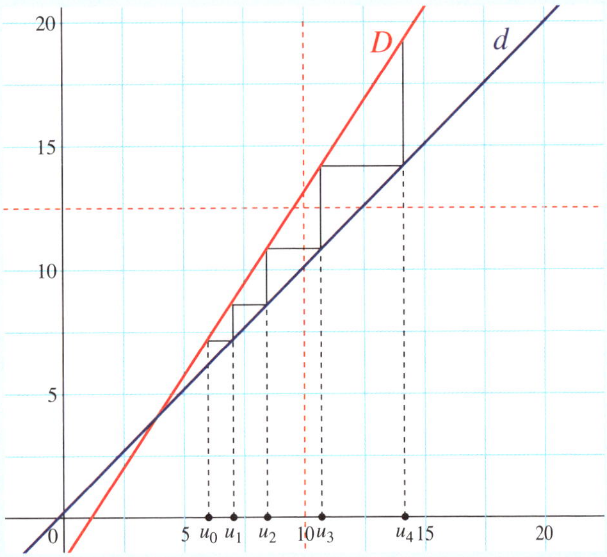

2° On utilise la fonction « suite récurrente » de la calculatrice, ou bien on écrit un programme de calcul (*cf.* ex. 10) :

- pour $n = 0$, $u_0 = 6$;
- pour $n = 1$, $u_1 = 7$;
- pour $n = 2$, $u_2 = 8{,}5$;
- pour $n = 3$, $u_3 = 10{,}75$;
- pour $n = 4$, $u_4 \approx 14{,}13$;
- pour $n = 5$, $u_5 \approx 19{,}19$;
- pour $n = 6$, $u_6 \approx 26{,}78$;
- pour $n = 7$, $u_7 \approx 38{,}17$;
- pour $n = 8$, $u_8 \approx 55{,}26$;
- pour $n = 9$, $u_9 \approx 80{,}89$;
- pour $n = 10$, $u_{10} \approx 119{,}33$;

…

- pour $n = 20$, $u_{20} \approx 6\,654{,}51$;
- pour $n = 30$, $u_{30} \approx 383\,506{,}12$

3° *a)* La suite (v_n) est définie explicitement ; on calcule en remplaçant n par sa valeur (on peut utiliser la fonction « table » de la calculatrice) :

$v_0 = 4 + 2 \times \left(\frac{3}{2}\right)^0 = 6$; $v_1 = 4 + 2 \times \left(\frac{3}{2}\right)^1 = 7$; $v_2 = 4 + 2 \times \left(\frac{3}{2}\right)^2 = 8{,}5$;

$v_3 = 4 + 2 \times \left(\frac{3}{2}\right)^3 = 10{,}75$; $v_4 = 4 + 2 \times \left(\frac{3}{2}\right)^4 = 14{,}125$.

b) Pour tout entier naturel n, $v_{n+1} = 4 + 2 \times \left(\frac{3}{2}\right)^{n+1} = 4 + 2 \times \left(\frac{3}{2}\right)^n \times \frac{3}{2}$;

or $v_n = 4 + 2 \times \left(\frac{3}{2}\right)^n$, donc $v_n - 4 = 2 \times \left(\frac{3}{2}\right)^n$.

On en déduit $v_{n+1} = 4 + (v_n - 4) \times \frac{3}{2} = 4 + \frac{3}{2} v_n - 6$

$$\boldsymbol{v_{n+1} = \frac{3}{2} v_n - 2}\ .$$

> On aurait pu aussi commencer par le calcul de $\frac{3}{2} v_n - 2$.

4° Pour tout entier naturel n,

$$v_{n+1} - v_n = 4 + 2 \times \left(\frac{3}{2}\right)^{n+1} - 4 - 2 \times \left(\frac{3}{2}\right)^n = 2 \times \left(\frac{3}{2}\right)^{n+1} - 2 \times \left(\frac{3}{2}\right)^n = 2 \times \left(\frac{3}{2}\right)^n \times \left(\frac{3}{2} - 1\right)$$

$$\boldsymbol{v_{n+1} - v_n = \left(\frac{3}{2}\right)^n}\ .$$

Pour tout entier naturel n, $\left(\frac{3}{2}\right)^n > 0$; **donc la suite (v_n) est strictement croissante**.

N.B. Les suites (u_n) et (v_n) sont égales.

CHAPITRE 7

Suites arithmétiques Suites géométriques

1 Suites arithmétiques

Soit a un nombre réel.
On appelle « **suite arithmétique** » de raison a toute suite définie par son premier terme u_0 et, pour tout entier naturel n, par la relation :

$$u_{n+1} = u_n + a.$$

A. Expression du terme de rang *n*

Si (u_n) est une suite arithmétique de premier terme u_0 et de raison a, alors :

$$u_n = u_0 + na.$$

- Si $a > 0$, la suite est **strictement croissante**.
- Si $a < 0$, la suite est **strictement décroissante**.
- Pour $k \in \mathbb{N}$, $u_{n+k} = u_n + ka$.

B. Somme de termes consécutifs

Si (u_n) est une suite arithmétique et n un entier naturel, la somme des $n + 1$ premiers termes de la suite est :

$$u_0 + u_1 + \ldots + u_n = \frac{(n+1)(u_0 + u_n)}{2}.$$

- Si (u_n) est une suite arithmétique, et n et k sont des entiers naturels, la somme des $n + 1$ termes successifs de la suite à partir de u_k est :

$$u_k + u_{k+1} + \ldots + u_{k+n} = \frac{(n+1)(u_k + u_{k+n})}{2}.$$

On peut retenir la formule suivante donnant la somme S de termes consécutifs d'une suite arithmétique :

$$S = \frac{\text{nombre de termes} \times (1^{\text{er}} \text{ terme} + \text{dernier terme})}{2}$$

- Soit n un entier naturel ; la somme des entiers naturels de 1 à n est donnée par la formule :

$$1 + 2 + \ldots + n = \frac{n(n+1)}{2}.$$

2 Suites géométiques

Soit q un réel non nul.
On appelle « **suite géométrique** » de raison q toute suite définie par son premier terme u_0 et, pour tout entier naturel n, par la relation :

$$u_{n+1} = q u_n.$$

Expression du terme de rang *n*

Si (u_n) est une suite géométrique de premier terme u_0 et de raison q, alors :

$$u_n = u_0 q^n.$$

Pour $k \in \mathbb{N}$, $u_{n+k} = u_n q^k$.

Somme de termes consécutifs

Si $q \neq 1$, alors $1 + q + \ldots + q^n = \dfrac{1 - q^{n+1}}{1 - q}$.

Si (u_n) est une suite géométrique de premier terme u_0 et de raison q ($q \neq 1$), alors $u_0 + \ldots + u_n = u_0 \dfrac{1 - q^{n+1}}{1 - q}$.

Sens de variation de la suite $(u_n) = q^n$

- Si $q > 1$, alors la suite (q^n) est **strictement croissante**.
- Si $0 < q < 1$, alors la suite (q^n) est **strictement décroissante**.
- Si $q < 0$, alors la suite (q^n) est **de signe alterné** et n'est **pas monotone**.
- Si $q = 1$ ou $q = 0$, la suite (q^n) est **constante**.

1 Reconnaître si une suite est arithmétique, géométrique, ou n'est ni arithmétique, ni géométrique

EXERCICE TYPE

Pour chacune des suites suivantes, déterminer s'il s'agit d'une suite arithmétique, d'une suite géométrique, ou si cette suite n'est ni arithmétique, ni géométrique.

1° Pour tout entier naturel n, $u_n = \dfrac{5-3n}{2}$.

2° Pour tout entier naturel n, $u_n = \dfrac{5 \times 2^n}{3^{n+1}}$.

3° Pour tout entier naturel n, $u_n = 2n^2 - 3n + 6$.

4° $u_0 = 4$ et, pour tout entier naturel n, $u_{n+1} = 2u_n - 10$.

CORRIGÉ COMMENTÉ

1° On peut soit revenir à la définition, soit utiliser l'expression explicite en fonction de l'entier n.
Le calcul de quelques termes peut être utile pour pressentir le résultat :

$$u_0 = 2{,}5 \ ; \ u_1 = 1 \ ; \ u_2 = -0{,}5 \ ; \ u_3 = -2 .$$

On voit que l'on passe d'un terme au suivant en ajoutant – 1,5.
Cela laisse supposer que la suite (u_n) est une suite arithmétique de raison – 1,5.
Prouvons-le en écrivant, pour tout entier naturel n, u_n sous la forme $u_0 + na$.
Pour tout entier naturel n, $u_n = \dfrac{5-3n}{2} \Leftrightarrow u_n = \dfrac{5}{2} - \dfrac{3}{2}n \Leftrightarrow u_n = 2{,}5 - 1{,}5n$.
On reconnaît le terme général de la suite arithmétique de premier terme $u_0 = 2{,}5$ et de raison – 1,5.
La suite (u_n) est donc une suite arithmétique.

2° On peut soit revenir à la définition, soit utiliser l'expression explicite en fonction de l'entier n.
Le calcul de quelques termes peut être utile pour pressentir le résultat :

$$u_0 = \frac{5}{3} \ ; \ u_1 = \frac{10}{9} \ ; \ u_2 = \frac{20}{27} .$$

On observe que $u_1 = \dfrac{10}{9} = \dfrac{2}{3} \times \dfrac{5}{3} = \dfrac{2}{3}u_0$ et $u_2 = \dfrac{2}{3} \times \dfrac{10}{9} = \dfrac{2}{3}u_1$.
Les calculs précédents laissent supposer que la suite (u_n) est une suite géométrique de raison $\dfrac{2}{3}$.
Prouvons-le en écrivant pour tout entier naturel n, u_n sous la forme $u_0\, q^n$.
Pour tout entier naturel n, $u_n = \dfrac{5 \times 2^n}{3^{n+1}} \Leftrightarrow u_n = \dfrac{5 \times 2^n}{3 \times 3^n} \Leftrightarrow u_n = \dfrac{5}{3} \times \left(\dfrac{2}{3}\right)^n$.

On reconnaît le terme général de la suite géométrique de premier terme $u_0 = \frac{5}{3}$ et de raison $q = \frac{2}{3}$.

La suite (u_n) est donc une suite géométrique.

3° $u_0 = 6$; $u_1 = 5$; $u_2 = 8$.

• $u_1 - u_0 = 5 - 6 = -1$; $u_2 - u_1 = 8 - 5 = 3$.

Puisque $u_1 - u_0 \neq u_2 - u_1$, la suite (u_n) n'est pas une suite arithmétique.

Un exemple suffit pour contredire la définition d'une suite arithmétique ou d'une suite géométrique.

• $\frac{u_1}{u_0} = \frac{5}{6}$; $\frac{u_2}{u_1} = \frac{8}{5}$; or $\frac{5}{6} \neq \frac{8}{5}$, car $5 \times 5 \neq 6 \times 8$.

La suite (u_n) n'est pas une suite géométrique.

la suite (u_n) n'est donc ni une suite arithmétique, ni une suite géométrique.

4° $u_0 = 4$ et, pour tout entier naturel n, $u_{n+1} = 2u_n - 10$.

$u_0 = 4$; $u_1 = -2$; $u_2 = -14$.

• $u_1 - u_0 = -2 - 4 = -6$; $u_2 - u_1 = -14 - (-2) = -12$.

Puisque $u_1 - u_0 \neq u_2 - u_1$, la suite (u_n) n'est pas une suite arithmétique.

• $\frac{u_1}{u_0} = \frac{-2}{4} = -\frac{1}{2}$; $\frac{u_2}{u_1} = \frac{-14}{-2} = 7$; $\frac{u_1}{u_0} \neq \frac{u_2}{u_1}$, donc la suite (u_n) n'est pas une suite géométrique.

La suite (u_n) n'est donc ni une suite arithmétique, ni une suite géométrique.

À RETENIR

• Pour **déterminer si une suite (u_n) est arithmétique**, il suffit de vérifier
– soit que pour tout entier naturel n, u_n s'écrit sous la forme $\boldsymbol{u_0 + na}$;
– soit de déterminer un nombre réel a tel que pour tout entier naturel n,

$$u_{n+1} = u_n + a.$$

• Pour **déterminer si une suite (u_n) est géométrique**, il suffit de vérifier :
– soit que pour tout entier naturel n, u_n s'écrit sous la forme $\boldsymbol{u_0 q^n}$;
– soit de déterminer un nombre réel q non nul, tel que pour tout entier naturel n,

$$u_{n+1} = qu_n.$$

• Pour déterminer qu'une suite n'est ni arithmétique, ni géométrique, il suffit de trouver trois termes consécutifs u_n, u_{n+1}, u_{n+2} tels que :

$$u_{n+2} - u_{n+1} \neq u_{n+1} - u_n \text{ et } \frac{u_{n+2}}{u_{n+1}} \neq \frac{u_{n+1}}{u_n}.$$

2 Déterminer le terme général d'une suite arithmétique en connaissant deux termes de la suite

EXERCICE TYPE

Déterminer le terme général d'une suite arithmétique (u_n) sachant que $u_{20} = 19$ et $u_{45} = 94$.

CORRIGÉ COMMENTÉ

Une suite arithmétique est parfaitement définie par son premier terme u_0 et sa raison a.

La donnée de u_{20} et u_{45} nous permet d'écrire un système de deux équations à deux inconnues : u_0 et a.

Pour cela, on utilise la forme générale de $u_n = u_0 + na$.

$\begin{cases} u_{20} = 19 \\ u_{45} = 94 \end{cases}$ se traduit par $\begin{cases} u_0 + 20a = 19 \\ u_0 + 45a = 94. \end{cases}$

Par soustraction, on obtient : $45a - 20a = 94 - 19$, soit : $25a = 75$, c'est-à-dire $a = 3$.

En substituant a à l'une ou l'autre des deux équations, il vient :

$u_0 + 20 \times 3 = 19$, soit : $u_0 = 19 - 20 \times 3$ et : $u_0 = -41$.

Vérification : $u_0 + 45a = -41 + 45 \times 3 = -41 + 135 = 94$.

Donc $\boldsymbol{u_n = -41 + 3n}$.

À RETENIR

Pour **déterminer le terme général** d'une suite arithmétique (u_n), connaissant deux de ses termes, **on écrit un système de deux équations** d'inconnues u_0 et a, la raison, en utilisant $u_n = u_0 + na$.

3 Calculer la somme de termes consécutifs d'une suite arithmétique

EXERCICE TYPE

Calculer la somme des entiers naturels pairs inférieurs ou égaux à 100.

CORRIGÉ COMMENTÉ

Les entiers naturels pairs peuvent être considérés comme les valeurs de la suite de terme général : $u_n = 2n$.

(u_n) est une suite arithmétique de raison 2 ; en effet : $u_{n+1} = 2(n+1) = 2n + 2 = u_n + 2$.
Soit $S = 2 + 4 + 6 + \ldots + 98 + 100$.
$S = u_1 + u_2 + u_3 + \ldots + u_{49} + u_{50}$ est la somme de 50 termes consécutifs de la suite (u_n) ;
par application de la formule : $S = 50 \times \dfrac{u_1 + u_{50}}{2}$

$S = 50 \times \dfrac{2 + 100}{2}$ **$S = 2\,550$.**

On applique ici la formule :
$S = \text{nombre de termes} \times \dfrac{1^{\text{er}}\text{ terme} + \text{dernier terme}}{2}$.

• ***Autre méthode*** utilisant $1 + 2 + \ldots + n = \dfrac{n(n+1)}{2}$:

$S = 2 + 4 + 6 + \ldots + 98 + 100 = 2S'$, où $S' = 1 + 2 + 3 + \ldots + 49 + 50$.

Or $S' = \dfrac{50 \times 51}{2}$. D'où $\mathbf{S} = 2 \times \dfrac{50 \times 51}{2} = 50 \times 51 = \mathbf{2\,550}$.

À RETENIR

Pour **calculer la somme de termes consécutifs d'une suite arithmétique** :
– **faire apparaître clairement** la suite dont il s'agit ;
– **appliquer la formule** du cours (*voir page 114*). Attention au nombre de termes !

4 Calculer la somme de termes consécutifs d'une suite géométrique

EXERCICE TYPE

1° Calculer la somme $S = 1 + 3 + 3^2 + \ldots + 3^{10}$.

2° Calculer la somme $S' = u_5 + \ldots + u_{10}$ pour la suite de terme général $u_n = \dfrac{5}{2^n}$.

CORRIGÉ COMMENTÉ

1° Dans cet exercice, il ne s'agit que d'appliquer à $q = 3$ et $n = 10$ la formule de cours $1 + q + \ldots + q^n = \dfrac{1 - q^{n+1}}{1 - q}$ qui donne :

$S = \dfrac{1 - 3^{11}}{1 - 3}$

$S = -\dfrac{1}{2}(1 - 3^{11})$

$\boldsymbol{S} = \frac{1}{2}(3^{11} - 1) = \frac{177\,147 - 1}{2} = \mathbf{88\,573}$.

2° La somme s'écrit ainsi $S' = \frac{5}{2^5} + \frac{5}{2^6} + \frac{5}{2^7} + \frac{5}{2^8} + \frac{5}{2^9} + \frac{5}{2^{10}}$.

Il s'agit d'une somme de six termes consécutifs d'une suite géométrique que l'on peut factoriser par $\frac{5}{2^5}$.

$S' = \frac{5}{2^5}\left(1 + \frac{1}{2} + \frac{1}{2^2} + \frac{1}{2^3} + \frac{1}{2^4} + \frac{1}{2^5}\right)$.

Or $1 + \frac{1}{2} + \frac{1}{2^2} + \frac{1}{2^3} + \frac{1}{2^4} + \frac{1}{2^5} = 1 + \left(\frac{1}{2}\right) + \left(\frac{1}{2}\right)^2 + \left(\frac{1}{2}\right)^3 + \left(\frac{1}{2}\right)^4 + \left(\frac{1}{2}\right)^5$.

On peut appliquer à $q = \frac{1}{2}$ et $n = 5$ la formule de cours $1 + q + \ldots + q^n = \frac{1 - q^{n+1}}{1 - q}$.

$$\boldsymbol{S'} = \frac{\mathbf{5}}{\mathbf{2^5}} \times \frac{\mathbf{1} - \left(\frac{\mathbf{1}}{\mathbf{2}}\right)^{\mathbf{6}}}{\mathbf{1} - \frac{\mathbf{1}}{\mathbf{2}}}$$

$$S' = \frac{5}{2^5} \times \frac{1 - \left(\frac{1}{2}\right)^6}{\frac{1}{2}} = 2 \times \frac{5}{2^5} \times \left(1 - \frac{1}{2^6}\right) = \frac{5}{2^4} \times \frac{2^6 - 1}{2^6} = \frac{5 \times (2^6 - 1)}{2^{10}} .$$

Sous forme de fraction irréductible, $\boldsymbol{S'} = \frac{\mathbf{5 \times 63}}{\mathbf{1\,024}} = \frac{\mathbf{315}}{\mathbf{1\,024}}$.

À RETENIR

Pour **calculer la somme de termes consécutifs d'une suite géométrique**, on se ramènera, après une factorisation éventuelle, à l'application de la formule :

$$1 + q + \ldots + q^n = \frac{1 - q^{n+1}}{1 - q} .$$

Il est à noter que l'exposant $n + 1$ dans $\frac{1 - q^{n+1}}{1 - q}$ correspond au nombre de termes de la somme lorsque celle-ci commence à 1.

5 Traduire des situations concrètes de variations à taux constant par des suites géométriques

EXERCICE TYPE

En l'année de référence 0, la population d'un pays est $P_0 = 25 . 10^6$.

Cette population croît régulièrement au taux de 3 % par an.

1° Quelle est la population P_n correspondant à l'année n ?

2° En quelle année la population initiale aura-t-elle été multipliée par 1,5 ?

CORRIGÉ COMMENTÉ

1° Le taux (3 % par an) signifie que l'augmentation de la population, de l'année n à l'année $n + 1$, soit $P_{n+1} - P_n$, est égale à trois centièmes de la population P_n, c'est-à-dire :

$$P_{n+1} - P_n = \frac{3}{100} P_n .$$

D'où

$$P_{n+1} = P_n + \frac{3}{100} P_n$$

$$P_{n+1} = \left(1 + \frac{3}{100}\right) P_n$$

$$P_{n+1} = \frac{103}{100} P_n$$

> Une augmentation de t % se traduit par une multiplication par $q = 1 + \frac{t}{100}$.

c'est-à-dire sous forme décimale :

$$P_{n+1} = 1{,}03 P_n .$$

La suite (P_n) est donc une suite géométrique de raison $q = 1{,}03$.

Donc, pour tout entier naturel n $\quad P_n = P_0 \times (1{,}03)^n$

$$\boldsymbol{P_n = 25 . 10^6 \times (1{,}03)^n}.$$

2° Il s'agit de déterminer le plus petit entier n tel que $P_n \geqslant 1{,}5 P_0$.

Pour tout entier naturel n, $P_n > 1{,}5P_0 \Leftrightarrow P_0 \times (1{,}03)^n > 1{,}5P_0 \Leftrightarrow (1{,}03)^n > 1{,}5$.

Il suffit d'utiliser le tableur d'une calculatrice pour répondre à la question.

On donne ici les valeurs lues sur le tableur :

n	$1{,}03^n$
0	1
1	1,03
2	1,0609
3	1,092727
4	1,12550881
5	1,15927407
6	1,1940523
7	1,22987387
8	1,26677008
9	1,30477318
10	1,34391638
11	1,38423387
12	1,42576089
13	**1,46853371**
14	**1,51258972**
15	1,55796742

Sachant que la suite de terme général $(1{,}03)^n$ est croissante, on constate donc que $1{,}03^{13} < 1{,}5 < 1{,}03^{14}$.
C'est donc pour $n = 14$, que P_n dépasse pour la première fois $1{,}5P_0$.

À RETENIR

Soit a un nombre réel positif.
- Un **taux d'augmentation** de a % se traduit par le produit de la grandeur par : $q = 1 + \frac{a}{100}$.
- Un **taux de diminution** de a % se traduit par le produit de la grandeur par : $q = 1 - \frac{a}{100}$.

Si une grandeur subit des variations successives à taux constant, les termes successifs sont ceux d'une suite géométrique de raison q.

Exercices d'entraînement

1 ★ **15 min**

Pour chacune des suites suivantes, déterminer s'il s'agit d'une suite arithmétique, d'une suite géométrique, ou si cette suite n'est ni arithmétique, ni géométrique.

1° Pour tout entier naturel n, $u_n = \dfrac{10 + 4n}{3}$.

2° Pour tout entier naturel n, $u_n = \dfrac{-3 \times 4^{n+2}}{5^n}$.

3° Pour tout entier naturel n, $u_n = \dfrac{n + 3}{n + 1}$.

4° $u_0 = 8$ et pour tout entier naturel n, $u_{n+1} = -2u_n + 3$.

→ Corrigé p. 126

2 ★ **5 min**

Déterminer le terme général de la suite arithmétique (u_n), sachant que :

$$u_{13} = -33 \text{ et } u_{27} = -82.$$

→ Corrigé p. 126

3 ★ **5 min**

Déterminer le terme général u_n de la suite arithmétique telle que $u_{20} = 5$ et $u_{40} = 35$.

→ Corrigé p. 126

4 ★★ **15 min**

1° Calculer la somme des entiers naturels impairs inférieurs à 100.

2° Calculer la somme des entiers multiples de 3 compris entre 500 et 1 000.

→ Corrigé p. 127

5 ★ **5 min**

Calculer la somme des termes de u_{50} à u_{100} de la suite arithmétique (u_n) de premier terme $u_0 = -10$ et de raison 2.

→ Corrigé p. 127

6 ★ **5 min**

Calculer $S = 1 + 2 + 2^2 + \ldots + 2^8$.

Calculer $S' = 1 + \dfrac{1}{2} + \ldots + \dfrac{1}{2^9}$.

→ Corrigé p. 127

7 ★ **10 min**

Calculer la somme des termes de u_5 à u_{10} de la suite géométrique (u_n) de premier terme $u_0 = 10$, de raison 4.

→ Corrigé p. 128

8 ★★ **15 min**

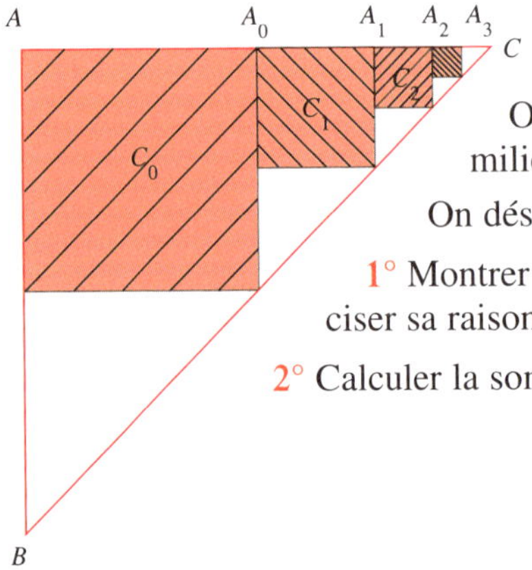

ABC est un triangle isocèle rectangle tel que : $AB = AC = 5$.

On construit la suite de carrés C_0, C_1, où A_0 est le milieu de $[AC]$, A1 le milieu de $[A_0C]$, etc.

On désigne par u_n l'aire du carré C_n.

1° Montrer que la suite (u_n) est une suite géométrique ; préciser sa raison.

2° Calculer la somme des aires des carrés C_0, C_1, …, C_5.

→ Corrigé p. 128

9 ★ **10 min**

Une couche d'isolant sonore absorbe 10 % de l'énergie sonore qui la traverse.

1° Quelle proportion de l'énergie sonore n couches d'isolant laissent-elles passer ?

2° Combien de couches sont nécessaires pour absorber au moins 50 % de l'énergie ?

→ Corrigé p. 128

10 ★ **10 min**

Dans un échantillon contenant l'élément radioactif carbone 14, 1,2 % des atomes de cet élément se désintègrent par siècle.
Soit u_0 le nombre initial d'atomes. On définit la suite (u_n) telle que u_n représente le nombre d'atomes non désintégrés après n siècles.

1° Exprimer u_n en fonction de u_0 et de l'entier n.

2° Déterminer le plus petit entier n tel que le nombre d'atomes non désintégrés soit inférieur ou égal à 80 % du nombre initial u_0.

→ Corrigé p. 130

COURS | MÉTHODES | **EXERCICES** | CORRIGÉS

Exercices-bilans

11 ★★ 30 min

Soit la suite (u_n) définie par $u_0 = 3$ et la relation :
pour tout entier naturel n, $u_{n+1} = \frac{3}{2} u_n - 1$.

1° *a)* Illustrer le processus de génération des termes en traçant les droites $D : y = \frac{3}{2}x - 1$ et $\Delta : y = x$.

b) Déterminer l'abscisse α du point d'intersection de D et Δ.

2° Montrer que la suite (v_n), de terme général $v_n = u_n - \alpha$, est une suite géométrique. Exprimer (v_n) en fonction de n.

3° En déduire une expression de u_n en fonction de n.

4° Calculer, en fonction de n, la somme $S_n = u_0 + u_1 + \ldots + u_n$.

→ Corrigé p. 130

12 ★★ 20 min

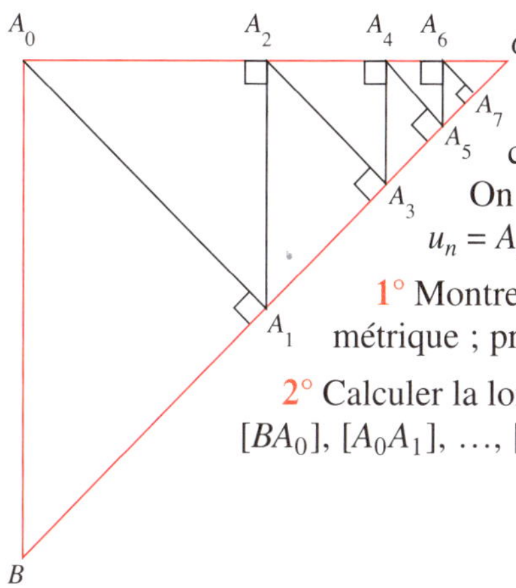

A_0BC est un triangle isocèle rectangle tel que : $BA_0 = CA_0 = 5$.

On construit la suite de points $A_0, A_1, A_2, \ldots$ comme indiqué sur la figure.

On pose : $u_0 = BA_0$; $u_1 = A_0A_1$; $u_2 = A_1A_2$; … ; $u_n = A_{n-1}A_n$.

1° Montrer que la suite (u_n) ainsi définie est une suite géométrique ; préciser sa raison.

2° Calculer la longueur de la ligne brisée formée par les segments $[BA_0]$, $[A_0A_1]$, …, $[A_8A_9]$.

→ Corrigé p. 131

1 → Énoncé p. 123 1° Pour tout entier naturel n, $u_n = \frac{10}{3} + \frac{4}{3}n$.

(u_n) est une **suite arithmétique** de raison $\frac{4}{3}$.

2° Pour tout entier naturel n, $u_n = \frac{-3 \times 4^2 \times 4^n}{5^n} = -48 \times \left(\frac{4}{5}\right)^n$.

(u_n) est une **suite géométrique** de raison $\frac{4}{5}$.

3° • $u_0 = 3$; $u_1 = 2$; $u_2 = \frac{5}{3}$.

$u_1 - u_0 = -1$; $u_2 - u_1 = -\frac{1}{3}$.

$u_1 - u_0 \neq u_2 - u_1$, donc la suite (u_n) **n'est pas arithmétique.**

• $\frac{u_1}{u_0} = \frac{2}{3}$; $\frac{u_2}{u_1} = \frac{5}{6}$.

> Pour qu'une suite ne soit pas arithmétique ou géométrique, il suffit de mettre en évidence un exemple qui contredise la définition.

$\frac{u_1}{u_0} \neq \frac{u_2}{u_1}$, donc la suite (u_n) **n'est pas géométrique.**

4° $u_0 = 8$; $u_1 = -13$; $u_2 = 29$.

$u_1 - u_0 = -21$; $u_2 - u_1 = 42$.

$u_1 - u_0 \neq u_2 - u_1$, donc la suite (u_n) **n'est pas arithmétique.**

$\frac{u_1}{u_0} = -\frac{13}{8}$; $\frac{u_2}{u_1} = -\frac{29}{13}$.

$\frac{u_1}{u_0} \neq \frac{u_2}{u_1}$, donc la suite (u_n) **n'est pas géométrique.**

2 → Énoncé p. 123 Pour déterminer le terme général de (u_n), connaissant u_{13} et u_{27}, on pose le système : $\begin{cases} u_0 + 13a = -33 \\ u_0 + 27a = -82. \end{cases}$ Par différence : $14a = -49$, d'où $a = -\frac{7}{2}$.

D'où $u_0 = -33 - 13a = -33 + \frac{13 \times 7}{2} = \frac{25}{2}$.

Pour tout entier $\boldsymbol{n}$, $\boldsymbol{u_n = \frac{25}{2} - \frac{7}{2}n}$.

> La connaissance du premier terme u_0 et de la raison a permet d'obtenir le terme général de la suite.

3 → Énoncé p. 123 Soit $u_n = u_0 + na$ (a nombre réel).

$\begin{cases} u_{20} = 5 \\ u_{40} = 35 \end{cases} \Leftrightarrow \begin{cases} u_0 + 20a = 5 \\ u_0 + 40a = 35. \end{cases}$

Par différence, $(u_0 + 40a) - (u_0 + 20a) = 35 - 5$, d'où $20a = 30$, soit $a = \frac{3}{2}$.

En remplaçant dans la première équation : $u_0 + 20 \times \frac{3}{2} = 5$, d'où $u_0 = -25$.

On en déduit que pour tout entier naturel n, $u_n = -25 + \frac{3}{2}n$.

4 → Énoncé p. 123 1° Les entiers impairs peuvent être considérés comme les valeurs de la suite : $u_n = 2n + 1$.

(u_n) est une suite arithmétique de raison 2.

Soit : $S = 1 + 3 + 5 + \ldots + 99$;

$S = u_0 + u_1 + u_2 + \ldots + u_{49}$.

D'où : $S = 50 \times \dfrac{u_0 + u_{49}}{2}$

$S = 50 \times \dfrac{1 + 99}{2}$

$\mathbf{S = 2\ 500.}$

Pour obtenir la somme des termes d'une suite arithmétique, on applique la formule :
$S = \text{nombre de termes} \times \dfrac{1^{\text{er}}\text{ terme} + \text{dernier terme}}{2}$.

2° Les multiples entiers de 3 peuvent être considérés comme les valeurs de la suite : $u_n = 3n$; (u_n) est une suite arithmétique de raison 3.

Le premier multiple de 3 supérieur à 500 est $501 = u_{167}$.

Le plus grand multiple de 3 inférieur à 1 000 est $999 = u_{333}$.

La somme cherchée est donc :

$S = u_{167} + u_{168} + \ldots + u_{333}$ qui comporte 167 termes $(167 = 333 - 167 + 1)$

$S = 167 \times \dfrac{u_{167} + u_{333}}{2}$

$S = 167 \times \dfrac{501 + 999}{2}$

$\mathbf{S = 125\ 250.}$

5 → Énoncé p. 123 Pour tout entier naturel n, $u_n = -10 + 2n$.

D'où $u_{50} = -10 + 2 \times 50 = 90$; $u_{100} = -10 + 2 \times 100 = 190$.

La somme $S = u_{50} + \ldots + u_{100}$ contient 51 termes $(51 = 100 - 50 + 1)$.

D'où $S = \dfrac{51 \times (90 + 190)}{2}$, soit $\mathbf{S = 7\ 140}$.

6 → Énoncé p. 123 $S = 1 + 2 + 2^2 + \ldots + 2^8 = \dfrac{1 - 2^9}{1 - 2} = \dfrac{1 - 2^9}{-1} = 2^9 - 1$; soit $\mathbf{S = 511.}$

$S' = 1 + \dfrac{1}{2} + \ldots + \dfrac{1}{2^9} = 1 + \dfrac{1}{2} + \left(\dfrac{1}{2}\right)^2 + \ldots + \left(\dfrac{1}{2}\right)^9$

$S' = \dfrac{1 - \left(\frac{1}{2}\right)^{10}}{1 - \frac{1}{2}} = \dfrac{1 - \left(\frac{1}{2}\right)^{10}}{\frac{1}{2}} = 2 \times \left(1 - \dfrac{1}{2^{10}}\right) = \dfrac{2^{10} - 1}{2^9}$, soit $\mathbf{S' = \dfrac{1\ 023}{512}}$.

Pour obtenir la somme des termes d'une suite géométrique, on applique la formule :
$1 + q + \ldots + q^n = \dfrac{1 - q^{n+1}}{1 - q}$.

7 → *Énoncé p. 124* Pour tout entier naturel n, $u_n = 10 \times 4^n$.

$S = u_5 + u_6 + u_7 + u_8 + u_9 + u_{10}$

$S = 10 \times 4^5 + 10 \times 4^6 + 10 \times 4^7 + 10 \times 4^8 + 10 \times 4^9 + 10 \times 4^{10}$

$S = 10 \times 4^5 \times (1 + 4 + 4^2 + 4^3 + 4^4 + 4^5)$

$S = 10 \times 4^5 \times \dfrac{1 - 4^6}{1 - 4}$

$S = 10 \times 4^5 \times \dfrac{1 - 4^6}{-3}$

$S = \dfrac{10 \times 4^5 \times (4^6 - 1)}{3}$

$S = \dfrac{10 \times 1\,024 \times 4\,095}{3}$

$S = 10 \times 1\,024 \times 1\,365$

$\boldsymbol{S = 13\,977\,600}$ **.**

8 → *Énoncé p. 124* 1° Soit $W_n = A_{n-1}A_n$ la mesure du côté du carré C_n.

Il est clair que : $W_{n+1} = \dfrac{1}{2} W_n$.

Donc (W_n) est une suite géométrique de raison $\dfrac{1}{2}$.

Comme $W_0 = \dfrac{5}{2}$, alors $W_n = \dfrac{5}{2} \times \left(\dfrac{1}{2}\right)^n$

L'aire u_n du carré C_n est :

$$u_n = W_n^2 = \frac{25}{4} \times \left(\frac{1}{2}\right)^{2n} = \frac{25}{4} \times \left(\frac{1}{4}\right)^n.$$

(u_n) est une suite géométrique de raison $\boldsymbol{\dfrac{1}{4}}$.

2° Par application de la formule :

$$S_5 = u_0 + u_1 + u_2 + u_3 + u_4 + u_5 = u_0 \times \frac{1 - \left(\frac{1}{4}\right)^6}{1 - \frac{1}{4}}$$

$S_5 = \dfrac{25}{4} \times \dfrac{4}{3} \times \left(1 - \dfrac{1}{4\,096}\right) = \dfrac{34\,125}{4\,096}$

S_5 = 8,331 à 0,001 près par défaut.

9 → *Énoncé p. 124* 1° La proportion p_n de l'énergie que laissent passer n couches d'isolant est une suite géométrique de premier terme $p_0 = 1$ et de raison :

$q = 1 - \dfrac{10}{100} = \dfrac{90}{100} = 0{,}9.$

Donc $\boldsymbol{p_n = (0{,}9)^n}$.

2° On détermine n tel que $(0,9)^n \leqslant 0,5 < (0,9)^{n-1}$, la suite (P_n) étant décroissante.

On trouve : $(0,9)^6 \approx 0,53$

$(0,9)^7 \approx 0,48,$

d'où $(0,9)^7 \leqslant 0,5 < (0,9)^6$

donc $n = 7.$

7 couches d'isolant sont nécessaires pour absorber au moins 50 % de l'énergie.

10 → *Énoncé p. 124* 1° Une diminution de 1,2 % par siècle se traduit par une multiplication par $q = 1 - \frac{1,2}{100} = 0,988$.

La suite (u_n) est une suite géométrique de raison 0,988 ; donc pour tout entier naturel n, $u_n = u_0 \times 0,988^n$.

2° On cherche le plus petit entier naturel n, tel que $u_n \leqslant 0,8u_0$.

Pour tout entier naturel n,

$u_n \leqslant 0,8u_0 \Leftrightarrow u_0 \times 0,988^n \leqslant 0,8u_0 \Leftrightarrow 0,988^n \leqslant 0,8$.

Programmons les termes de la suite sur un tableur :

On ne cherchera pas à résoudre cette équation par le calcul.

n	u_n
0	1
1	0,988
2	0,976144
3	0,964430272
4	0,952857109
5	0,941422823
6	0,93012575
7	0,918964241
8	0,90793667
9	0,89704143
10	0,886276932
11	0,875641609
12	0,86513391
13	0,854752303
14	0,844495275
15	0,834361332
16	0,824348996
17	0,814456808
18	**0,804683326**
19	**0,795027127**

La suite de terme général $(0,988^n)$ étant strictement décroissante, on observe que l'entier $n = 19$ est le plus petit entier n tel que $0,988^n \leqslant 0,8$.

11 → *Énoncé p. 125* **1° *a)***

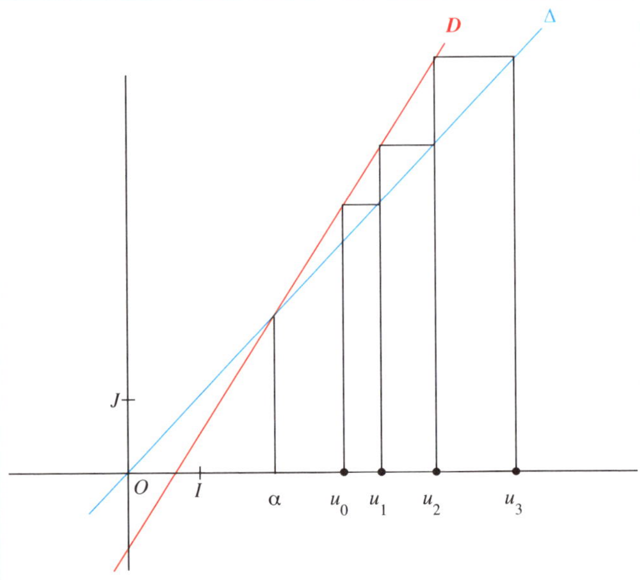

b) α est la solution de l'équation : $\frac{3}{2}x - 1 = x$.

D'où $3x - 2 = 2x$

$x = 2$.

Donc : $\boldsymbol{\alpha = 2}$ **.**

> On cherche à appliquer la définition d'une suite géométrique.

2° Exprimons v_{n+1} en fonction de v_n :

$$v_{n+1} = u_{n+1} - \alpha = \left(\frac{3}{2}u_n - 1\right) - 2 = \frac{3}{2}u_n - 3 = \frac{3}{2}(u_n - 2) = \frac{3}{2}v_n.$$

$\boldsymbol{v_{n+1} = \frac{3}{2}v_n}$**, donc (v_n) est la suite géométrique de raison $\frac{3}{2}$ et de premier terme $v_0 = u_0 - 2 = 1$.**

Donc : $\boldsymbol{v_n = \left(\frac{3}{2}\right)^n}$**.**

3° De $v_n = u_n - 2$, on obtient $u_n = 2 + v_n$.

Donc : $\boldsymbol{u_n = 2 + \left(\frac{3}{2}\right)^n}$**.**

4° $S_n = u_0 + u_1 + \ldots + u_n$

$$S_n = \left(2 + \left(\frac{3}{2}\right)^0\right) + \left(2 + \left(\frac{3}{2}\right)^1\right) + \ldots + \left(2 + \left(\frac{3}{2}\right)^n\right)$$

$$S_n = \underbrace{2 + 2 + \ldots + 2}_{(n+1) \text{ termes}} + \left(\frac{3}{2}\right)^0 + \left(\frac{3}{2}\right)^1 + \ldots + \left(\frac{3}{2}\right)^n$$

$$S_n = 2\,(n+1) + \frac{1 - \left(\frac{3}{2}\right)^{n+1}}{1 - \frac{3}{2}} = 2\,(n+1) + 2\left[\left(\frac{3}{2}\right)^{n+1} - 1\right]$$

$$\boldsymbol{S_n = 2\left[\left(\frac{3}{2}\right)^{n+1} + n\right].}$$

12 → *Énoncé p. 125* 1° On sait que, dans un triangle isocèle rectangle dont les côtés de l'angle droit ont pour mesure a et l'hypoténuse c, on a :

$$c = a\sqrt{2} \left(\text{ou } a = \frac{c}{\sqrt{2}}\right).$$

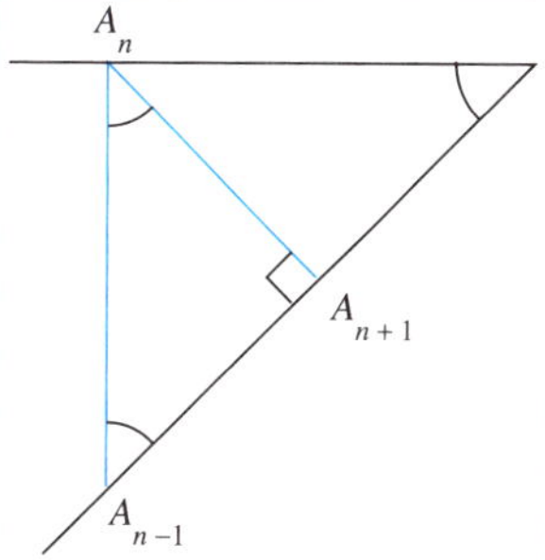

On a $u_{n+1} = A_nA_{n+1} = \dfrac{A_{n-1}A_n}{\sqrt{2}} = \dfrac{u_n}{\sqrt{2}}$.

La suite (u_n) vérifie : $u_0 = BA_0 = 5$ et $u_{n+1} = \dfrac{1}{\sqrt{2}}\, u_n$.

(u_n) est une suite géométrique de raison $\dfrac{1}{\sqrt{2}}$.

2° La longueur de la ligne brisée est : $L = u_0 + u_1 + \ldots + u_9$.
On applique la formule du cours, pour une suite géométrique de raison q :

$$u_0 + \ldots + u_n = u_0\,\frac{1 - q^{n+1}}{1 - q}.$$

Dans ce cas :

$$L = u_0 \frac{1 - \left(\frac{1}{1\sqrt{2}}\right)^{10}}{1 - \frac{1}{\sqrt{2}}} = 5\,\frac{1 - \left(\frac{1}{\sqrt{2}}\right)^{10}}{\frac{\sqrt{2} - 1}{\sqrt{2}}} = \frac{5\sqrt{2}}{\sqrt{2} - 1}\left(1 - \left(\frac{1}{2}\right)^5\right)$$

$$L = \frac{5\sqrt{2}}{\sqrt{2} - 1}\left(1 - \frac{1}{32}\right) = \frac{5\sqrt{2}}{\sqrt{2} - 1} \times \frac{31}{32}.$$

On peut aussi remarquer que :

$$\frac{1}{\sqrt{2} - 1} = \frac{\sqrt{2} + 1}{(\sqrt{2} - 1)(\sqrt{2} + 1)} = \frac{\sqrt{2} + 1}{2 - 1} = \sqrt{2} + 1.$$

D'où $L = 5\sqrt{2}\,(\sqrt{2} + 1) \times \dfrac{31}{32}$, c'est-à-dire $\boldsymbol{L = \dfrac{155\,(2 + \sqrt{2})}{32}}$.

CHAPITRE 8

Approche de la notion de limite d'une suite

La définition de la limite d'une suite ne figure pas au programme de Première scientifique. Mais l'approche de la notion de limite doit se faire à partir d'exemples.

1 Limite réelle

▪ La suite de terme général $u_n = \frac{1}{n}$ ($n \in \mathbb{N}^*$) a ses termes qui deviennent très voisins de 0 lorsque n devient grand.

Exemple : pour $n = 1000$, $u_{1000} = 0{,}001$;
pour $n = 10\,000$, $u_{10\,000} = 0{,}0001$;
pour $n = 100\,000$, $u_{100\,000} = 0{,}00001$.

On peut ainsi démontrer que, si l'on se fixe une précision r ($r > 0$), aussi petite soit-elle, il existe un rang à partir duquel tous les termes de la suite approchent 0 à la précision r.

Exemple : dès que $n \geqslant 1000$, $0 \leqslant u_n \leqslant 0{,}001$.
De même, dès que $n \geqslant 10\,000$, $0 \leqslant u_n \leqslant 0{,}0001$.

La justification de ces résultats repose sur la décroissance de la suite (u_n).
Pour traduire le fait que, quelle que soit la précision, il existe un rang n à partir duquel tous les termes de la suite approchent le nombre 0 à cette précision, on dit que la **suite (u_n) admet pour limite 0** (on dit encore : **converge vers 0** ou encore **tend vers 0**).

▪ La suite de terme général $u_n = \frac{n+2}{n+1}$ ($n \in \mathbb{N}$) a ses termes qui deviennent très voisins de 1 lorsque n devient grand : il est facile de le vérifier sur un tableur ou sur une calculatrice, en donnant de grandes valeurs à l'entier n.

Exemple : $u_{1\,000} \approx 1{,}00099$; $u_{10\,000} \approx 1{,}000099$.

On peut ainsi démontrer que si l'on se fixe une précision r ($r > 0$), aussi petite soit-elle, il existe un rang à partir duquel tous les termes de la suite approchent 1 à la précision r.

Dès que $n \geqslant 1\,000$, $1 \leqslant u_n \leqslant 1{,}001$.
Dès que $n \geqslant 10\,000$, $1 \leqslant u_n \leqslant 1{,}0001$.
On dira que la **suite (u_n) admet pour limite 1.**

2 Limite infinie

La suite de terme général $u_n = n^2$ ($n \in \mathbb{N}$) a ses termes qui deviennent très grands lorsque n devient grand.

Exemple : $u_{1000} = 10^6$; $u_{10\,000} = 10^8$; $u_{100\,000} = 10^{10}$.

On peut ainsi démontrer que si l'on fixe un nombre réel A, aussi grand soit-il, il existe un rang à partir duquel tous les termes de la suite dépassent A.
Dès que $n \geqslant 1\,000$, $u_n \geqslant 10^6$;
dès que $n \geqslant 10\,000$, $u_n \geqslant 10^8$;
Pour traduire le fait que, quel que soit le nombre réel A, il existe un rang à partir duquel tous les termes de la suite dépassent A, on dit que la **suite (u_n) admet pour limite $+\infty$** (on dit encore que **la suite (u_n) tend vers $+\infty$).**

Remarque préalable : Les exercices qui suivent ont pour but, sans recourir à aucune théorie sur les limites, d'émettre des conjectures quant à la limite d'une suite et, pour une précision donnée, de déterminer un rang à partir duquel tous les termes de la suite approchent la limite présumée à la précision demandée, ou bien, pour une suite dont on pense qu'elle tend vers $+\infty$, de trouver un rang à partir duquel tous les termes dépassent ce nombre réel.

1 Pour une suite convergente, détermination d'un entier naturel *n* à partir duquel tous les termes de la suite approchent la limite, à une précision donnée

EXERCICE TYPE

Soit la suite (u_n) de terme général $u_n = \dfrac{2n+3}{n+2}$.

1° *a)* À l'aide d'un tableur, calculer les termes de la suite (u_n), lorsque n varie de 0 à 50.

Construire le nuage de points de coordonnées $(n\ ;\ u_n)$.

b) Calculer u_{100}, u_{1000}, u_{5000}, $u_{10\,000}$.

c) Vers quelle valeur la suite (u_n) semble-t-elle tendre ?

2° Étudier le sens de variation de la suite (u_n).

3° Démontrer que pour tout entier naturel n, $u_n \leqslant 2$.

4° À l'aide d'un tableur, déterminer le plus petit rang n_0 tel que $2 - 10^{-3} \leqslant u_{n_0} \leqslant 2$.

5° Obtenir la réponse à la question **4°** en résolvant une inéquation.

6° Justifier que pour tout entier naturel n, tel que $n \geqslant n_0$: $2 - 10^{-3} \leqslant u_n \leqslant 2$.

CORRIGÉ COMMENTÉ

1° *a)* Voici les résultats obtenus sur un tableur, tronqués à la troisième décimale :

n	u_n
0	1,500
1	1,667
2	1,750
3	1,800
4	1,833
5	1,857
6	1,875
7	1,889
8	1,900

n	u_n
9	1,909
10	1,917
11	1,923
12	1,929
13	1,933
14	1,938
15	1,941
16	1,944
17	1,947

n	u_n
18	1,950
19	1,952
20	1,955
21	1,957
22	1,958
23	1,960
24	1,962
25	1,963
26	1,964

n	u_n
27	1,966
28	1,967
29	1,968
30	1,969
31	1,970
32	1,971
33	1,971
34	1,972

n	u_n
35	1,973
36	1,974
37	1,974
38	1,975
39	1,976
40	1,976
41	1,977
42	1,977

n	u_n
43	1,978
44	1,978
45	1,979
46	1,979
47	1,980
48	1,980
49	1,980
50	1,981

Représentation graphique du nuage de points :

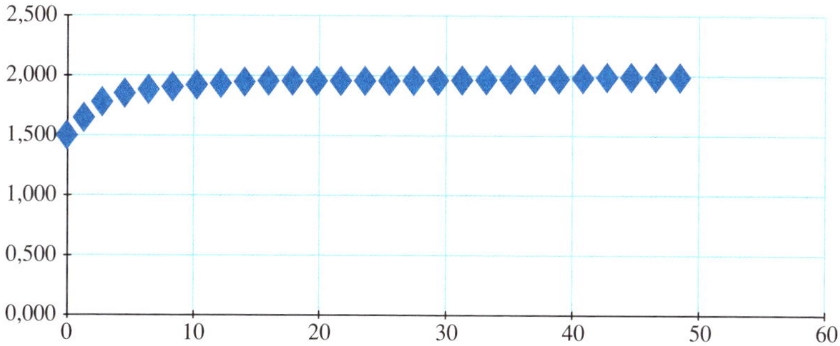

b)

n	u_n
100	1,9902
1000	1,9990
5000	1,9998
10000	1,9999

c) Les valeurs obtenues laissent penser à une convergence de la suite (u_n) vers 2.

2° Pour étudier le sens de variation de la suite, on étudie, pour tout entier naturel n, le signe de la différence $u_{n+1} - u_n$.

Pour tout entier naturel n :

$$u_{n+1} - u_n = \frac{2(n+1)+3}{(n+1)+2} - \frac{2n+3}{n+2}$$

$$u_{n+1} - u_n = \frac{2n+5}{n+3} - \frac{2n+3}{n+2}$$

$$u_{n+1} - u_n = \frac{(2n+5)(n+2) - (2n+3)(n+3)}{(n+3)(n+2)}$$

$$u_{n+1} - u_n = \frac{2n^2 + 5n + 4n + 10 - 2n^2 - 3n - 6n - 9}{(n+3)(n+2)}$$

$$u_{n+1} - u_n = \frac{1}{(n+3)(n+2)}$$

Comme n est un entier naturel, n est de signe positif ou nul ; donc $n + 3 > 0$ et $n + 2 > 0$. Donc $\frac{1}{(n+3)(n+2)} > 0$.

Pour tout entier naturel n, $u_{n+1} - u_n > 0$; la suite (u_n) est donc strictement croissante.

3° Étudions, pour tout entier naturel n, le signe de $u_n - 2$.

Pour tout entier naturel n :

$$u_n - 2 = \frac{2n+3}{n+2} - 2$$

$$u_n - 2 = \frac{2n+3-2(n+2)}{n+2}$$

$$u_n - 2 = \frac{2n+3-2n-4}{n+2}$$

$$u_n - 2 = \frac{-1}{n+2}.$$

Comme n est un entier naturel, n est positif ou nul ; donc $n + 2 > 0$.

D'où $\frac{-1}{n+2} < 0$. Ce qui prouve que $u_n < 2$ (et donc $u_n \leqslant 2$).

4° Étant donné la stricte croissance de la suite (u_n), et sachant que $u_0 = 1{,}5$ et $u_{5\,000} = 1{,}9998$, on peut affirmer qu'il existe un plus petit entier n_0, vérifiant $2 - 10^{-3} \leqslant u_{n_0} \leqslant 2$ et que cet entier est inférieur à 5 000.

Nous ne ferons pas apparaître ici tous les résultats, mais seulement les cellules qui apportent la réponse :

n	u_n
997	1,998998998999
998	1,999000000000
999	1,999000999001

On remarque que tous les termes de la suite (u_n) sont « proches » de 2 à partir d'un certain rang.

$n_0 = 998$ est le plus petit entier tel que $2 - 10^{-3} \leqslant u_{n_0} \leqslant 2$.

5° On doit résoudre dans $\mathbb{N}$, l'inéquation $1{,}999 \leqslant u_n$.

Pour tout entier naturel n, $1{,}999 \leqslant u_n \Leftrightarrow 1{,}999 \leqslant \frac{2n+3}{n+2}$.

$$1{,}999 \leqslant \frac{2n+3}{n+2} \Leftrightarrow 0 \leqslant \frac{2n+3}{n+2} - 1{,}999 \Leftrightarrow 0 \leqslant \frac{2n+3-1{,}999(n+2)}{n+2}$$

$$\Leftrightarrow 0 \leqslant \frac{0{,}001n - 0{,}998}{n+2}$$

Puisque $n + 2 > 0$:

$$0 \leqslant \frac{0{,}001n - 0{,}998}{n+2} \Leftrightarrow 0 \leqslant 0{,}001n - 0{,}998 \Leftrightarrow 0{,}998 \leqslant 0{,}001n \Leftrightarrow 998 \leqslant n.$$

On retrouve ainsi le résultat établi expérimentalement à la question précédente : $n_0 = 998$ est le plus petit entier vérifiant $2 - 10^{-3} \leqslant u_{n_0} \leqslant 2$.

6° En raison de la stricte croissance de la suite (u_n) et de sa majoration par 2, on peut affirmer que pour tout entier naturel n, tel que $n \geqslant n_0$, $u_{n_0} \leqslant u_n \leqslant 2$.

Or $1{,}999 \leqslant u_{n_0}$, donc, pour tout entier naturel n tel que $n \geqslant n_0$, $2 - 10^{-3} \leqslant u_n \leqslant 2$.

À RETENIR

• En calculant, par exemple à l'aide d'un tableur, les valeurs des termes d'une suite (u_n), on peut être conduit à émettre une conjecture sur la convergence de cette suite vers un nombre réel L. Si cette conjecture est vérifiée, alors il est possible d'approcher ce nombre L, lorsque l'entier n est suffisamment grand, à n'importe quelle précision.

• Si r désigne un nombre réel strictement positif et petit, on peut trouver un rang n_0 à partir duquel tous les termes de la suite vérifient : $L - r \leqslant u_n \leqslant L + r$.

La valeur d'un entier n_0 tel que $L - r \leqslant u_{n_0} \leqslant L + r$ peut être déterminée par calcul de valeurs sur un tableur ou, dans certains cas, en résolvant une inéquation.

• Des considérations sur le sens de variation de la suite ou un encadrement par des suites simples ou des résolutions d'inéquations permettent souvent de démontrer qu'à partir du rang n_0, tous les termes de la suite vérifient effectivement la condition $L - r \leqslant u_n \leqslant L + r$.

2 Pour une suite tendant vers + ∞, détermination d'un entier naturel *n* à partir duquel tous les termes de la suite sont supérieurs à un nombre réel *A* fixé

EXERCICE TYPE

Soit la suite (u_n) de terme général $u_n = \dfrac{n^2 + n + 3}{n + 1}$.

1° ***a*)** À l'aide d'un tableur, calculer les termes de la suite (u_n) lorsque n varie de 0 à 50. Construire le nuage de points de coordonnées $(n\,;\,u_n)$.

***b*)** Calculer u_{100}, $u_{1\,000}$, $u_{5\,000}$, $u_{10\,000}$.

2° Étudier le sens de variation de la suite (u_n).

3° À l'aide d'un tableur, déterminer le plus petit rang n_0 tel que $u_{n_0} \geqslant 1\,000$.

4° Obtenir la réponse à la question **3°** en résolvant une inéquation.

5° Justifier que pour tout entier naturel n, tel que $n \geqslant n_0$, $u_n \geqslant 1\,000$.

6° Démontrer que pour tout entier naturel n, $u_n \geqslant n$. En déduire un entier n_1 vérifiant : pour tout entier naturel n, tel que $n \geqslant n_1$, $u_n \geqslant 10^9$.

CORRIGÉ COMMENTÉ

1° *a)* Voici les valeurs obtenues avec un tableur, tronquées à la troisième décimale :

n	u_n
0	3,000
1	2,500
2	3,000
3	3,750
4	4,600
5	5,500
6	6,429
7	7,375
8	8,333
9	9,300
10	10,273
11	11,250
12	12,231
13	13,214
14	14,200
15	15,188
16	16,176

n	u_n
17	17,167
18	18,158
19	19,150
20	20,143
21	21,136
22	22,130
23	23,125
24	24,120
25	25,115
26	26,111
27	27,107
28	28,103
29	29,100
30	30,097
31	31,094
32	32,091
33	33,088

n	u_n
34	34,086
35	35,083
36	36,081
37	37,079
38	38,077
39	39,075
40	40,073
41	41,071
42	42,070
43	43,068
44	44,067
45	45,065
46	46,064
47	47,063
48	48,061
49	49,060
50	50,059

Nuage de points :

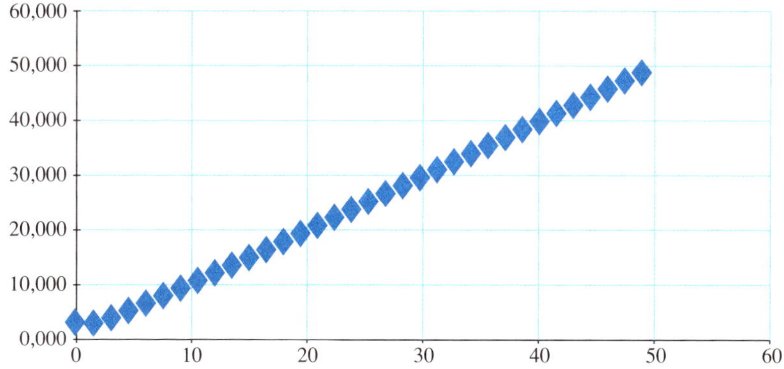

b) Valeurs arrondies à la troisième décimale :

n	u_n
100	100,030
1000	1000,003
5000	5000,001
10000	10000,000

Les calculs précédents laissent penser que, pour n assez grand, u_n est voisin de n et donc u_n prend des valeurs aussi grandes que possible.

2° Les valeurs obtenues laissent penser qu'à partir du rang 1, la suite est croissante. Démontrons cette conjecture.

Pour tout entier naturel n :

$$u_{n+1} - u_n = \frac{(n+1)^2 + (n+1) + 3}{(n+1) + 1} - \frac{n^2 + n + 3}{n+1}$$

$$u_{n+1} - u_n = \frac{n^2 + 2n + 1 + n + 1 + 3}{n+2} - \frac{n^2 + n + 3}{n+1}$$

$$u_{n+1} - u_n = \frac{n^2 + 3n + 5}{n+2} - \frac{n^2 + n + 3}{n+1}$$

$$u_{n+1} - u_n = \frac{(n+1)(n^2 + 3n + 5) - (n+2)(n^2 + n + 3)}{(n+2)(n+1)}$$

$$u_{n+1} - u_n = \frac{n^3 + 3n^2 + 5n + n^2 + 3n + 5 - n^3 - n^2 - 3n - 2n^2 - 2n - 6}{(n+2)(n+1)}$$

$$u_{n+1} - u_n = \frac{n^2 + 3n - 1}{(n+2)(n+1)}.$$

Si $n \geqslant 1$, alors $3n \geqslant 3$, donc $3n - 1 > 0$; de plus, $n^2 \geqslant 0$, donc le numérateur $n^2 + 3n - 1$ est strictement positif.

n est un entier naturel, donc n est positif ou nul. Par suite, le dénominateur $(n + 2)(n + 1)$ est strictement positif.
Donc, pour tout entier naturel n non nul, $u_{n+1} - u_n > 0$.
La suite (u_n) est strictement croissante à partir du rang 1.

3° On sait que $u_{1000} \approx 1000{,}003$. Cherchons des valeurs de termes précédents :

n	u_n
998	998,003
999	999,003
1000	1000,003

En raison de la stricte croissance de la suite (u_n), $n_0 = 1\,000$ est le plus petit entier tel que $u_n \geqslant 1\,000$.

4° On doit résoudre dans $\mathbb{N}$ l'inéquation $\dfrac{n^2+n+3}{n+1} \geqslant 1\,000$.

$$\frac{n^2+n+3}{n+1} \geqslant 1\,000 \Leftrightarrow \frac{n^2+n+3}{n+1} - 1\,000 \geqslant 0$$

$$\Leftrightarrow \frac{n^2+n+3-1\,000(n+1)}{n+1} \geqslant 0.$$

$$\Leftrightarrow \frac{n^2-999n-997}{n+1} \geqslant 0.$$

Puisque $n \geqslant 0$, $n + 3 \geqslant 0$:

$$\frac{n^2-999n-997}{n+1} \geqslant 0 \Leftrightarrow n^2 - 999n - 997 \geqslant 0.$$

Le trinôme a pour racine n_1 : $\dfrac{999-\sqrt{1\,001\,989}}{2}$ et n_2 : $\dfrac{999+\sqrt{1\,001\,989}}{2}$.

Ce trinôme est positif à l'extérieur des racines.
Comme $n > 0$, on en déduit :

$$\frac{n^2+n+3}{n+1} \geqslant 0 \text{ pour } n \geqslant \frac{999+\sqrt{1\,001\,989}}{2} \text{ c'est-à-dire pour } n \geqslant 1\,000$$

(car $\dfrac{999+\sqrt{1\,001\,989}}{2} \approx 999{,}997$).

On retrouve ainsi le résultat établi expérimentalement à la question précédente.

5° En raison de la stricte croissance de la suite (u_n), pour tout entier naturel n, si $n \geqslant n_0$, alors $u_n \geqslant u_{n_0}$; or $u_{n_0} \geqslant 1\,000$, donc $u_n \geqslant 1\,000$.

6° Pour tout entier naturel n, étudions le signe de $u_n - n$:

$$u_n - n = \frac{n^2+n+3}{n+1} - n$$

$$u_n - n = \frac{n^2 + n + 3 - n(n+1)}{n+1}$$

$$u_n - n = \frac{n^2 + n + 3 - n^2 - n}{n+1}$$

$$u_n - n = \frac{3}{n+1}.$$

n est un entier naturel, donc $n \geqslant 0$, alors $n + 1 > 0$. Par suite, $\frac{3}{n+1} > 0$.

On en déduit que $u_n \geqslant n$.

Sachant que pour tout entier naturel n, $u_n \geqslant n$, pour que $u_n \geqslant 10^9$, il suffit que $n \geqslant 10^9$.

En choisissant $n_1 = 10^9$, tout entier $n \geqslant n_1$ vérifie $u_n \geqslant 10^9$.

> On pourrait remplacer 10^9 par n'importe quel autre réel positif, aussi « grand » que l'on veut.

À RETENIR

- On dira qu'une suite **tend vers + ∞,** lorsque pour n'importe quel nombre réel A, il existe un rang à partir duquel tous les **termes de la suite sont supérieurs ou égaux à A.**
- Des calculs sur tableurs, pour de grandes valeurs de l'entier n, peuvent laisser penser qu'une suite tend vers + ∞.

Si A est un nombre réel donné, un tableur ou la résolution d'une inéquation peuvent permettre de déterminer un entier n_0 tel que $u_{n_0} \geqslant A$. Ensuite, des considérations sur le sens de variation ou des comparaisons à des suites simples ou des résolutions d'inéquations peuvent permettre de démontrer que, pour tout entier naturel n tel que $n \geqslant n_0$, on a $u_n \geqslant A$.
- Des considérations analogues s'appliquent aux suites qui tendent vers – ∞. Mais alors, la condition est $u_n \leqslant A$.

Exercices d'entraînement

1 ★★ 20 min

Soit la suite (u_n) de terme général $u_n = \dfrac{n-2}{2n+5}$ $(n \in \mathbb{N})$.

1° À l'aide d'un tableur de calculatrice ou sur un ordinateur, calculer les valeurs de u_n, lorsque l'entier n varie de 0 à 100.
Faire apparaître le nuage de points de coordonnées $(n\ ;\ u_n)$.

2° Calculer les valeurs de u_n pour n variant de 1 000 à 10 000 avec un pas égal à 1 000.

3° Émettre une conjecture sur la limite de la suite (u_n).

4° Étudier le sens de variation de la suite (u_n).

5° Montrer que la suite (u_n) est majorée par $\dfrac{1}{2}$.

6° Déterminer, avec le tableur ou bien en résolvant une inéquation, un entier n_0 tel que $0{,}499 \leqslant u_n \leqslant 0{,}5$.

7° Démontrer qu'à partir du rang n_0, tous les termes de la suite vérifient :

$$0{,}499 \leqslant u_n \leqslant 0{,}5.$$

→ Corrigé p. 145

2 ★★ 20 min

Soit la suite (u_n) de terme général $u_n = \dfrac{n^2+3}{n^2+1}$ $(n \in \mathbb{N})$.

1° À l'aide d'un tableur de calculatrice ou sur un ordinateur, calculer les valeurs de u_n, lorsque l'entier n varie de 0 à 50. Faire apparaître le nuage de points de coordonnées $(n\ ;\ u_n)$.

2° Calculer les valeurs de u_n pour n variant de 1 000 à 10 000 avec un pas égal à 1 000.

3° Émettre une conjecture sur la limite de la suite (u_n).

4° Étudier le sens de variation de la suite (u_n).

5° Montrer que la suite (u_n) est minorée par 1.

6° Déterminer, avec le tableur ou bien en résolvant une inéquation, un entier n_0 tel que $1 \leqslant u_{n_0} \leqslant 1{,}001$.

7° Démontrer qu'à partir du rang n_0, tous les termes de la suite vérifient :

$$1 \leqslant u_n \leqslant 1{,}001.$$

→ Corrigé p. 147

3 ★★ **25 min**

Soit la suite (u_n) définie par son premier terme $u_0 = 10$ et la relation de récurrence : pour tout entier naturel n,

$$u_{n+1} = \frac{1}{2} u_n + 2.$$

1° Construire la droite d'équation $y = \frac{1}{2} x + 2$, puis faire apparaître graphiquement les premiers termes de la suite (de u_0 à u_5).
Quelle conjecture peut-on émettre quant au sens de variation et à une limite éventuelle pour cette suite ?

2° Calculer les termes de la suite pour les valeurs de l'entier n variant de 0 à 30.
Peut-on maintenir la conjecture précédente ?

3° Pour tout entier naturel n, on définit la suite (v_n) de terme général $v_n = u_n - 4$.
Exprimer v_{n+1} en fonction de v_n ; en déduire que la suite (v_n) est une suite géométrique.
Quelle est la raison de cette suite ?
Quelle est la valeur de son premier terme v_0 ?

4° *a)* Établir une expression explicite de v_n en fonction de l'entier n.
b) En déduire une expression explicite de u_n en fonction de l'entier n.

5° Étudier le sens de variation de la suite (u_n).

6° Démontrer que pour tout entier naturel n, $u_n \geqslant 4$.

7° *a)* Déterminer un rang n_0 tel que $0 \leqslant v_{n_0} \leqslant 0{,}001$.
b) Démontrer que pour tout entier naturel n, à partir du rang n_0, on a $4 \leqslant u_n \leqslant 4{,}001$.

→ *Corrigé p. 149*

4 ★★ **15 min**

Soit la suite (u_n) de terme général $u_n = n^2 + 2n + 3$ $(n \in \mathbb{N})$.

1° À l'aide d'un tableur, calculer les termes de la suite pour les valeurs de l'entier n variant entre 0 et 20.

2° Démontrer que pour tout entier naturel n, $u_n \geqslant n^2$.

3° *a)* Déterminer un entier n_0 tel que $n_0^2 \geqslant 10^4$.
b) Démontrer que pour tout entier naturel n, si $n \geqslant n_0$, alors $u_n \geqslant 10^4$.

4° *a)* Déterminer un entier n_1 tel que $n_1^2 \geqslant 10^9$.
b) Démontrer que pour tout entier naturel n, si $n \geqslant n_1$, alors $u_n \geqslant 10^9$.

→ *Corrigé p. 151*

5 ★★ 15 min

Soit la suite (u_n) de terme général $u_n = \dfrac{n^3 + 2n^2 + 5}{n + 1}$ $(n \in \mathbb{N})$.

1° À l'aide d'un tableur, calculer les termes de la suite pour les valeurs de l'entier n variant entre 0 et 20.

2° Démontrer que pour tout entier naturel n, $u_n \geqslant n^2$.

3° *a)* À l'aide de l'inégalité précédente, déterminer un entier n_0 tel que $n_0{}^2 \geqslant 10^4$.
b) Démontrer que pour tout entier naturel $n \geqslant n_0$, $u_n \geqslant 10^4$.

4° *a)* À l'aide de l'inégalité précédente, déterminer un entier n_1 tel que $n_1{}^2 \geqslant 10^{10}$.
b) Démontrer que pour tout entier naturel $n \geqslant n_1$, $u_n \geqslant 10^{10}$.

→ Corrigé p. 152

6 ★★ 25 min

On considère la suite (u_n) définie par son premier terme $u_0 = 2$ et la relation de récurrence : pour tout entier naturel n, $u_{n+1} = 2u_n + 3$.

1° Construire la droite d'équation $y = 2x + 3$, puis faire apparaître graphiquement les premiers termes de la suite (de u_0 à u_2).

2° Calculer les termes de la suite pour les valeurs de l'entier n variant de 0 à 20.
Quelle conjecture peut-on émettre sur le sens de variation et la limite éventuelle de cette suite ?

3° Pour tout entier naturel n, on définit la suite (v_n) de terme général $v_n = u_n + 3$.
Exprimer v_{n+1} en fonction de v_n ; en déduire que la suite (v_n) est une suite géométrique.
Quelle est la raison de cette suite ?
Quelle est la valeur de son premier terme v_0 ?

4° *a)* Établir une expression explicite de v_n en fonction de l'entier n.
b) En déduire une expression explicite de u_n en fonction de l'entier n.

5° Étudier le sens de variation de la suite (u_n).

6° *a)* Déterminer un rang n_0 tel que $u_{n_0} \geqslant 10\,000$.
b) Démontrer que pour tout entier naturel n, à partir du rang n_0, on a $u_n \geqslant 10\,000$.

→ Corrigé p. 153

1 → *Énoncé p. 142* **1°**

n	u_n
0	– 0,4
1	– 0,14285714
2	0
3	0,09090909
4	0,15384615
5	0,2
6	0,23529412
7	0,26315789
8	0,28571429
9	0,30434783
10	0,32
11	0,33333333
12	0,34482759
13	0,35483871
14	0,36363636
15	0,37142857
16	0,37837838
17	0,38461538
18	0,3902439
19	0,39534884
20	0,4
21	0,40425532
22	0,40816327
23	0,41176471
24	0,41509434
25	0,41818182

n	u_n
26	0,42105263
27	0,42372881
28	0,42622951
29	0,42857143
30	0,43076923
31	0,43283582
32	0,43478261
33	0,43661972
34	0,43835616
35	0,44
36	0,44155844
37	0,44303797
38	0,44444444
39	0,44578313
40	0,44705882
41	0,44827586
42	0,4494382
43	0,45054945
44	0,4516129
45	0,45263158
46	0,45360825
47	0,45454545
48	0,45544554
49	0,45631068
50	0,45714286

n	u_n
51	0,45794393
52	0,4587156
53	0,45945946
54	0,46017699
55	0,46086957
56	0,46153846
57	0,46218487
58	0,46280992
59	0,46341463
60	0,464
61	0,46456693
62	0,46511628
63	0,46564885
64	0,46616541
65	0,46666667
66	0,46715328
67	0,4676259
68	0,46808511
69	0,46853147
70	0,46896552
71	0,46938776
72	0,46979866
73	0,47019868
74	0,47058824
75	0,47096774

n	u_n
76	0,47133758
77	0,47169811
78	0,47204969
79	0,47239264
80	0,47272727
81	0,47305389
82	0,47337278
83	0,47368421
84	0,47398844
85	0,47428571
86	0,47457627
87	0,47486034
88	0,47513812
89	0,47540984
90	0,47567568
91	0,47593583
92	0,47619048
93	0,47643979
94	0,47668394
95	0,47692308
96	0,47715736
97	0,47738693
98	0,47761194
99	0,47783251
100	0,47804878

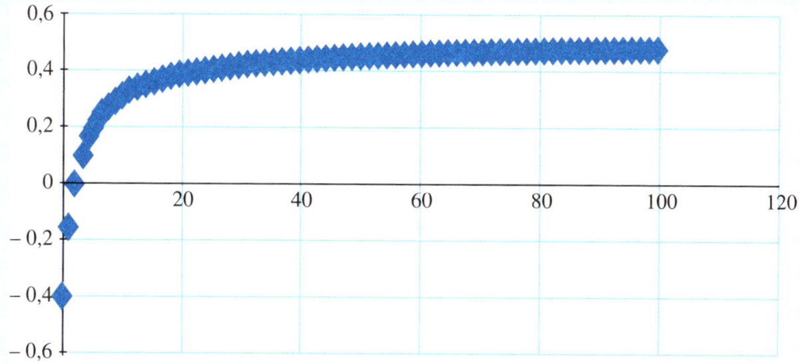

2°

n	u_n
1000	0,49775561
2000	0,4988764
3000	0,49925062
4000	0,49943785
5000	0,49955022
6000	0,49962516
7000	0,49967869
8000	0,49971884
9000	0,49975007
10000	0,49977506

3° Les valeurs laissent penser que **la limite de la suite (u_n) pourrait être 0,5**.

4° Pour tout entier naturel n :

$$u_{n+1} - u_n = \frac{(n+1)-2}{2(n+1)+5} - \frac{n-2}{2n+5}$$

$$u_{n+1} - u_n = \frac{n-1}{2n+7} - \frac{n-2}{2n+5}$$

$$u_{n+1} - u_n = \frac{(n-1)(2n+5)-(n-2)(2n+7)}{(2n+7)(2n+5)}$$

$$u_{n+1} - u_n = \frac{2n^2 - 2n + 5n - 5 - 2n^2 + 4n - 7n + 14}{(2n+7)(2n+5)}$$

$$u_{n+1} - u_n = \frac{9}{(2n+7)(2n+5)}.$$

n est un entier naturel, donc n est positif ou nul, d'où $2n+7 > 0$ et $2n+5 > 0$.
Pour tout entier naturel n, $u_{n+1} - u_n > 0$, **la suite (u_n) est donc strictement croissante**.

5° On étudie pour cela le signe de $u_n - \frac{1}{2}$.
Pour tout entier naturel n :

$$u_n - \frac{1}{2} = \frac{n-2}{2n+5} - \frac{1}{2}$$

$$u_n - \frac{1}{2} = \frac{2(n-2)-(2n+5)}{2(2n+5)}$$

$$u_n - \frac{1}{2} = \frac{2n-4-2n-5}{2n+5}$$

$$u_n - \frac{1}{2} = \frac{-9}{2n+5}.$$

n est un entier naturel, donc $n \geqslant 0$, alors $2n + 5 > 0$. Par suite, $-\dfrac{9}{2n+5} < 0$.

Pour tout entier naturel n, $u_n - \dfrac{1}{2} < 0$.

La suite (u_n) est bien majorée par $\dfrac{1}{2}$.

6° Pour tout entier naturel n,

$0{,}499 \leqslant u_n \Leftrightarrow 0{,}499 \leqslant \dfrac{n-2}{2n+5}$

$\Leftrightarrow 0{,}499(2n+5) \leqslant n - 2$, car $2n + 5$ est strictement positif.

L'inégalité $u_n \leqslant 0{,}5$ a été démontrée à la question 5°.

$0{,}499 \leqslant u_n \Leftrightarrow 0{,}998n + 2{,}495 \leqslant n - 2 \Leftrightarrow 4{,}495 \leqslant 0{,}002n \Leftrightarrow \dfrac{4{,}495}{0{,}002} \leqslant n$.

Or $\dfrac{4{,}495}{0{,}002} = 2\,247{,}5$, donc pour tout entier n, si $n \geqslant 2\,248$, alors $\mathbf{0{,}499 \leqslant u_n}$.

7° On a précédemment démontré que pour tout entier naturel n, $u_n < \dfrac{1}{2}$.

Ainsi, l'entier $n_0 = 2\,248$ est tel qu'**à partir du rang n_0, tous les termes de la suite vérifient $0{,}499 \leqslant u_n \leqslant 0{,}5$.**

Remarque : Si un entier n_0 a été déterminé sur tableur, c'est la croissance de la suite (u_n) qui permet de justifier qu'à partir du rang n_0, tous les termes de la suite vérifient $0{,}499 \leqslant u_n \leqslant 0{,}5$.

2 → Énoncé p. 142 1° Tableau de valeurs des termes de la suite de 0 à 50 :

n	u_n
0	3
1	2
2	1,4
3	1,2
4	1,11764706
5	1,07692308
6	1,05405405
7	1,04
8	1,03076923
9	1,02439024
10	1,01980198
11	1,01639344
12	1,0137931
13	1,01176471
14	1,01015228
15	1,00884956

n	u_n
16	1,0077821
17	1,00689655
18	1,00615385
19	1,00552486
20	1,00498753
21	1,00452489
22	1,00412371
23	1,00377358
24	1,0034662
25	1,00319489
26	1,00295421
27	1,00273973
28	1,00254777
29	1,0023753
30	1,00221976
31	1,002079

32	1,00195122
33	1,00183486
34	1,00172861
35	1,00163132
36	1,00154202
37	1,00145985
38	1,00138408
39	1,00131406
40	1,00124922
41	1,00118906

42	1,00113314
43	1,00108108
44	1,00103252
45	1,00098717
46	1,00094473
47	1,00090498
48	1,00086768
49	1,00083264
50	1,00079968

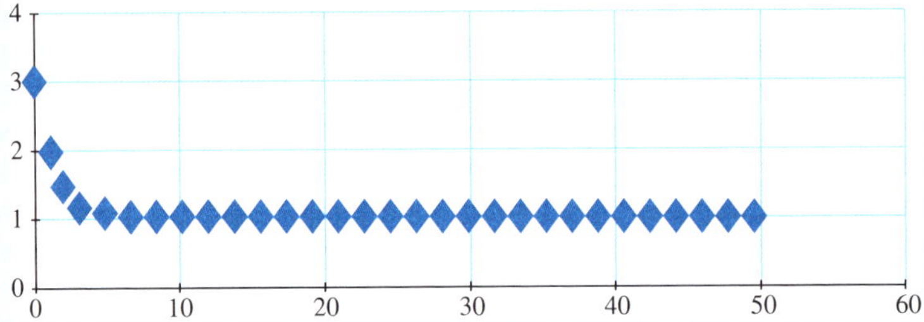

2°

n	1000	2000	3000	4000	5000
u_n	1,000002	1,0000005	1,00000022	1,00000012	1,00000008

n	6000	7000	8000	9000	10000
u_n	1,00000006	1,00000004	1,00000003	1,00000002	1,00000002

3° On peut penser que **la suite (u_n) converge vers 1**.

4° Pour tout entier naturel n :

$$u_{n+1} - u_n = \frac{(n+1)^2+3}{(n+1)^2+1} - \frac{n^2+3}{n^2+1}$$

$$u_{n+1} - u_n = \frac{[(n+1)^2+3](n^2+1) - (n^2+3)[(n+1)^2+1]}{[(n+1)^2+1](n^2+1)}$$

$$u_{n+1} - u_n = \frac{[n^2+2n+4](n^2+1) - (n^2+3)[n^2+2n+2]}{[(n+1)^2+1](n^2+1)}$$

$$u_{n+1} - u_n = \frac{n^4+2n^3+4n^2+n^2+2n+4-n^4-2n^3-2n^2-3n^2-6n-6}{[(n+1)^2+1](n^2+1)}$$

$$u_{n+1} - u_n = \frac{-4n-2}{[(n+1)^2+1](n^2+1)}$$

n est un entier naturel, donc $n \geqslant 0$. D'où $-4n-2<0$ et $[(n+1)^2+1](n^2+1)>0$.
Par suite, $u_{n+1}-u_n<0$ pour tout entier naturel n.
La suite (u_n) est donc strictement décroissante.

5° Pour tout entier naturel n :

$$u_n - 1 = \frac{n^2+3}{n^2+1} - 1$$

$$u_n - 1 = \frac{n^2+3-n^2-1}{n^2+1}$$

$$u_n - 1 = \frac{2}{n^2+1}.$$

Pour tout entier naturel n, $n^2+1>0$, donc $u_n-1>0$.
La suite (u_n) est donc minorée par 1.

6° Par lecture des valeurs approchées de u_n, on constate que u_{45} vérifie $1 \leqslant u_{45} \leqslant 1{,}001$.

La résolution, par le calcul, de l'inéquation $u_n \leqslant 1{,}001$ conduit à une inéquation du second degré.

7° Par stricte décroissance de la suite (u_n), on a :
pour tout entier naturel $n \geqslant 45$, $u_n \leqslant u_{45}$, d'où $u_n \leqslant 1{,}001$.
De plus, pour tout entier naturel n, $u_n \geqslant 1$.
Donc, à partir du rang $n_0 = 45$, tous les termes de la suite vérifient $1 \leqslant u_n \leqslant 1{,}001$.

3 → Énoncé p. 143

1°

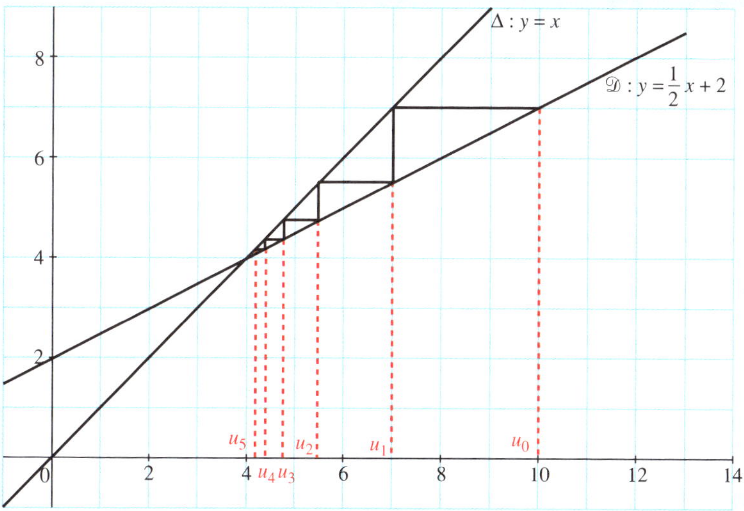

La figure laisse penser que **la suite (u_n) est décroissante et converge vers 4**.

2°

n	u_n
0	10
1	7
2	5,5
3	4,75
4	4,375
5	4,1875
6	4,09375
7	4,046875
8	4,0234375
9	4,01171875
10	4,00585938
11	4,00292969
12	4,00146484
13	4,00073242
14	4,00036621
15	4,00018311

n	u_n
16	4,00009155
17	4,00004578
18	4,00002289
19	4,00001144
20	4,00000572
21	4,00000286
22	4,00000143
23	4,00000072
24	4,00000036
25	4,00000018
26	4,00000009
27	4,00000004
28	4,00000002
29	4,00000001
30	4,00000001

Les conjectures précédentes peuvent être maintenues.

3° Pour tout entier naturel n :

$$v_{n+1} = u_{n+1} - 4 \Leftrightarrow v_{n+1} = \frac{1}{2}u_n + 2 - 4 \Leftrightarrow v_{n+1} = \frac{1}{2}u_n - 2$$

$$\Leftrightarrow v_{n+1} = \frac{1}{2}(u_n - 4) \Leftrightarrow v_{n+1} = \frac{1}{2}v_n.$$

Par définition d'une suite géométrique, **(v_n) est une suite géométrique de raison $\frac{1}{2}$ et $v_0 = u_0 - 4 = 6$.**

4° *a)* Par propriété des suites géométriques, pour tout entier naturel n :

$$\mathbf{v_n = v_0 \times \left(\frac{1}{2}\right)^n = \frac{6}{2^n}}.$$

b) **Pour tout entier naturel n, $u_n = 4 + \frac{6}{2^n}$.**

5° Puisque $0 < \frac{1}{2} < 1$, la suite géométrique de terme général $\left(\frac{1}{2}\right)^n$ est strictement décroissante.

Donc les suites de terme général $6 \times \left(\frac{1}{2}\right)^n$ et $4 + 6 \times \left(\frac{1}{2}\right)^n$ sont également strictement décroissantes : **(u_n) est strictement décroissante**.

6° Pour tout entier naturel n, $6 \times \left(\frac{1}{2}\right)^n > 0$, donc $4 + 6 \times \left(\frac{1}{2}\right)^n > 4$.
La suite (u_n) est minorée par 4.

7° *a)* On cherche sur un tableur les valeurs de la suite (v_n) :

n	v_n
0	6
1	3
2	1,5
3	0,75
4	0,375
5	0,1875
6	0,09375
7	0,046875
8	0,0234375
9	0,01171875
10	0,00585938
11	0,00292969
12	0,00146484
13	0,00073242
14	0,00036621
15	0,00018311

**On observe que pour $n_0 = 13$,
$0 \leqslant v_{13} \leqslant 0{,}001$.**

b) Par stricte décroissance de la suite (v_n), pour tout entier naturel n, $0 \leqslant v_n \leqslant v_{13} \leqslant 0{,}001$.
Soit, en ajoutant 4 aux termes de l'inégalité : $4 \leqslant 4 + v_n \leqslant 4{,}001$.
Ainsi, pour tout entier naturel n, **à partir du rang $n_0 = 13$, on a $4 \leqslant u_n \leqslant 4{,}001$.**

4 → *Énoncé p. 143* 1°

n	v_n
0	3
1	6
2	11
3	18
4	27
5	38
6	51
7	66
8	83
9	102
10	123

n	v_n
11	146
12	171
13	198
14	227
15	258
16	291
17	326
18	363
19	402
20	443

2° Pour tout entier naturel n, $2n + 3 \geqslant 0$, donc $\boldsymbol{n^2 + 2n + 3 \geqslant n^2}$.

3° *a)* n étant positif ou nul, $n^2 \geqslant 10^4 \Leftrightarrow n \geqslant 10^2$.
L'entier $\boldsymbol{n_0 = 100}$ vérifie $\boldsymbol{n_0{}^2 \geqslant 10^4}$.
b) La suite de terme général (n^2) étant strictement croissante, pour tout entier $n \geqslant n_0$, $n^2 \geqslant n_0{}^2$. Or $u_n \geqslant n^2$ pour tout entier naturel n, donc **pour tout entier $\boldsymbol{n}$, tel que $\boldsymbol{n \geqslant n_0}$, alors $\boldsymbol{u_n \geqslant n^2 \geqslant 10^4}$.**

4° *a)* n étant positif ou nul, $n^2 \geqslant 10^9 \Leftrightarrow n \geqslant \sqrt{10^9}$
Or $\sqrt{10^9} = 10^4 \times \sqrt{10}$.
L'entier $\boldsymbol{n_1 = 31623}$ vérifie $\boldsymbol{n_1{}^2 \geqslant 10^9}$.
b) La suite de terme général (n^2) étant strictement croissante, pour tout entier $n \geqslant n_1$, $n^2 \geqslant n_1{}^2$. Or, $u_n \geqslant n^2$ pour tout entier naturel n, donc **pour tout entier $\boldsymbol{n}$, si $\boldsymbol{n \geqslant n_1}$, alors $\boldsymbol{u_n \geqslant n^2 \geqslant 10^9}$.**

On obtiendrait des résultats analogues avec toute puissance de 10, 10^n ($n \in \mathbb{N}$).

5 → *Énoncé p. 144* 1°

n	u_n
0	5,0
1	4,0
2	7,0
3	12,5
4	20,2
5	30,0
6	41,9
7	55,8
8	71,7
9	89,6
10	109,5

n	u_n
11	131,5
12	155,5
13	181,4
14	209,4
15	239,4
16	271,4
17	305,3
18	341,3
19	379,3
20	419,3

2° Pour tout entier naturel n :

$$u_n - n^2 = \frac{n^3 + 2n^2 + 5}{n + 1} - n^2$$

$$u_n - n^2 = \frac{n^3 + 2n^2 + 5 - n^2(n + 1)}{n + 1},$$

$$u_n - n^2 = \frac{n^2 + 5}{n + 1}$$

$n \in \mathbb{N}$, donc $n \geqslant 0$; par suite, $n + 1 > 0$ et $n^2 + 5 > 0$.
Donc $u_n - n^2 \geqslant 0$.
Pour tout entier naturel $\boldsymbol{n}$, $\boldsymbol{u_n \geqslant n^2}$.

3° *a)* Par stricte croissance de la fonction x ° x^2 sur $[0\ ;+\infty[$, si $n \geqslant 10^2$, alors $n^2 \geqslant 10^4$.

Tout entier n_0 vérifiant $n_0 \geqslant 10^2$, convient.

b) Soit n un entier naturel quelconque tel que $n \geqslant n_0$.

Puisque $u_n \geqslant n^2$ et $n^2 \geqslant {n_0}^2 \geqslant 10^4$, alors $u_n \geqslant 10^4$.

Ainsi, pour tout entier naturel n, tel que $n \geqslant n_0$, $u_n \geqslant 10^4$.

4° *a)* Par stricte croissance de la fonction x ° x^2 sur $[0\ ;+\infty[$, si $n \geqslant 10^5$, alors $n^2 \geqslant 10^{10}$.

Tout entier n_1 vérifiant $n_1 \geqslant 10^5$, convient.

b) Soit n un entier naturel quelconque tel que $n \geqslant n_1$.

Puisque $u_n \geqslant n^2$ et $n^2 \geqslant {n_1}^2 \geqslant 10^{10}$, alors $u_n \geqslant 10^{10}$.

Ainsi, pour tout entier naturel n, tel que $n \geqslant n_1$, $u_n \geqslant 10^{10}$.

6 → *Énoncé p. 144* 1°

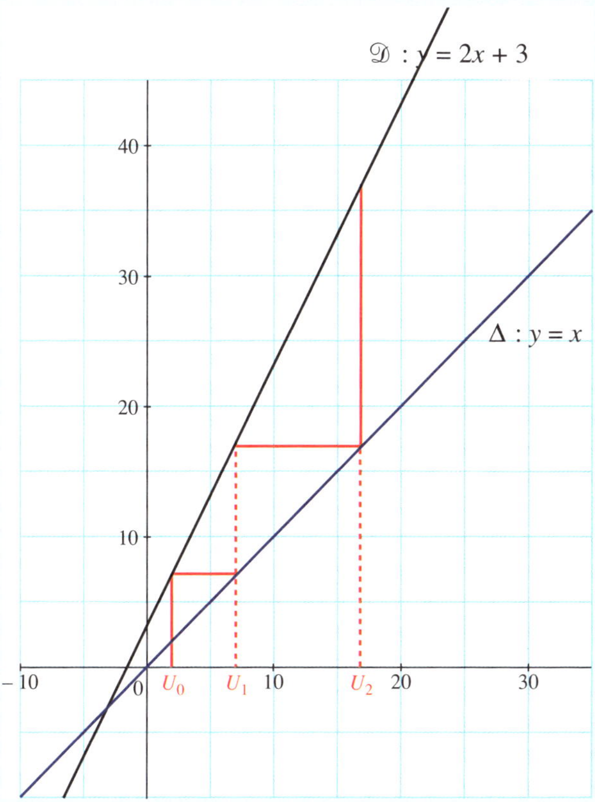

2°

n	u_n
0	2
1	7
2	17
3	37
4	77
5	157
6	317
7	637
8	1277
9	2557
10	5117

n	u_n
11	10237
12	20477
13	40957
14	81917
15	163837
16	327677
17	655357
18	1310717
19	2621437
20	5242877

La suite (u_n) semble croissante et paraît tendre vers $+\infty$.

3° Pour tout entier naturel n :

$v_{n+1} = u_{n+1} + 3$
$v_{n+1} = (2u_n + 3) + 3$
$v_{n+1} = 2u_n + 6$
$v_{n+1} = 2(u_n + 3)$
$v_{n+1} = 2v_n$.

La suite (v_n) est une suite géométrique de raison 2.
Le premier terme est $v_0 = u_0 + 3 = 5$, soit $\mathbf{v_0 = 5}$.

4° *a)* **Pour tout entier naturel n, $v_n = 5 \times 2^n$.**
b) **Pour tout entier naturel n, $u_n = 5 \times 2^n - 3$.**

5° La suite de terme général (2^n) est strictement croissante (cas de la suite (q^n) lorsque $q > 1$).
Donc la suite de terme général (5×2^n) est strictement croissante (car $5 > 0$).
D'où (u_n) est strictement croissante.

6° *a)* Le tableau des premières valeurs de u_n indique que pour $n_0 = 11$, $u_{n_0} > 10\,000$.
b) Par stricte croissance de la suite (u_n), pour tout entier naturel n, tel que $n \geqslant n_0$, $u_n \geqslant u_{n_0}$. Or $u_{n_0} > 10\,000$,
donc, pour tout entier naturel n, à partir du rang $n_0 = 11$, on a $u_n \geqslant 10\,000$.

CHAPITRE 9

Vecteurs et droites du plan

1 Les vecteurs

On se place dans un repère $(O ; I, J)$ du plan.
On définit les vecteurs $\vec{i} = \overrightarrow{OI}$ et $\vec{j} = \overrightarrow{OJ}$.

A. Coordonnées d'un vecteur : définition

Pour tout vecteur $\vec{u}$, il existe un unique couple $(x ; y)$ de nombres réels tels que $\vec{u} = x\vec{i} + y\vec{j}$.
Le **couple $(x ; y)$** est le **couple de coordonnées du vecteur $\vec{u}$**, ce que l'on note $\vec{u}\,(x ; y)$.

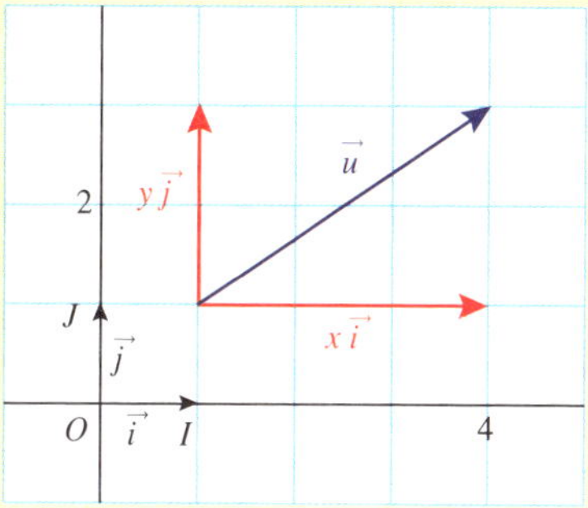

B. Coordonnées d'un vecteur : propriété

Soient des points $A(x_A ; y_A)$ et $B(x_B ; y_B)$, alors $\overrightarrow{AB}(x_B - x_A ; y_B - y_A)$.

C. Coordonnées d'une somme de vecteurs : propriété

Soient les vecteurs $\vec{u}(x ; y)$ et $\vec{u'}(x' ; y')$, alors $\vec{u} + \vec{u'}(x + x' ; y + y')$.

D. Coordonnées du produit d'un vecteur par un réel k : propriété

Soient k un nombre réel et un vecteur $\vec{u}(x ; y)$, alors $k\vec{u}(kx ; ky)$.

E. Vecteurs colinéaires : définition

On dit que des vecteurs $\vec{u}$ et $\vec{u'}$ sont des vecteurs colinéaires si, et seulement si, ils vérifient :

- il existe un nombre réel k tel que $\vec{u'} = k\vec{u}$;
- ou il existe un nombre réel k' tel que $\vec{u} = k'\vec{u'}$.

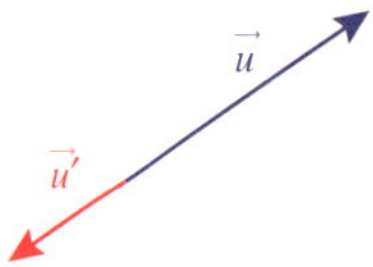

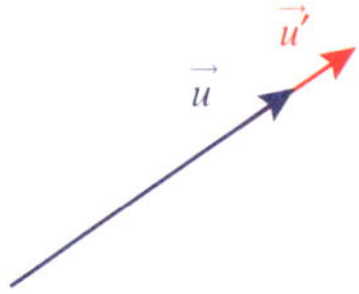

Remarques :

- Si $\vec{u} \neq \vec{0}$ et $\vec{u'} \neq \vec{0}$, les deux conditions précédentes sont équivalentes et on aura :
- $\vec{u'} = k\vec{u} \Leftrightarrow \vec{u} = k'\vec{u'}$ avec $k' = \dfrac{1}{k}$ (les nombres réels k et k' sont alors non nuls).

F. Coordonnées de vecteurs colinéaires : propriété

Soient des vecteurs $\vec{u}(x\ ;\ y)$ et $\vec{u'}(x'\ ;\ y')$.
$\vec{u}$ **et** $\vec{u'}$ sont des **vecteurs colinéaires** si, et seulement si :

- il existe un nombre réel k tel que $\begin{cases} x' = kx \\ y' = ky \end{cases}$;

ou :

- il existe un nombre réel k' tel que $\begin{cases} x = k'x' \\ y = k'y'. \end{cases}$

G. Caractérisation de la colinéarité : propriété

Soient des vecteurs $\vec{u}(x\ ;\ y)$ et $\vec{u'}(x'\ ;\ y')$.
$\vec{u}$ **et** $\vec{u'}$ sont des **vecteurs colinéaires** si, et seulement si, $\boldsymbol{x\,y' - y\,x' = 0}$.

H. Expression d'un vecteur en fonction de deux vecteurs non colinéaires : propriété

Soient $\vec{u}$ et $\vec{u'}$ des vecteurs non colinéaires.
Pour tout vecteur $\vec{w}$, il existe un unique couple $(k\ ;\ k')$ de nombres réels tel que $\vec{w} = k\vec{u} + k'\vec{u'}$.
On dit alors que l'on a exprimé le vecteur $\vec{w}$ en fonction des vecteurs $\vec{u}$ et $\vec{u'}$, ou encore que $\vec{w}$ est une combinaison linéaire des vecteurs $\vec{u}$ et $\vec{u'}$.

2 Les droites

A. Vecteur directeur : définition

Soit $\mathcal{D}$ une droite du plan. On appelle vecteur directeur de la droite $\mathcal{D}$, tout vecteur $\overrightarrow{AB}$, A et B désignant deux points distincts de la droite $\mathcal{D}$.

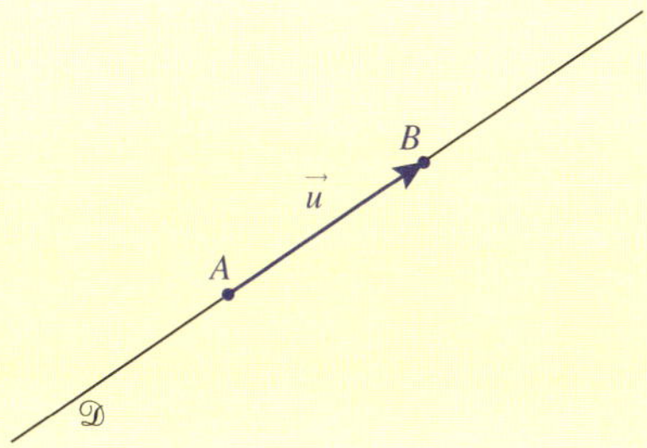

Remarques :
- Le vecteur nul n'est pas un vecteur directeur de droite.
- Des vecteurs directeurs d'une même droite sont colinéaires.
- Une droite est définie de façon unique par un point et un vecteur directeur.

B. Caractérisation de droites parallèles : propriété

Des droites $\mathcal{D}$ et $\mathcal{D}'$ sont parallèles si et seulement si elles admettent des vecteurs directeurs respectifs $\vec{u}$ et $\vec{u'}$ colinéaires.

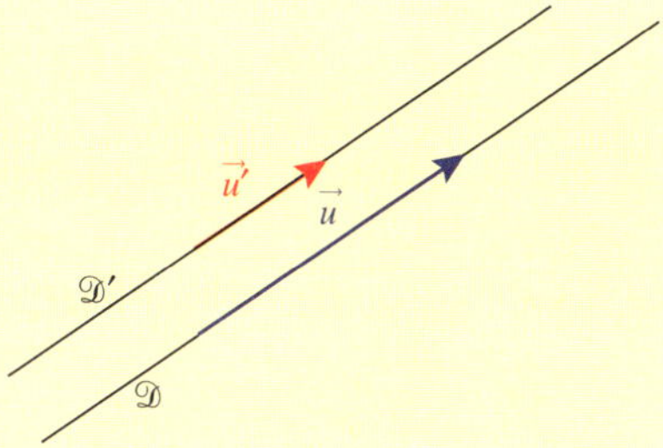

C. Équation cartésienne d'une droite : propriétés

- Toute droite $\mathcal{D}$ du plan admet une équation cartésienne de la forme $ax + by + c = 0$ (a, b et c étant des nombres réels tels que a et b ne sont tous les deux nuls).
- Réciproquement, toute équation de la forme $ax + by + c = 0$ (a, b et c étant des nombres réels tels que a et b ne sont tous les deux nuls) est celle d'une droite.
- De plus, le vecteur $\vec{u}(-b\ ;a)$ est l'**un des vecteurs directeurs** de la droite $\mathcal{D}$.

D. Caractérisation de droites parallèles : propriété

Soient des droites $\mathcal{D}$ et $\mathcal{D}'$ d'équations cartésiennes respectives :
$\mathcal{D} : ax + by + c = 0$; $\mathcal{D}' : a'x + b'y + c' = 0$.
$\mathcal{D}$ et $\mathcal{D}'$ sont **parallèles** si et seulement si $\boldsymbol{ab' - ba' = 0}$.

E. Équation réduite : propriété

Toute droite $\mathcal{D}$, qui n'est pas parallèle à l'axe des ordonnées, admet une équation cartésienne de la forme $ax + by + c = 0$, avec $b \neq 0$.
La droite $\mathcal{D}$ admet une unique équation de la forme $y = mx + p$, avec $m = -\dfrac{a}{b}$ (m est le coefficient directeur de la droite $\mathcal{D}$), que l'on appelle équation réduite.

Remarque :
Une droite parallèle à l'axe des ordonnées n'a pas d'équation réduite : elle n'a pas de coefficient directeur. Elle admet une équation de la forme $x = c$ (c étant la valeur de l'abscisse, commune à tous les points de la droite).

F. Vecteur directeur et coefficient directeur : propriété

- Un vecteur directeur d'une droite est un **vecteur $\vec{u}$**, que l'on peut définir par ses coordonnées.
Le coefficient directeur d'une droite non parallèle à l'axe des ordonnées est un **nombre réel m.**
- Si un vecteur directeur d'une droite $\mathcal{D}$ est $\vec{u}(\alpha ; \beta)$ ($\alpha \neq 0$), alors le coefficient directeur de $\mathcal{D}$ est $m = \dfrac{\beta}{\alpha}$.
- Si m est le coefficient directeur d'une droite $\mathcal{D}$, non parallèle à l'axe des ordonnées, alors $\vec{u}(1 ; m)$ est l'**un des vecteurs directeurs** de la droite $\mathcal{D}$.

G. Calcul du coefficient directeur à l'aide de deux points : propriété

Soient des points $A(x_A ; y_A)$ et $B(x_B ; y_B)$ tels que $x_A \neq x_B$. Alors le **coefficient directeur de la droite (AB)** est :

$$m = \frac{y_B - y_A}{x_B - x_A}.$$

1 Étudier la colinéarité de deux vecteurs dans un repère

EXERCICE TYPE

1° On donne des vecteurs $\vec{u}$ et $\vec{u'}$ dans un repère du plan. Déterminer si ces vecteurs sont colinéaires.
a) $\vec{u}(10 ; -2)$ et $\vec{u'}(-2 ; 0{,}4)$.
b) $\vec{u}(25 ; -15)$ et $\vec{u'}(-5 ; 3)$.
c) $\vec{u}(1{,}6 ; 2{,}4)$ et $\vec{u'}(8 ; 11)$.

2° ***a)*** Soient les points $A(-1 ; 2)$, $B(2 ; 7)$ et $A'(-6 ; -1)$, $B'(-12 ; -11)$. Les droites (AB) et $(A'B')$ sont-elles parallèles ?
b) Soient les points $A(1 ; 3)$, $B(5 ; -1)$ et $A'(6 ; 3)$, $B'(-2 ; 5)$. Les droites (AB) et $(A'B')$ sont-elles parallèles ?

CORRIGÉ COMMENTÉ

1° *a)* On dispose de deux moyens de prouver la colinéarité de deux vecteurs $\vec{u}(x ; y)$ et $\vec{u'}(x' ; y')$:

– soit l'on détermine un nombre réel k tel que $\begin{cases} x' = kx \\ y' = ky \end{cases}$;

$$\left(\text{ou bien } k' \text{ tel que } \begin{cases} x = k'x' \\ y = k'y' \end{cases}\right);$$

– soit l'on utilise la caractérisation $xy' - yx' = 0$.

Parfois la simplicité des nombres (entiers, par exemple) laisse immédiatement percevoir la valeur de k et la première méthode fournit une réponse immédiate.
Sinon on utilise la seconde méthode, en particulier pour prouver que des vecteurs ne sont pas colinéaires.

1° *a)* On calcule $10 \times 0{,}4 - (-2) \times (-2) = 4 - 4 = 0$.
Les coordonnées satisfont à la relation de colinéarité, donc **$\vec{u}$ et $\vec{u'}$ sont des vecteurs colinéaires**.
b) On perçoit immédiatement que $k = -5$ vérifie
$25 = -5 \times (-5)$ et $-15 = -5 \times 3$.
Donc $\vec{u} = -5\vec{u'}$; alors **$\vec{u}$ et $\vec{u'}$ sont des vecteurs colinéaires**.
c) On calcule $1{,}6 \times 11 - 2{,}4 \times 8 = 17{,}6 - 19{,}2 = -1{,}6$; la valeur n'est pas nulle.
$\vec{u}$ et $\vec{u'}$ ne sont pas des vecteurs colinéaires.

> La vérification de la relation $xy' - yx' \neq 0$ permet d'obtenir immédiatement la non-colinéarité des vecteurs.

2° *a)* Déterminer si les droites (AB) et $(A'B')$ sont parallèles se traduit par la recherche de colinéarité des vecteurs $\overrightarrow{AB}$ et $\overrightarrow{A'B'}$.

$A(-1\ ;\ 2)$ et $B(2\ ;\ 7)$ donc $\overrightarrow{AB}(2-(-1)\ ;\ 7-2)$, soit $\overrightarrow{AB}(3\ ;\ 5)$.
$A'(-6\ ;\ -1)$ et $B'(-12\ ;\ -11)$, donc $\overrightarrow{A'B'}(-12-(-6)\ ;\ -11-(-1))$, soit $\overrightarrow{A'B'}(-6\ ;\ -10)$.
Il apparaît immédiatement que $-6 = -2 \times 3$ et $-10 = -2 \times 5$, donc $\overrightarrow{A'B'} = -2\,\overrightarrow{AB}$.
Les vecteurs $\overrightarrow{A'B'}$ et $\overrightarrow{AB}$ sont colinéaires ; **donc les droites (*AB*) et (*A'B'*) sont parallèles**.
b) $A(1\ ;\ 3)$ et $B(5\ ;\ -1)$, donc $(5-1\ ;\ -1-3)$, soit $\overrightarrow{AB}(4\ ;\ -4)$.
$A'(6\ ;\ 3)$ et $B'(-2\ ;\ 5)$, donc $\overrightarrow{A'B'}(-2-6\ ;\ 5-3)$, soit $\overrightarrow{A'B'}(-8\ ;\ 2)$.
On calcule $4 \times 2 - (-4) \times (-8) = 8 - 32 = -24$; la valeur n'est pas nulle.
Les vecteurs ne sont pas colinéaires, **donc les droites (*AB*) et (*A'B'*) ne sont pas parallèles**.

À RETENIR

Pour étudier la **colinéarité** de deux vecteurs dont on connaît les coordonnées $(x\ ;\ y)$ et $(x'\ ;\ y')$, on peut chercher l'existence d'un nombre réel k tel que $x' = kx$ et $y' = ky$, ou bien on peut vérifier la condition $xy' - yx' = 0$.

2 Établir une équation cartésienne de droite

EXERCICE TYPE

1° Dans un repère du plan, on donne le point $A(-2\ ;\ 5)$ et le vecteur $\vec{u}(3\ ;\ 2)$. Établir une équation cartésienne de la droite $\mathscr{D}$, contenant le point A, dont $\vec{u}$ est un vecteur directeur.

2° Dans un repère du plan, on donne les points $A(-1\ ;\ 3)$ et $B(2\ ;\ 4)$.
Établir une équation cartésienne de la droite (*AB*).

CORRIGÉ COMMENTÉ

1° *a)* **Méthode des vecteurs colinéaires**
Soit un point $M(x\ ;\ y)$ du plan.
Alors M appartient à la droite $\mathscr{D}$ si, et seulement si, les vecteurs $\vec{u}$ et $\overrightarrow{AM}$ sont colinéaires.
On utilise la relation de colinéarité :
sachant que $\vec{u}(3\ ;\ 2)$ et $\overrightarrow{AM}(x+2\ ;\ y-5)$, les vecteurs $\vec{u}$ et $\overrightarrow{AM}$ sont colinéaires si, et seulement, si :
$3(y-5) - 2(x+2) = 0$;
$3y - 15 - 2x - 4 = 0$;
$\mathbf{-2x + 3y - 19 = 0}$.
Une équation cartésienne de la droite $\mathscr{D}$ est $-2x + 3y - 19 = 0$.

b) **Méthode du coefficient directeur**

Un vecteur directeur de la droite étant $\vec{u}(3\ ;\ 2)$, la droite $\mathcal{D}$ n'est donc pas parallèle à l'axe des ordonnées ; la droite $\mathcal{D}$ a pour coefficient directeur $m = \frac{2}{3}$. Par suite, elle admet pour équation réduite $y = \frac{2}{3}x + p$, p désignant un nombre réel.

Puisque le point A appartient à la droite $\mathcal{D}$, ses coordonnées vérifient l'équation de la droite, soit $5 = \frac{2}{3} \times (-2) + p$; d'où l'on obtient $p = 5 - \frac{2}{3} \times (-2) = \frac{19}{3}$.

L'équation réduite de la droite $\mathcal{D}$ est alors $y = \frac{2}{3}x + \frac{19}{3}$.

On peut ensuite revenir à une équation cartésienne en multipliant par 3 : $3y = 2x + 19$ et enfin :

$$\mathbf{-2x + 3y - 19 = 0}.$$

L'équation réduite d'une droite est unique ; en revanche, une équation cartésienne de la forme $ax + by + c = 0$ ne l'est pas.

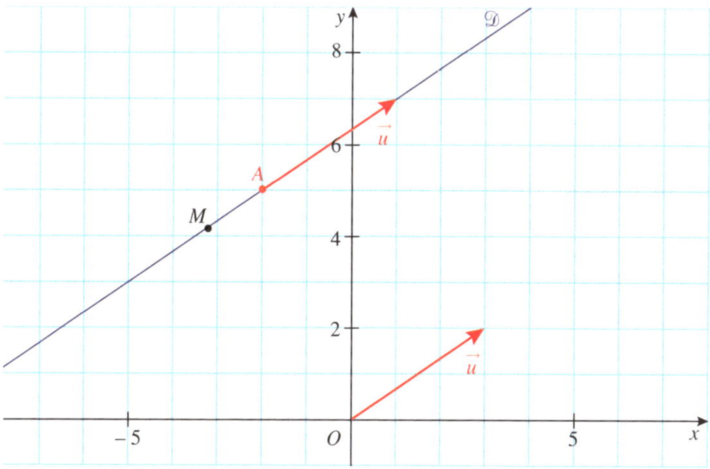

2° Pour appliquer la méthode des vecteurs colinéaires, on doit connaître un point de la droite et l'un de ses vecteurs directeurs.

Deux points sont donnés : on choisira indifféremment l'un ou l'autre.

Un vecteur directeur est $\vec{u} = \overrightarrow{AB}$ de coordonnées $\vec{u}(2 - (-1)\ ;\ 4 - 3)$, soit $\vec{u}(3\ ;\ 1)$ (tout vecteur colinéaire au vecteur $\vec{u}$ et non nul peut être choisi).

Soit un point $M(x\ ;\ y)$ du plan. M appartient à la droite $\mathcal{D}$ si, et seulement, si les vecteurs $\vec{u}$ et $\overrightarrow{AM}$ sont colinéaires.

Or $\vec{u}(3\ ;\ 1)$ et $\overrightarrow{AM}(x + 1\ ;\ y - 3)$.

Les vecteurs $\vec{u}$ et $\overrightarrow{AM}$ sont colinéaires si, et seulement si :

$$3(y-3)-1(x+1)=0\ ;$$
$$3y-9-x-1=0\ ;$$
$$-x+3y-10=0.$$

Une équation de la droite (AB) est $-x+3y-10=0$.

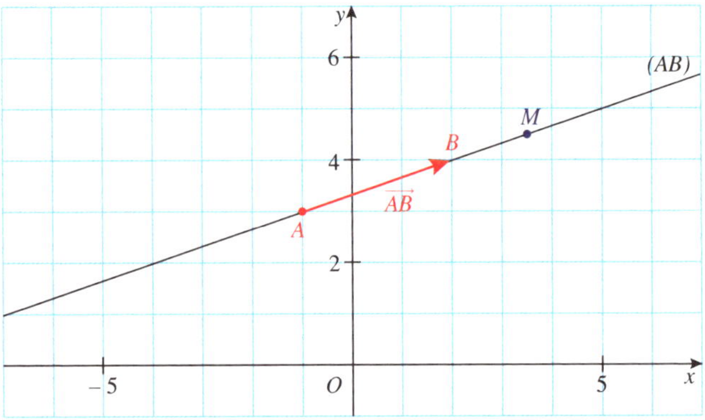

À RETENIR

• Pour **établir une équation cartésienne d'une droite**, lorsqu'on connaît un point A de cette droite et un vecteur directeur $\vec{u}$, on traduit la colinéarité des vecteurs $\vec{u}$ et $\overrightarrow{AM}$, M désignant un point quelconque de coordonnées $(x\ ;\ y)$. En développant et en ordonnant les termes, on parvient à une relation de la forme $\boldsymbol{ax+by+c=0}$.
• Si la droite est définie par deux points, on revient à la méthode précédente en définissant un vecteur $\vec{u}$, colinéaire au vecteur $\overrightarrow{AB}$.
• Enfin, si la droite n'est pas parallèle à l'axe des ordonnées, il est également possible d'obtenir le coefficient directeur m et de chercher une équation réduite sous la forme $y=mx+p$; une fois m connu, on remplace x et y par les coordonnées d'un point connu de la droite et l'on détermine p.

3 Déterminer un vecteur directeur d'une droite définie par une équation cartésienne et construire une droite

EXERCICE TYPE

1° Déterminer les coordonnées d'un vecteur directeur de la droite $\mathcal{D}_1$ d'équation $2x - 5y + 7 = 0$.
Construire $\mathcal{D}_1$.

2° Déterminer les coordonnées d'un vecteur directeur de la droite $\mathcal{D}_2$ d'équation $10x - 8y + 1 = 0$.
Construire $\mathcal{D}_2$.

3° Déterminer les coordonnées d'un vecteur directeur de la droite $\mathcal{D}_3$ d'équation $y = \frac{3}{4}x + \frac{5}{2}$.
Construire $\mathcal{D}_3$.

CORRIGÉ COMMENTÉ

1° Pour déterminer un vecteur directeur d'une droite, dont on connaît une équation cartésienne de la forme $ax + by + c = 0$, il suffit d'appliquer la propriété de cours énonçant que le vecteur $\vec{u}(-b\ ;\ a)$ est l'un des vecteurs directeurs de la droite.
$\mathcal{D}_1 : 2x - 5y + 7 = 0$; on a $a = 2$; $b = -5$; $c = 7$.
Donc **$\vec{u}(5\ ;\ 2)$ est un vecteur directeur de la droite $\mathcal{D}_1$.**
Pour construire la droite, il suffit de déterminer les coordonnées d'un des points : pour cela, on donne une valeur à l'une des variables x (ou y) et on calcule par la relation la valeur de l'autre variable y (ou x). Si cela est possible, on cherche à obtenir un point dont les coordonnées sont « simples » (entières par exemple).
On observe dans ce cas que $2 \times (-1) - 5 \times 1 + 7 = 0$. Le point $A(-1\ ;1)$ appartient à $\mathcal{D}_1$.
Figure : on place le point A, puis on construit le vecteur $\vec{u}$ ayant son origine en A.

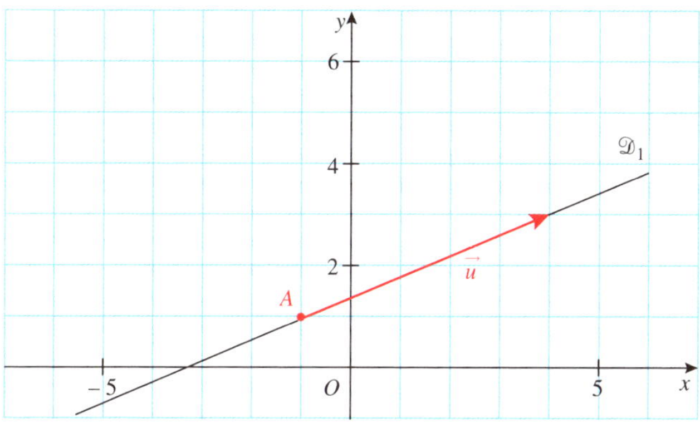

2° La méthode est identique à celle de la question précédente. Le vecteur **$\vec{u}(8 ; 10)$ est un vecteur directeur de la droite** $\mathcal{D}_2$. Pour la construction, on peut lui préférer le vecteur $\vec{u'} = \frac{1}{2}\vec{u}$ de coordonnées (4 ; 5) qui est aussi un vecteur directeur de la droite $\mathcal{D}_2$.

Pour la recherche d'un point aux coordonnées simples, on peut utiliser une calculatrice : on donne des valeurs entières à y et on calcule x tel que :

$$10x - 8y + 1 = 0 \Leftrightarrow x = 0{,}8y - 0{,}1.$$

• **Tableau de valeurs**

y	– 10	– 9	– 8	– 7	– 6	– 5	– 4	– 3	– 2	– 1	0	1	2	3	4	5	6	7	8	9
x	– 8,1	– 7,3	– 6,5	– 5,7	– 4,9	– 4,1	– 3,3	– 2,5	– 1,7	– 0,9	– 0,1	0,7	1,5	2,3	3,1	3,9	4,7	5,5	6,3	7,1

On constate qu'aucune valeur entière de y ne donne x entier (il est possible de démontrer que x et y ne peuvent être simultanément entiers ; en effet, si $1 = -10x + 8y$, avec x et y entiers, on aurait $1 = 2(-5x + 4y)$ ce qui voudrait dire que 1 est divisible par 2 avec un quotient entier, ce qui est faux).

On choisit par exemple le point $A(-2{,}5 ; -3)$.

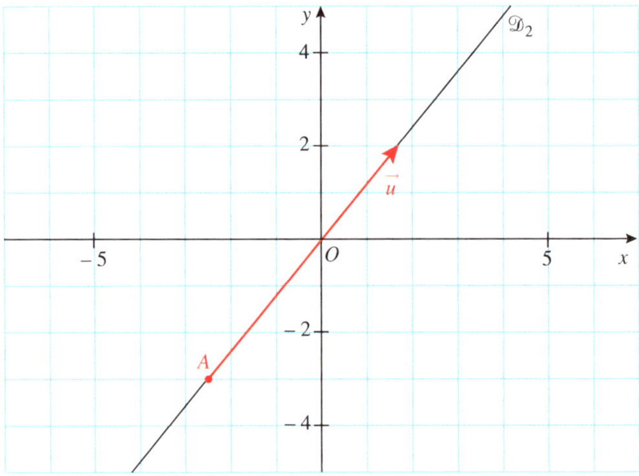

3° Cet exemple diffère des autres, puisque la droite est définie par une équation réduite.

Dans ce cas, on sait qu'une droite de coefficient directeur m admet un vecteur directeur $\vec{u}(1 ; m)$.

$m = \frac{3}{4}$, donc **un vecteur directeur de la droite $\mathcal{D}_3$ est $\vec{u}(1 ; \frac{3}{4})$** ; on peut, pour une commodité de construction, avoir des coordonnées entières en utilisant le vecteur $\vec{u'} = 4\vec{u}$, soit $\vec{u'}(4 ; 3)$.

Recherche d'un point aux coordonnées « simples » : on donne des valeurs entières à x, par exemple, et on détermine y tel que $y = \frac{3}{4}x + \frac{5}{2}$ à l'aide d'une calculatrice.

• **Tableau de valeurs**

x	– 5	– 4	– 3	**– 2**	– 1	0	1	**2**	3	4	5
y	– 1,25	– 0,5	0,25	**1**	1,75	2,5	3,25	**4**	4,75	5,5	6,25

On choisit par exemple le point $A(-2 ; 1)$.

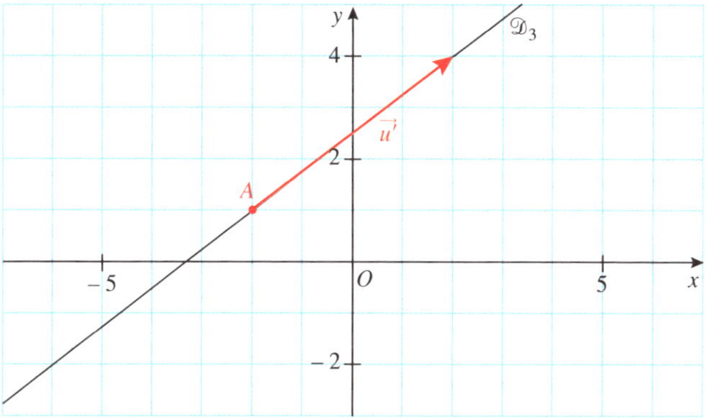

N.B. On peut aussi construire la droite à l'aide de deux points.

À RETENIR

• Pour **obtenir un vecteur directeur d'une droite** dont on connaît une équation cartésienne de la forme $ax + by + c = 0$, on applique la propriété de cours énonçant que le vecteur $\vec{u}(-b ; a)$ est l'un des vecteurs directeurs de la droite.
• Si l'équation de la droite est donnée sous forme réduite $y = mx + p$, alors le vecteur $\vec{u}(1 ; m)$ est un vecteur directeur de cette droite.
Remarque : On peut toujours substituer au vecteur $\vec{u}$ ainsi obtenu, tout vecteur $\overrightarrow{u'}$ non nul et colinéaire à $\vec{u}$.
• La **construction de la droite** se fait à partir d'un point et d'un vecteur directeur.
Pour obtenir un point, on peut :
– mentalement, trouver des valeurs de x et y qui satisfont à l'équation ;
– faire un tableau de valeurs sur une calculatrice et choisir l'un des points.
Ensuite on place un point A et l'on construit le vecteur $\vec{u}$ en plaçant son origine en A.
Remarque : Il est bien sûr toujours possible de construire une droite à partir de deux de ses points.

4 Exprimer un vecteur en fonction de deux vecteurs non colinéaires

EXERCICE TYPE

1° Soit ABC un triangle.
On désigne par I le milieu du segment $[BC]$.
On désigne par D le point tel que $ABCD$ est un parallélogramme.
Exprimer le vecteur $\overrightarrow{ID}$ en fonction des vecteurs $\overrightarrow{AB}$ et $\overrightarrow{AC}$.

2° Dans un repère, soient les points $A(-2 ; 1)$, $B(2 ; -1)$, $C(0 ; 3)$.
a) Vérifier que les vecteurs $\overrightarrow{AB}$ et $\overrightarrow{AC}$ ne sont pas colinéaires.
b) Soit le point $D(7 ; 1)$. Exprimer le vecteur $\overrightarrow{AD}$ en fonction des vecteurs $\overrightarrow{AB}$ et $\overrightarrow{AC}$.

CORRIGÉ COMMENTÉ

1° Exprimer le vecteur $\overrightarrow{ID}$ en fonction des vecteurs $\overrightarrow{AB}$ et $\overrightarrow{AC}$ signifie : déterminer des nombres réels x et y tels que $\overrightarrow{ID} = x\overrightarrow{AB} + y\overrightarrow{AC}$.

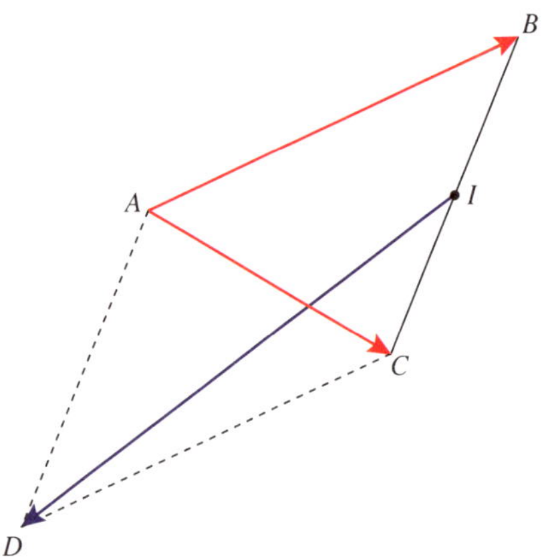

Utilisons en premier lieu, la relation de Chasles :

$$\overrightarrow{ID} = \overrightarrow{IC} + \overrightarrow{CA} + \overrightarrow{AD}.$$

On utilise maintenant la définition des points I et D que l'on exprime vectoriellement :
– I est le milieu de $[BC]$ permet d'écrire : $\overrightarrow{IC} = \frac{1}{2}\overrightarrow{BC}$;
– $ABCD$ est un parallélogramme permet d'écrire : $\overrightarrow{AD} = \overrightarrow{BC}$.
On remplace les vecteurs $\overrightarrow{IC}$ et $\overrightarrow{AD}$ dans la relation initiale, ce qui donne :

$$\overrightarrow{ID} = \frac{1}{2}\overrightarrow{BC} + \overrightarrow{CA} + \overrightarrow{BC}, \text{ d'où } \overrightarrow{ID} = \frac{3}{2}\overrightarrow{BC} + \overrightarrow{CA}.$$

Il s'agit maintenant d'exprimer les vecteurs $\overrightarrow{BC}$ et $\overrightarrow{CA}$ en fonction des vecteurs $\overrightarrow{AB}$ et $\overrightarrow{AC}$.

Pour cela, on utilise de nouveau la relation de Chasles :
$\overrightarrow{BC} = \overrightarrow{BA} + \overrightarrow{AC} = -\overrightarrow{AB} + \overrightarrow{AC}$ et $\overrightarrow{CA} = -\overrightarrow{AC}$ que l'on remplace dans la dernière égalité, ce qui donne :

$\overrightarrow{ID} = \frac{3}{2}\overrightarrow{BC} + \overrightarrow{CA} = \frac{3}{2}(-\overrightarrow{AB} + \overrightarrow{AC}) - \overrightarrow{AC}.$

$\overrightarrow{ID} = -\frac{3}{2}\overrightarrow{AB} + \frac{3}{2}\overrightarrow{AC} - \overrightarrow{AC}.$

Finalement, $\boldsymbol{\overrightarrow{ID} = -\frac{3}{2}\overrightarrow{AB} + \frac{1}{2}\overrightarrow{AC}}$.

Il existe d'autres décompositions que celles proposées dans le corrigé, qui conduisent à la même décomposition finale.

2°

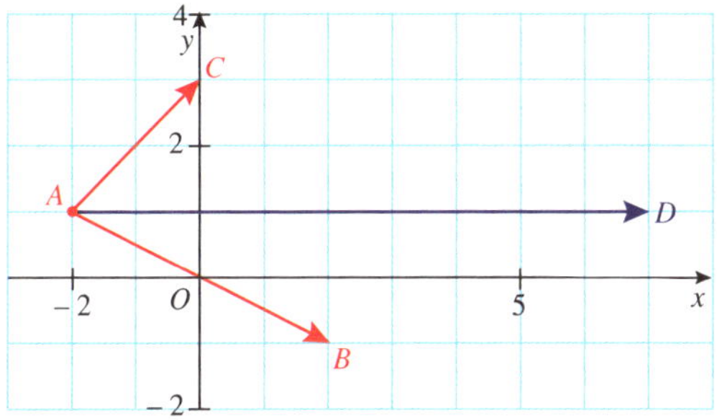

a) On utilise les coordonnées :
$\overrightarrow{AB}(2 - (-2)\ ;\ -1 - 1)$, soit $\overrightarrow{AB}(4\ ;\ -2)$;
$\overrightarrow{AC}(0 - (-2)\ ;\ 3 - 1)$, soit $\overrightarrow{AC}(2\ ;\ 2)$.
On utilise la caractérisation de la colinéarité : $4 \times 2 - 2 \times (-2) = 8 + 4 = 12$ est non nul, **donc les vecteurs $\overrightarrow{AB}$ et $\overrightarrow{AC}$ ne sont pas colinéaires**.

b) Exprimer le vecteur $\overrightarrow{AD}$ en fonction des vecteurs $\overrightarrow{AB}$ et $\overrightarrow{AC}$ signifie : déterminer des nombres réels x et y tels que $\overrightarrow{AD} = x\overrightarrow{AB} + y\overrightarrow{AC}$.
Les points étant ici repérés, on va calculer les coordonnées des vecteurs $\overrightarrow{AB}$, $\overrightarrow{AC}$ et $\overrightarrow{AD}$, et déterminer algébriquement les valeurs des nombres x et y :

$$\overrightarrow{AB}(4\ ;\ -2),\ \overrightarrow{AC}(2\ ;\ 2) \text{ et } \overrightarrow{AD}(9\ ;\ 0).$$

Raisonnons par équivalence.
Soient x et y des nombres réels.

$$\overrightarrow{AD} = x\overrightarrow{AB} + y\overrightarrow{AC} \Leftrightarrow \begin{cases} 9 = 4x + 2y \\ 0 = -2x + 2y\ ; \end{cases}$$

$$\begin{cases} 9 = 4x + 2y \\ 0 = -2x + 2y \end{cases} \Leftrightarrow \begin{cases} 9 = 4x + 2x \\ y = x \end{cases} \Leftrightarrow \begin{cases} 9 = 6x \\ y = x \end{cases} \Leftrightarrow \begin{cases} x = \frac{3}{2} \\ y = \frac{3}{2} \end{cases}$$

Ainsi $\boldsymbol{\overrightarrow{AD} = \frac{3}{2}\overrightarrow{AB} + \frac{3}{2}\overrightarrow{AC}}$.

À RETENIR

• Pour exprimer un vecteur, en fonction de deux vecteurs donnés, lorsque les vecteurs ne sont pas repérés, on utilise des relations vectorielles caractérisant les points ou les vecteurs.

• On applique le plus souvent la relation de Chasles pour ne faire apparaître finalement que les vecteurs demandés.

• Lorsque les points ou les vecteurs sont repérés, le problème de l'expression d'un vecteur en fonction de deux vecteurs donnés se ramène à la résolution d'un système de deux équations à deux inconnues.

Exercices d'entraînement

1 ★ 10 min

Déterminer si les vecteurs $\vec{u}$ et $\overrightarrow{u'}$ suivant sont colinéaires.

a) $\vec{u}(24\ ;\ -6)$ et $\overrightarrow{u'}(-16\ ;\ 4)$.

b) $\vec{u}(7\ ;\ 4)$ et $\overrightarrow{u'}(33\ ;\ 13)$.

c) $\vec{u}\left(\frac{5}{2}\ ;\ \frac{9}{4}\right)$ et $\overrightarrow{u'}(20\ ;\ 18)$.

d) $\vec{u}(\sqrt{2}\ ;\ 1)$ et $\overrightarrow{u'}(4\ ;\ 2\sqrt{2})$.

e) $\vec{u}\left(-\frac{1}{3}\ ;\ -\frac{2}{7}\right)$ et $\overrightarrow{u'}(7\ ;\ 6)$.

f) $\vec{u}\left(\frac{3}{5}\ ;\ \frac{7}{4}\right)$ et $\overrightarrow{u'}\left(\frac{7}{6}\ ;\ \frac{16}{3}\right)$.

→ Corrigé p. 173

2 ★ 5 min

Déterminer si les droites (AB) et $(A'B')$ sont parallèles.

a) $A(-5\ ;\ 3)$; $B(-3\ ;\ 8)$; $A'(-1\ ;\ -4)$; $B'(-7\ ;\ -19)$.

b) $A\left(\frac{1}{2}\ ;\ \frac{3}{2}\right)$; $B(3\ ;\ 5)$; $A'\left(-\frac{3}{2}\ ;\ 1\right)$; $B'\left(2\ ;\ \frac{11}{2}\right)$.

→ Corrigé p. 173

3 ★ 5 min

Déterminer si le quadrilatère $ABCD$ est un trapèze : $A(-1\ ;\ 1)$; $B(3\ ;\ 7)$; $C(4\ ;\ 7)$; $D(-2\ ;\ -2)$.

→ Corrigé p. 174

4 ★★ 10 min

Déterminer s'il existe un nombre réel k tel que les vecteurs $\vec{u}$ et $\overrightarrow{u'}$ soient colinéaires.

a) $\vec{u}(-1\ ;\ 3)$ et $\overrightarrow{u'}(k\ ;\ 2)$.

b) $\vec{u}(k\ ;\ 3)$ et $\overrightarrow{u'}(6\ ;\ k)$.

c) $\vec{u}(-2\ ;\ k)$ et $\overrightarrow{u'}(2k\ ;\ 4)$.

→ Corrigé p. 174

5 ★ 15 min

Établir une équation cartésienne de la droite D.

a) D est la droite contenant le point $A(-3\ ;\ -4)$, dont un vecteur directeur est $\vec{u}(5\ ;\ -3)$.

b) D est la droite contenant le point $A(-2\ ;\ 5)$, dont un vecteur directeur est $\vec{u}\left(\frac{1}{2}\ ;\ -\frac{2}{3}\right)$.

c) D est la droite contenant les points $A(10\ ;\ -3)$ et $B(6\ ;\ 2)$.

d) D est la droite contenant les points $A\left(\frac{1}{2}\ ;\ \frac{7}{2}\right)$ et $B\left(2\ ;\ \frac{9}{4}\right)$.

→ Corrigé p. 175

6 ★ **15 min**

Déterminer le coefficient directeur, puis l'équation réduite de la droite D.

a) D est la droite contenant le point $A(-5\ ;\ 4)$, dont un vecteur directeur est $\vec{u}(5\ ;\ 8)$.

b) D est la droite contenant le point $A(1\ ;\ 4)$, dont un vecteur directeur est $\vec{u}\left(\frac{1}{4}\ ;\ \frac{7}{2}\right)$.

c) D est la droite contenant les points $A(1\ ;\ 4)$ et $B(4\ ;\ 2)$.

d) D est la droite contenant les points $A\left(\frac{1}{2}\ ;\ -\frac{3}{2}\right)$ et $B\left(-\frac{5}{2}\ ;\ -2\right)$.

→ Corrigé p. 175

7 ★ **15 min**

Déterminer un vecteur directeur de la droite D, dont on connaît une équation cartésienne, puis construire D.

a) $D : 4x + 3y - 7 = 0$.

b) $D : -2x + 5y - 1 = 0$.

c) $D : 10x + 2y - 7 = 0$.

d) $D : y = 5x - 3$.

e) $D : y = -\frac{7}{4}x + \frac{3}{4}$.

→ Corrigé p. 177

8 ★ **10 min**

Déterminer une équation cartésienne de la droite D' parallèle à D et contenant le point A.

a) $D : 4x + 5y - 7 = 0\ ;\ A(4\ ;\ 3)$.

b) $D : 2x - 3y - 10 = 0\ ;\ A(-1\ ;\ 2)$.

→ Corrigé p. 179

9 ★ **15 min**

Construire les droites D et D', vérifier que D et D' sont des droites sécantes et calculer les coordonnées de leur point d'intersection.

a) $D : x + 4y - 5 = 0\ ;\ D' : 5x - 2y - 14 = 0$.

b) $D : 4x + y + 7 = 0\ ;\ D' : 2x - 4y - 1 = 0$.

→ Corrigé p. 180

10 ★★ **10 min**

Soit ABC un triangle. Soit I le point tel que $\overrightarrow{BI} = \frac{2}{3}\overrightarrow{BC}$ et J le point symétrique de A par rapport à C.

Exprimer le vecteur $\overrightarrow{IJ}$ en fonction des vecteurs $\overrightarrow{AB}$ et $\overrightarrow{AC}$.

→ Corrigé p. 181

11 ★★ 10 min

Soit ABC un triangle. Soit le E point tel que $\overrightarrow{AE} = \overrightarrow{AB} + \overrightarrow{AC}$ et F le point tel que $\overrightarrow{BF} = 2\overrightarrow{BA} + 2\overrightarrow{BC}$.

Exprimer le vecteur $\overrightarrow{EF}$ en fonction des vecteurs $\overrightarrow{AB}$ et $\overrightarrow{AC}$.

→ Corrigé p. 182

12 ★ 10 min

Dans un repère du plan, soient les points $A(1 ; 2)$, $B(3 ; 5)$, $C(5 ; 1)$ et $D(1 ; -5)$.

a) Montrer que les vecteurs $\overrightarrow{AB}$ et $\overrightarrow{AC}$ ne sont pas colinéaires.

b) Exprimer le vecteur $\overrightarrow{AD}$ en fonction des vecteurs $\overrightarrow{AB}$ et $\overrightarrow{AC}$.

→ Corrigé p. 182

13 ★★ 15 min

Dans un repère du plan, soient les points $A(-2 ; 0)$, $B(3 ; -1)$ et $C(5 ; 3)$.

On désigne par D le point tel que $ABDC$ est un parallélogramme et par E le symétrique de C par rapport à B.

a) Montrer que les vecteurs $\overrightarrow{AB}$ et $\overrightarrow{AC}$ ne sont pas colinéaires.

b) Calculer les coordonnées des points D et E.

c) Exprimer le vecteur $\overrightarrow{DE}$ en fonction des vecteurs $\overrightarrow{AB}$ et $\overrightarrow{AC}$.

→ Corrigé p. 183

14 ★★ 15 min

1° Écrire un algorithme, permettant de savoir si des vecteurs, non nuls, déterminés par leurs coordonnées, $\vec{u}(a ; b)$ et $\vec{v}(c ; d)$ sont ou ne sont pas colinéaires. S'ils sont colinéaires, déterminer le réel k tel que $\vec{v} = k\vec{u}$.

2° Écrire un algorithme permettant de savoir si un point appartient ou n'appartient pas, à une droite donnée d'équation $ax + by + c = 0$.

→ Corrigé p. 184

Exercices-bilans

15 ★★ 20 min

Soit $(O ; I, J)$ un repère du plan.

1° Construire la droite d dont une équation cartésienne est $4x - 2y - 3 = 0$.

2° Établir une équation cartésienne de la droite d', parallèle à d et contenant le point $A(-1 ; 3)$.

3° Soient les points $B(0 ; 5)$, $C(1{,}5 ; 1{,}5)$, $D(-1 ; -3{,}5)$.
Montrer que les points B, C et D appartiennent à d ou à d'.
Quelle est la nature du quadrilatère $ABCD$?

4° Établir une équation cartésienne de la droite (BC).

5° Calculer les coordonnées du point d'intersection E des droites (BC) et (AD).

6° Déterminer la valeur du nombre réel k tel que $\overrightarrow{ED} = k\,\overrightarrow{EA}$; vérifier que $\overrightarrow{EC} = k\,\overrightarrow{EB}$, avec la même valeur de k.

→ Corrigé p. 185

16 ★★ **15 min**

Soit ABC un triangle.
Soit M le milieu de $[AB]$;soit N le point tel que $\overrightarrow{CN} = \frac{1}{3}\overrightarrow{CB}$; soit P le symétrique du point A par rapport au point C.

1° Exprimer le vecteur $\overrightarrow{MN}$ en fonction des vecteurs $\overrightarrow{AB}$ et $\overrightarrow{AC}$.

2° Exprimer le vecteur $\overrightarrow{MP}$ en fonction des vecteurs $\overrightarrow{AB}$ et $\overrightarrow{AC}$.

3° En déduire l'alignement des points M, N et P.

→ Corrigé p. 187

1 → *Énoncé p. 169* *a)* Soit l'on remarque que $24 = -\frac{3}{2} \times (-16)$ et $-6 = -\frac{3}{2} \times 4$, ce qui donne $\vec{u} = -\frac{3}{2}\,\overrightarrow{u'}$,
soit l'on calcule $24 \times 4 - (-6) \times (-16) = 96 - 96 = 0$.

$\vec{u}$ et $\overrightarrow{u'}$ sont donc colinéaires.

b) On calcule $7 \times 13 - 4 \times 33 = 91 - 132 = -41$ qui est non nul.
$\vec{u}$ et $\overrightarrow{u'}$ ne sont donc pas colinéaires.

c) Soit l'on remarque que $20 = 8 \times \frac{5}{2}$ et $18 = 8 \times \frac{9}{4}$, ce qui donne $\overrightarrow{u'} = 8\vec{u}$,
soit l'on calcule $\frac{5}{2} \times 18 - \frac{9}{4} \times 20 = 45 - 45 = 0$.
$\vec{u}$ et $\overrightarrow{u'}$ sont donc colinéaires.

d) Soit l'on remarque que $4 = 2\sqrt{2} \times \sqrt{2}$ et $2\sqrt{2} = 2\sqrt{2} \times 1$, ce qui donne $\overrightarrow{u'} = 2\sqrt{2}\,\vec{u}$, soit l'on calcule $\sqrt{2} \times 2\sqrt{2} - 1 \times 4 = 4 - 4 = 0$.
$\vec{u}$ et $\overrightarrow{u'}$ sont donc colinéaires.

e) On calcule $\left(-\frac{1}{3}\right) \times 6 - \left(-\frac{2}{7}\right) \times 7 = -2 + 2 = 0$.
$\vec{u}$ et $\overrightarrow{u'}$ sont donc colinéaires.

f) On calcule $\frac{3}{5} \times \frac{16}{3} - \frac{7}{4} \times \frac{7}{6} = \frac{16}{5} - \frac{49}{24} = \frac{16 \times 24 - 49 \times 5}{120} = \frac{139}{120}$ qui est non nul.
$\vec{u}$ et $\overrightarrow{u'}$ ne sont donc pas colinéaires.

2 → *Énoncé p. 169* *a)* $\overrightarrow{AB}(2\,;5)$; $\overrightarrow{A'B'}(-6\,;-15)$.
On observe que $-6 = -3 \times 2$ et $-15 = -3 \times 5$, donc $\overrightarrow{A'B'} = -3\overrightarrow{AB}$.
Les vecteurs $\overrightarrow{A'B'}$ et $\overrightarrow{AB}$ sont colinéaires ; **les droites (AB) et ($A'B'$) sont donc parallèles.**

b) $\overrightarrow{AB}\left(\frac{5}{2}\,;\frac{7}{2}\right)$ et $\overrightarrow{A'B'}\left(\frac{7}{2}\,;\frac{9}{2}\right)$.

On calcule $\frac{5}{2} \times \frac{9}{2} - \frac{7}{2} \times \frac{7}{2} = \frac{45 - 49}{4} = -\frac{4}{2} = -2$ qui est non nul.
Les vecteurs $\overrightarrow{A'B'}$ et $\overrightarrow{AB}$ ne sont pas colinéaires ; **les droites (AB) et ($A'B'$) ne sont donc pas parallèles.**

3 → Énoncé p. 169

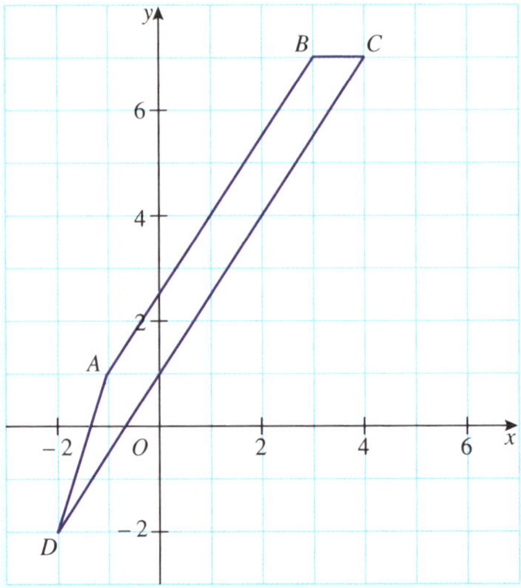

La construction de la figure laisse penser que le quadrilatère *ABCD* est un trapèze de bases [*AB*] et [*CD*].
Prouvons-le en montrant la colinéarité des vecteurs $\overrightarrow{AB}$ et $\overrightarrow{CD}$.
$\overrightarrow{AB}(4\,;\,6)$ et $\overrightarrow{CD}(-6\,;\,-9)$; on calcule $4 \times (-9) - 6 \times (-6) = -36 + 36 = 0$.
Les vecteurs $\overrightarrow{AB}$ et $\overrightarrow{CD}$ sont colinéaires, les droites (*AB*) et (*CD*) sont parallèles, ce qui prouve que ***ABCD* est un trapèze de bases [*AB*] et [*CD*]**.

4 → Énoncé p. 169 *a)* Les vecteurs $\vec{u}(-1\,;\,3)$ et $\vec{u}'(k\,;\,2)$ sont colinéaires si, et seulement si $(-1) \times 2 - 3 \times k = 0$.

$(-1) \times 2 - 3 \times k = 0 \Leftrightarrow -2 - 3k = 0$

$\Leftrightarrow -2 = 3k \Leftrightarrow k = -\dfrac{2}{3}$

> On traduit la condition de colinéarité sous la forme d'une équation dont l'inconnue est *k*.

Pour $k = -\dfrac{2}{3}$, $\vec{u}(-1\,;\,3)$ et $\vec{u}'\left(-\dfrac{2}{3}\,;\,2\right)$ sont colinéaires.

b) Les vecteurs $\vec{u}(k\,;\,3)$ et $\vec{u}'(6\,;\,k)$ sont colinéaires si, et seulement si $k^2 - 3 \times 6 = 0$.
$k^2 - 18 = 0 \Leftrightarrow k^2 = 18 \Leftrightarrow k = \sqrt{18}$ ou $k = -\sqrt{18} \Leftrightarrow k = 3\sqrt{2}$ ou $k = -3\sqrt{2}$.
Pour $k = 3\sqrt{2}$, $\vec{u}(3\sqrt{2}\,;\,3)$ et $\vec{u}'(6\,;\,3\sqrt{2})$ sont colinéaires.
Pour $k = -3\sqrt{2}$, $\vec{u}(-3\sqrt{2}\,;\,3)$ et $\vec{u}'(6\,;\,-3\sqrt{2})$ sont colinéaires.

c) Les vecteurs $\vec{u}(-2\,;\,k)$ et $\vec{u}'(2k\,;\,4)$ sont colinéaires si, et seulement si $(-2) \times 4 - k \times 2k = 0$.
$(-2) \times 4 - k \times 2k = 0 \Leftrightarrow -8 - 2k^2 = 0 \Leftrightarrow -8 = 2k^2 \Leftrightarrow k^2 = -4$.
Le carré d'un nombre réel étant de signe positif ou nul et −4 étant strictement négatif, l'équation n'admet aucune solution.

Il n'existe donc pas de valeur du nombre réel k pour laquelle $\vec{u}(-2 ; k)$ et $\vec{u}'(2k ; 4)$ sont colinéaires.

5 → Énoncé p. 169 *a)* Soit un point du plan $M(x ; y)$, alors $\overrightarrow{AM}(x + 3 ; y + 4)$.

$M \in D \Leftrightarrow \vec{u}$ et $\overrightarrow{AM}$ sont colinéaires $\Leftrightarrow 5 \times (y + 4) - (-3) \times (x + 3) = 0$

$5 \times (y + 4) - (-3) \times (x + 3) = 0$

$\Leftrightarrow 5y + 20 + 3x + 9 = 0$

$\Leftrightarrow 3x + 5y + 29 = 0.$

Une équation cartésienne de la droite D est $3x + 5y + 29 = 0$.

> La méthode proposée conduit à une équation de la forme $ax + by + c = 0$, mais il est évidemment toujours possible de chercher une équation réduite de la forme $y = mx + p$.

b) Soit un point du plan $M(x ; y)$, alors $\overrightarrow{AM}(x + 2 ; y - 5)$.

Pour avoir un vecteur directeur à coordonnées entières, on peut utiliser $\vec{u}' = 6\vec{u}$ comme vecteur directeur de D : $\vec{u}'(3 ; -4)$.

$M \in D \Leftrightarrow \vec{u}'$ et $\overrightarrow{AM}$ sont colinéaires $\Leftrightarrow 3 \times (y - 5) - (-4) \times (x + 2) = 0$

$\Leftrightarrow 3 \times (y - 5) - (-4) \times (x + 2) = 0 \Leftrightarrow 3y - 15 + 4x + 8 = 0 \Leftrightarrow 4x + 3y - 7 = 0.$

Une équation cartésienne de la droite D est $4x + 3y - 7 = 0$.

c) On calcule $\overrightarrow{AB}(-4 ; 5)$.

Soit un point du plan $M(x ; y)$, alors $\overrightarrow{AM}(x - 10 ; y + 3)$.

$M \in D \Leftrightarrow \overrightarrow{AB}$ et $\overrightarrow{AM}$ sont colinéaires $\Leftrightarrow -4 \times (y + 3) - 5 \times (x - 10) = 0.$

Une équation cartésienne de la droite D est $-5x - 4y + 38 = 0$.

d) $A\left(\frac{1}{2} ; \frac{7}{2}\right)$ et $B\left(2 ; \frac{9}{4}\right)$, donc $\overrightarrow{AB}\left(\frac{3}{2} ; -\frac{5}{4}\right)$.

Pour avoir des coordonnées entières, on peut choisir $\vec{u} = 4\overrightarrow{AB}$ comme vecteur directeur de D : $\vec{u}(6 ; -5)$.

Soit un point du plan $M(x ; y)$, alors $\overrightarrow{AM}\left(x - \frac{1}{2} ; y - \frac{7}{2}\right)$.

$M \in D \Leftrightarrow \vec{u}$ et $\overrightarrow{AM}$ sont colinéaires $\Leftrightarrow 6\left(y - \frac{7}{2}\right) - (-5)\left(x - \frac{1}{2}\right) = 0$

$\Leftrightarrow 6\left(y - \frac{7}{2}\right) - (-5)\left(x - \frac{1}{2}\right) = 0 \Leftrightarrow 6y - 21 + 5x - \frac{5}{2} = 0 \Leftrightarrow 5x + 6y - \frac{47}{2} = 0.$

Une équation de la droite D est $5x + 6y - \frac{47}{2} = 0$.

6 → Énoncé p. 170 *a)* Un vecteur directeur de D est $\vec{u}(5 ; 8)$, donc le coefficient directeur de la droite D est $m = \frac{8}{5}$.

Une équation de D est de la forme :

$$y = \frac{8}{5}x + p, \text{ avec } p \text{ nombre réel.}$$

Soit $A(-5 ; 4)$; $A \in D \Leftrightarrow 4 = \frac{8}{5} \times (-5) + p \Leftrightarrow p = 12.$

D admet pour équation réduite $y = \frac{8}{5}x + 12$.

> Si le vecteur $\vec{u}(a ; b)$ est un vecteur directeur de la droite D, avec $a \neq 0$, alors le coefficient directeur de la droite est $\frac{b}{a}$.

b) Un vecteur directeur de D est $\vec{u}\left(\frac{1}{4} ; \frac{7}{2}\right)$, donc le coefficient directeur de la droite D est $m = \frac{\frac{7}{2}}{\frac{1}{4}} = \frac{7}{2} \times 4 = 14$.

Une équation de D est de la forme :

$$y = 14x + p, \text{ avec } p \text{ nombre réel.}$$

Soit $A(1 ; 4)$; $A \in D \Leftrightarrow 4 = 14 \times 1 + p \Leftrightarrow p = -10$.

D admet pour équation réduite $y = 14x - 10$.

c) On applique la formule $m = \frac{y_B - y_A}{x_B - x_A}$;

le coefficient directeur de la droite D est :

$$m = \frac{2-4}{4-1} = \frac{-2}{3}.$$

Une équation de D est de la forme :

$$y = -\frac{2}{3}x + p, \text{ avec } p \text{ nombre réel.}$$

Soit $A(1 ; 4)$; $A \in D \Leftrightarrow 4 = -\frac{2}{3} \times 1 + p \Leftrightarrow p = \frac{14}{3}$.

D admet pour équation réduite $y = -\frac{2}{3}x + \frac{14}{3}$.

d) On applique la formule $m = \frac{y_B - y_A}{x_B - x_A}$; le coefficient directeur de la droite D est :

$$m = \frac{-2-\left(-\frac{3}{2}\right)}{-\frac{5}{2}-\frac{1}{2}} = \frac{-\frac{1}{2}}{-3} = \frac{1}{6}.$$

Une équation de D est de la forme :

$$y = \frac{1}{6}x + p, \text{ avec } p \text{ nombre réel.}$$

Soit $A\left(\frac{1}{2} ; -\frac{3}{2}\right)$; $A \in D \Leftrightarrow -\frac{3}{2} = \frac{1}{6} \times \frac{1}{2} + p \Leftrightarrow p = -\frac{19}{12}$.

D admet pour équation réduite $y = \frac{1}{6}x - \frac{19}{12}$.

7 → *Énoncé p. 170* *a)* Un vecteur directeur de D est $\vec{u}(-3\ ;\ 4)$; un point de D est $A(1\ ;\ 1)$.

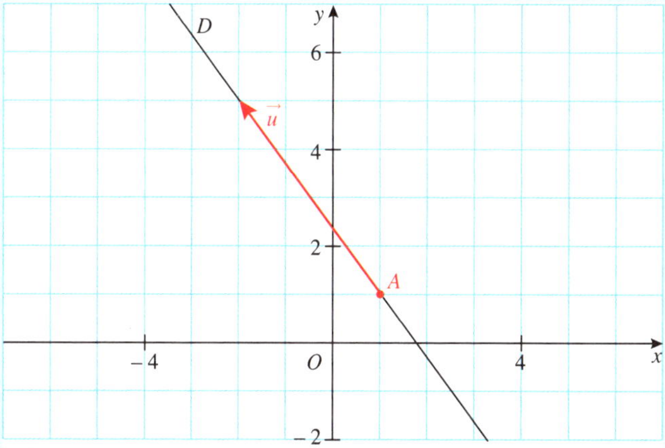

b) Un vecteur directeur de D est $\vec{u}(-5\ ;\ -2)$; un point de D est $A(2\ ;\ 1)$.

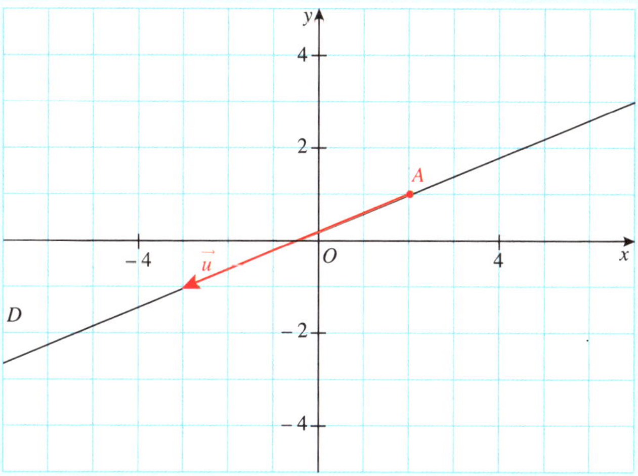

c) Un vecteur directeur de D est $\vec{u}(-2\ ;\ 10)$ ou encore $0{,}5\vec{u}(-1\ ;\ 5)$; un point de D est $A(0\ ;\ 3{,}5)$.

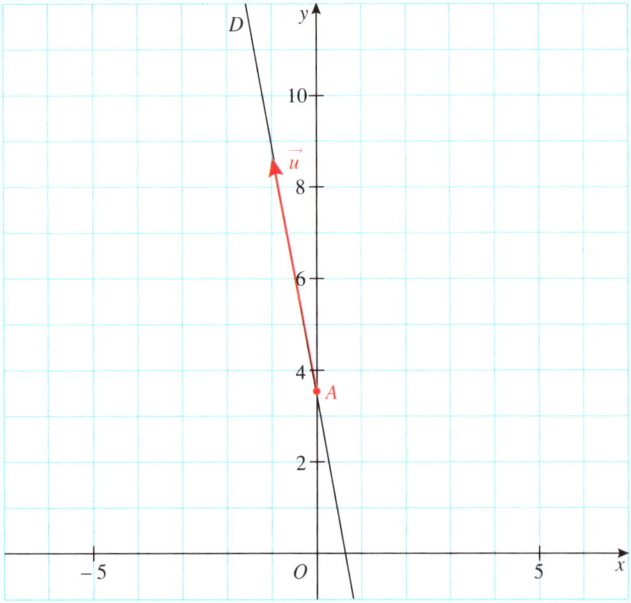

d) Un vecteur directeur de D est $\vec{u}(1\ ;\ 5)$; un point de D est $A(0\ ;\ -3)$.

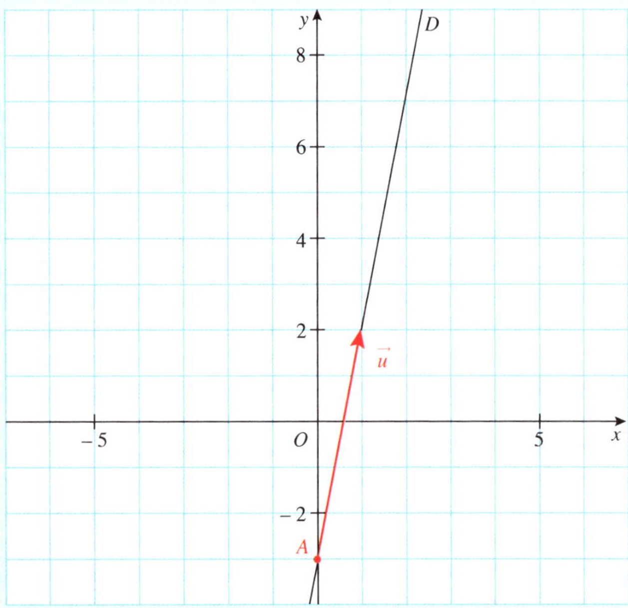

e) Un vecteur directeur de D est $\vec{u}\left(1\ ;\ -\dfrac{7}{4}\right)$, ou encore $4\vec{u}(4\ ;\ -7)$; un point de D est $A(1\ ;\ -1)$.

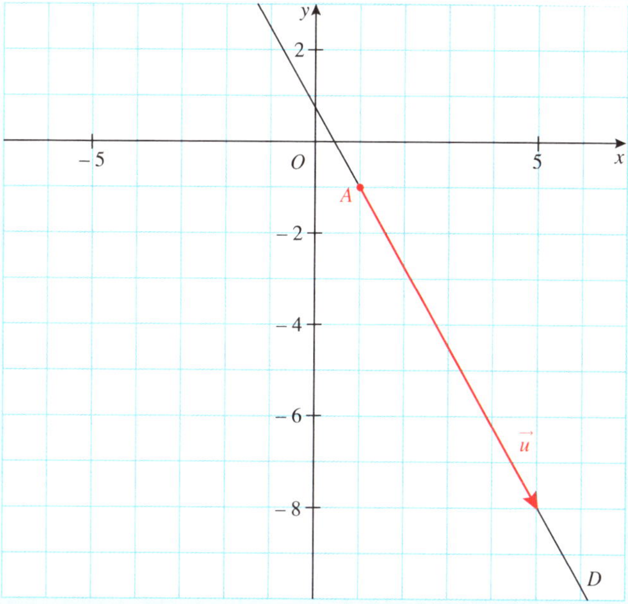

8 → *Énoncé p. 170* ***a)*** Un vecteur directeur de la droite D est $\vec{u}(-5\ ;\ 4)$.
D' est parallèle à D, donc $\vec{u}(-5\ ;\ 4)$ est un vecteur directeur de D'.
Soit un point $M(x\ ;\ y)$ $\overrightarrow{AM}(x-4\ ;\ y-3)$.
$M \in D' \Leftrightarrow$ les vecteurs $\vec{u}$ et $\overrightarrow{AM}$ sont colinéaires $\Leftrightarrow -5(y-3)-4(x-4)=0$
$\Leftrightarrow -5(y-3)-4(x-4)=0 \Leftrightarrow -5y+15-4x+16=0 \Leftrightarrow -4x-5y+31=0$
$\Leftrightarrow 4x+5y-31=0$
Une équation de D' est $4x+5y-31=0$.

b) Un vecteur directeur de la droite D est $\vec{u}(3\ ;\ 2)$.
D' est parallèle à D, donc $\vec{u}(3\ ;\ 2)$ est un vecteur directeur de D'.
Soit un point $M(x\ ;\ y)$; $\overrightarrow{AM}(x+1\ ;\ y-2)$.
$M \in D' \Leftrightarrow$ les vecteurs $\vec{u}$ et $\overrightarrow{AM}$ sont colinéaires $\Leftrightarrow 3(y-2)-2(x+1)=0$
$\Leftrightarrow 3(y-2)-2(x+1)=0 \Leftrightarrow 3y-6-2x-2=0 \Leftrightarrow -2x+3y-8=0$
$\Leftrightarrow 2x-3y+8=0$.
Une équation de D' est $2x-3y+8=0$.

9 → Énoncé p. 170 *a)* D est la droite contenant le point $A(1 ; 1)$, dont un vecteur directeur est $\vec{u}(-4 ; 1)$.
D' est la droite contenant le point $A'(2 ; -2)$, dont un vecteur directeur est $\vec{u'}(2 ; 5)$.
D et D' sont sécantes, car $(-4) \times 5 - 1 \times 2 = -22$ est non nul.

$$\begin{cases} x + 4y - 5 = 0 \\ 5x - 2y - 14 = 0 \end{cases} \Leftrightarrow \begin{cases} x = -4y + 5 \\ 5(-4y + 5) - 2y - 14 = 0 \end{cases} \Leftrightarrow \begin{cases} x = -4y + 5 \\ -22y + 11 = 0 \end{cases} \Leftrightarrow \begin{cases} x = 3 \\ y = \frac{1}{2} \end{cases}$$

D et D' sont sécantes au point $M\left(3 ; \frac{1}{2}\right)$.

La résolution d'un système formé par les équations de deux droites donne les coordonnées d'un point d'intersection éventuel de ces droites.

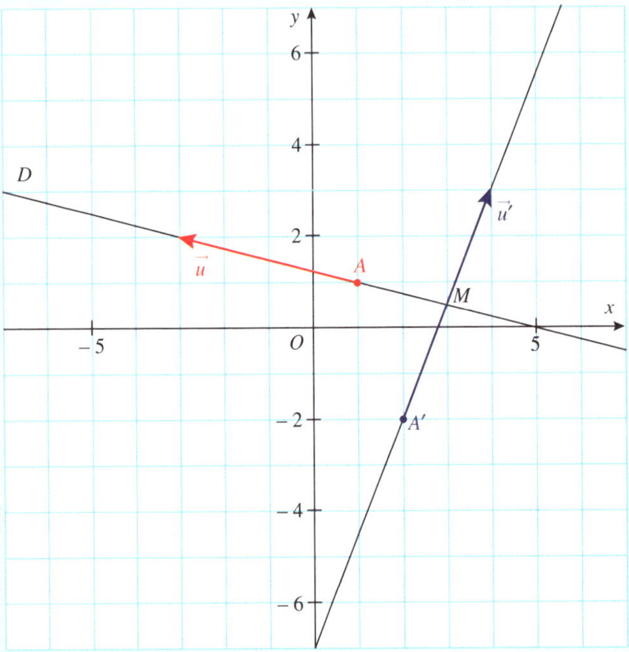

b) D est la droite contenant le point $A(0 ; -7)$, dont un vecteur directeur est $\vec{u}(-1 ; 4)$.
D' est la droite contenant le point $A'\left(\frac{1}{2}; 0\right)$, dont un vecteur directeur est $\vec{u}(4 ; 2)$ (ou bien $\vec{u'}(2 ; 1)$).
D et D' sont sécantes, car $(-1) \times 2 - 4 \times 4 = -18$ est non nul.

$$\begin{cases} 4x + y + 7 = 0 \\ 2x - 4y - 1 = 0 \end{cases} \Leftrightarrow \begin{cases} y = -4x - 7 \\ 2x - 4(-4x - 7) - 1 = 0 \end{cases} \Leftrightarrow \begin{cases} y = -4x - 7 \\ 18x = -27 \end{cases} \Leftrightarrow \begin{cases} y = -1 \\ x = -\frac{3}{2} \end{cases}$$

D et D' sont sécantes au point $M\left(-\frac{3}{2}; -1\right)$.

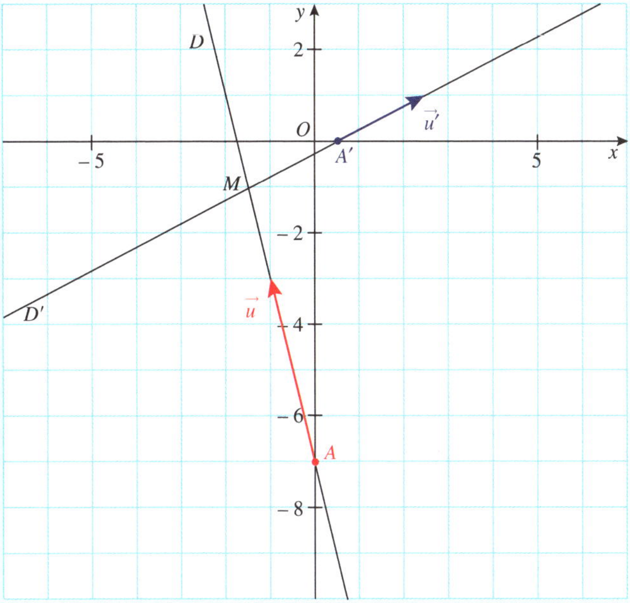

Une vérification graphique ou numérique de l'appartenance du point d'intersection aux deux droites est un moyen de contrôler une erreur éventuelle.

10 → *Énoncé p. 170*

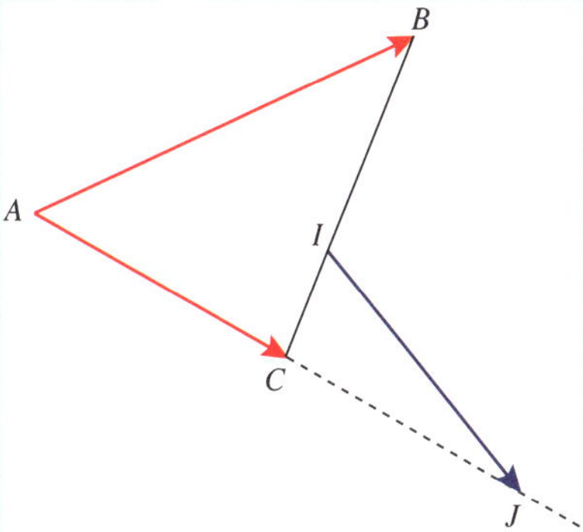

$\overrightarrow{IJ} = \overrightarrow{IB} + \overrightarrow{BC} + \overrightarrow{CJ}$

Or $\overrightarrow{BI} = \frac{2}{3}\overrightarrow{BC}$, donc $\overrightarrow{IB} = -\frac{2}{3}\overrightarrow{BC}$ et $\overrightarrow{CJ} = \overrightarrow{AC}$, puisque C est le milieu de $[AJ]$.

D'où $\overrightarrow{IJ} = -\frac{2}{3}\overrightarrow{BC} + \overrightarrow{BC} + \overrightarrow{AC}$;

Il existe d'autres décompositions que celle proposée dans le corrigé qui aboutissent à la même décomposition finale.

$\overrightarrow{IJ} = \frac{1}{3}\overrightarrow{BC} + \overrightarrow{AC}$;

$\overrightarrow{IJ} = \frac{1}{3}(\overrightarrow{BA} + \overrightarrow{AC}) + \overrightarrow{AC}$;

$\overrightarrow{IJ} = \frac{1}{3}\overrightarrow{BA} + \frac{1}{3}\overrightarrow{AC} + \overrightarrow{AC}$;

$\boldsymbol{\overrightarrow{IJ} = -\frac{1}{3}\overrightarrow{AB} + \frac{4}{3}\overrightarrow{AC}}$.

11 → *Énoncé p. 171*

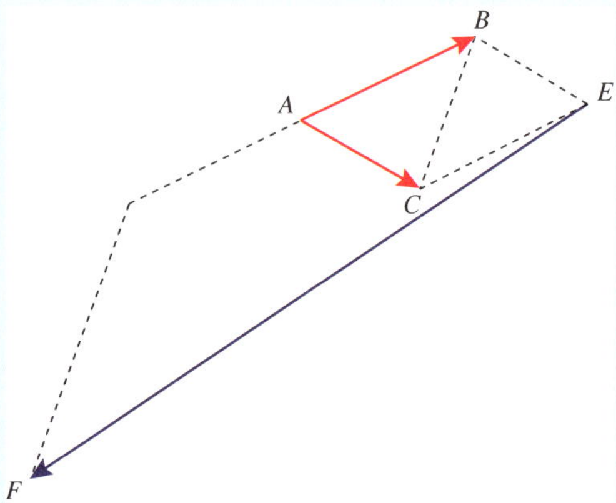

$\overrightarrow{EF} = \overrightarrow{EA} + \overrightarrow{AB} + \overrightarrow{BF}$ par la relation de Chasles.
On remplace $\overrightarrow{AE} = \overrightarrow{AB} + \overrightarrow{AC}$ et $\overrightarrow{BF} = 2\overrightarrow{BA} + 2\overrightarrow{BC}$:
$\overrightarrow{EF} = -\overrightarrow{AB} - \overrightarrow{AC} + \overrightarrow{AB} + 2\overrightarrow{BA} + 2\overrightarrow{BC}$;
$\overrightarrow{EF} = -2\overrightarrow{AB} - \overrightarrow{AC} + 2\overrightarrow{BC}$;
$\overrightarrow{EF} = -2\overrightarrow{AB} - \overrightarrow{AC} + 2\overrightarrow{BA} + 2\overrightarrow{AC}$;
$\boldsymbol{\overrightarrow{EF} = -4\overrightarrow{AB} + \overrightarrow{AC}}$.

12 → *Énoncé p. 171* *a)* $\overrightarrow{AB}(2 ; 3)$ et $\overrightarrow{AC}(4 ; -1)$.
On calcule $2 \times (-1) - 3 \times 4 = -2 - 12 = -14$, qui est non nul.
$\overrightarrow{AB}$ et $\overrightarrow{AC}$ ne sont donc pas colinéaires.

b) $\overrightarrow{AD}(0 ; -7)$

Soient x et y des nombres réels.

$$\overrightarrow{AD} = x\overrightarrow{AB} + y\overrightarrow{AC} \Leftrightarrow \begin{cases} 0 = 2x + 4y \\ -7 = 3x - y \end{cases}$$

$$\begin{cases} 0 = 2x + 4y \\ -7 = 3x - y \end{cases} \Leftrightarrow \begin{cases} 0 = 2x + 4(3x + 7) \\ y = 3x + 7 \end{cases} \Leftrightarrow \begin{cases} 0 = 14x + 28 \\ y = 3x + 7 \end{cases} \Leftrightarrow \begin{cases} x = -2 \\ y = 1 \end{cases}$$

$\boldsymbol{\overrightarrow{AD} = -2\overrightarrow{AB} + \overrightarrow{AC}}$.

13 → *Énoncé p. 171*

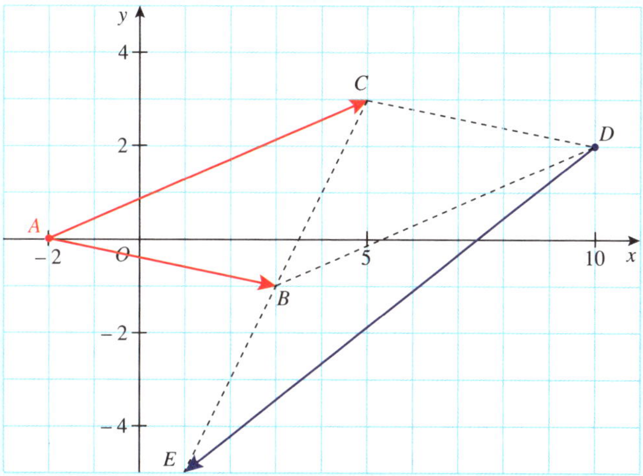

a) $\overrightarrow{AB}(5\ ;\ -1)$ et $\overrightarrow{AC}\ (7\ ;\ 3)$.
On calcule $5 \times 3 - (-1) \times 7 = 15 + 7 = 22$ qui est non nul.
Donc les vecteurs $\overrightarrow{AB}$ et $\overrightarrow{AC}$ ne sont pas colinéaires.

b) *ABDC* est un parallélogramme équivaut à $\overrightarrow{AC} = \overrightarrow{BD}$.
Soit $D(x\ ;\ y)$; $\overrightarrow{BD}(x - 3\ ;\ y + 1)$.

$$\overrightarrow{AC} = \overrightarrow{BD} \Leftrightarrow \begin{cases} 7 = x - 3 \\ 3 = y + 1 \end{cases} \Leftrightarrow \begin{cases} x = 10 \\ y = 2 \end{cases}$$, d'où $\boldsymbol{D(10\ ;\ 2)}$.

Soit $E(x\ ;\ y)$. E est le symétrique de C par rapport à B signifie $\overrightarrow{CB} = \overrightarrow{BE}$.
Or, $\overrightarrow{CB}(-2\ ;\ -4)$ et $\overrightarrow{BE}(x - 3\ ;\ y + 1)$, donc :

$$\overrightarrow{CB} = \overrightarrow{BE} \Leftrightarrow \begin{cases} -2 = x - 3 \\ -4 = y + 1 \end{cases} \Leftrightarrow \begin{cases} x = 1 \\ y = -5 \end{cases}$$, d'où $\boldsymbol{E(1\ ;\ -5)}$.

On contrôlera les coordonnées et la relation sur la figure.

c) $\overrightarrow{DE}(-9\,;-7)$. Soit x et y des nombres réels.

$$\overrightarrow{DE} = x\overrightarrow{AB} + y\overrightarrow{AC} \Leftrightarrow \begin{cases} -9 = 5x + 7y \\ -7 = -x + 3y \end{cases}$$

$$\Leftrightarrow \begin{cases} -9 = 5x + 7y \\ -7 = -x + 3y \end{cases} \Leftrightarrow \begin{cases} -9 = 5(3y + 7) + 7y \\ x = 3y + 7 \end{cases} \Leftrightarrow \begin{cases} -9 = 22y + 35 \\ x = 3y + 7 \end{cases} \Leftrightarrow \begin{cases} 22y = -44 \\ x = 3y + 7 \end{cases}$$

$$\Leftrightarrow \begin{cases} y = -2 \\ x = 1 \end{cases}$$

Donc $\overrightarrow{DE} = \overrightarrow{AB} - 2\overrightarrow{AC}$.

14 → *Énoncé p. 171* 1°

Variables
    A, B, C, D, E, K : nombres réels
Traitement
    Saisir A, B, C, D
    Affecter à E la valeur AD–BC
    Si (E = 0)
        alors
        Afficher «Vecteurs colinéaires»
        Si (A ≠ 0)
            alors
            Affecter à K la valeur C/A
            Afficher « K = », K
            Sinon
            Affecter à K la valeur D/B
            Afficher « K = », K
        Fin Si
        Sinon
        Afficher « Vecteurs non colinéaires »
    Fin Si

2°

Variables
    A, B, C, X, Y, Z : nombres réels
Traitement
    Saisir A, B, C, X, Y
    Affecter à Z la valeur AX + BY + C

Si (Z = 0)
 alors
 Afficher « M appartient à D »
 Sinon
 Afficher « M n'appartient pas à D »
Fin Si

15 → *Énoncé p. 171* 1° On utilise un point de d (par exemple le point de coordonnées (1 ; 0,5)) et un vecteur directeur $\vec{u}(2\ ;\ 4)$, ou bien $\overrightarrow{u'} = \frac{1}{2}\vec{u}(1\ ;\ 2)$.

2° d' étant parallèle à d, tout vecteur directeur de l'une est aussi un vecteur directeur de l'autre.
Choisissons $\vec{u}(1\ ;\ 2)$ pour établir une équation.
Soit un point $M(x\ ;\ y)$.
$M \in D' \Leftrightarrow \overrightarrow{u'}$ et $\overrightarrow{AM}$ sont des vecteurs colinéaires. Or $\overrightarrow{AM}(x + 1\ ;\ y - 3)$.
$M \in D' \Leftrightarrow 1 \times (y - 3) - 2 \times (x + 1) = 0 \Leftrightarrow y - 3 - 2x - 2 = 0 \Leftrightarrow -2x + y - 5 = 0$
$\Leftrightarrow 2x - y + 5 = 0$.
Une équation cartésienne de d' est $2x - y + 5 = 0$.

3° On vérifie en remplaçant les coordonnées des points dans l'une ou l'autre des équations de droites :
$2 \times 0 - 5 + 5 = 0$, donc $B \in d'$.
$4 \times 1{,}5 - 2 \times 1{,}5 - 3 = 6 - 3 - 3 = 0$, donc $C \in d$.
$4 \times (-1) - 2 \times (-3{,}5) - 3 = -4 + 7 - 3 = 0$, donc $D \in d$.
Puisque $d' = (AB)$ et $d = (CD)$ et $d\ //\ d'$, alors ***ABCD* est un trapèze de bases [*AB*] et [*CD*].**
$\overrightarrow{AB}(1\ ;\ 2)$, $\overrightarrow{DC}(2{,}5\ ;\ 5)$: $\overrightarrow{AB} \neq \overrightarrow{DC}$ donc ***ABCD* n'est pas un parallélogramme.**

4° $\overrightarrow{BC}(1{,}5\ ;\ -3{,}5)$. Soit $\vec{u} = 2\overrightarrow{BC}(3\ ;\ -7)$.
Choisissons $\vec{u}$ pour établir une équation cartésienne de la droite (BC).
Soit un point $M(x\ ;\ y)$.
$M \in (BC) \Leftrightarrow \vec{u}$ et $\overrightarrow{BM}$ sont colinéaires. Or $\overrightarrow{BM}(x\ ;\ y - 5)$.
$M \in (BC) \Leftrightarrow 3 \times (y - 5) - (-7) \times x = 0 \Leftrightarrow 3y - 15 + 7x = 0 \Leftrightarrow 7x + 3y - 15 = 0$.
Une équation de la droite (BC) est $7x + 3y - 15 = 0$.

5° A et D ont la même abscisse -1 ; donc une équation de la droite (AD) est $x = -1$.
Le point d'intersection des droites (AD) et (BC) a pour coordonnées $(x\,;\,y)$ telles que :

$$\begin{cases} x = -1 \\ 7x + 3y - 15 = 0 \end{cases} \Leftrightarrow \begin{cases} x = -1 \\ 7 \times (-1) + 3y - 15 = 0 \end{cases} \Leftrightarrow \begin{cases} x = -1 \\ 3y = 22 \end{cases} \Leftrightarrow \begin{cases} x = -1 \\ y = \dfrac{22}{3}, \end{cases}$$

soit $\boldsymbol{E\left(-1\,;\,\frac{22}{3}\right)}$.

6° $\overrightarrow{EA}\left(0\,;\,-\dfrac{13}{3}\right)$; $\overrightarrow{ED}\left(0\,;\,-\dfrac{65}{6}\right)$;

$$\overrightarrow{ED} = k\overrightarrow{EA} \Leftrightarrow -\frac{65}{6} = k \times \left(-\frac{13}{3}\right) \Leftrightarrow k = \frac{65}{6} \times \frac{3}{13} \Leftrightarrow k = \frac{5}{2}.$$

$\overrightarrow{EB}\left(1\,;\,-\dfrac{7}{3}\right)$; $\overrightarrow{EC}\left(\dfrac{5}{2}\,;\,-\dfrac{35}{6}\right)$.

$\dfrac{5}{2} = \dfrac{5}{2} \times 1$ et $-\dfrac{35}{6} = \dfrac{5}{2} \times \left(-\dfrac{7}{3}\right)$, donc $\overrightarrow{EC} = \dfrac{5}{2}\,\overrightarrow{EB}$.

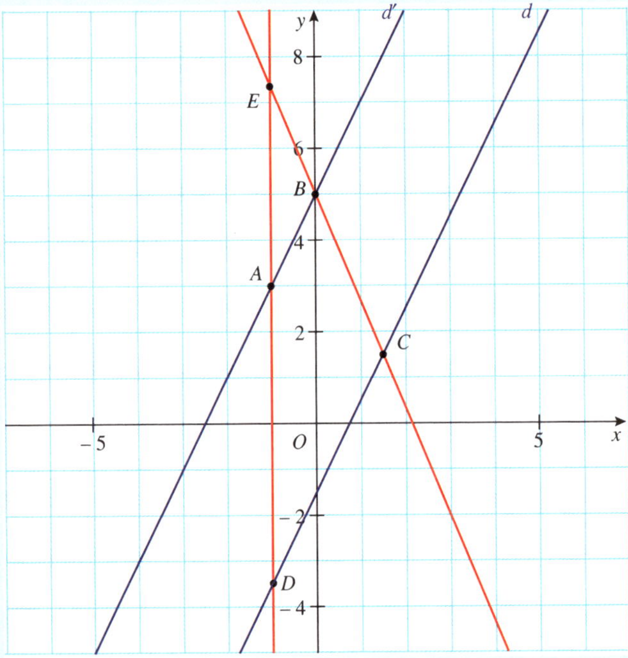

16 → *Énoncé p. 172* 1° $\overrightarrow{MN} = \overrightarrow{MA} + \overrightarrow{AC} + \overrightarrow{CN}$ par la relation de Chasles.

$\overrightarrow{MA} = \frac{1}{2}\overrightarrow{BA}$, car M est le milieu de $[AB]$ et $\overrightarrow{CN} = \frac{1}{3}\overrightarrow{CB}$ par hypothèse.

D'où $\overrightarrow{MN} = -\frac{1}{2}\overrightarrow{AB} + \overrightarrow{AC} + \frac{1}{3}\overrightarrow{CB}$;

$\overrightarrow{MN} = -\frac{1}{2}\overrightarrow{AB} + \overrightarrow{AC} + \frac{1}{3}(\overrightarrow{CA} + \overrightarrow{AB})$;

$\overrightarrow{MN} = -\frac{1}{2}\overrightarrow{AB} + \overrightarrow{AC} + \frac{1}{3}\overrightarrow{CA} + \frac{1}{3}\overrightarrow{AB}$;

$\boldsymbol{\overrightarrow{MN} = -\frac{1}{6}\overrightarrow{AB} + \frac{2}{3}\overrightarrow{AC}}$.

2° $\overrightarrow{MP} = \overrightarrow{MA} + \overrightarrow{AP}$ par la relation de Chasles.

$\overrightarrow{MA} = \frac{1}{2}\overrightarrow{BA}$ et $\overrightarrow{AP} = 2\overrightarrow{AC}$, car C est le milieu de $[AP]$.

$\boldsymbol{\overrightarrow{MP} = -\frac{1}{2}\overrightarrow{AB} + 2\overrightarrow{AC}}$.

3° On calcule :

$3\overrightarrow{MN} = 3\left(-\frac{1}{6}\overrightarrow{AB} + \frac{2}{3}\overrightarrow{AC}\right)$

$3\overrightarrow{MN} = -\frac{1}{2}\overrightarrow{AB} + 2\overrightarrow{AC}$

$3\overrightarrow{MN} = \overrightarrow{MP}$.

Les vecteurs $\overrightarrow{MN}$ et $\overrightarrow{MP}$ sont colinéaires, ce qui prouve l'alignement des points M, N et P.

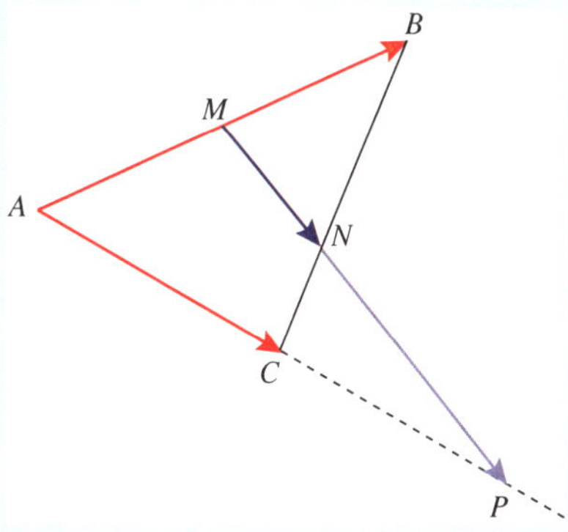

La colinéarité de deux vecteurs de même origine prouve l'alignement des points.

CHAPITRE

10 Trigonométrie

Le plan est orienté.
$(O\ ;\ I,\ J)$ est un repère orthonormé direct.
Soient les vecteurs $\vec{i} = \overrightarrow{OI}$ et $\vec{j} = \overrightarrow{OJ}$.

1 Cercle trigonométrique

Cercle trigonométrique : définition

On appelle **cercle trigonométrique**, le cercle dont le centre est l'origine O du repère, dont le rayon est égal à 1 et orienté dans le sens positif.

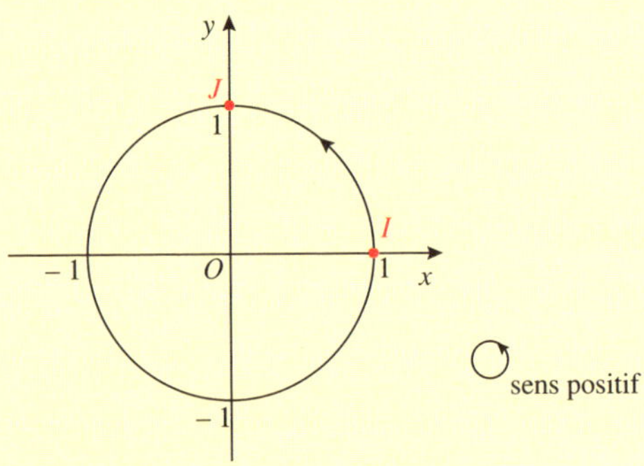

2 Repérage sur le cercle trigonométrique

A. Repérage d'un point sur le cercle trigonométrique

- À tout nombre réel a de l'intervalle $]-\pi\ ;\ \pi]$, est associé un unique point M du cercle trigonométrique.
- À tout point M du cercle trigonométrique est associé un unique nombre réel a de l'intervalle $]-\pi\ ;\ \pi]$.
- Soit M un point du cercle trigonométrique, auquel est associé le nombre réel a de l'intervalle $]-\pi\ ;\ \pi]$. Alors, tous les nombres réels permettant de repérer le point M, sont les nombres réels $a + k\,2\pi$, k désignant un entier relatif quelconque.

B. Repérage d'un point : propriété

Soit a et b des nombres réels. a et b repèrent le même point du cercle trigonométrique si et seulement si il existe un entier relatif k tel que :

$$b - a = k\,2\pi.$$

Remarque : Cette propriété s'applique de façon équivalente à la différence $a - b$.

3 Cosinus et sinus d'un nombre réel

A. Définition

Soit a un nombre réel, et M le point du cercle trigonométrique repéré par le nombre réel a.

- L'**abscisse** x_M du point M est le cosinus du nombre réel a et se note :

$$x_M = \cos a.$$

- L'**ordonnée** y_M du point M est le sinus du nombre réel a et se note :

$$y_M = \sin a.$$

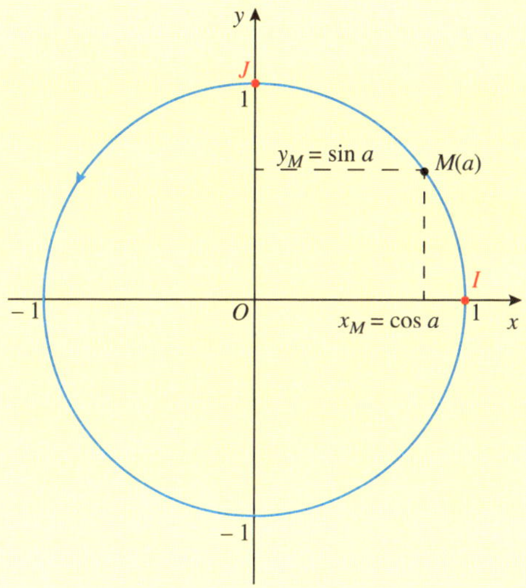

B. Valeurs remarquables

a	0	$\frac{\pi}{6}$	$\frac{\pi}{4}$	$\frac{\pi}{3}$	$\frac{\pi}{2}$
$\cos a$	1	$\frac{\sqrt{3}}{2}$	$\frac{\sqrt{2}}{2}$	$\frac{1}{2}$	0
$\sin a$	0	$\frac{1}{2}$	$\frac{\sqrt{2}}{2}$	$\frac{\sqrt{3}}{2}$	1

C. Propriétés

La plupart des propriétés qui suivent doivent être comprises et retenues en visualisant le cercle trigonométrique.

- Pour tout nombre réel a, $-1 \leqslant \cos a \leqslant 1$ et $-1 \leqslant \sin a \leqslant 1$.

- Pour tout nombre réel a :

$$(\cos a)^2 + (\sin a)^2 = 1.$$

- Pour tout nombre réel a et pour tout entier relatif k :

$$\cos(a + k\,2\pi) = \cos a$$
$$\sin(a + k\,2\pi) = \sin a.$$

- Des points M et M' respectivement repérés par a et $-a$ sont symétriques par rapport à l'axe des abscisses.
Il en résulte :

$$\cos(-a) = \cos a \quad \text{et} \quad \sin(-a) = -\sin a.$$

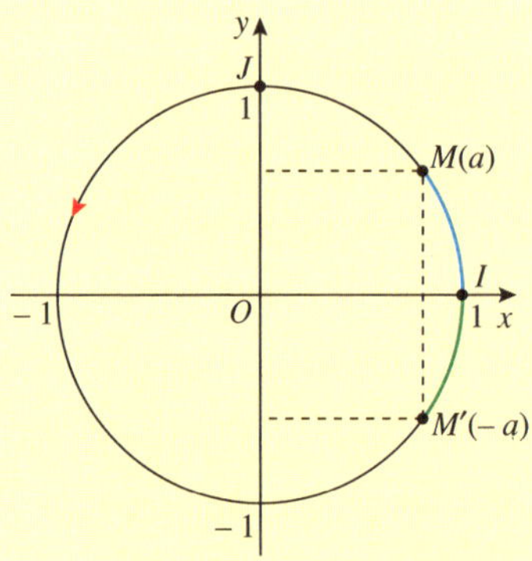

- Des points M et M' respectivement repérés par a et $\pi + a$ sont symétriques par rapport à l'origine.
Il en résulte :

$$\cos(\pi + a) = -\cos a$$
$$\sin(\pi + a) = -\sin a.$$

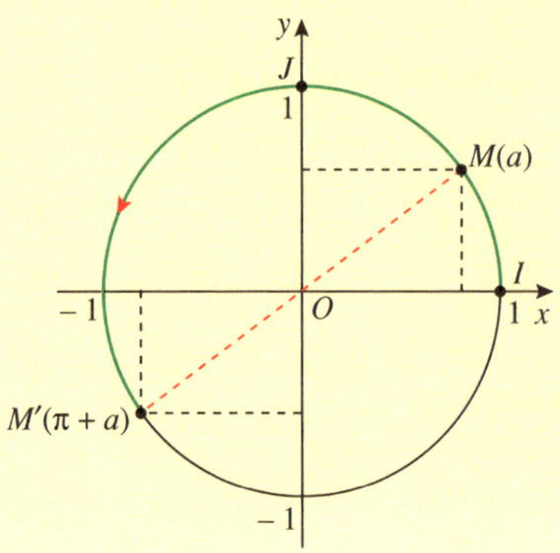

■ Des points M et M' respectivement repérés par a et $\pi - a$ sont symétriques par rapport à l'axe des ordonnées.
Il en résulte :

$$\cos(\pi - a) = -\cos a$$
$$\sin(\pi - a) = \sin a.$$

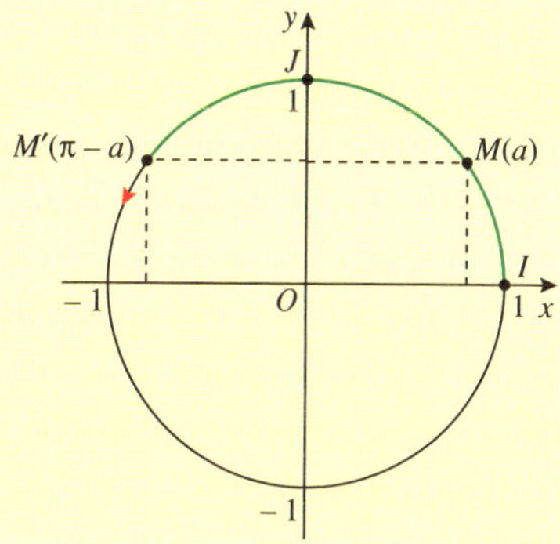

■ Des points M et M' respectivement repérés par a et $\frac{\pi}{2} - a$ sont symétriques par rapport à la droite d'équation $y = x$. Il en résulte :

$$\cos\left(\frac{\pi}{2} - a\right) = -\sin a$$
$$\sin\left(\frac{\pi}{2} - a\right) = \cos a.$$

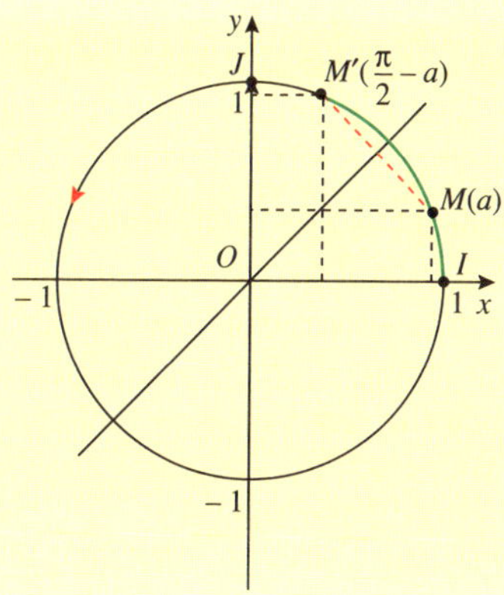

D. Résolution d'équations trigonométriques

Soit a un nombre réel.
Pour tout nombre réel x,

$$\cos x = \cos a \Leftrightarrow \begin{cases} x = a + k\,2\pi \\ \text{ou} \\ x = -a + k\,2\pi \end{cases} \quad k \in \mathbb{Z}$$

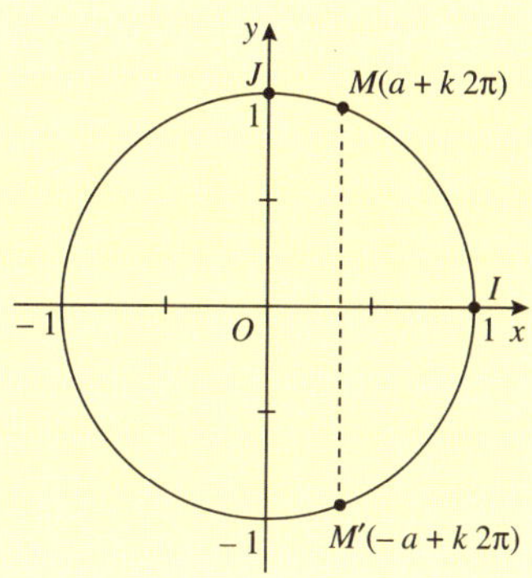

Pour tout nombre réel x,

$$\sin x = \sin a \Leftrightarrow \begin{cases} x = a + k\,2\pi \\ \text{ou} \\ x = \pi - a + k\,2\pi \end{cases} \quad k \in \mathbb{Z}$$

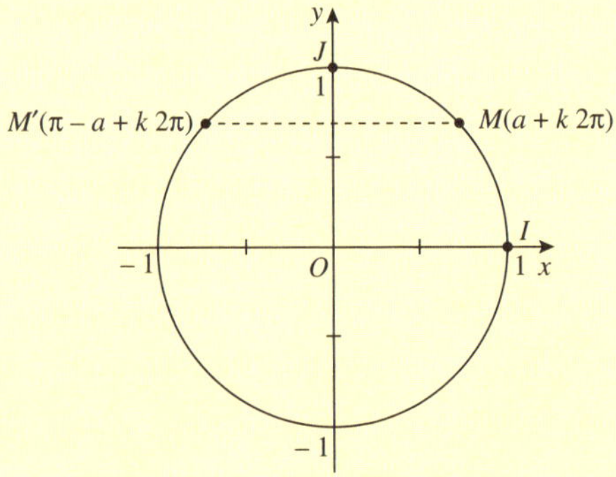

4 Angles orientés de vecteurs

A. Mesure d'un angle orienté de vecteurs unitaires : définition

Soit O, A et B des points tels que $OA = OB = 1$
On définit les vecteurs $\vec{u} = \overrightarrow{OA}$ et $\vec{v} = \overrightarrow{OB}$ (vecteurs unitaires).
Sur le cercle trigonométrique de centre O, on choisit le point A comme origine.
Le point B est alors repéré par un nombre réel α qui est une mesure de l'**angle orienté des vecteurs** $(\vec{u}\,;\vec{v})$.
Toutes les mesures de l'angle orienté $(\vec{u}\,;\vec{v})$ sont les nombres réels $\alpha + k\,2\pi$, où k est un entier relatif.
On écrira : $(\vec{u}\,;\vec{v}) = \alpha + k\,2\pi$, où $k \in \mathbb{Z}$
ou encore $(\vec{u}\,;\vec{v}) = \alpha\ [2\pi]$.
L'unique mesure appartenant à l'intervalle $]-\pi\,;\pi]$ est appelé la mesure principale.

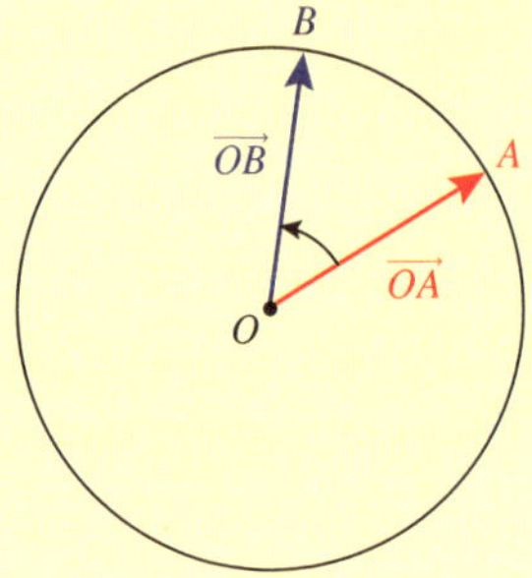

B. Mesure d'un angle orienté de vecteurs non nuls : définition

Soient $\vec{u}$ et $\vec{v}$ des vecteurs tels que $\vec{u} \neq \vec{0}$ et $\vec{v} \neq \vec{0}$.
Soient O un point du plan et A et B les points tels que :
– les vecteurs $\vec{u}$ et $\overrightarrow{OA}$ sont colinéaires et de même sens ; $OA = 1$;
– les vecteurs $\vec{v}$ et $\overrightarrow{OB}$ sont colinéaires et de même sens ; $OB = 1$.
Par définition, une mesure de l'**angle orienté des vecteurs $(\vec{u}\ ;\ \vec{v})$** est égale à une mesure de l'**angle orienté des vecteurs $(\overrightarrow{OA}\ ;\ \overrightarrow{OB})$**.

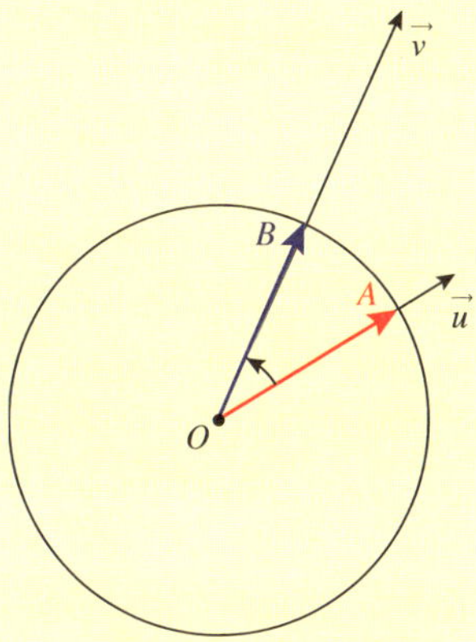

C. Le radian

L'unité de mesure des angles orientés, telle qu'elle est précédemment définie se nomme le radian.
Le radian est aussi utilisé pour la mesure des angles géométriques (dans un triangle).

Conversion de degré en radian : **180° = π radian.**

D. Angles orientés de vecteurs : propriétés

Soient $\vec{u}$ et $\vec{v}$ des vecteurs tels que $\vec{u} \neq \vec{0}$ et $\vec{v} \neq \vec{0}$.

■ $(\vec{u}\ ;\ \vec{v}) = 0\ [2\pi]$ signifie : les vecteurs $\vec{u}$ et $\vec{v}$ sont colinéaires et de même sens.
$(\vec{u}\ ;\ \vec{v}) = \pi\ [2\pi]$ signifie : les vecteurs $\vec{u}$ et $\vec{v}$ sont colinéaires et de sens contraires.

■ Soit k et k' des nombres réels non nuls.
Si k et k' ont le même signe, alors $(k\vec{u}\ ;\ k'\vec{v}) = (\vec{u}\ ;\ \vec{v})\ [2\pi]$.
Si k et k' sont de signes contraires, alors $(k\vec{u}\ ;\ k'\vec{v}) = (\vec{u}\ ;\ \vec{v}) + \pi\ [2\pi]$
(cas particulier : $(-\vec{u}\ ;\ \vec{v}) = (\vec{u}\ ;\ \vec{v}) + \pi\ [2\pi]$).

■ Relation de Chasles
Soient $\vec{u}$, $\vec{v}$, $\vec{w}$ des vecteurs tels que $\vec{u} \neq \vec{0}$, $\vec{v} \neq \vec{0}$, $\vec{w} \neq \vec{0}$.

$$(\vec{u}\ ;\ \vec{v}) + (\vec{v}\ ;\ \vec{w}) = (\vec{u}\ ;\ \vec{w})\ [2\pi].$$

1 Utiliser les angles associés

EXERCICE TYPE

1° Sur le cercle trigonométrique, construire le point A repéré par le nombre réel a tel que :

$$\cos a = \frac{1}{4} \text{ et } \sin a \leqslant 0.$$

2° Calculer la valeur exacte de $\sin a$.

3° Placer les points B, C, D et E respectivement repérés par $-a$, $\pi + a$, $\pi - a$; $\frac{\pi}{2} - a$, et donner la valeur exacte de :

$$\cos(-a),\ \sin(-a),\ \cos(\pi + a),\ \sin(\pi + a),\ \cos(\pi - a),\ \sin(\pi - a),$$
$$\cos\left(\frac{\pi}{2} - a\right),\ \sin\left(\frac{\pi}{2} - a\right).$$

CORRIGÉ COMMENTÉ

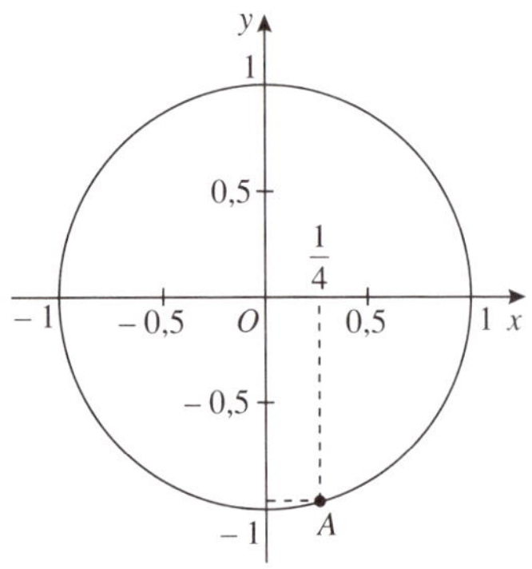

1° Le cosinus d'un nombre réel est l'abscisse d'un point ; on lira donc la valeur $\frac{1}{4}$ sur l'axe des abscisses.
Le sinus d'un nombre réel est l'ordonnée d'un point ; $\sin a \leqslant 0$, donc le point est placé en-dessous de l'axe des abscisses.
Ainsi le point A est le point du cercle trigonométrique d'abscisse $\frac{1}{4}$ et d'ordonnée négative.

2° Pour calculer la valeur exacte de $\sin a$, on utilise la relation $(\cos a)^2 + (\sin a)^2 = 1$.

$(\cos a)^2 + (\sin a)^2 = 1 \Leftrightarrow \left(\frac{1}{4}\right)^2 + (\sin a)^2 = 1$

$\left(\frac{1}{4}\right)^2 + (\sin a)^2 = 1 \Leftrightarrow (\sin a)^2 = 1 - \frac{1}{16}$

$(\sin a)^2 = 1 - \frac{1}{16} \Leftrightarrow (\sin a)^2 = \frac{15}{16}$.

Puisque $\sin a \leqslant 0$, $\sin a = -\sqrt{\frac{15}{16}}$, soit $\boldsymbol{\sin a = -\frac{\sqrt{15}}{4}}$.

3° Pour placer les points B, C, D et E, on utilise les symétries décrites dans le cours :

- B est repéré par $-a$, donc A et B sont symétriques par rapport à l'axe des abscisses.
- C est repéré par $\pi + a$, donc A et C sont symétriques par rapport à l'origine.
- D est repéré par $\pi - a$, donc A et D sont symétriques par rapport à l'axe des ordonnées.
- E est repéré par $\frac{\pi}{2} - a$, donc A et E sont symétriques par rapport à la droite d d'équation $y = x$.

On obtient donc la figure suivante :

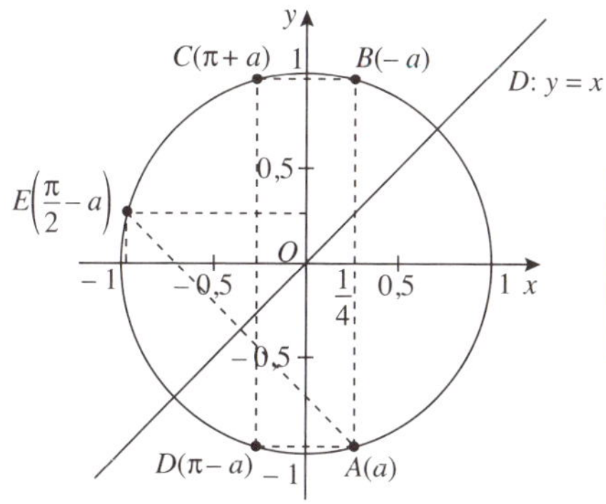

L'unité choisie doit être assez grande pour pouvoir construire les points avec précision.

En observant et comparant les abscisses et les ordonnées des points, on en déduit les valeurs :

$$\begin{cases} \cos(-a) = \cos a = \mathbf{\dfrac{1}{4}}\ ; \\ \sin(-a) = -\sin a = \mathbf{\dfrac{\sqrt{15}}{4}}\ ; \end{cases} \qquad \begin{cases} \cos(\pi + a) = -\cos a = \mathbf{-\dfrac{1}{4}}\ ; \\ \sin(\pi + a) = -\sin a = \mathbf{\dfrac{\sqrt{15}}{4}}\ ; \end{cases}$$

$$\begin{cases} \cos(\pi - a) = -\cos a = \mathbf{-\dfrac{1}{4}}\ ; \\ \sin(\pi - a) = \sin a = \mathbf{-\dfrac{\sqrt{15}}{4}}\ ; \end{cases} \qquad \begin{cases} \cos\left(\dfrac{\pi}{2} - a\right) = \sin a = \mathbf{-\dfrac{\sqrt{15}}{4}} \\ \sin\left(\dfrac{\pi}{2} - a\right) = \cos a = \mathbf{\dfrac{1}{4}}. \end{cases}$$

À RETENIR

- Connaissant le cosinus et le sinus d'un nombre réel a, on doit parfaitement connaître les symétries permettant de passer du point A repéré par a, aux points repérés par $-a$, $\pi + a$, $\pi - a$; $\dfrac{\pi}{2} - a$, pour ensuite déterminer le cosinus et le sinus des nombres réels $-a$, $\pi + a$, $\pi - a$; $\dfrac{\pi}{2} - a$.
- Les formules que l'on doit connaître résultent de ces symétries :

$\cos(-a) = \cos a$; $\sin(-a) = \sin a$;

$\cos(\pi + a) = -\cos a$; $\sin(\pi + a) = -\sin a$;

$\cos(\pi - a) = -\cos a$; $\sin(\pi - a) = \sin a$;

$\cos\left(\dfrac{\pi}{2} - a\right) = \sin a$; $\sin\left(\dfrac{\pi}{2} - a\right) = \cos a$.

2 Effectuer une conversion entre degré et radian

EXERCICE TYPE

1° Convertir en radian : 120° ; 45° ; 18° ; 10 °.

2° Convertir en degré : $\frac{\pi}{3}$ rad ; $\frac{\pi}{8}$ rad ; $\frac{\pi}{15}$ rad.

CORRIGÉ COMMENTÉ

1° On peut utiliser, au choix, l'expression de **1°** en radian ($1° = \frac{\pi}{180}$ rad) ou des relations de proportionnalité avec 180°.

- **Méthode de l'expression du degré en radian**

$120° = 120 \times \frac{\pi}{180}$; après simplification : $120° = \frac{2\pi}{3}$ rad.

$45° = 45 \times \frac{\pi}{180}$; après simplification : $45° = \frac{\pi}{4}$ rad.

$18° = 18 \times \frac{\pi}{180}$; après simplification : $18° = \frac{\pi}{10}$ rad.

$10° = 10 \times \frac{\pi}{180}$; après simplification : $10° = \frac{\pi}{18}$ rad.

> 2π est la circonférence d'un cercle de rayon 1. Il est possible de retrouver les mesures en radians par découpage du cercle.

- **Méthode de la proportionnalité avec 180°**

× 2/3

180	120
π	$\frac{2\pi}{3}$

car $\frac{120}{180} = \frac{2}{3}$

× 1/4

180	45
π	$\frac{\pi}{4}$

car $\frac{45}{180} = \frac{1}{4}$

× 1/10

180	18
π	$\frac{\pi}{10}$

car $\frac{18}{180} = \frac{1}{10}$

× 1/18

180	10
π	$\frac{\pi}{18}$

car $\frac{10}{180} = \frac{1}{18}$

Il n'y a aucune différence essentielle entre les deux méthodes, la seconde permettant seulement de calculer mentalement le résultat dans des cas simples.

2° On adopte des méthodes analogues pour la conversion de radian en degré.

- **Méthode de l'expression du degré en radian**

On utilise : $1 \text{ rad} = \frac{180}{\pi}$ deg ;

$\frac{\pi}{3} \text{ rad} = \frac{\pi}{3} \times \frac{180}{\pi} = 60°$;

$\frac{\pi}{8} \text{ rad} = \frac{\pi}{8} \times \frac{180}{\pi} = 22{,}5°$;

$\frac{\pi}{15} \text{ rad} = \frac{\pi}{15} \times \frac{180}{\pi} = 12°$;

• Méthode de la proportionnalité avec π radian

× 1/3

π	$\frac{\pi}{3}$
180	60

× 1/8

π	$\frac{\pi}{8}$
180	22,5

× 1/15

π	$\frac{\pi}{15}$
180	12

À RETENIR

• Les **méthodes de conversion entre le radian et le degré** reposent sur la proportionnalité entre les mesures en radian et en degré. Il est bon de retenir par exemple la mesure de l'angle plat : **180° = π rad.**

On peut utiliser cette proportionnalité, soit en exprimant $1° = \frac{\pi}{180}$ rad (ou $1 \text{ rad} = \frac{180}{\pi}$ deg), soit à l'aide d'un tableau de proportionnalité(que l'on pourra s'entraîner à construire mentalement).

• Il peut être utile de mémoriser les angles couramment employés :

$$\mathbf{90° = \frac{\pi}{2}\ rad,\ 45° = \frac{\pi}{4}\ rad,\ 60° = \frac{\pi}{3}\ rad,\ 30° = \frac{\pi}{6}\ rad.}$$

3 Déterminer la mesure principale d'un angle orienté

EXERCICE TYPE

Déterminer la mesure principale des angles suivants :

$$\alpha = \frac{17\pi}{6}\ ;\ \beta = -\frac{22\pi}{3}\ ;\ \gamma = \frac{135\pi}{11}\ ;\ \delta = \frac{122\pi}{7}$$

CORRIGÉ COMMENTÉ

On rappelle que la mesure principale d'un angle est l'unique mesure appartenant à l'intervalle $]-\pi\ ;\ \pi]$.

On constate que toutes les mesures données ici sont le produit d'une fraction φ par le réel π.

> On obtient la mesure principale en soustrayant à la mesure donnée le multiple de 2π qui lui est le plus proche.

$-\pi < \varphi\pi \leqslant \pi \Leftrightarrow -1 < \varphi \leqslant 1$: à cette condition, le nombre $\varphi\pi$ représente la mesure principale.

De plus, si k est un entier relatif $\varphi\pi$ et $\varphi\pi + k\,2\pi$ sont des mesures du même angle.

$\varphi\pi + k\,2\pi = (\varphi + 2k)\,\pi$.

On cherche donc un entier relatif k tel que $-1 < \varphi + 2k \leqslant 1$.

• Pour $\alpha = \frac{17\pi}{6}$, le calcul peut s'effectuer simplement ainsi :
$\frac{17}{6} > 1$; on retranche 2 : $\frac{17}{6} - 2 = \frac{17}{6} - \frac{12}{6} = \frac{5}{6}$; or $-1 < \frac{5}{6} \leqslant 1$,
donc $\alpha' = \frac{5\pi}{6}$ **est la mesure principale d'un angle de mesure** $\alpha = \frac{17\pi}{6}$.

• Pour $\beta = -\frac{22\pi}{3}$, le calcul peut s'effectuer simplement ainsi :
$-\frac{22}{3} < -1$; on ajoute 2 : $-\frac{22}{3} + 2 = -\frac{22}{3} + \frac{6}{3} = -\frac{16}{3}$; or $-\frac{16}{3} < -1$.
On ajoute 2 de nouveau : $-\frac{16}{3} + 2 = -\frac{16}{3} + \frac{6}{3} = -\frac{10}{3}$; or $-\frac{10}{3} < -1$.
On ajoute 2 de nouveau : $-\frac{10}{3} + 2 = -\frac{10}{3} + \frac{6}{3} = -\frac{4}{3}$; or $-\frac{4}{3} < -1$.
On ajoute 2 de nouveau : $-\frac{4}{3} + 2 = -\frac{4}{3} + \frac{6}{3} = \frac{2}{3}$; or $-1 < \frac{2}{3} \leqslant 1$
Donc $\beta' = \frac{2\pi}{3}$ **est la mesure principale d'un angle de mesure** $\beta = -\frac{2\pi}{3}$.

• Quand les nombres sont plus grands, on peut, au lieu d'itérer des additions de + 2 ou – 2, avoir recours à la division euclidienne.
Si $\varphi = \frac{a}{b}$, où a et b sont des entiers positifs, on effectue la division euclidienne de a par $2b$:
$a = q \times 2b + r$, où q et r sont des entiers positifs tels que $0 \leqslant r < 2b$.
Alors $\varphi = \frac{q \times 2b + r}{b} = 2q + \frac{r}{b}$ et $0 \leqslant \frac{r}{b} < 2b$. Deux cas se présentent alors :
– soit $0 \leqslant \frac{r}{b} \leqslant 1$, alors la mesure principale est $\frac{r}{b}\pi$;
– soit $1 < \frac{r}{b} < 2$, alors $-1 < \frac{r}{b} - 2 < 0$ et la mesure principale est $\left(\frac{r}{b} - 2\right)\pi$.

Remarque :
Si le nombre est négatif, on applique cette méthode à sa valeur absolue et on change le signe à la fin.

• Pour $\gamma = \frac{135\pi}{11}$, on a $a = 135$ et $b = 11$. Effectuons la division euclidienne de $a = 135$ par $2b = 22$: $135 = 6 \times 22 + 3$.
Or $0 \leqslant \frac{3}{11} < 1$, **donc la mesure principale de** $\gamma = \frac{135\pi}{11}$ **est** $\gamma' = \frac{3\pi}{11}$.

• Pour $\delta = \frac{122\pi}{7}$, on a $a = 122$ et $b = 7$. Effectuons la division euclidienne de $a = 122$ par $2b = 14$: $122 = 8 \times 14 + 10$.
Or $1 < \frac{10}{7} < 2$. On effectue $\frac{10}{7} - 2 = -\frac{4}{7}$. **Donc la mesure principale d'un angle de mesure** $\delta = \frac{122\pi}{7}$ **est** $\delta' = -\frac{4\pi}{7}$.

À RETENIR

• **Pour obtenir la mesure principale d'un angle orienté**, dont une mesure est donnée sous la forme $\varphi\,\pi$ (φ étant une fraction), on peut, en ajoutant au nombre φ successivement $+ 2$ (ou bien $- 2$) parvenir à un nombre réel de la forme $\varphi + 2k$ (où k est un entier relatif) tel que $-1 < \varphi + 2k \leqslant 1$. La mesure principale est alors $(\varphi + 2k)\pi$.

• On peut aussi, lorsque $\varphi = \frac{a}{b}$ (a et b entiers positifs), effectuer la division euclidienne de a par $2b$, donnant pour reste l'entier r :

– si $0 \leqslant \frac{r}{b} \leqslant 1$; alors la mesure principale est $\frac{r}{b}\pi$;

– si $1 < \frac{r}{b} < 2$; alors la mesure principale est $\left(\frac{r}{b} - 2\right)\pi$.

4 Résoudre des équations du type cos *x* = cos *a* ou sin *x* = sin *a*

EXERCICE TYPE

1° Résoudre dans $\mathbb{R}$ l'équation $\cos x = \frac{1}{2}$, puis déterminer les solutions appartenant à l'intervalle $[0 ; 2\pi[$.

2° Résoudre dans $\mathbb{R}$ l'équation $\sin x = -\frac{\sqrt{2}}{2}$, puis déterminer les solutions appartenant à l'intervalle $[0 ; 2\pi[$.

CORRIGÉ COMMENTÉ

> On pourra s'aider d'une figure pour retrouver les formules à utiliser.

1° On connaît un nombre réel a dont le cosinus est $\frac{1}{2}$ (*voir* : valeurs remarquables). Il s'agit de $a = \frac{\pi}{3}$.

Commençons par construire les deux points M et M' du cercle trigonométrique d'abscisse $\frac{1}{2}$.

M est le point repéré par les nombres réels de la forme $\frac{\pi}{3} + k\,2\pi$ (k entier relatif).

M' est le point repéré par les nombres réels de la forme $-\frac{\pi}{3} + k\,2\pi$ (k entier relatif).

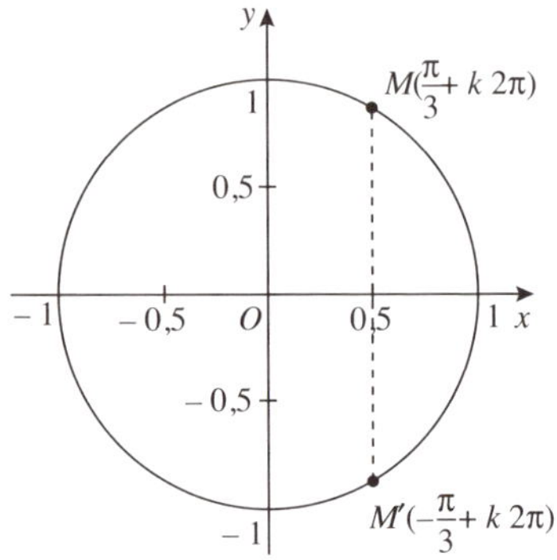

Ainsi, pour tout nombre réel x :

$$\cos x = \frac{1}{2} \Leftrightarrow \cos x = \cos\frac{\pi}{3} \Leftrightarrow \begin{cases} x = \frac{\pi}{3} + k\,2\pi \\ \text{ou} \\ x = -\frac{\pi}{3} + k\,2\pi \end{cases} (k \text{ entier relatif}).$$

Dans $\mathbb{R}$, l'ensemble des solutions est $S = \left\{\frac{\pi}{3} + k\,2\pi\ ;\ -\frac{\pi}{3} + k\,2\pi,\ k \in \mathbb{Z}\right\}$.

Dans l'intervalle $[0\ ;\ 2\pi[$, une seule valeur de l'entier k donnera pour chaque type de solution un nombre dans l'intervalle $[0\ ;\ 2\pi[$.

Pour les solutions du type $\frac{\pi}{3} + k\,2\pi$, c'est $k = 0$, d'où $\frac{\pi}{3}$.

Pour les solutions du type $-\frac{\pi}{3} + k\,2\pi$, c'est $k = 1$, d'où $\frac{5\pi}{3}$.

Dans l'intervalle $[0\ ;\ 2\pi[$, l'ensemble des solutions est $S = \left\{\frac{\pi}{3}\ ;\ \frac{5\pi}{3}\right\}$.

2° On connaît un nombre réel b dont le sinus est $\frac{\sqrt{2}}{2}$ (*voir :* valeurs remarquables) ; il s'agit de $b = \frac{\pi}{4}$.

Sachant que $\sin(-b) = -\sin b$, on en déduit que $\sin\left(-\frac{\pi}{4}\right) = -\frac{\sqrt{2}}{2}$.

Commençons par construire les deux points M et M' du cercle trigonométrique d'ordonnée $\frac{\sqrt{2}}{2}$.

M est le point repéré par les nombres réels de la forme $-\frac{\pi}{4} + k\,2\pi$ (k entier relatif).

M' est le point repéré par les nombres réels de la forme $-\frac{3\pi}{4} + k\,2\pi$ (k entier relatif).

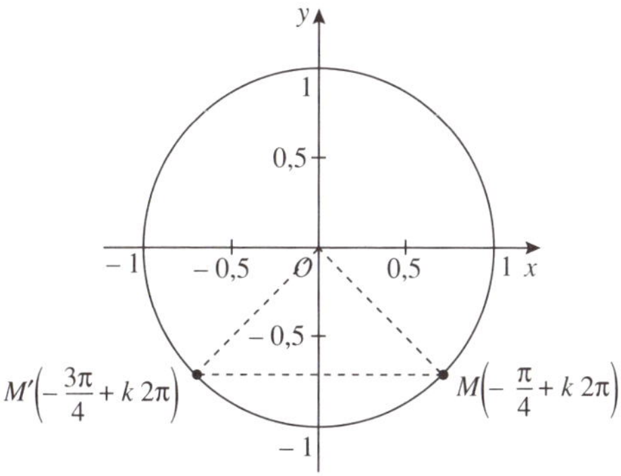

Ainsi, pour tout nombre réel x :

$$\sin x = -\frac{\sqrt{2}}{2} \Leftrightarrow \sin x = \sin\left(-\frac{\pi}{4}\right) \Leftrightarrow \begin{cases} x = -\dfrac{\pi}{4} + k\,2\pi \\ \text{ou} \\ x = -\dfrac{3\pi}{4} + k\,2\pi \end{cases} (k \text{ entier relatif}).$$

Dans $\mathbb{R}$, l'ensemble des solutions est $S = \left\{-\dfrac{\pi}{4} + k\,2\pi\ ;\ -\dfrac{3\pi}{4} + k\,2\pi,\ k \in \mathbb{Z}\right\}$.

Dans l'intervalle $[0\ ;\ 2\pi[$, une seule valeur de l'entier k donnera pour chaque type de solution un nombre dans l'intervalle $[0\ ;\ 2\pi[$.

Pour les solutions du type $-\dfrac{\pi}{4} + k\,2\pi$, c'est $k = 1$, d'où $\dfrac{7\pi}{4}$.

Pour les solutions du type $-\dfrac{3\pi}{4} + k\,2\pi$, c'est $k = 1$, d'où $\dfrac{5\pi}{4}$.

Dans l'intervalle $[0\ ;\ 2\pi[$, l'ensemble des solutions est $S = \left\{\dfrac{5\pi}{4}\ ;\ \dfrac{7\pi}{4}\right\}$.

À RETENIR

- **Pour résoudre une équation du type $\cos x = \cos a$**, on applique la propriété :
Pour tout nombre réel x, $\cos x = \cos a \Leftrightarrow x = a + k\,2\pi$ ou $x = -a + k\,2\pi$, $k \in \mathbb{Z}$.
Ces valeurs repèrent deux points du cercle trigonométrique, symétriques par rapport à l'axe des abscisses (sauf si $a = 0$ ou $a = \pi$, où les deux points sont confondus).
- **Pour résoudre une équation du type $\sin x = \sin a$**, on applique la propriété :
Pour tout nombre réel x, $\sin x = \sin a \Leftrightarrow x = a + k\,2\pi$ ou $x = \pi - a + k\,2\pi$, $k \in \mathbb{Z}$.
Ces valeurs repèrent deux points du cercle trigonométrique, symétriques par rapport à l'axe des ordonnées (sauf si $a = \dfrac{\pi}{2}$ ou $a = -\dfrac{\pi}{2}$, où les deux points sont confondus).
- Lorsqu'on cherche les solutions dans un intervalle déterminé, il suffit de trouver les valeurs de l'entier relatif k, donnant la condition d'appartenance des solutions à l'intervalle.

Exercices d'entraînement

1 ★ 10 min

1° Placer sur le cercle trigonométrique les points respectivement repérés par les nombres réels :

$$0\ ;\ \frac{\pi}{6}\ ;\ \frac{\pi}{4}\ ;\ \frac{\pi}{3}\ ;\ \frac{\pi}{2}\ ;\ \frac{2\pi}{3}\ ;\ \frac{3\pi}{4}\ ;\ \frac{5\pi}{6}\ ;\ \pi \text{ et } -\frac{\pi}{6}\ ;\ -\frac{\pi}{4}\ ;\ -\frac{\pi}{3}\ ;\ -\frac{\pi}{2}\ ;\ -\frac{2\pi}{3}\ ;\ -\frac{3\pi}{4}\ ;\ -\frac{5\pi}{6}.$$

2° Par des considérations géométriques, déterminer le cosinus et le sinus de ces nombres à partir des valeurs remarquables connues pour $0\ ;\ \frac{\pi}{6}\ ;\ \frac{\pi}{4}\ ;\ \frac{\pi}{3}\ ;\ \frac{\pi}{2}$.

→ Corrigé p. 205

2 ★ 15 min

1° Construire sur le cercle trigonométrique le point A repéré par le nombre a tel que $\cos a = -\frac{1}{3}$ et $\sin a \geqslant 0$.

2° Calculer la valeur exacte de $\sin a$.

3° Placer sur le cercle trigonométrique les points B, C, D et E respectivement repérés par les nombres $-a\ ;\ \pi + a\ ;\ \pi - a\ ;\ \frac{\pi}{2} - a$, et donner la valeur exacte du cosinus et du sinus de chacun de ces nombres.

→ Corrigé p. 206

3 ★ 15 min

1° Construire sur le cercle trigonométrique le point A repéré par le nombre a tel que $\sin a = \frac{4}{5}$ et $\cos a \leqslant 0$.

2° Calculer la valeur exacte de $\cos a$.

3° Placer sur le cercle trigonométrique les points B, C, D et E respectivement repérés par les nombres $-a\ ;\ \pi + a\ ;\ \pi - a\ ;\ \frac{\pi}{2} - a$, et donner la valeur exacte du cosinus et du sinus de chacun de ces nombres.

→ Corrigé p. 206

4 ★ 10 min

On donne un triangle ABC et on désigne par a, b, c les mesures en degré respectives des angles géométriques $\widehat{BAC}$, $\widehat{ABC}$, $\widehat{ACB}$.
Calculer les mesures en radian de ces angles :

a) $a = 50°\ ;\ b = 40°$;
b) $a = b = 45°$;
c) $b = 30°\ ;\ c = 60°$;
d) $a = b$ et $c = 120°$;
e) $a = 20°$ et $b = 15°$.

→ Corrigé p. 207

5 ★ **5 min**

Convertir en degré les valeurs données en radian :

$$a = \frac{\pi}{5}\ ;\ b = \frac{\pi}{9}\ ;\ c = \frac{7\pi}{18}\ ;\ d = \frac{3\pi}{4}\ ;\ e = \frac{2\pi}{15}.$$

➔ *Corrigé p. 207*

6 ★ **15 min**

Placer sur le cercle trigonométrique le point P repéré par le nombre réel a et donner la mesure principale de l'angle $(\vec{i}\ ;\ \overrightarrow{OP})$.

a) $a = \frac{19\pi}{6}$; *b)* $a = -\frac{13\pi}{4}$; *c)* $a = -\frac{14\pi}{3}$;

d) $a = \frac{25\pi}{2}$; *e)* $a = \frac{275\pi}{12}$; *f)* $a = -\frac{361\pi}{8}$.

➔ *Corrigé p. 207*

7 ★ **20 min**

Résoudre dans $\mathbb{R}$ les équations suivantes et placer sur le cercle trigonométrique les points repérés par ces solutions.

a) $\cos x = -\frac{1}{2}$; *b)* $\sin x = -\frac{\sqrt{3}}{2}$; *c)* $\cos x = -\frac{\sqrt{2}}{2}$; *d)* $\sin x = \frac{1}{2}$.

➔ *Corrigé p. 208*

8 ★★ **20 min**

Résoudre les équations suivantes dans l'intervalle I et placer sur le cercle trigonométrique les points repérés par ces solutions.

a) $\cos x = \frac{\sqrt{3}}{2}$, $I = [0\ ;\ 2\pi[$; *b)* $\sin x = -\frac{1}{2}$, $I =]-2\pi\ ;\ 0]$;

c) $\cos x = \cos\frac{\pi}{5}$, $I =]-\pi\ ;\ \pi]$; *d)* $\sin x = \sin\frac{\pi}{7}$, $I = [0\ ;\ 2\pi[$.

➔ *Corrigé p. 210*

9 ★★ **20 min**

Résoudre dans $\mathbb{R}$ les équations suivantes.

a) $\cos x = -\cos\frac{\pi}{8}$; *b)* $\sin x = -\sin\frac{\pi}{12}$; *c)* $\cos x = \sin\frac{\pi}{5}$;

d) $\sin x = \cos\frac{\pi}{9}$; *e)* $\cos x = \sin x$.

➔ *Corrigé p. 213*

10 ★★ 15 min

1° Construire un triangle ABC tel que : $(\overrightarrow{AB}\,;\overrightarrow{AC}) = \frac{\pi}{4}\ [2\pi]$ et $(\overrightarrow{BC}\,;\overrightarrow{BA}) = \frac{\pi}{3}\ [2\pi]$.

2° Calculer $(\overrightarrow{AB}\,;\overrightarrow{AC}) + (\overrightarrow{BC}\,;\overrightarrow{BA}) + (\overrightarrow{CA}\,;\overrightarrow{CB})$; en déduire une mesure de $(\overrightarrow{CA}\,;\overrightarrow{CB})$.

3° Donner une mesure des angles orientés $(\overrightarrow{BC}\,;\overrightarrow{CA})$; $(\overrightarrow{BC}\,;\overrightarrow{AC})$ et $(2\overrightarrow{CB}\,; -3\overrightarrow{CA})$.

→ *Corrigé p. 214*

11 ★★ 15 min

1° Soit un quadrilatère $ABCD$. Calculer :

$$(\overrightarrow{AB}\,;\overrightarrow{AD}) + (\overrightarrow{BC}\,;\overrightarrow{BA}) + (\overrightarrow{CD}\,;\overrightarrow{CB}) + (\overrightarrow{DA}\,;\overrightarrow{DC})$$

2° Construire un losange $ABCD$ tel que $(\overrightarrow{AB}\,;\overrightarrow{AD}) = \frac{\pi}{4}\ [2\pi]$.

3° Donner une mesure des angles orientés $(\overrightarrow{BC}\,;\overrightarrow{BA})$ et $(2\overrightarrow{CB}\,; 5\overrightarrow{BA})$.

→ *Corrigé p. 215*

Exercices-bilans

12 ★★ 20 min

1° Déterminer la mesure principale d'angles de mesures :

$$a = \frac{13\pi}{6}\ ;\ b = \frac{23\pi}{6}\ ;\ c = -\frac{7\pi}{6}\ ;\ d = -\frac{41\pi}{6}.$$

2° Placer les points correspondants A, B, C et D sur le cercle trigonométrique.

3° Résoudre les équations suivantes dans $\mathbb{R}$ et placer les points repérés par les solutions sur le cercle trigonométrique :

a) $\cos x = \frac{\sqrt{3}}{2}$; *b)* $\sin x = -\frac{1}{2}$; *c)* $\sin x = \frac{1}{2}$.

→ *Corrigé p. 216*

13 ★★ 15 min

1° Construire sur le cercle trigonométrique le point A repéré par le nombre réel a tel que $\cos a = \frac{2}{5}$ et $\sin a \geqslant 0$.

2° Calculer la valeur exacte de $\sin a$.

3° Placer sur le cercle trigonométrique les points B, C et D respectivement représentés par les nombres réels $b = a + \frac{\pi}{2}$, $c = b + \frac{\pi}{2}$, $d = c + \frac{\pi}{2}$.

4° En utilisant les propriétés des angles associés, déterminer la valeur exacte du cosinus et du sinus des nombres b, c et d.

→ *Corrigé p. 218*

1 → Énoncé p. 202 1°

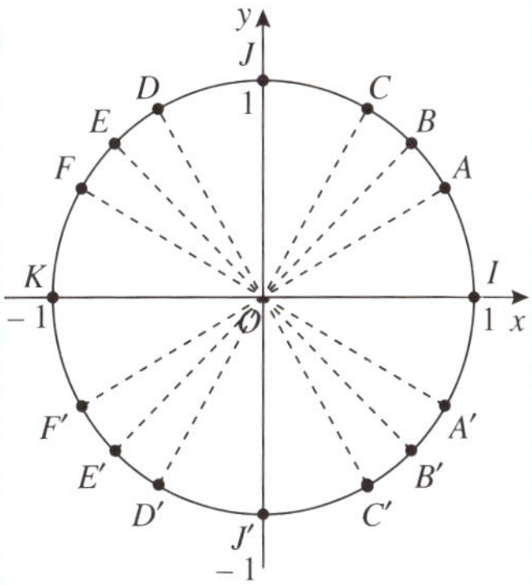

I est le point repéré par 0

A, B, C, J, D, E, F, K sont respectivement repérés par $\frac{\pi}{6}$; $\frac{\pi}{4}$; $\frac{\pi}{3}$; $\frac{\pi}{2}$; $\frac{2\pi}{3}$; $\frac{3\pi}{4}$; $\frac{5\pi}{6}$; π.

$A', B', C', J', D', E', F'$ sont respectivement repérés par $-\frac{\pi}{6}$; $-\frac{\pi}{4}$; $-\frac{\pi}{3}$; $-\frac{\pi}{2}$; $-\frac{2\pi}{3}$; $-\frac{3\pi}{4}$; $-\frac{5\pi}{6}$.

2° On connaît les valeurs remarquables.

Par symétrie par rapport à l'axe des ordonnées, on déduit que :

$\cos\frac{2\pi}{3} = -\cos\frac{\pi}{3} = \mathbf{-\frac{1}{2}}$; $\sin\frac{2\pi}{3} = \sin\frac{\pi}{3} = \mathbf{\frac{\sqrt{3}}{2}}$ (points E et C) ;

$\cos\frac{3\pi}{4} = -\cos\frac{\pi}{4} = \mathbf{-\frac{\sqrt{2}}{2}}$; $\sin\frac{3\pi}{4} = \sin\frac{\pi}{4} = \mathbf{\frac{\sqrt{2}}{2}}$ (points D et B) ;

$\cos\frac{5\pi}{6} = -\cos\frac{\pi}{6} = \mathbf{-\frac{\sqrt{3}}{2}}$; $\sin\frac{5\pi}{6} = \sin\frac{\pi}{6} = \mathbf{\frac{1}{2}}$ (points F et A).

Par symétrie par rapport à l'axe des abscisses, on déduit que :

$\cos\left(-\frac{\pi}{6}\right) = \cos\frac{\pi}{6} = \mathbf{\frac{\sqrt{3}}{2}}$; $\sin\left(-\frac{\pi}{6}\right) = -\sin\frac{\pi}{6} = \mathbf{-\frac{\sqrt{3}}{2}}$ (points A et A') ;

$\cos\left(-\frac{\pi}{4}\right) = \cos\frac{\pi}{4} = \mathbf{\frac{\sqrt{2}}{2}}$; $\sin\left(-\frac{\pi}{4}\right) = -\sin\frac{\pi}{4} = \mathbf{-\frac{\sqrt{2}}{2}}$ (points B et B') ;

$\cos\left(-\frac{\pi}{3}\right) = \cos\frac{\pi}{3} = \mathbf{\frac{1}{2}}$; $\sin\left(-\frac{\pi}{3}\right) = -\sin\frac{\pi}{3} = \mathbf{-\frac{\sqrt{3}}{2}}$ (points C et C') ;

$\cos\left(-\frac{\pi}{2}\right) = \cos\frac{\pi}{2} = \mathbf{0}$; $\sin\left(-\frac{\pi}{2}\right) = -\sin\frac{\pi}{2} = \mathbf{-1}$ (points J et J') ;

$\cos\left(-\frac{2\pi}{3}\right) = \cos\frac{2\pi}{3} = \mathbf{-\frac{1}{2}}$; $\sin\left(-\frac{2\pi}{3}\right) = -\sin\frac{2\pi}{3} = \mathbf{-\frac{\sqrt{3}}{2}}$ (points D et D') ;

$\cos\left(-\frac{3\pi}{4}\right) = \cos\frac{3\pi}{4} = \mathbf{-\frac{\sqrt{2}}{2}}$; $\sin\left(-\frac{3\pi}{4}\right) = -\sin\frac{3\pi}{4} = \mathbf{-\frac{\sqrt{2}}{2}}$ (points E et E') ;

$\cos\left(-\frac{5\pi}{6}\right) = \cos\frac{5\pi}{6} = \mathbf{-\frac{\sqrt{3}}{2}}$; $\sin\left(-\frac{5\pi}{6}\right) = -\sin\frac{5\pi}{6} = \mathbf{-\frac{1}{2}}$ (points F et F').

F', D', E', J', C', B' et *A'* sont également repérés respectivement par $\frac{7\pi}{6}$, $\frac{5\pi}{4}$, $\frac{4\pi}{3}$, $\frac{3\pi}{2}$, $\frac{5\pi}{3}$, $\frac{7\pi}{4}$ et $\frac{11\pi}{6}$.

2 → *Énoncé p. 202* 1°

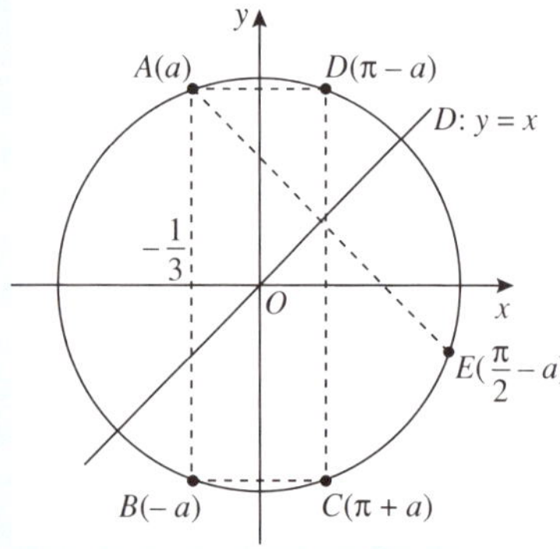

2° On utilise la relation $(\cos a)^2 + (\sin a)^2 = 1$:

$(\cos a)^2 + (\sin a)^2 = 1 \Leftrightarrow \left(-\frac{1}{3}\right)^2 + (\sin a)^2 = 1$

$\left(-\frac{1}{3}\right)^2 + (\sin a)^2 = 1 \Leftrightarrow (\sin a)^2 = 1 - \frac{1}{9}$

$(\sin a)^2 = 1 - \frac{1}{9} \Leftrightarrow (\sin a)^2 = \frac{8}{9}$.

Comme $\sin a \geqslant 0$, $\sin a = \sqrt{\frac{8}{9}} = \frac{2\sqrt{2}}{3}$.

3° B est le symétrique de A par rapport à l'axe des abscisses :

$\cos(-a) = \cos a = \mathbf{-\frac{1}{3}}$; $\sin(-a) = -\sin a = \mathbf{-\frac{2\sqrt{2}}{3}}$.

C est le symétrique de A par rapport à l'origine :

$\cos(\pi + a) = -\cos a = \mathbf{\frac{1}{3}}$; $\sin(\pi + a) = -\sin a = \mathbf{-\frac{2\sqrt{2}}{3}}$.

D est le symétrique de A par rapport à l'axe des ordonnées :

$\cos(\pi - a) = -\cos a = \mathbf{\frac{1}{3}}$; $\sin(\pi - a) = \sin a = \mathbf{\frac{2\sqrt{2}}{3}}$.

E est le symétrique de A par rapport à la droite d'équation $y = x$:

$\cos\left(\frac{\pi}{2} - a\right) = \sin a = \mathbf{\frac{2\sqrt{2}}{3}}$; $\sin\left(\frac{\pi}{2} - a\right) = \cos a = \mathbf{-\frac{1}{3}}$.

3 → *Énoncé p. 202* 1°

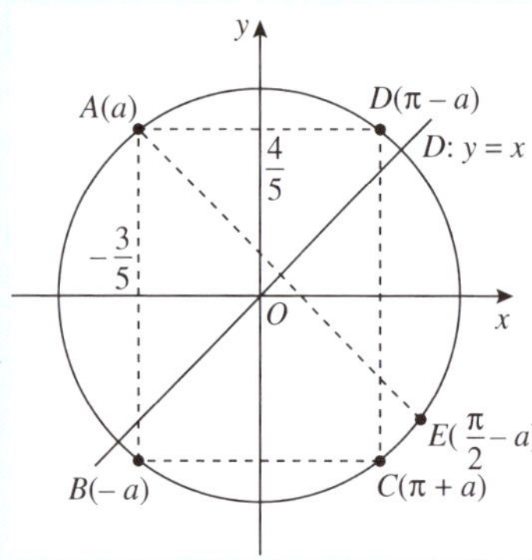

2° On utilise la relation $(\cos a)^2 + (\sin a)^2 = 1$:

$(\cos a)^2 + (\sin a)^2 = 1 \Leftrightarrow (\cos a)^2 + \left(\frac{4}{5}\right)^2 = 1$

$(\cos a)^2 + \left(\frac{4}{5}\right)^2 = 1 \Leftrightarrow (\cos a)^2 = 1 - \frac{16}{25}$

$(\cos a)^2 = 1 - \frac{16}{25} \Leftrightarrow (\cos a)^2 = \frac{9}{25}$

Comme $\cos a \leqslant 0$, $\mathbf{\cos a = -\frac{3}{5}}$.

3° B est le symétrique de A par rapport à l'axe des abscisses :

$\cos(-a) = \cos a = \mathbf{-\frac{3}{5}}$; $\sin(-a) = -\sin a = \mathbf{-\frac{4}{5}}$.

C est le symétrique de A par rapport à l'origine :

$\cos(\pi + a) = -\cos a = \mathbf{\frac{3}{5}}$; $\sin(\pi + a) = -\sin a = \mathbf{-\frac{4}{5}}$.

D est le symétrique de A par rapport à l'axe des ordonnées :

$\cos(\pi - a) = -\cos a = \mathbf{\frac{3}{5}}$; $\sin(\pi - a) = \sin a = \mathbf{\frac{4}{5}}$.

E est le symétrique de A par rapport à la droite d'équation $y = x$:

$\cos\left(\frac{\pi}{2} - a\right) = \sin a = \mathbf{\frac{4}{5}}$; $\sin\left(\frac{\pi}{2} - a\right) = \cos a = \mathbf{-\frac{3}{5}}$

4 → *Énoncé p. 202*

a) $a = 50° = \mathbf{\frac{5\pi}{18}}$ **rad** ; $b = 40° = \mathbf{\frac{2\pi}{9}}$ **rad** ; $c = 90° = \mathbf{\frac{\pi}{2}}$ **rad**

b) $a = b = 45° = \mathbf{\frac{\pi}{4}}$ **rad** ; $c = 90° = \mathbf{\frac{\pi}{2}}$ **rad**

c) $b = 30° = \mathbf{\frac{\pi}{6}}$ **rad** ; $c = 60° = \mathbf{\frac{\pi}{3}}$ **rad** ; $a = 90° = \mathbf{\frac{\pi}{2}}$ **rad**

d) $a = b = 30° = \mathbf{\frac{\pi}{6}}$ **rad** et $c = 120° = \mathbf{\frac{2\pi}{3}}$ **rad**.

e) $a = 20° = \mathbf{\frac{\pi}{9}}$ **rad** ; $b = 15° = \mathbf{\frac{\pi}{12}}$ **rad** ; $c = 145° = \mathbf{\frac{29\pi}{36}}$ **rad**.

5 → *Énoncé p. 203*

$a = \frac{\pi}{5}$ rad = **36°** ; $b = \frac{\pi}{9}$ rad = **20°** ; $c = \frac{7\pi}{18}$ rad = **70°** ; $d = \frac{3\pi}{4}$ = **135°** ; $e = \frac{2\pi}{15}$ = **24°**.

6 → *Énoncé p. 203*

a) $a = \frac{19\pi}{6}$;

mesure principale : $\frac{19\pi}{6} - 4\pi = -\frac{5\pi}{6}$.

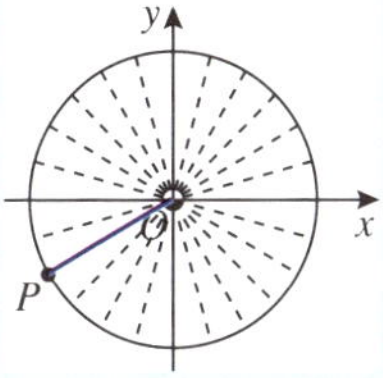

b) $a = -\frac{13\pi}{4}$;

mesure principale : $-\frac{13\pi}{4} + 4\pi = \frac{3\pi}{4}$.

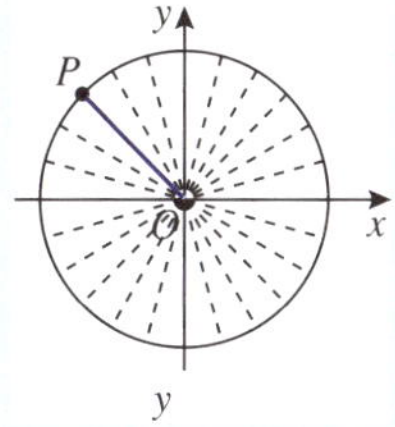

Sur les figures, le disque unité est partagé en 24 secteurs identiques.

c) $a = -\dfrac{14\pi}{3}$;
mesure principale : $-\dfrac{14\pi}{3} + 4\pi = -\dfrac{2\pi}{3}$.

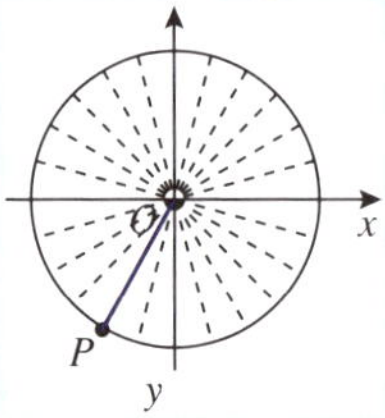

d) $a=\dfrac{25\pi}{2}$; mesure principale : $\dfrac{25\pi}{2}-12\pi=\dfrac{\pi}{2}$.

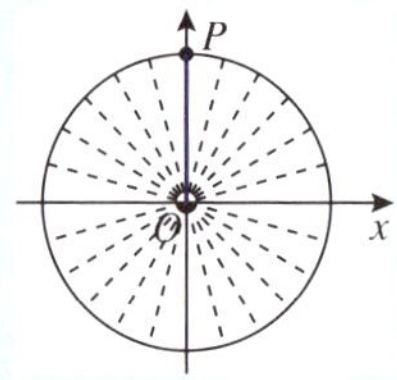

e) $a = \dfrac{275\pi}{12}$;
mesure principale : $\dfrac{275\pi}{12} - 22\pi = \dfrac{11\pi}{12}$.

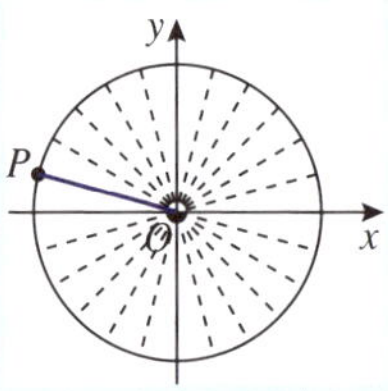

f) $a = -\dfrac{361\pi}{8}$;
mesure principale : $-\dfrac{361\pi}{8} + 46\pi = \dfrac{7\pi}{8}$.

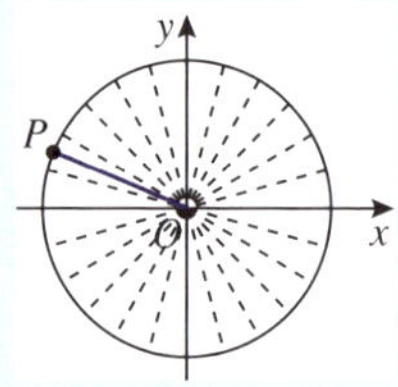

7 → Énoncé p. 203

a) Pour tout nombre réel x, $\cos x = -\dfrac{1}{2} \Leftrightarrow \cos x = \cos \dfrac{2\pi}{3} \Leftrightarrow \begin{cases} x = \dfrac{2\pi}{3} + k\,2\pi \\ \quad\text{ou} \qquad (k \in \mathbb{Z}) \\ x = -\dfrac{2\pi}{3} + k\,2\pi \end{cases}$

L'ensemble des solutions est $\boldsymbol{S = \left\{\dfrac{2\pi}{3} + k\,2\pi\ ;\ -\dfrac{2\pi}{3} + k\,2\pi,\ k \in \mathbb{Z}\right\}}$.

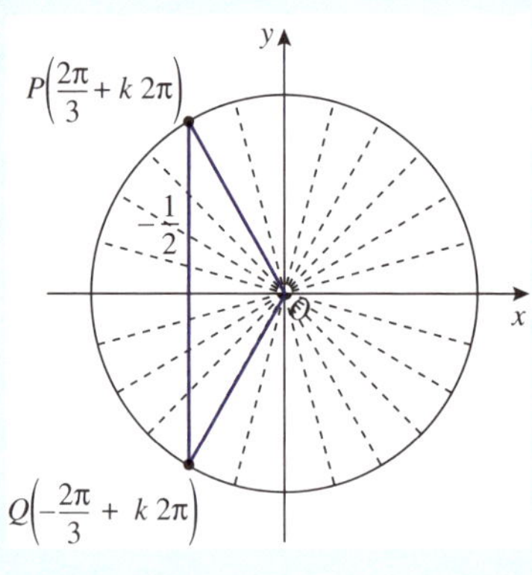

b) Pour tout nombre réel x, $\sin x = -\frac{\sqrt{3}}{2} \Leftrightarrow \sin x = \sin\left(-\frac{\pi}{3}\right) \Leftrightarrow \begin{cases} x = -\frac{\pi}{3} + k\,2\pi \\ \text{ou} \qquad\qquad (k \in \mathbb{Z}) \\ x = \frac{4\pi}{3} + k\,2\pi \end{cases}$

L'ensemble des solutions est $S = \left\{-\frac{\pi}{3} + k\,2\pi\ ;\ \frac{4\pi}{3} + k\,2\pi,\ k \in \mathbb{Z}\right\}$.

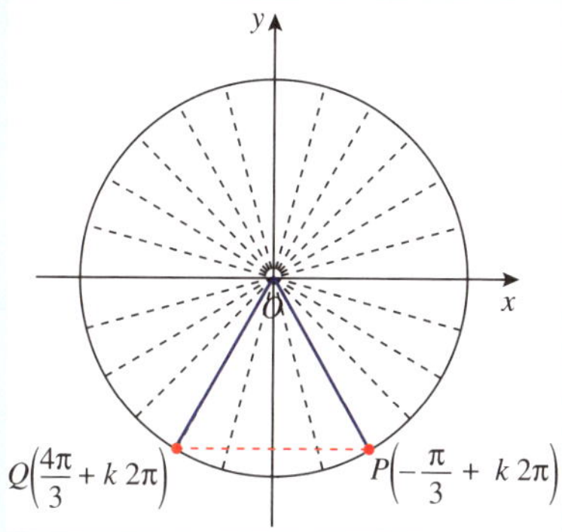

c) Pour tout nombre réel x,

$\cos x = -\frac{\sqrt{2}}{2} \Leftrightarrow \cos x = \cos\frac{3\pi}{4} \Leftrightarrow x = \frac{3\pi}{4} + k\,2\pi$ ou $x = -\frac{3\pi}{4} + k\,2\pi,\ k \in \mathbb{Z}$.

L'ensemble des solutions est $S = \left\{\frac{3\pi}{4} + k\,2\pi\ ;\ -\frac{3\pi}{4} + k\,2\pi,\ k \in \mathbb{Z}\right\}$.

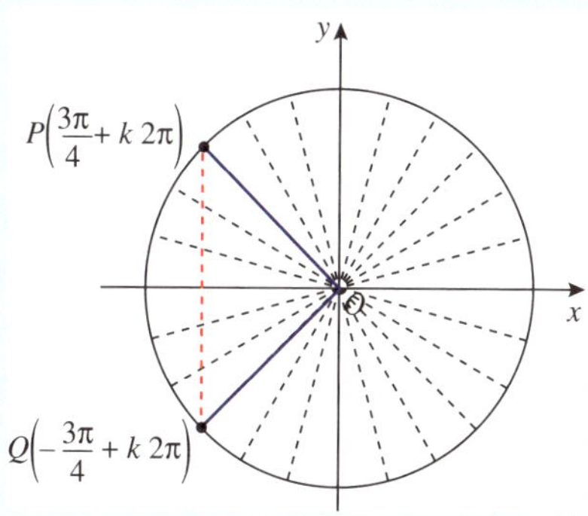

d) Pour tout nombre réel x, $\sin x = \frac{1}{2} \Leftrightarrow \sin x = \sin \frac{\pi}{6} \Leftrightarrow \begin{cases} x = \frac{\pi}{6} + k\,2\pi \\ \text{ou} \qquad\qquad (k \in \mathbb{Z}) \\ x = \frac{5\pi}{6} + k\,2\pi \end{cases}$

L'ensemble des solutions est $S = \left\{\frac{\pi}{6} + k\,2\pi\ ;\ \frac{5\pi}{6} + k\,2\pi, k \in \mathbb{Z}\right\}$.

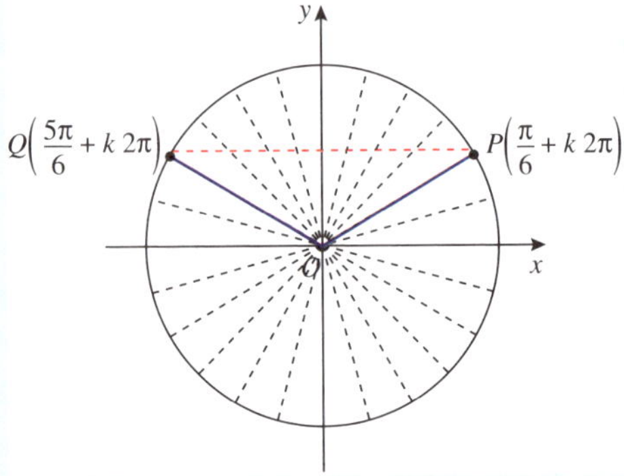

8 → *Énoncé p. 203*

a) Pour tout nombre réel x,

$\cos x = \frac{\sqrt{3}}{2} \Leftrightarrow \cos x = \cos \frac{\pi}{6} \Leftrightarrow x = \frac{\pi}{6} + k\,2\pi$

ou $x = -\frac{\pi}{6} + k\,2\pi$, $k \in \mathbb{Z}$.

> On résout d'abord les équations dans $\mathbb{R}$, puis on cherche parmi les solutions celles qui appartiennent à l'intervalle I.

Soit $k \in \mathbb{Z}$; $\frac{\pi}{6} + k\,2\pi \in [0\ ;\ 2\pi[\Leftrightarrow 0 \leqslant \frac{\pi}{6} + k\,2\pi < 2\pi$

$\Leftrightarrow 0 \leqslant \frac{1}{6} + 2k < 2 \Leftrightarrow -\frac{1}{12} \leqslant k < \frac{11}{12} \Leftrightarrow k = 0$, d'où $x = \frac{\pi}{6}$.

$-\frac{\pi}{6} + k\,2\pi \in [0\ ;\ 2\pi[\Leftrightarrow 0 \leqslant -\frac{\pi}{6} + k\,2\pi < 2\pi \Leftrightarrow 0 \leqslant -\frac{1}{6} + 2k < 2$

$\Leftrightarrow \frac{1}{12} \leqslant k < \frac{13}{12} \Leftrightarrow k = 1$, d'où $x = \frac{11\pi}{6}$.

L'ensemble des solutions sur l'intervalle $[0\ ;\ 2\pi[$ **est** $S = \left\{\frac{\pi}{6}\ ;\ \frac{11\pi}{6}\right\}$.

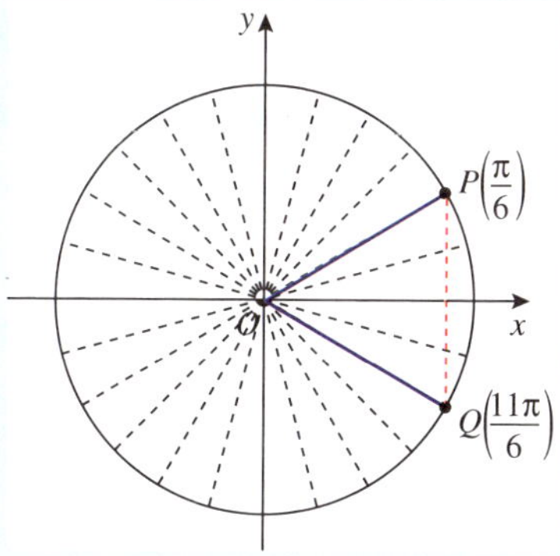

b) Pour tout nombre réel x,

$\sin x = -\frac{1}{2} \Leftrightarrow \sin x = \sin\left(-\frac{\pi}{6}\right) \Leftrightarrow x = -\frac{\pi}{6} + k\,2\pi$ ou $x = \frac{7\pi}{6} + k\,2\pi,\ k \in \mathbb{Z}$.

Soit $k \in \mathbb{Z}$; $-\frac{\pi}{6} + k\,2\pi \in]-2\pi\ ;\ 0] \Leftrightarrow -2\pi < -\frac{\pi}{6} + k\,2\pi \leqslant 0$

$\Leftrightarrow -2 < -\frac{1}{6} + 2k \leqslant 0 \Leftrightarrow -\frac{11}{12} \leqslant k < \frac{1}{12} \Leftrightarrow k = 0$, d'où $x = -\frac{\pi}{6}$.

$\frac{7\pi}{6} + k\,2\pi \in]-2\pi\ ;\ 0] \Leftrightarrow -2\pi < \frac{7\pi}{6} + k\,2\pi \leqslant 0 \Leftrightarrow -2 < \frac{7}{6} + 2k \leqslant 0$

$\Leftrightarrow -\frac{19}{12} \leqslant k < -\frac{7}{12} \Leftrightarrow k = -1$, d'où $x = -\frac{5\pi}{6}$.

L'ensemble des solutions sur l'intervalle]– 2π ; 0] est $S = \left\{-\frac{\pi}{6}\ ;\ -\frac{5\pi}{6}\right\}$.

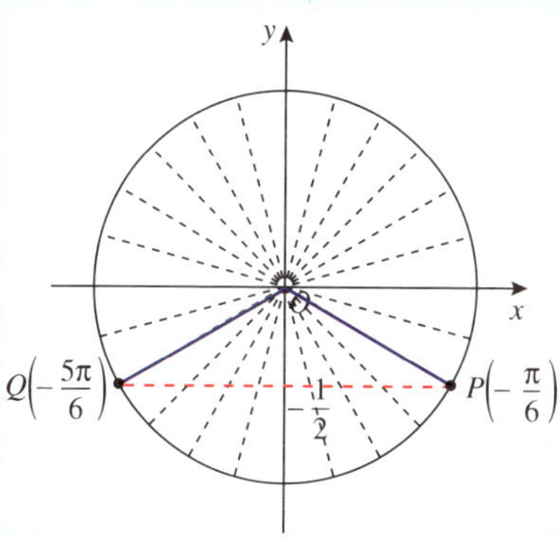

c) Pour tout nombre réel x, $\cos x = \cos \frac{\pi}{5} \Leftrightarrow x = \frac{\pi}{5} + k\,2\pi$ ou $x = -\frac{\pi}{5} + k\,2\pi$.

Soit $k \in \mathbb{Z}$; $-\pi < \frac{\pi}{5} + k\,2\pi \leqslant \pi \Leftrightarrow -1 < \frac{1}{5} + 2k \leqslant 1 \Leftrightarrow -\frac{3}{5} < k \leqslant \frac{2}{5}$

$\Leftrightarrow k = 0$, d'où $x = \frac{\pi}{5}$.

$-\pi < -\frac{\pi}{5} + k\,2\pi \leqslant \pi \Leftrightarrow -1 < -\frac{1}{5} + 2k \leqslant 1 \Leftrightarrow -\frac{2}{5} < k \leqslant \frac{3}{5} \Leftrightarrow k = 0$, d'où $x = -\frac{\pi}{5}$.

L'ensemble des solutions dans l'intervalle $]-\pi\,;\pi]$ est $S = \left\{-\frac{\pi}{5}\,;\frac{\pi}{5}\right\}$.

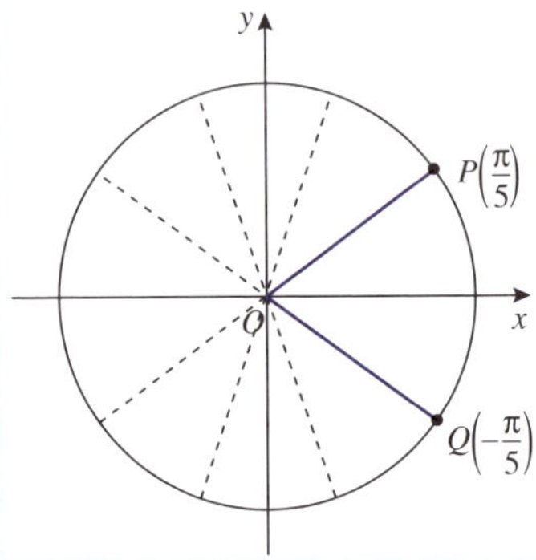

d) Pour tout nombre réel x,

$\sin x = \sin \frac{\pi}{7} \Leftrightarrow x = \frac{\pi}{7} + k\,2\pi$ ou $x = \frac{6\pi}{7} + k\,2\pi$, $k \in \mathbb{Z}$.

Soit $k \in \mathbb{Z}$, $0 \leqslant \frac{\pi}{7} + k\,2\pi < 2\pi \Leftrightarrow 0 \leqslant \frac{1}{7} + 2k < 2 \Leftrightarrow -\frac{1}{14} \leqslant k < \frac{13}{14}$

$\Leftrightarrow k = 0$, d'où $x = \frac{\pi}{7}$.

$0 \leqslant \frac{6\pi}{7} + k\,2\pi < 2\pi \Leftrightarrow 0 \leqslant \frac{6}{7} + 2k < 2 \Leftrightarrow -\frac{3}{7} \leqslant k < \frac{4}{7} \Leftrightarrow k = 0$, d'où $x = \frac{6\pi}{7}$.

L'ensemble des solutions dans l'intervalle $[0\,;2\pi[$ est $S = \left\{\frac{\pi}{7}\,;\frac{6\pi}{7}\right\}$.

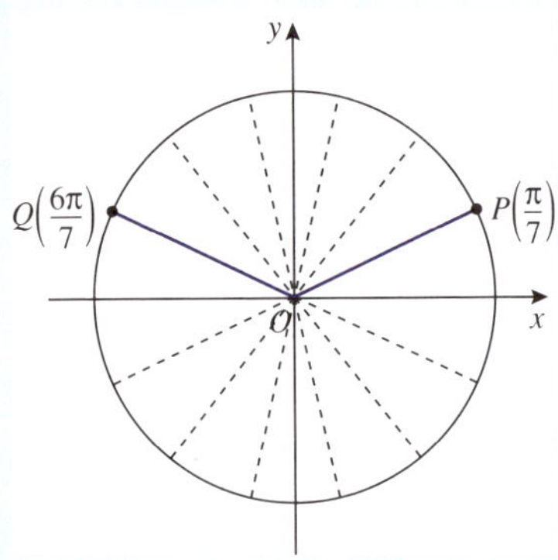

9 → Énoncé p. 203 *a)* Pour tout nombre réel x :

$\cos x = -\cos\frac{\pi}{8} \Leftrightarrow \cos x = \cos\left(\pi - \frac{\pi}{8}\right) \Leftrightarrow \cos x = \cos\frac{7\pi}{8}$;

$\cos x = \cos\frac{7\pi}{8} \Leftrightarrow x = \frac{7\pi}{8} + k\,2\pi$ ou $x = -\frac{7\pi}{8} + k\,2\pi,\ k \in \mathbb{Z}$.

Pour tout réel a, $-\cos a = \cos(\pi - a)$.

L'ensemble des solutions est $S = \left\{\frac{7\pi}{8} + k\,2\pi\ ;\ -\frac{7\pi}{8} + k\,2\pi,\ k \in \mathbb{Z}\right\}$.

b) Pour tout nombre réel x :

$\sin x = -\sin\frac{\pi}{12} \Leftrightarrow \sin x = \sin\left(-\frac{\pi}{12}\right) \Leftrightarrow x = -\frac{\pi}{12} + k\,2\pi$ ou $x = \frac{13\pi}{12} + k\,2\pi$, $k \in \mathbb{Z}$.

L'ensemble des solutions est $S = \left\{-\frac{\pi}{12} + k\,2\pi\ ;\ \frac{13\pi}{12} + k\,2\pi,\ k \in \mathbb{Z}\right\}$.

c) Pour tout nombre réel x :

$\cos x = \sin\frac{\pi}{5} \Leftrightarrow \cos x = \cos\left(\frac{\pi}{2} - \frac{\pi}{5}\right) \Leftrightarrow \cos x = \cos\frac{3\pi}{10}$.

$\cos x = \cos\frac{3\pi}{10} \Leftrightarrow x = \frac{3\pi}{10} + k\,2\pi$ ou $x = -\frac{3\pi}{10} + k\,2\pi,\ k \in \mathbb{Z}$.

Pour tout réel a, $\sin a = \cos\left(\frac{\pi}{2} - a\right)$.

L'ensemble des solutions est $S = \left\{\frac{3\pi}{10} + k\,2\pi\ ;\ -\frac{3\pi}{10} + k\,2\pi,\ k \in \mathbb{Z}\right\}$.

d) Pour tout nombre réel x :

$\sin x = \cos\frac{\pi}{9} \Leftrightarrow \sin x = \sin\left(\frac{\pi}{2} - \frac{\pi}{9}\right) \Leftrightarrow \sin x = \sin\frac{7\pi}{18}$.

Pour tout réel a, $\cos a = \sin\left(\frac{\pi}{2} - a\right)$.

$\sin x = \sin\frac{7\pi}{18} \Leftrightarrow x = \frac{7\pi}{18} + k\,2\pi$

ou $x = \pi - \frac{7\pi}{18} + k\,2\pi,\ k \in \mathbb{Z} \Leftrightarrow \begin{cases} x = \frac{7\pi}{18} + k\,2\pi \\ \text{ou} \qquad (k \in \mathbb{Z}) \\ x = \frac{11\pi}{18} + k\,2\pi \end{cases}$

L'ensemble des solutions est $S = \left\{\frac{7\pi}{18} + k\,2\pi\ ;\ \frac{11\pi}{18} + k\,2\pi,\ k \in \mathbb{Z}\right\}$.

e) Pour tout nombre réel x :

$\cos x = \sin x \Leftrightarrow \cos x = \cos\left(\frac{\pi}{2} - x\right) \Leftrightarrow x = \frac{\pi}{2} - x + k\,2\pi$ ou $x = -\frac{\pi}{2} + x + k\,2\pi,\ k \in \mathbb{Z}$.

Soit $k \in \mathbb{Z}$:

$x = \frac{\pi}{2} - x + k\,2\pi \Leftrightarrow 2x = \frac{\pi}{2} + k\,2\pi \Leftrightarrow x = \frac{\pi}{4} + k\pi$;

$x = -\frac{\pi}{2} + x + k\,2\pi \Leftrightarrow 0 = -\frac{\pi}{2} + k\,2\pi \Leftrightarrow 0 = -\frac{1}{2} + 2k \Leftrightarrow 2k = \frac{1}{2}$; il n'y pas de solution, car $2k$ est un entier relatif, alors que $\frac{1}{2}$ n'est pas entier.

L'ensemble des solutions est $S = \left\{\frac{\pi}{4} + k\pi,\ k \in \mathbb{Z}\right\}$.

10 → *Énoncé p. 204* 1°

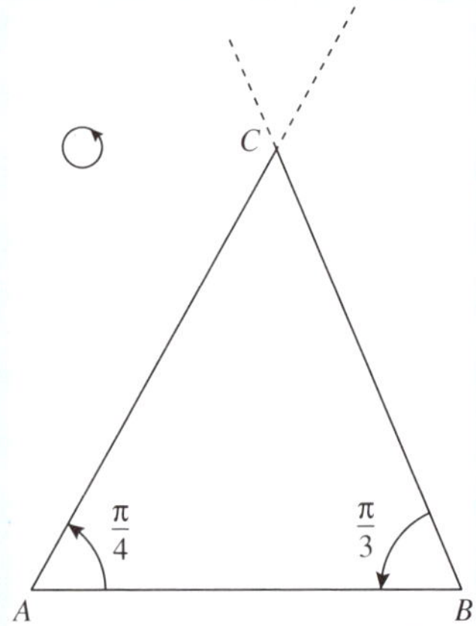

2° On utilise les propriétés : $(\overrightarrow{BC}\,;\overrightarrow{BA}) = (\overrightarrow{CB}\,;\overrightarrow{AB})$ [2π].

$(\overrightarrow{AB}\,;\overrightarrow{AC}) + (\overrightarrow{BC}\,;\overrightarrow{BA}) + (\overrightarrow{CA}\,;\overrightarrow{CB}) = (\overrightarrow{AB}\,;\overrightarrow{AC}) + (\overrightarrow{CB}\,;\overrightarrow{AB}) + (\overrightarrow{AC}\,;\overrightarrow{BC})$ [2π]

$(\overrightarrow{AB}\,;\overrightarrow{AC}) + (\overrightarrow{BC}\,;\overrightarrow{BA}) + (\overrightarrow{CA}\,;\overrightarrow{CB}) = (\overrightarrow{CB}\,;\overrightarrow{AB}) + (\overrightarrow{AB}\,;\overrightarrow{AC}) + (\overrightarrow{AC}\,;\overrightarrow{BC})$ [2π].

Et par la relation de Chasles sur les angles orientés :

$(\overrightarrow{AB}\,;\overrightarrow{AC}) + (\overrightarrow{BC}\,;\overrightarrow{BA}) + (\overrightarrow{CA}\,;\overrightarrow{CB}) = (\overrightarrow{CB}\,;\overrightarrow{BC})$ [2π] ;

$\boldsymbol{(\overrightarrow{AB}\,;\overrightarrow{AC}) + (\overrightarrow{BC}\,;\overrightarrow{BA}) + (\overrightarrow{CA}\,;\overrightarrow{CB}) = \pi + k\,2\pi\,,\ k \in \mathbb{Z}}$.

$(\overrightarrow{CA}\,;\overrightarrow{CB}) = \pi - (\overrightarrow{AB}\,;\overrightarrow{AC}) - (\overrightarrow{BC}\,;\overrightarrow{BA})$ [2π] ;

$(\overrightarrow{CA}\,;\overrightarrow{CB}) = \pi - \frac{\pi}{4} - \frac{\pi}{3}$ [2π].

On obtient une mesure de l'angle orienté : $\boldsymbol{(\overrightarrow{CA}\,;\overrightarrow{CB}) = \frac{5\pi}{12}}$ **[2π]**.

3° • $(\overrightarrow{BC}\,;\overrightarrow{CA}) = (\overrightarrow{CB}\,;\overrightarrow{CA}) + \pi$ [2π]

$(\overrightarrow{BC}\,;\overrightarrow{CA}) = -(\overrightarrow{CA}\,;\overrightarrow{CB}) + \pi$ [2π]

$(\overrightarrow{BC}\,;\overrightarrow{CA}) = -\frac{5\pi}{12} + \pi$ [2π].

$\boldsymbol{(\overrightarrow{BC}\,;\overrightarrow{CA}) = \frac{7\pi}{12}}$ **[2π].**

• $(\overrightarrow{BC}\,;\overrightarrow{AC}) = (\overrightarrow{BC}\,;\overrightarrow{CA}) + \pi$ [2π]

$(\overrightarrow{BC}\,;\overrightarrow{AC}) = \frac{7\pi}{12} + \pi$ [2π]

$\boldsymbol{(\overrightarrow{BC}\,;\overrightarrow{AC}) = \frac{19\pi}{12}}$ **[2π]** (ou $(\overrightarrow{BC}\,;\overrightarrow{AC}) = -\frac{5\pi}{12}$, car $\frac{19\pi}{12} = -\frac{5\pi}{12} + 2\pi$).

• $(2\overrightarrow{CB}\,;-3\overrightarrow{CA}) = (\overrightarrow{CB}\,;\overrightarrow{CA}) + \pi$ [2π], car 2 et (– 3) sont de signes contraires.

$(2\overrightarrow{CB}\,;-3\overrightarrow{CA}) = -(\overrightarrow{CA}\,;\overrightarrow{CB}) + \pi$ [2π].

$(2\overrightarrow{CB}\ ;-3\overrightarrow{CA}) = -\dfrac{5\pi}{12} + \pi\ [2\pi]$

$\mathbf{(2\overrightarrow{CB}\ ;-3\overrightarrow{CA}) = \dfrac{7\pi}{12}\ [2\pi].}$

11 → *Énoncé p. 204* **1°**

> Pour tous vecteurs non nuls $\vec{u}$ et $\vec{v}$, $(\vec{u}\ ;\vec{v}) = (-\vec{u}\ ;-\vec{v})$.

$(\overrightarrow{AB}\ ;\overrightarrow{AD}) + (\overrightarrow{BC}\ ;\overrightarrow{BA}) + (\overrightarrow{CD}\ ;\overrightarrow{CB}) + (\overrightarrow{DA}\ ;\overrightarrow{DC})$
$= (\overrightarrow{AB}\ ;\overrightarrow{AD}) + (\overrightarrow{CB}\ ;\overrightarrow{AB}) + (\overrightarrow{CD}\ ;\overrightarrow{CB}) + (\overrightarrow{AD}\ ;\overrightarrow{CD})$

$(\overrightarrow{AB}\ ;\overrightarrow{AD}) + (\overrightarrow{BC}\ ;\overrightarrow{BA}) + (\overrightarrow{CD}\ ;\overrightarrow{CB}) + (\overrightarrow{DA}\ ;\overrightarrow{DC})$
$= (\overrightarrow{AD}\ ;\overrightarrow{CD}) + (\overrightarrow{CD}\ ;\overrightarrow{CB}) + (\overrightarrow{CB}\ ;\overrightarrow{AB}) + (\overrightarrow{AB}\ ;\overrightarrow{AD})$

$(\overrightarrow{AB}\ ;\overrightarrow{AD}) + (\overrightarrow{BC}\ ;\overrightarrow{BA}) + (\overrightarrow{CD}\ ;\overrightarrow{CB}) + (\overrightarrow{DA}\ ;\overrightarrow{DC}) = (\overrightarrow{AD}\ ;\overrightarrow{AD})$

$\mathbf{(\overrightarrow{AB}\ ;\overrightarrow{AD}) + (\overrightarrow{BC}\ ;\overrightarrow{BA}) + (\overrightarrow{CD}\ ;\overrightarrow{CB}) + (\overrightarrow{DA}\ ;\overrightarrow{DC}) = 0\ [2\pi]}$

2°

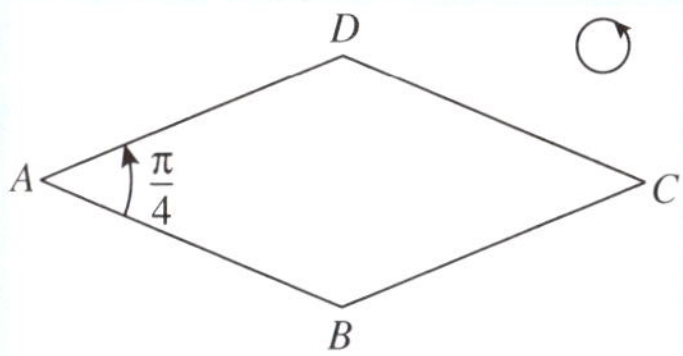

3° $(\overrightarrow{BC}\ ;\overrightarrow{BA}) = (\overrightarrow{DA}\ ;\overrightarrow{DC})$ et $(\overrightarrow{AB}\ ;\overrightarrow{AD}) = (\overrightarrow{CD}\ ;\overrightarrow{CB})$, car les angles géométriques opposés d'un losange sont égaux et les angles sont orientés dans le même sens.

$(\overrightarrow{AB}\ ;\overrightarrow{AD}) + (\overrightarrow{BC}\ ;\overrightarrow{BA}) + (\overrightarrow{CD}\ ;\overrightarrow{CB}) + (\overrightarrow{DA}\ ;\overrightarrow{DC}) = 0[2\pi]$
$\Leftrightarrow 2(\overrightarrow{AB}\ ;\overrightarrow{AD}) + 2(\overrightarrow{BC}\ ;\overrightarrow{BA}) = k\,2\pi$, avec $k \in \mathbb{Z}$;

$(\overrightarrow{AB}\ ;\overrightarrow{AD}) + (\overrightarrow{BC}\ ;\overrightarrow{BA}) + (\overrightarrow{CD}\ ;\overrightarrow{CB}) + (\overrightarrow{DA}\ ;\overrightarrow{DC}) = 0\ [2\pi]$
$\Leftrightarrow 2 \times \dfrac{\pi}{4} + 2(\overrightarrow{BC}\ ;\overrightarrow{BA}) = k\,2\pi$, avec $k \in \mathbb{Z}$;

$(\overrightarrow{AB}\ ;\overrightarrow{AD}) + (\overrightarrow{BC}\ ;\overrightarrow{BA}) + (\overrightarrow{CD}\ ;\overrightarrow{CB}) + (\overrightarrow{DA}\ ;\overrightarrow{DC}) = 0\ [2\pi]$
$\Leftrightarrow 2(\overrightarrow{BC}\ ;\overrightarrow{BA}) = -2 \times \dfrac{\pi}{4} + k\,2\pi$, avec $k \in \mathbb{Z}$;

$(\overrightarrow{AB}\ ;\overrightarrow{AD}) + (\overrightarrow{BC}\ ;\overrightarrow{BA}) + (\overrightarrow{CD}\ ;\overrightarrow{CB}) + (\overrightarrow{DA}\ ;\overrightarrow{DC}) = 0\ [2\pi]$
$\Leftrightarrow (\overrightarrow{BC}\ ;\overrightarrow{BA}) = -\dfrac{\pi}{4} + k\,\pi$, avec $k \in \mathbb{Z}$;

Les valeurs possibles de la mesure principale sont obtenues pour $k = 0$, alors $(\overrightarrow{BC}\ ;\overrightarrow{BA}) = -\dfrac{\pi}{4}$ ou, pour $k = 1$, alors $(\overrightarrow{BC}\ ;\overrightarrow{BA}) = \dfrac{3\pi}{4}$.
Étant donné la configuration du losange, seule convient la valeur :

$$\mathbf{(\overrightarrow{BC}\ ;\overrightarrow{BA}) = \frac{3\pi}{4}\ [2\pi].}$$

$(2\overrightarrow{CB}\ ;\ 5\overrightarrow{BA}) = (\overrightarrow{CB}\ ;\ \overrightarrow{BA})$, car 2 et 5 sont de même signe.

$(2\overrightarrow{CB}\ ;\ 5\overrightarrow{BA}) = (\overrightarrow{BC}\ ;\ \overrightarrow{BA}) + \pi\ [2\pi]$

$(2\overrightarrow{CB}\ ;\ 5\overrightarrow{BA}) = \dfrac{3\pi}{4} + \pi\ [2\pi]$

$\mathbf{(2\overrightarrow{CB}\ ;\ 5\overrightarrow{BA}) = \dfrac{7\pi}{4}\ [2\pi]}$ (ou encore $(2\overrightarrow{CB}\ ;\ 5\overrightarrow{BA}) = -\dfrac{\pi}{4}$, car $\dfrac{7\pi}{4} = -\dfrac{\pi}{4} + 2\pi$).

12 → *Énoncé p. 204* 1°

$a = \dfrac{13\pi}{6} = \dfrac{\pi}{6} + \dfrac{12\pi}{6} = \dfrac{\pi}{6} + 2\pi$; mesure principale $\mathbf{\dfrac{\pi}{6}}$.

$b = \dfrac{23\pi}{6} = -\dfrac{\pi}{6} + \dfrac{24\pi}{6} = -\dfrac{\pi}{6} + 2 \times 2\pi$; mesure principale $\mathbf{-\dfrac{\pi}{6}}$.

$c = -\dfrac{7\pi}{6} = \dfrac{5\pi}{6} - \dfrac{12\pi}{6} = \dfrac{5\pi}{6} - 2\pi$; mesure principale $\mathbf{\dfrac{5\pi}{6}}$.

$d = -\dfrac{41\pi}{6} = -\dfrac{5\pi}{6} - \dfrac{36\pi}{6} = -\dfrac{5\pi}{6} - 3 \times 2\pi$; mesure principale $\mathbf{-\dfrac{5\pi}{6}}$.

2° A point repéré par a ; B point repéré par b ;
C point repéré par c ; D point repéré par d.

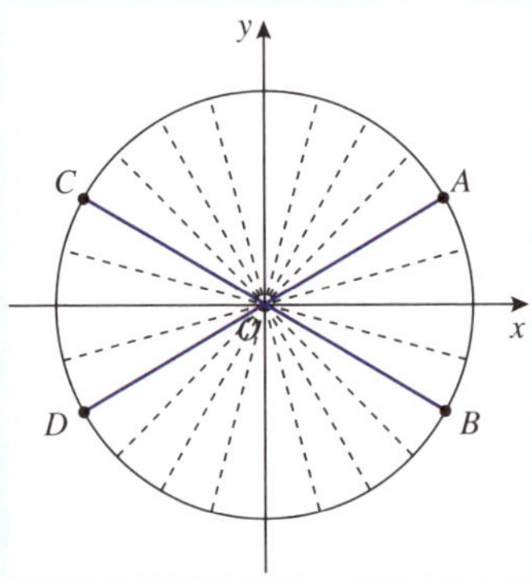

3° *a)* Pour tout réel x :

$$\cos x = \frac{\sqrt{3}}{2} \Leftrightarrow \cos x = \cos\frac{\pi}{6} \Leftrightarrow \begin{cases} x = \dfrac{\pi}{6} + k\,2\pi \\ \text{ou} \\ x = -\dfrac{\pi}{6} + k\,2\pi \end{cases} \quad k \in \mathbb{Z}.$$

L'ensemble des solution est $\mathbf{S = \left\{\dfrac{\pi}{6} + k\,2\pi\ ;\ -\dfrac{\pi}{6} + k\,2\pi,\ k \in \mathbb{Z}\right\}}$.

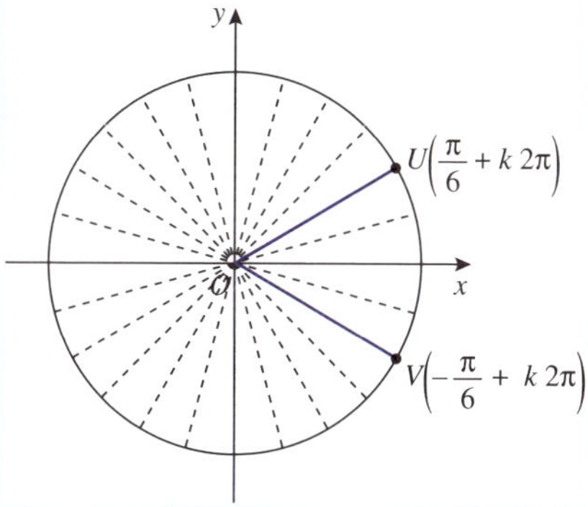

b) $\sin x = -\frac{1}{2} \Leftrightarrow \sin x = \sin\left(-\frac{\pi}{6}\right) \Leftrightarrow \begin{cases} x = \frac{\pi}{6} + k\,2\pi \\ \text{ou} \\ x = \pi + \frac{\pi}{6} + k\,2\pi \end{cases} (k \in \mathbb{Z}) \Leftrightarrow \begin{cases} x = \frac{\pi}{6} + k\,2\pi \\ \text{ou} \\ x = \frac{7\pi}{6} + k\,2\pi \end{cases} (k \in \mathbb{Z})$

L'ensemble des solution est $S = \left\{-\frac{\pi}{6} + k\,2\pi\ ;\ \frac{7\pi}{6} + k\,2\pi, k \in \mathbb{Z}\right\}$.

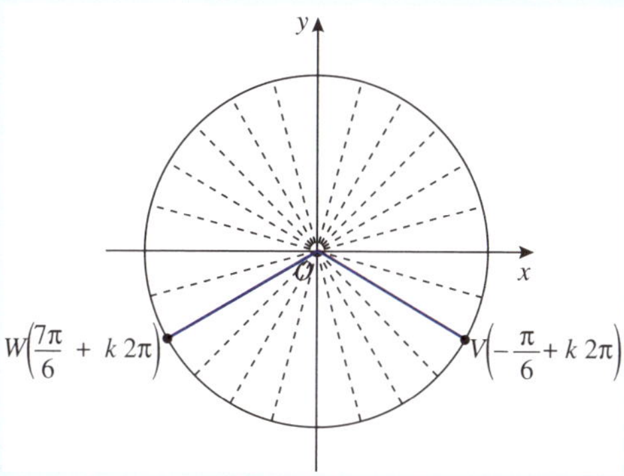

c) $\sin x = \frac{1}{2} \Leftrightarrow \sin x = \sin\left(\frac{\pi}{6}\right) \Leftrightarrow \begin{cases} x = \frac{\pi}{6} + k\,2\pi \\ \text{ou} \\ x = \pi - \frac{\pi}{6} + k\,2\pi \end{cases} (k \in \mathbb{Z}) \Leftrightarrow \begin{cases} x = \frac{\pi}{6} + k\,2\pi \\ \text{ou} \\ x = \frac{5\pi}{6} + k\,2\pi \end{cases} (k \in \mathbb{Z})$

L'ensemble des solution est $S = \left\{\frac{\pi}{6} + k\,2\pi\ ;\ \frac{5\pi}{6} + k\,2\pi, k \in \mathbb{Z}\right\}$.

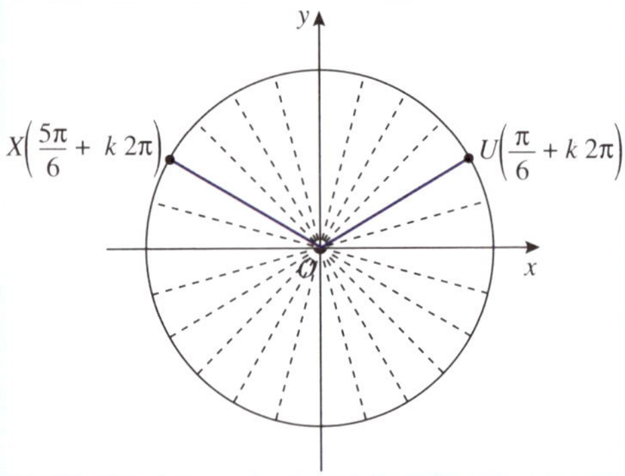

13 → *Énoncé p. 204* 1° Voir question 3°.

2° $(\cos a)^2 + (\sin a)^2 = 1 \Leftrightarrow (\sin a)^2 = 1 - \frac{4}{25} \Leftrightarrow (\sin a)^2 = \frac{21}{25}$;

$\mathbf{\sin a \geqslant 0}$ **donc** $\mathbf{\sin a = \sqrt{\frac{21}{25}} = \frac{\sqrt{21}}{5}}$**.**

3°

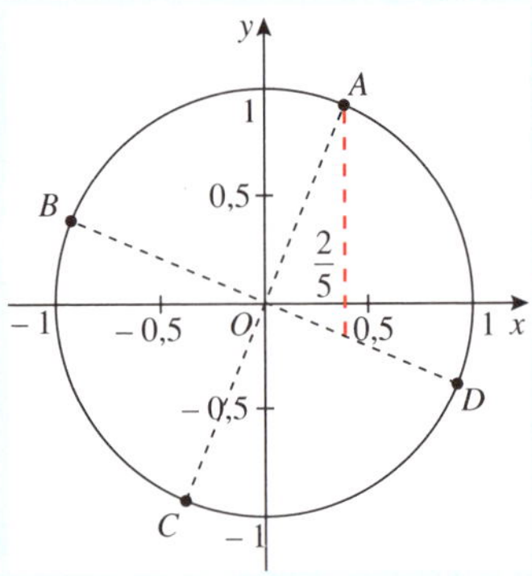

4° $\cos b = \cos\left(a + \frac{\pi}{2}\right) = \cos\left(\frac{\pi}{2} - (-a)\right) = \sin(-a) = -\sin a$ donc $\mathbf{\cos b = -\frac{\sqrt{21}}{5}}$;

$\sin b = \sin\left(a + \frac{\pi}{2}\right) = \sin\left(\frac{\pi}{2} - (-a)\right) = \cos(-a) = \cos a$ donc $\mathbf{\sin b = \frac{2}{5}}$.

On obtient de même :

$\cos c = -\sin b$ donc $\mathbf{\cos c = -\frac{2}{5}}$;

$\sin c = \cos b$ donc $\mathbf{\sin c = -\frac{\sqrt{21}}{5}}$;

$\cos d = -\sin c$ donc $\mathbf{\cos d = \frac{\sqrt{21}}{5}}$;

$\sin d = \cos c$ donc $\mathbf{\sin d = -\frac{2}{5}}$.

CHAPITRE 11

Produit scalaire dans le plan

1 Produit scalaire de deux vecteurs dans le plan

A. Expression du produit scalaire à l'aide du projeté orthogonal

Soient $\vec{u}$ et $\vec{v}$ deux vecteurs non nuls du plan et O, A, B trois points du plan tels que $\vec{u} = \overrightarrow{OA}$ **et** $\vec{v} = \overrightarrow{OB}$.

On appelle produit scalaire des vecteurs $\vec{u}$ et $\vec{v}$, le **nombre réel**, noté $\vec{u} \cdot \vec{v}$ et défini de la façon suivante :

– si $\vec{u} = \vec{0}$ ou $\vec{v} = \vec{0}$, alors $\vec{u} \cdot \vec{v} = 0$;

– si $\vec{u} \neq \vec{0}$ et $\vec{v} \neq \vec{0}$, alors on désigne par H le projeté orthogonal du point B sur la droite (OA) (*voir figure ci-dessous*) et on a :

$$\vec{u} \cdot \vec{v} = \overrightarrow{OA} \cdot \overrightarrow{OB} = OA \times OH \text{ si } \overrightarrow{OA} \text{ et } \overrightarrow{OH} \text{ sont de même sens ;}$$

$$\vec{u} \cdot \vec{v} = \overrightarrow{OA} \cdot \overrightarrow{OB} = -\,OA \times OH \text{ si } \overrightarrow{OA} \text{ et } \overrightarrow{OH} \text{ sont de sens contraires.}$$

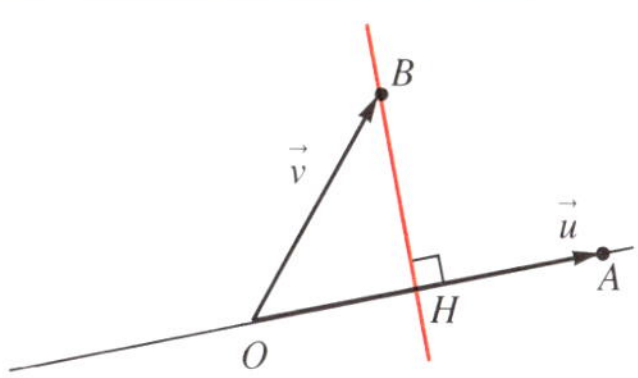

B. Signe du produit scalaire

- $\vec{u} \cdot \vec{v} > 0$ si les vecteurs $\overrightarrow{OA}$ et $\overrightarrow{OH}$ sont de même sens.
- $\vec{u} \cdot \vec{v} < 0$ si les vecteurs $\overrightarrow{OA}$ et $\overrightarrow{OH}$ sont de sens contraires.
- $\vec{u} \cdot \vec{v} = 0$ si le point B appartient à la perpendiculaire à (OA) passant par O.

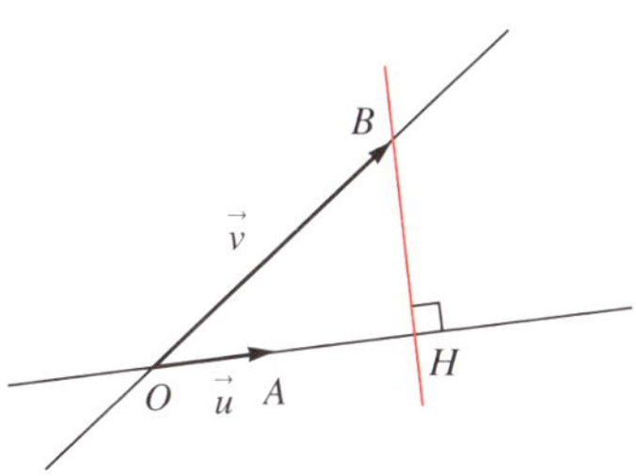

$\vec{u}.\vec{v} > 0$

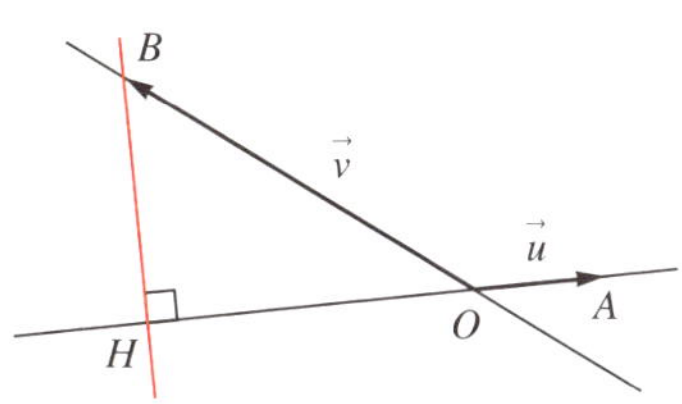

$\vec{u}.\vec{v} < 0$

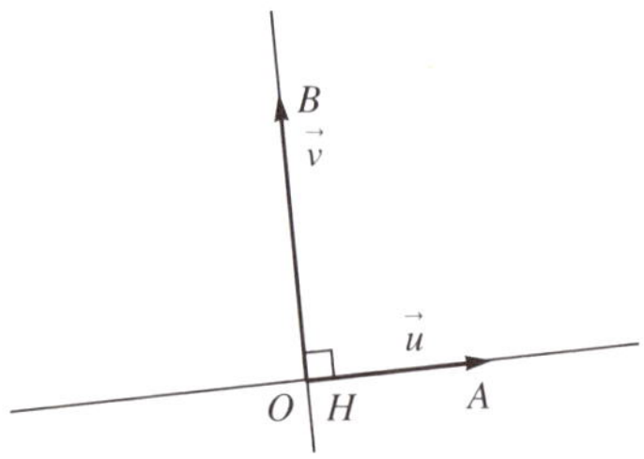

$\vec{u}.\vec{v} = 0$

C. Expression du produit scalaire à l'aide des normes et d'un angle

Soit $\vec{u}$ et $\vec{v}$ deux vecteurs **non nuls** du plan et O, A, B trois points du plan tels que $\vec{u} = \overrightarrow{OA}$ et $\vec{v} = \overrightarrow{OB}$. On a :
$\vec{u} \cdot \vec{v} = \|\vec{u}\| \times \|\vec{v}\| \times \cos \alpha$, où α est une mesure de l'angle $\widehat{AOB}$,
$\|\vec{u}\| = OA$ et $\|\vec{v}\| = OB$.

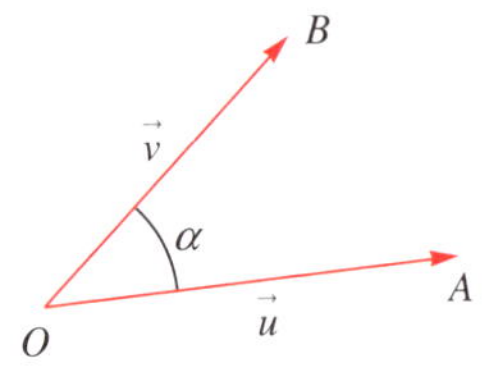

Plus généralement, on peut écrire :
$\vec{u} \cdot \vec{v} = \|\vec{u}\| \times \|\vec{v}\| \times \cos(\vec{u}\,;\vec{v})$, où $(\vec{u}\,;\vec{v})$ est une mesure de l'angle orienté des vecteurs $\vec{u}$ et $\vec{v}$.

D. Signe du produit scalaire

- $\overrightarrow{OA} \cdot \overrightarrow{OB} > 0$ si l'angle $\widehat{AOB}$ est aigu
(en radians, $0 \leqslant \alpha < \frac{\pi}{2}$; en degrés, $0 \leqslant \alpha < 90$).
- $\overrightarrow{OA} \cdot \overrightarrow{OB} < 0$ si l'angle $\widehat{AOB}$ est obtus
(en radians, $\frac{\pi}{2} < \alpha \leqslant \pi$; en degrés, $90 < \alpha \leqslant 180$).

$\overrightarrow{OA} \cdot \overrightarrow{OB} = 0$ si l'angle $\widehat{AOB}$ est droit.

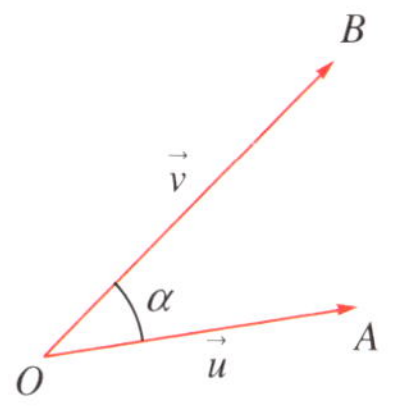

$\vec{u}.\vec{v} > 0$ $(0 \leqslant \alpha < \frac{\pi}{2})$

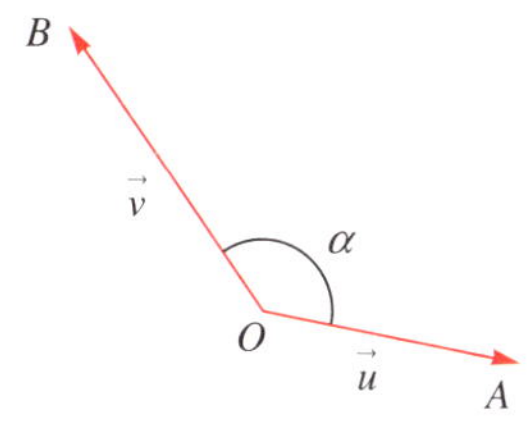

$\vec{u}.\vec{v} < 0$ $(\frac{\pi}{2} < \alpha \leqslant \pi)$

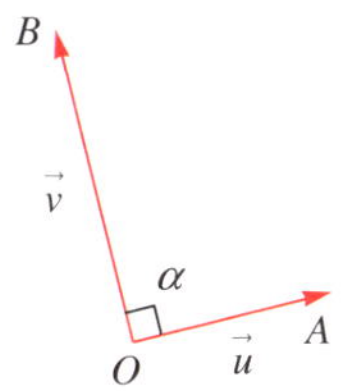

$\vec{u}.\vec{v} = 0$ $(\alpha = \frac{\pi}{2})$

E. Cas particuliers

Si $\vec{u}$ et $\vec{v}$ sont colinéaires et de même sens :

$$\vec{u}.\vec{v} = \|\vec{u}\| \times \|\vec{v}\|.$$

Si $\vec{u}$ et $\vec{v}$ sont colinéaires et de sens contraires :

$$\vec{u}.\vec{v} = -\|\vec{u}\| \times \|\vec{v}\|.$$

2 Vecteurs orthogonaux

Des vecteurs $\vec{u}$ et $\vec{v}$ sont dits « **orthogonaux** » si, et seulement si, $\vec{u}.\vec{v} = 0$.

Les vecteurs $\vec{u}$ et $\vec{v}$ sont orthogonaux dans les cas suivants :
1) $\vec{u} = \vec{0}$ ou $\vec{v} = \vec{0}$;
2) $\vec{u} \neq \vec{0}$ et $\vec{v} \neq \vec{0}$,
et les droites (OA) et (OB) perpendiculaires.

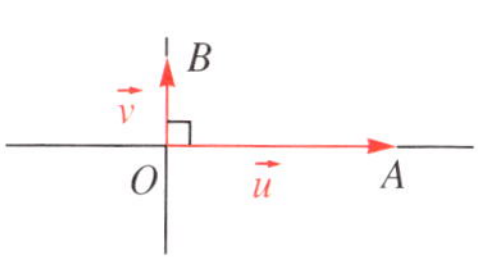

3 Propriétés de calcul du produit scalaire

$\vec{u}$, $\vec{v}$ et $\vec{w}$ sont des vecteurs, k et k' des nombres réels.

$$\vec{u}.\vec{v} = \vec{v}.\vec{u}$$
$$\vec{u}.(k\vec{v}) = k\vec{u}.\vec{v} = (k\vec{u}).\vec{v}$$
$$\vec{u}.(\vec{v} + \vec{w}) = \vec{u}.\vec{v} + \vec{u}.\vec{w}$$

Conséquences

$$(-\vec{u}).\vec{v} = -(\vec{u}.\vec{v}) = \vec{u}.(-\vec{v})$$
$$\vec{u}.(k\vec{v} + k'\vec{w}) = k\vec{u}.\vec{v} + k'\vec{u}.\vec{w}$$
$$(k\vec{v} + k'\vec{w}).\vec{u} = k\vec{v}.\vec{u} + k'\vec{w}.\vec{u}$$
$$\vec{u}.(k\vec{v} - k'\vec{w}) = k\vec{u}.\vec{v} - k'\vec{u}.\vec{w}$$
$$(k\vec{v} - k'\vec{w}).\vec{u} = k\vec{v}.\vec{u} - k'\vec{w}.\vec{u}$$

4 Produit scalaire et norme

$\vec{u}.\vec{u}$ se note $\vec{u}^2$ (« carré scalaire du vecteur $\vec{u}$ »).

A. Propriétés

$$\vec{u}^2 = \|\vec{u}\|^2$$

■ **En particulier :** $\overrightarrow{AB}^2 = \|\overrightarrow{AB}\|^2 = AB^2$
(carré scalaire de $\overrightarrow{AB}$ = norme de $\overrightarrow{AB}$ au carré = distance AB au carré).
Soit $\vec{u}$ et $\vec{v}$ des vecteurs :

$$\|\vec{u} + \vec{v}\|^2 = \|\vec{u}\|^2 + 2\vec{u}.\vec{v} + \|\vec{v}\|^2$$
$$\|\vec{u} - \vec{v}\|^2 = \|\vec{u}\|^2 - 2\vec{u}.\vec{v} + \|\vec{v}\|^2$$
$$\|\vec{u}\|^2 - \|\vec{v}\|^2 = (\vec{u} + \vec{v}).(\vec{u} - \vec{v})$$

B. Expressions du produit scalaire à l'aide des normes

Soit $\vec{u}$ et $\vec{v}$ deux vecteurs :

$$\vec{u} \cdot \vec{v} = \frac{1}{2}\left[\|\vec{u} + \vec{v}\|^2 - \|\vec{u}\|^2 - \|\vec{v}\|^2\right],$$
$$\vec{u} \cdot \vec{v} = \frac{1}{2}\left[\|\vec{u}\|^2 + \|\vec{v}\|^2 - \|\vec{u} - \vec{v}\|^2\right]$$
$$\vec{u} \cdot \vec{v} = \frac{1}{4}\left[\|\vec{u} + \vec{v}\|^2 - \|\vec{u} - \vec{v}\|^2\right]$$

5 Produit scalaire dans un repère orthonormé

Soit $\vec{u}$ et $\vec{u}'$ deux vecteurs du plan muni d'un **repère orthonormé** $(O\ ;\ I, J)$.
Si $\vec{u}\,(x\ ;\ y)$ et $\vec{u}'(x'\ ;\ y')$ alors $\boldsymbol{\vec{u}\ .\ \vec{u}' = xx' + yy'}$.

En particulier, $\vec{u}^2 = ||\vec{u}||^2 = x^2 + y^2$, donc $||\vec{u}|| = \sqrt{x^2 + y^2}$.

Remarque : Les vecteurs $\vec{u}\,(x\ ;\ y)$ et $\vec{v}\,(y\ ;\ -x)$ sont deux vecteurs orthogonaux de même norme.

En effet $\vec{u} \cdot \vec{v} = xy - xy = 0$ et $||\vec{u}|| = ||\vec{v}|| = \sqrt{x^2 + y^2}$.

1 Calculer le produit scalaire de deux vecteurs par différentes méthodes

EXERCICE TYPE

Calculer, en choisissant une méthode adaptée, le produit scalaire $\overrightarrow{AB} \cdot \overrightarrow{AC}$ dans chacun des cas suivants :

1° ABC est un triangle équilatéral de côté a, $(a > 0)$.

2° ABC est un triangle rectangle en B avec $AB = a$, $(a > 0)$.

3° $A(6 ; -2)$, $B(4 ; 3)$ et $C(-1 ; -5)$ dans un repère orthonormé.

4° $ABDC$ est un parallélogramme avec $AB = 5$, $AC = 3$ et $AD = 7$.

5° ABC est un triangle tel que $AB = 8$, $BC = 10$ et $AC = 9$.

CORRIGÉ COMMENTÉ

1° La connaissance des normes des vecteurs $\overrightarrow{AB}$ et $\overrightarrow{AC}$, et d'une mesure de l'angle $\widehat{BAC}$ nous incite à choisir l'**expression du produit scalaire utilisant le cosinus**.

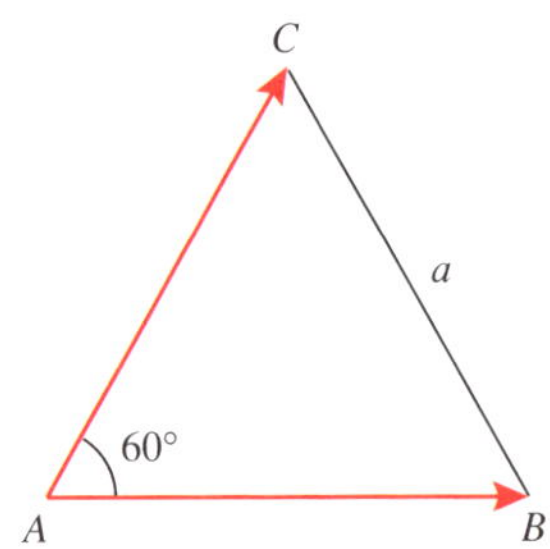

En effet :

$\overrightarrow{AB} \cdot \overrightarrow{AC} = AB \times AC \times \cos \widehat{BAC}$

qui donne :

$$\overrightarrow{AB} \cdot \overrightarrow{AC} = a \times a \times \cos 60° = a^2 \times \frac{1}{2},$$

donc $\boldsymbol{\overrightarrow{AB} \cdot \overrightarrow{AC} = \frac{1}{2} a^2}$.

On utilise la formule du cosinus, car on connaît la valeur remarquable $\cos 60° = \frac{1}{2}$.

Remarque :

On aurait pu également choisir l'expression utilisant le projeté orthogonal car C se projette orthogonalement sur (AB) au milieu du segment $[AB]$.

2° Ici, on ne connaît ni AC, ni l'angle $\widehat{BAC}$. En revanche, le fait que le triangle ABC soit rectangle en B incite à choisir **l'expression utilisant le projeté orthogonal**.

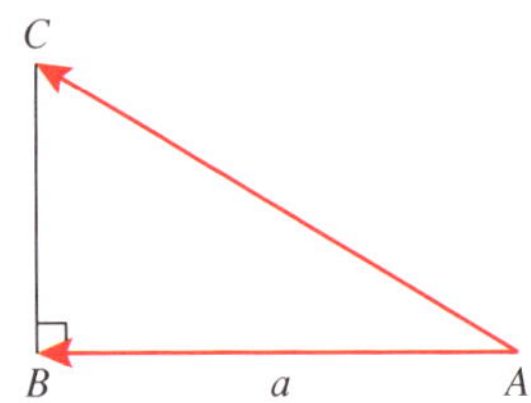

En effet :

$\overrightarrow{AB} \cdot \overrightarrow{AC} = AB \times AB$, car C se projette orthogonalement en B sur la droite (BC).

Puisque $AB = a$, on a donc $\boldsymbol{\overrightarrow{AB} \cdot \overrightarrow{AC} = a^2}$.

3° On utilise ici l'expression du produit scalaire dans un repère orthonormé.

On a $\overrightarrow{AB}\,(-2\,;\,5)$ et $\overrightarrow{AC}\,(-7\,;\,-3)$, d'où :

$\overrightarrow{AB}\cdot\overrightarrow{AC} = (-2)\times(-7) + 5\times(-3) = 14 - 15$.

Donc $\boldsymbol{\overrightarrow{AB}\cdot\overrightarrow{AC} = -1}$.

4° Ne connaissant que des distances (c'est-à-dire des normes de vecteurs), nous allons utiliser **une expression du produit scalaire calculée à partir des normes**.

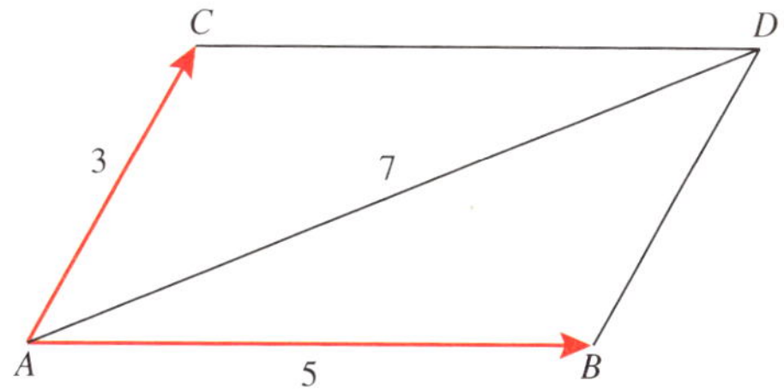

On a $\|\overrightarrow{AB}\| = AB = 5$,

$\|\overrightarrow{AC}\| = AC = 3$.

Le quadrilatère $ABDC$ est un parallélogramme donc $\overrightarrow{AD} = \overrightarrow{AB} + \overrightarrow{AC}$ ce qui entraîne $\|\overrightarrow{AB} + \overrightarrow{AC}\| = \|\overrightarrow{AD}\| = AD = 7$.

On en déduit, en utilisant la formule adaptée :

> On utilise ici la formule $\vec{u}\cdot\vec{v} = \frac{1}{2}\left(\|\vec{u}+\vec{v}\|^2 - \|\vec{u}\|^2 - \|\vec{v}\|^2\right)$.

$$\overrightarrow{AB}\cdot\overrightarrow{AC} = \frac{1}{2}\left[\|\overrightarrow{AB}+\overrightarrow{AC}\|^2 - \|\overrightarrow{AB}\|^2 - \|\overrightarrow{AC}\|^2\right]$$
$$= \frac{1}{2}\left[AD^2 - AB^2 - AC^2\right].$$

D'où $\overrightarrow{AB}\cdot\overrightarrow{AC} = \frac{1}{2}\left[7^2 - 5^2 - 3^2\right] = \frac{1}{2}(49 - 25 - 9)$, soit $\boldsymbol{\overrightarrow{AB}\cdot\overrightarrow{AC} = \frac{15}{2}}$.

5° Comme à la question précédente, on ne connaît ici que des longueurs ce qui incite à choisir **une expression utilisant les normes** :

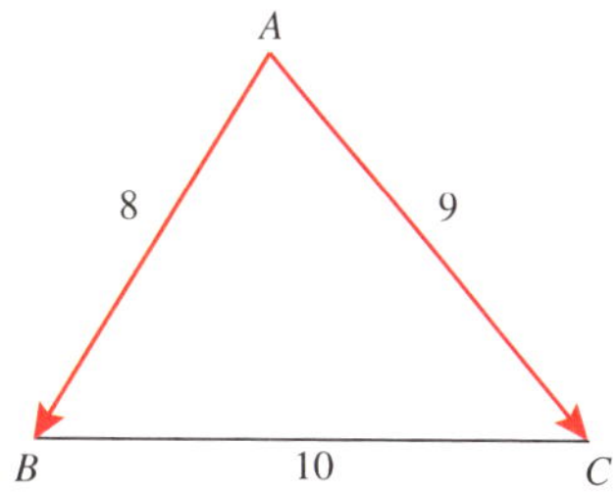

On a $\|\overrightarrow{AB}\| = AB = 8$, $\|\overrightarrow{AC}\| = AC = 9$

et $\|\overrightarrow{BC}\| = BC = 10$.

Or $\overrightarrow{BC} = \overrightarrow{AC} - \overrightarrow{AB}$ donc $\|\overrightarrow{AC} - \overrightarrow{AB}\| = 10$.

On en déduit, en utilisant la formule adaptée :

$$\overrightarrow{AB}\cdot\overrightarrow{AC} = \frac{1}{2}\left[\|\overrightarrow{AC}\|^2 + \|\overrightarrow{AB}\|^2 - \|\overrightarrow{AC}-\overrightarrow{AB}\|^2\right]$$
$$= \frac{1}{2}\left[AC^2 + AB^2 - BC^2\right].$$

D'où $\overrightarrow{AB}\cdot\overrightarrow{AC} = \frac{1}{2}\left[9^2 + 8^2 - 10^2\right] = \frac{1}{2}(81 + 64 - 100)$ soit $\boldsymbol{\overrightarrow{AB}\cdot\overrightarrow{AC} = \frac{45}{2}}$.

À RETENIR

• Il y a **quatre méthodes** pour calculer un produit scalaire (projection, formule avec un cosinus, normes et utilisation d'un repère) avec pour certaines plusieurs « variantes ».
Il est donc essentiel, pour choisir la méthode la mieux adaptée, de bien **identifier la nature des données** (connaissance de la mesure d'un angle, de longueurs ou de la position du projeté orthogonal).
• Si l'on prend l'initiative de travailler dans un repère, on doit le choisir nécessairement **orthonormé** et bien adapté à la configuration pour simplifier le calcul des coordonnées.
• Dans certains cas, plusieurs méthodes permettent d'obtenir le produit scalaire demandé.

2 Utiliser les propriétés pour calculer un produit scalaire ou pour démontrer une relation

EXERCICE TYPE

Soit $ABCD$ un carré de centre O et de côté a.

On appelle I le point tel que $\overrightarrow{AI} = \frac{1}{3}\overrightarrow{AD}$.

1° Calculer les produits scalaires suivants :

a) $\overrightarrow{AC} \cdot \overrightarrow{BA}$; ***b)*** $\overrightarrow{OC} \cdot \overrightarrow{AD}$; ***c)*** $\overrightarrow{AI} \cdot \overrightarrow{OB}$; ***d)*** $\overrightarrow{CI} \cdot \overrightarrow{DB}$.

2° Soit M un point quelconque du plan, démontrer que :

$$MA^2 + MC^2 = MB^2 + MD^2.$$

CORRIGÉ COMMENTÉ

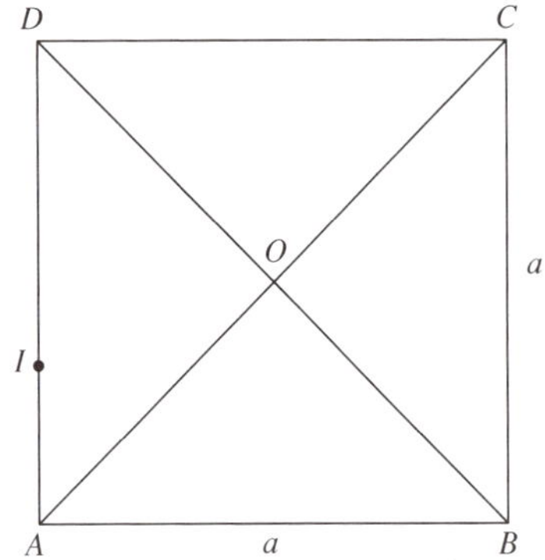

1° *a)* Il n'est pas toujours simple de déterminer une mesure de l'angle de deux vecteurs lorsque les représentants de ces vecteurs n'ont pas même origine comme ; c'est le cas ici.
On peut cependant très souvent se ramener à deux représentants de même origine en utilisant le calcul vectoriel et les propriétés du produit scalaire.
On a en effet $\overrightarrow{BA} = -\overrightarrow{AB}$, d'où :
$\overrightarrow{AC} \cdot \overrightarrow{BA} = \overrightarrow{AC} \cdot (-\overrightarrow{AB}) = -\overrightarrow{AC} \cdot \overrightarrow{AB}$.

Or $\overrightarrow{AC} \cdot \overrightarrow{AB} = AB \times AB = a^2$, car C se projette orthogonalement en B sur (AB).
Donc $\boldsymbol{\overrightarrow{AC} \cdot \overrightarrow{BA} = -a^2}$.

b) O étant le milieu de $[AC]$, on a $\overrightarrow{OC} = \frac{1}{2}\overrightarrow{AC}$ d'où :
$\overrightarrow{OC} \cdot \overrightarrow{AD} = \left(\frac{1}{2}\overrightarrow{AC}\right) \cdot \overrightarrow{AD} = \frac{1}{2}\overrightarrow{AC} \cdot \overrightarrow{AD}$;
or $\overrightarrow{AC} \cdot \overrightarrow{AD} = AD \times AD = a^2$ car C se projette orthogonalement en D sur (AD).
D'où $\boldsymbol{\overrightarrow{OC} \cdot \overrightarrow{AD} = \frac{1}{2}a^2}$.

c) On a $\overrightarrow{AI} = \frac{1}{3}\overrightarrow{AD}$ et $\overrightarrow{AD} = \overrightarrow{BC}$, donc $\overrightarrow{AI} = \frac{1}{3}\overrightarrow{BC}$ d'une part.
D'autre part, $\overrightarrow{OB} = \frac{1}{2}\overrightarrow{DB} = -\frac{1}{2}\overrightarrow{BD}$.
Alors $\overrightarrow{AI} \cdot \overrightarrow{OB} = \left(\frac{1}{3}\overrightarrow{BC}\right) \cdot \left(-\frac{1}{2}\overrightarrow{BD}\right) = -\frac{1}{6}\overrightarrow{BC} \cdot \overrightarrow{BD}$ d'après les règles opératoires sur le produit scalaire.
Or $\overrightarrow{BC} \cdot \overrightarrow{BD} = a^2$, d'où $\boldsymbol{\overrightarrow{AI} \cdot \overrightarrow{OB} = -\frac{1}{6}a^2}$.

d) Ici, il est difficile d'utiliser la méthode par projection et l'angle des vecteurs $(\overrightarrow{CI}; \overrightarrow{DB})$ n'a pas une valeur remarquable.
Décomposons alors les vecteurs $\overrightarrow{CI}$ et $\overrightarrow{DB}$ à l'aide de la relation de Chasles en ne faisant intervenir que des vecteurs colinéaires ou orthogonaux entre eux.

On a $\overrightarrow{CI} = \overrightarrow{CD} + \overrightarrow{DI} = \overrightarrow{CD} + \frac{2}{3}\overrightarrow{DA}$ et $\overrightarrow{DB} = \overrightarrow{DA} + \overrightarrow{AB}$.

> On cherche à faire apparaître des vecteurs que l'on sait colinéaires ou orthogonaux.

Les propriétés du produit scalaire donnent :

$$\overrightarrow{CI} \cdot \overrightarrow{DB} = \left(\overrightarrow{CD} + \frac{2}{3}\overrightarrow{DA}\right) \cdot (\overrightarrow{DA} + \overrightarrow{AB})$$
$$= \overrightarrow{CD} \cdot \overrightarrow{DA} + \overrightarrow{CD} \cdot \overrightarrow{AB} + \frac{2}{3}\overrightarrow{DA} \cdot \overrightarrow{DA} + \frac{2}{3}\overrightarrow{DA} \cdot \overrightarrow{AB}$$
$$= 0 - CD \times AB + \frac{2}{3}DA^2 + 0$$

(car $\overrightarrow{CD}$ et $\overrightarrow{DA}$ sont orthogonaux, $\overrightarrow{CD}$ et $\overrightarrow{AB}$ sont colinéaires de sens contraires et $\overrightarrow{DA}$ et $\overrightarrow{AB}$ sont orthogonaux).
Comme $CD = AB = DA = a$, on en déduit $\overrightarrow{CI} \cdot \overrightarrow{DB} = -a^2 + \frac{2}{3}a^2$
soit $\boldsymbol{\overrightarrow{CI} \cdot \overrightarrow{DB} = -\frac{1}{3}a^2}$.

2° Ici, on transforme les carrés de longueurs en carrés scalaires puis on utilise la relation de Chasles.
Pour tout point M du plan :

$$MA^2 + MC^2 = \overrightarrow{MA}^2 + \overrightarrow{MC}^2$$
$$= (\overrightarrow{MB} + \overrightarrow{BA})^2 + (\overrightarrow{MD} + \overrightarrow{DC})^2$$
$$= \overrightarrow{MB}^2 + \overrightarrow{BA}^2 + 2\overrightarrow{MB} \cdot \overrightarrow{BA} + \overrightarrow{MD}^2 + \overrightarrow{DC}^2 + 2\overrightarrow{MD} \cdot \overrightarrow{DC}$$
$$= MB^2 + BA^2 + MD^2 + DC^2 + 2\overrightarrow{MB} \cdot \overrightarrow{BA} - 2\overrightarrow{MD} \cdot \overrightarrow{BA}$$
(car $\overrightarrow{DC} = -\overrightarrow{BA}$)
$$= MB^2 + MD^2 + 2a^2 + 2(\overrightarrow{MB} - \overrightarrow{MD}) \cdot \overrightarrow{BA}$$
$$= MB^2 + MD^2 + 2a^2 + 2\overrightarrow{DB} \cdot \overrightarrow{BA}$$
$$= MB^2 + MD^2 + 2a^2 - 2AB \times BA \text{ (car } D \text{ se projette en } A \text{ sur } (AB))$$
$$= MB^2 + MD^2 + 2a^2 - 2a^2$$
$$= MB^2 + MD^2.$$

Il ne faut pas confondre la relation de Chasles, avec les vecteurs $\overrightarrow{AB} + \overrightarrow{BC} = \overrightarrow{AC}$, et l'inégalité triangulaire sur les distances $AB + BC \geqslant AC$.

À RETENIR

• Pour calculer certains produits scalaires ou pour démontrer des égalités faisant intervenir des longueurs, il est parfois nécessaire d'utiliser les **propriétés opératoires** du produit scalaire.
• On calcule de la **même manière** avec l'addition et le produit scalaire de vecteurs qu'avec l'addition et la multiplication de réels (développement, factorisation, identités remarquables…).
• Dans les démonstration de relations, on est souvent amenés à écrire le **carré d'une distance** comme un **carré scalaire de vecteurs**, pour pouvoir ensuite d'utiliser les opérations de calcul vectoriel.

3 Démontrer l'orthogonalité de deux droites

EXERCICE TYPE

Soit ABC un triangle équilatéral, M et N les points tels que :

$$\overrightarrow{AM} = \frac{2}{3}\overrightarrow{AB} \quad \text{et} \quad \overrightarrow{BN} = \frac{1}{5}\overrightarrow{BC}.$$

Montrer que les droites (CM) et (AN) sont orthogonales.

CORRIGÉ COMMENTÉ

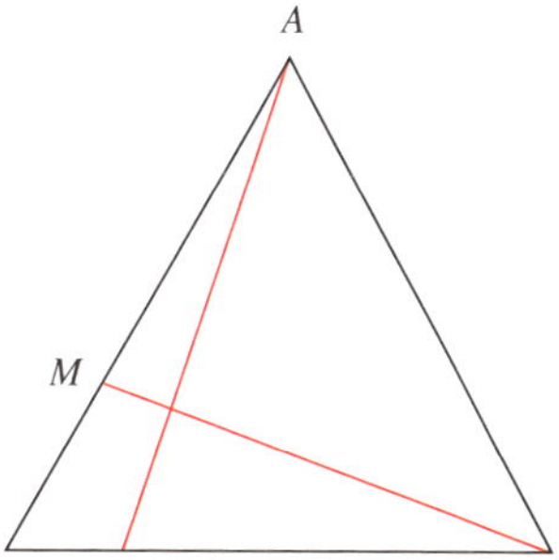

Réalisons tout d'abord une figure.
Pour montrer que les droites (CM) et (AN) sont orthogonales, il suffit de prouver que les vecteurs $\overrightarrow{AN}$ et $\overrightarrow{CM}$ sont des vecteurs orthogonaux ; pour cela, calculons le produit scalaire $\overrightarrow{AN}.\overrightarrow{CM}$.
Décomposons les vecteurs $\overrightarrow{AN}$ et $\overrightarrow{CM}$, à l'aide de la relation de Chasles, pour faire apparaître les vecteurs de l'énoncé :

$$\overrightarrow{AN} = \overrightarrow{AB} + \overrightarrow{BN} = \overrightarrow{AB} + \frac{1}{5}\overrightarrow{BC},$$

$$\overrightarrow{CM} = \overrightarrow{CA} + \overrightarrow{AM} = \overrightarrow{CA} + \frac{2}{3}\overrightarrow{AB}.$$

On établit une décomposition qui fasse apparaître les données de l'énoncé.

Calculons le produit scalaire $\overrightarrow{AN}.\overrightarrow{CM}$, en utilisant les propriétés du produit scalaire :

$$\overrightarrow{AN}.\overrightarrow{CM} = (\overrightarrow{AB} + \frac{1}{5}\overrightarrow{BC}).\left(\overrightarrow{CA} + \frac{2}{3}\overrightarrow{AB}\right)$$

$$\overrightarrow{AN}.\overrightarrow{CM} = \overrightarrow{AB}.\overrightarrow{CA} + \frac{2}{3}\overrightarrow{AB}^2 + \frac{1}{5}\overrightarrow{BC}.\overrightarrow{CA} + \frac{2}{15}\overrightarrow{BC}.\overrightarrow{AB}.$$

Calculons chacun des produits scalaires ; on désignera par a la mesure commune des côtés du triangle ABC.

$$\overrightarrow{AB}.\overrightarrow{CA} = -\overrightarrow{AB}.\overrightarrow{AC} = -AB \times AC \times \cos 60° = -a^2 \times \frac{1}{2} = -\frac{a^2}{2}\ ;\ \overrightarrow{AB}^2 = AB^2 = a^2\ ;$$

$$\overrightarrow{BC}.\overrightarrow{CA} = -\overrightarrow{CB}.\overrightarrow{CA} = -CB \times CA \times \cos 60° = -a^2 \times \frac{1}{2} = \frac{-a^2}{2}\ ;$$

$$\overrightarrow{BC}.\overrightarrow{AB} = -\overrightarrow{BC}.\overrightarrow{BA} = -BC \times BA \times \cos 60° = -a^2 \times \frac{1}{2} = -\frac{a^2}{2}.$$

Achevons le calcul de $\overrightarrow{AN}.\overrightarrow{CM}$:

$$\overrightarrow{AN}.\overrightarrow{CM} = -\frac{a^2}{2} + \frac{2}{3}a^2 - \frac{a^2}{10} - \frac{a^2}{15} = \frac{-15a^2 + 20a^2 - 3a^2 - 2a^2}{30} = 0.$$

$\overrightarrow{AN}.\overrightarrow{CM} = 0$ signifie que les vecteurs $\overrightarrow{AN}$ et $\overrightarrow{CM}$ sont orthogonaux.
Donc **les droites (AN) et (CM) sont orthogonales**.

À RETENIR

Pour **montrer que deux droites sont orthogonales,** on peut **montrer que le produit scalaire** de **deux vecteurs directeurs** de chacune d'elles **est nul.**
Il peut être nécessaire de **décomposer les vecteurs** à l'aide de la relation de Chasles, puis d'**appliquer les propriétés** du produit scalaire.

Exercices d'entraînement

1 ★★ 20 min

Calculer, en choisissant une méthode adaptée, le produit scalaire $\overrightarrow{AB} \cdot \overrightarrow{AC}$ dans chacun des cas suivants :

1° $ABCD$ est un carré de côté de côté a, $(a > 0)$.

2° $A(-3\ ;4)$, $B(-1\ ;5)$ et $C(2\ ;-6)$ dans un repère orthonormé.

3° ABC est un triangle tel que $AB = 4$, $BC = 3$ et $AC = 6$.

4° $ABDC$ est un parallélogramme avec $BC = 5$ et $AD = 8$.

5° BCD est un triangle équilatéral de centre de gravité A et de côté a, $(a > 0)$.

→ Corrigé p. 234

2 ★ 10 min

Sur la figure ci-dessous, on a tracé deux cercles de centre O et de rayons respectifs 2 et 3.

1° Calculer les produits scalaires suivants :

a) $\overrightarrow{OC} \cdot \overrightarrow{OD}$;

b) $\overrightarrow{OC} \cdot \overrightarrow{OE}$;

c) $\overrightarrow{OC} \cdot \overrightarrow{OB}$;

d) $\overrightarrow{OA} \cdot \overrightarrow{OB}$.

2° Donner les coordonnées des points A, B, C, D et E dans le repère orthonormé $(O\ ; I, J)$.

En déduire les produits scalaires $\overrightarrow{OA} \cdot \overrightarrow{AC}$; $\overrightarrow{CA} \cdot \overrightarrow{CD}$ et $\overrightarrow{BE} \cdot \overrightarrow{BA}$.

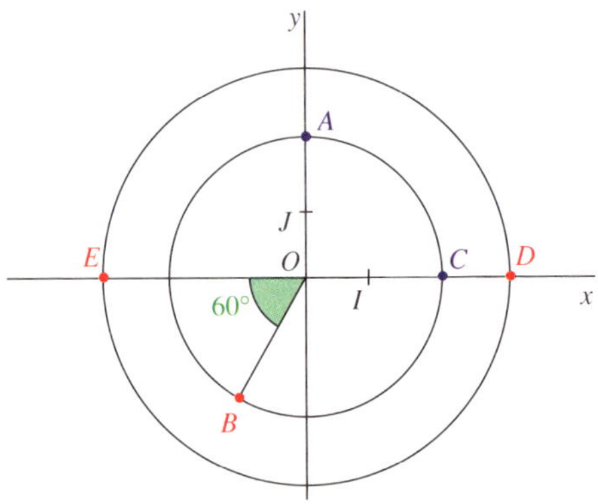

→ Corrigé p. 235

3 ★★ **15 min**

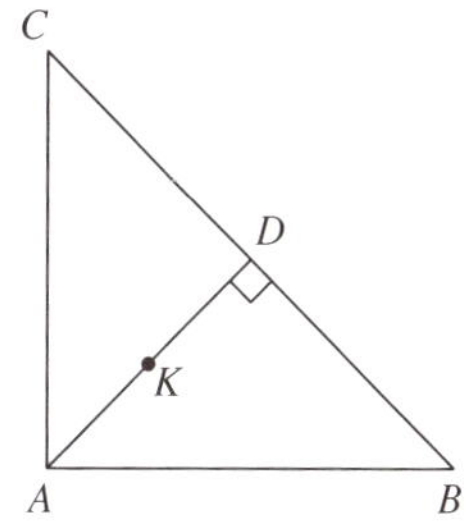

Soit ABC un triangle rectangle isocèle en A.
Soit D le milieu du côté $[BC]$ et K le milieu du segment $[AD]$. On donne $AD = 3$.
Calculer les produits scalaires suivants :
a) $\overrightarrow{AB} \cdot \overrightarrow{KD}$;
b) $\overrightarrow{AB} \cdot \overrightarrow{KC}$;
c) $\overrightarrow{AB} \cdot \overrightarrow{BK}$.

→ Corrigé p. 235

4 ★★ **10 min**

Soit $ABCD$ un parallélogramme.
Démontrer que $BD^2 + AC^2 = 2(AB^2 + BC^2)$.

→ Corrigé p. 236

5 ★★ **15 min**

Soit ABC un triangle rectangle en A et H le pied de la hauteur issue de A.
Démontrer les égalités suivantes :

1° $AB^2 = \overrightarrow{BC} \cdot \overrightarrow{BH}$

2° $AH^2 = -\overrightarrow{HB} \cdot \overrightarrow{HC}$

→ Corrigé p. 236

6 ★★ **15 min**

Soit ABC un triangle équilatéral, M et N les points tels que :

$$\overrightarrow{BM} = \frac{1}{4}\overrightarrow{BA} \text{ et } \overrightarrow{CN} = \frac{5}{7}\overrightarrow{CB}.$$

Montrer que les droites (AN) et (CM) sont orthogonales.

→ Corrigé p. 237

7 ★★ **15 min**

Soit un carré $ABCD$; soit k un réel, $0 < k < 1$.
M est le point du segment $[AB]$ tel que $\overrightarrow{AM} = k\overrightarrow{AB}$.
N est le point du segment $[BC]$ tel que $\overrightarrow{BN} = k\overrightarrow{BC}$.
Montrer que les droites (DM) et (AN) sont orthogonales.

→ Corrigé p. 237

8 ★★★ **20 min**

Soit ABC un triangle équilatéral. Soit k un réel, $0 < k < 1$.
Soit le point M du segment $[AB]$ tel que $\overrightarrow{BM} = k\overrightarrow{BA}$.
Soit le point N du segment $[BC]$ tel que $\overrightarrow{BN} = k\overrightarrow{BC}$.
Déterminer la valeur de k telle que les droites (AN) et (CM) soient orthogonales.

Indications : Cet exercice diffère des précédents, puisque l'on ne demande pas de prouver que deux droites sont orthogonales. On calculera le produit scalaire $\overrightarrow{AN}.\overrightarrow{CM}$ que l'on exprimera à l'aide de k et de a, mesure des côtés du triangle. On traduira l'orthogonalité des droites (AN) et (CM) par une équation d'inconnue k.

→ Corrigé p. 238

Exercices-bilans

9 ★★★ **20 min**

ABC est un triangle, rectangle en A.
A se projette orthogonalement sur (BC) en H.
H se projette orthogonalement en K sur (AC) et en L sur (AB).
I est le milieu de $[BC]$.
Le but de l'exercice est de montrer que les droites (AI) et (KL) sont orthogonales.
On pourra suivre la démarche suivante.

1° Montrer que $\overrightarrow{AI}.\overrightarrow{KL} = \frac{1}{2}(\overrightarrow{AB}.\overrightarrow{AL} - \overrightarrow{AC}.\overrightarrow{AK})$.

2° Traduire, par le produit scalaire, l'orthogonalité de (AH) et (BC) et en déduire que $\overrightarrow{AB}.\overrightarrow{AH} - \overrightarrow{AC}.\overrightarrow{AH} = 0$.

3° Démontrer que (AI) et (KL) sont des droites orthogonales, après avoir justifié les égalités :

$$\overrightarrow{AB}.\overrightarrow{AL} = \overrightarrow{AB}.\overrightarrow{AH} \quad \text{et} \quad \overrightarrow{AC}.\overrightarrow{AK} = \overrightarrow{AC}.\overrightarrow{AH}.$$

→ Corrigé p. 239

10 ★★★ **25 min**

Soit A et B deux points du plan tels que $AB = 5$.

1° Soit G le point tel que $2\overrightarrow{GA} + 3\overrightarrow{GB} = 0$.
Montrer que, pour tout point M du plan :
$2MA^2 + 3MB^2 = 5MG^2 + 2GA^2 + 3GB^2$.

2° *a)* Exprimer les vecteurs $\overrightarrow{GA}$ et $\overrightarrow{GB}$ en fonction du vecteur $\overrightarrow{AB}$.
b) En déduire les distances GA et GB.

3° En déduire $2MA^2 + 3MB^2 = 5MG^2 + 30$.
4° Déterminer et construire l'ensemble des points M du plan tels que :
$2MA^2 + 3MB^2 = 50$.

→ Corrigé p. 240

11 ★★★ **30 min**

Soit un cercle $\mathscr{C}$ de centre Ω et de rayon R.
Soit M un point quelconque du plan. Une droite passant par M coupe le cercle $\mathscr{C}$ en deux points A et B.

1° I désignant le milieu de [AB] , démontrer que le produit scalaire $\overrightarrow{MA}.\overrightarrow{MB}$ est égal à $MI^2 - IA^2$.

2° Justifier que $MI^2 = M\Omega^2 - I\Omega^2$ et $IA^2 = A\Omega^2 - I\Omega^2$.
En déduire que $\overrightarrow{MA}.\overrightarrow{MB} = M\Omega^2 - R^2$

3° À tout point M du plan on associe le nombre réel $f(M) = \overrightarrow{MA}.\overrightarrow{MB}$ précédemment défini (et donc indépendant de la droite passant par M et coupant le cercle $\mathscr{C}$ en A et B.)
Déterminer et construire :

a) L'ensemble (E) des points M tels que $f(M) = R^2$.

b) L'ensemble (F) des points M tels que $f(M) = 0$.

→ Corrigé p. 241

1 → Énoncé p. 230 1° On a $\overrightarrow{AB} \cdot \overrightarrow{AC} = AB \times AB$, car C se projette orthogonalement en B sur la droite (AC). Donc $\boldsymbol{\overrightarrow{AB} \cdot \overrightarrow{AC} = a^2}$.

(On aurait pu également faire :

$\overrightarrow{AB} \cdot \overrightarrow{AC} = AB \times AC \times \cos \widehat{BAC} = a \times (\sqrt{2}a) \times \cos 45° = a \times \sqrt{2}\, a \times \dfrac{\sqrt{2}}{2} = a^2$.)

2° On a $\overrightarrow{AB}\,(2\,;\,1)$ et $\overrightarrow{AC}\,(5\,;\,-10)$, d'où $\overrightarrow{AB} \cdot \overrightarrow{AC} = 2 \times 5 + 1 \times (-10) = 10 - 10 = 0$.

D'où $\boldsymbol{\overrightarrow{AB} \cdot \overrightarrow{AC} = 0}$ (les vecteurs $\overrightarrow{AB}$ et $\overrightarrow{AC}$ sont orthogonaux).

3° On utilise ici une expression du produit scalaire à l'aide des normes :

$\overrightarrow{AB} \cdot \overrightarrow{AC} = \dfrac{1}{2}\left[\|\overrightarrow{AC}\|^2 + \|\overrightarrow{AB}\|^2 - \|\overrightarrow{AC} - \overrightarrow{AB}\|^2\right] = \dfrac{1}{2}\,[AC^2 + AB^2 - BC^2]$.

D'où $\overrightarrow{AB} \cdot \overrightarrow{AC} = \dfrac{1}{2}\,[6^2 + 4^2 - 3^2] = \dfrac{1}{2}\,(36 + 16 - 9)$, soit $\boldsymbol{\overrightarrow{AB} \cdot \overrightarrow{AC} = \dfrac{43}{2}}$.

4° On utilise également une formule de calcul à l'aide de normes :

$\overrightarrow{AB} \cdot \overrightarrow{AC} = \dfrac{1}{4}\left[\|\overrightarrow{AC} + \overrightarrow{AB}\|^2 - \|\overrightarrow{AC} - \overrightarrow{AB}\|^2\right]$

$= \dfrac{1}{4}\,[AD^2 - BC^2]$.

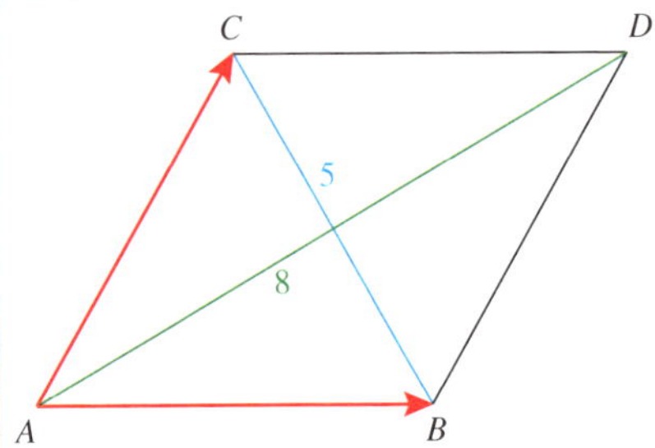

Il s'agit de la formule $\vec{u} \cdot \vec{v} = \dfrac{1}{4}\left(\|\vec{u} + \vec{v}\|^2 - \|\vec{u} - \vec{v}\|^2\right)$.

En effet $\overrightarrow{AC} + \overrightarrow{AB} = \overrightarrow{AD}$, car $ABDC$ est un parallélogramme.

D'où $\overrightarrow{AB} \cdot \overrightarrow{AC} = \dfrac{1}{4}\,[8^2 - 5^2] = \dfrac{1}{4}\,(64 - 25)$ soit $\boldsymbol{\overrightarrow{AB} \cdot \overrightarrow{AC} = \dfrac{39}{2}}$.

5° Ici, deux méthodes sont possibles : utilisation de la formule avec le cosinus ou bien projection.

C se projette orthogonalement en H milieu de $[CD]$ sur la droite (AB).

On a alors $\overrightarrow{AB} \cdot \overrightarrow{AC} = -AB \times AH$.

A étant le centre de gravité du triangle BCD, on a :

$AB = \dfrac{2}{3}\,HB$ et $AH = \dfrac{1}{3}\,HB$, d'où $\overrightarrow{AB} \cdot \overrightarrow{AC} = -\dfrac{2}{9}\,HB^2$.

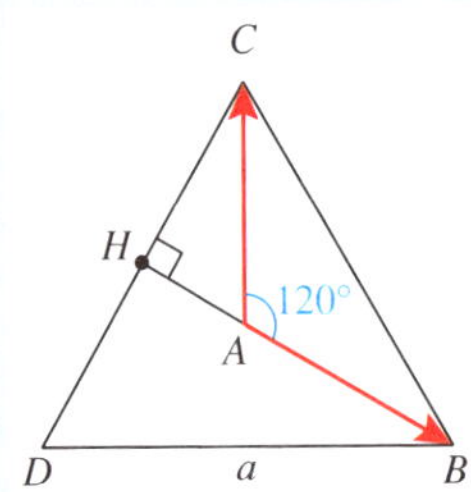

Or HB est une hauteur du triangle, donc $HB = \dfrac{\sqrt{3}}{2}\,a$ (hauteur d'un triangle équilatéral de côté a).

On en déduit $\overrightarrow{AB} \cdot \overrightarrow{AC} = -\dfrac{2}{9}\left(\dfrac{\sqrt{3}}{2}\,a\right)^2 = -\dfrac{2}{9} \times \dfrac{3}{4}\,a^2$ soit $\boldsymbol{\overrightarrow{AB} \cdot \overrightarrow{AC} = -\dfrac{1}{6}\,a^2}$.

2 → Énoncé p. 230 1° *a)* Les vecteurs $\overrightarrow{OC}$ et $\overrightarrow{OD}$ sont colinéaires de même sens.
Donc $\overrightarrow{OC} \cdot \overrightarrow{OD} = OC \times OD$, soit $\boldsymbol{\overrightarrow{OC} \cdot \overrightarrow{OD} = 6}$.

b) Les vecteurs $\overrightarrow{OC}$ et $\overrightarrow{OE}$ sont colinéaires de sens contraires.
Donc $\overrightarrow{OC} \cdot \overrightarrow{OE} = -\, OC \times OE$, soit $\boldsymbol{\overrightarrow{OC} \cdot \overrightarrow{OE} = -6}$.

c) $\overrightarrow{OC} \cdot \overrightarrow{OB} = OC \times OB \times \cos \widehat{BOC} = 2 \times 2 \times \cos 120° = 4 \times \left(-\frac{1}{2}\right)$, soit $\boldsymbol{\overrightarrow{OC} \cdot \overrightarrow{OB} = -2}$.

d) $\overrightarrow{OA} \cdot \overrightarrow{OB} = OA \times OB \times \cos \widehat{AOB} = 2 \times 2 \times \cos 150° = 4 \times \left(-\frac{\sqrt{3}}{2}\right)$, soit $\boldsymbol{\overrightarrow{OA} \cdot \overrightarrow{OB} = -2\sqrt{3}}$.

2° Dans le repère $(O\ ;\ I,\ J)$, on a $\boldsymbol{A(0\ ;\ 2)}$, $\boldsymbol{B(-1\ ;\ -\sqrt{3})}$, $\boldsymbol{C(2\ ;\ 0)}$, $\boldsymbol{D(3\ ;\ 0)}$ et $\boldsymbol{E(-3\ ;\ 0)}$.
On en déduit :

- $\overrightarrow{OA}(0\ ;\ 2)$ et $\overrightarrow{AC}(2\ ;\ -2)$, d'où $\overrightarrow{OA} \cdot \overrightarrow{AC} = 0 \times 2 + 2 \times (-2)$, soit $\boldsymbol{\overrightarrow{OA} \cdot \overrightarrow{AC} = -4}$;
- $\overrightarrow{CA}(-2\ ;\ 2)$ et $\overrightarrow{CD}(1\ ;\ 0)$, d'où $\overrightarrow{CA} \cdot CD = (-2) \times 1 + 2 \times 0$, soit $\boldsymbol{\overrightarrow{CA} \cdot \overrightarrow{CD} = -2}$;
- $\overrightarrow{BE}(-2\ ;\ \sqrt{3})$ et $\overrightarrow{BA}(1\ ;\ 2+\sqrt{3})$, d'où $\overrightarrow{BE} \cdot \overrightarrow{BA} = (-2) \times 1 + \sqrt{3} \times (2+\sqrt{3}) = -2 + 2\sqrt{3} + 3$, soit $\boldsymbol{\overrightarrow{BE} \cdot \overrightarrow{BA} = 1 + 2\sqrt{3}}$.

3 → Énoncé p. 231 *a)* B se projette orthogonalement en D sur la droite (KD) et A appartient à cette droite, donc : $\overrightarrow{AB} \cdot \overrightarrow{KD} = AD \times KD = 3 \times \frac{3}{2}$ soit $\boldsymbol{\overrightarrow{AB} \cdot \overrightarrow{KD} = \frac{9}{2}}$.

b) On utilise ici la relation de Chasles :
$\overrightarrow{AB} \cdot \overrightarrow{KC} = \overrightarrow{AB} \cdot (\overrightarrow{KD} + \overrightarrow{DC}) = \overrightarrow{AB} \cdot \overrightarrow{KD} + \overrightarrow{AB} \cdot \overrightarrow{DC}$.

On sait que $\overrightarrow{AB} \cdot \overrightarrow{KD} = \frac{9}{2}$.

A se projette orthogonalement en D sur la droite (DC) et B appartient à cette droite.
On a alors $\overrightarrow{AB} \cdot \overrightarrow{DC} = -\, DB \times DC$.
Or $DB = DC = AD = 3$, d'où $\overrightarrow{AB} \cdot \overrightarrow{DC} = -3 \times 3 = -9$.

On en déduit que $\overrightarrow{AB} \cdot \overrightarrow{KC} = \frac{9}{2} - 9$, soit $\boldsymbol{\overrightarrow{AB} \cdot \overrightarrow{KC} = -\frac{9}{2}}$.

c) On a $\overrightarrow{AB} \cdot \overrightarrow{BK} = \overrightarrow{AB} \cdot (\overrightarrow{BD} + \overrightarrow{DK}) = \overrightarrow{AB} \cdot (\overrightarrow{BD} - \overrightarrow{KD}) = \overrightarrow{AB} \cdot \overrightarrow{BD} - \overrightarrow{AB} \cdot \overrightarrow{KD}$.

On sait que $\overrightarrow{AB} \cdot \overrightarrow{KD} = \frac{9}{2}$.

A se projette orthogonalement en D sur la droite (DC) et B appartient à cette droite.
On a alors $\overrightarrow{AB} \cdot \overrightarrow{BD} = -\, DB \times BD = -9$.

On en déduit que $\overrightarrow{AB} \cdot \overrightarrow{BK} = -9 - \frac{9}{2}$, soit $\boldsymbol{\overrightarrow{AB} \cdot \overrightarrow{BK} = -\frac{27}{2}}$.

4 → Énoncé p. 231

Il ne faut pas confondre la relation de Chasles avec les vecteurs $\overrightarrow{AB} + \overrightarrow{BC} = \overrightarrow{AC}$ et l'inégalité triangulaire sur les distances $AB + BC \geqslant AC$.

On a :

$$\begin{aligned} BD^2 + AC^2 &= \overrightarrow{BD}^{\,2} + \overrightarrow{AC}^{\,2} \\ &= (\overrightarrow{BA} + \overrightarrow{AD})^2 + (\overrightarrow{AB} + \overrightarrow{BC})^2 \\ &= \overrightarrow{BA}^{\,2} + \overrightarrow{AD}^{\,2} + 2\overrightarrow{BA} \cdot \overrightarrow{AD} + \overrightarrow{AB}^{\,2} + \overrightarrow{BC}^{\,2} + 2\overrightarrow{AB} \cdot \overrightarrow{BC} \\ &= BA^2 + AD^2 - 2\overrightarrow{AB} \cdot \overrightarrow{AD} + AB^2 + BC^2 + 2\overrightarrow{AB} \cdot \overrightarrow{BC} \\ &= BA^2 + AB^2 + AD^2 + BC^2 + 2\overrightarrow{AB} \cdot (\overrightarrow{BC} - \overrightarrow{AD}) \\ &= 2AB^2 + AD^2 + BC^2 + 2\overrightarrow{AB} \cdot (\overrightarrow{BC} - \overrightarrow{AD}). \end{aligned}$$

Or $ABCD$ est un parallélogramme, donc $\overrightarrow{BC} = \overrightarrow{AD}$ ce qui entraîne $BC = AD$ et $2\overrightarrow{AB} \cdot (\overrightarrow{BC} - \overrightarrow{AD}) = 0$.

Alors $\boldsymbol{BD^2 + AC^2 = 2\,(AB^2 + BC^2)}$.

5 → Énoncé p. 231 1° On a :

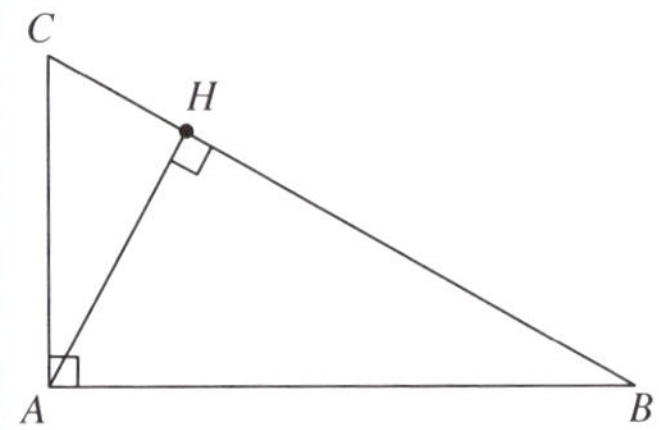

$$\begin{aligned} \overrightarrow{BC} \cdot \overrightarrow{BH} &= (\overrightarrow{BA} + \overrightarrow{AC}) \cdot (\overrightarrow{BA} + \overrightarrow{AH}) \\ &= \overrightarrow{BA}^{\,2} + \overrightarrow{BA} \cdot \overrightarrow{AH} + \overrightarrow{AC} \cdot \overrightarrow{BA} + \overrightarrow{AC} \cdot \overrightarrow{AH}. \end{aligned}$$

Or $\overrightarrow{AC}$ et $\overrightarrow{BA}$ sont orthogonaux donc :

$\overrightarrow{AC} \cdot \overrightarrow{BA} = 0$.

Alors :

$$\begin{aligned} \overrightarrow{BC} \cdot \overrightarrow{BH} &= (\overrightarrow{BA} + \overrightarrow{AC}) \cdot (\overrightarrow{BA} + \overrightarrow{AH}) \\ &= \overrightarrow{BA}^{\,2} + \overrightarrow{BA} \cdot \overrightarrow{AH} + \overrightarrow{AC} \cdot \overrightarrow{AH} \\ &= AB^2 + (\overrightarrow{BA} + \overrightarrow{AC}) \cdot \overrightarrow{AH} \\ &= AB^2 + \overrightarrow{BC} \cdot \overrightarrow{AH}. \end{aligned}$$

Or $\overrightarrow{BC}$ et $\overrightarrow{AH}$ sont orthogonaux, donc $\overrightarrow{BC} \cdot \overrightarrow{AH} = 0$.

On a donc bien $\boldsymbol{AB^2 = \overrightarrow{BC} \cdot \overrightarrow{BH}}$.

2° On a de même :

$$\begin{aligned} \overrightarrow{HB} \cdot \overrightarrow{HC} &= (\overrightarrow{HA} + \overrightarrow{AB}) \cdot (\overrightarrow{HA} + \overrightarrow{AC}) \\ &= \overrightarrow{HA}^{\,2} + \overrightarrow{HA} \cdot \overrightarrow{AC} + \overrightarrow{AB} \cdot \overrightarrow{HA} + \overrightarrow{AB} \cdot \overrightarrow{AC} \\ &= AH^2 + \overrightarrow{HA} \cdot \overrightarrow{AC} + \overrightarrow{HA} \cdot \overrightarrow{AB} \text{ (car } \overrightarrow{AB} \cdot \overrightarrow{AC} = 0) \\ &= AH^2 + \overrightarrow{HA} \cdot (\overrightarrow{AH} + \overrightarrow{HC}) + \overrightarrow{HA} \cdot (\overrightarrow{AH} + \overrightarrow{HB}) \\ &= AH^2 - AH^2 + \overrightarrow{HA} \cdot \overrightarrow{HC} - AH^2 + \overrightarrow{HA} \cdot \overrightarrow{HB}. \end{aligned}$$

Or $\overrightarrow{HA} \cdot \overrightarrow{HB} = \overrightarrow{HA} \cdot \overrightarrow{HC} = 0$, donc $\overrightarrow{HB} \cdot \overrightarrow{HC} = -AH^2$, c'est-à-dire $\boldsymbol{AH^2 = -\overrightarrow{HB} \cdot \overrightarrow{HC}}$.

6 → Énoncé p. 231

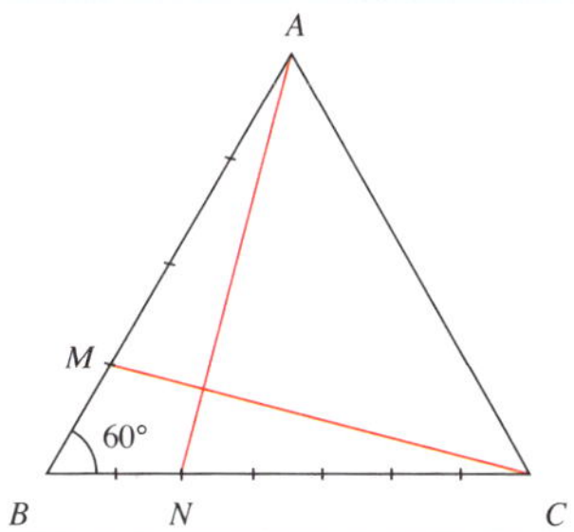

$\overrightarrow{AN} = \overrightarrow{AB} + \overrightarrow{BN} = \overrightarrow{AB} + \dfrac{2}{7}\overrightarrow{BC}$;

$\overrightarrow{CM} = \overrightarrow{CB} + \overrightarrow{BM} = \overrightarrow{CB} + \dfrac{1}{4}\overrightarrow{BA}.$

$$\overrightarrow{AN}.\overrightarrow{CM} = \left(\overrightarrow{AB} + \frac{2}{7}\overrightarrow{BC}\right).\left(\overrightarrow{CB} + \frac{1}{4}\overrightarrow{BA}\right)$$

$$\overrightarrow{AN}.\overrightarrow{CM} = \overrightarrow{AB}.\overrightarrow{CB} + \frac{1}{4}\overrightarrow{AB}.\overrightarrow{BA} + \frac{2}{7}\overrightarrow{BC}.\overrightarrow{CB} + \frac{1}{14}\overrightarrow{BC}.\overrightarrow{BA}.$$

Désignons par a la mesure commune des côtés :

$\overrightarrow{AB}.\overrightarrow{CB} = (-\overrightarrow{AB}).(-\overrightarrow{CB}) = \overrightarrow{BA}.\overrightarrow{BC} = BA \times BC \times \cos 60° = \dfrac{a^2}{2}$;

$\overrightarrow{AB}.\overrightarrow{BA} = \overrightarrow{AB}.(-\overrightarrow{AB}) = -\overrightarrow{AB}^2 = -a^2$; $\overrightarrow{BC}.\overrightarrow{CB} = \overrightarrow{BC}.(-\overrightarrow{BC}) = -\overrightarrow{BC}^2 = -a^2$;

$\overrightarrow{BC}.\overrightarrow{BA} = \dfrac{a^2}{2}.$

D'où $\quad \overrightarrow{AN}.\overrightarrow{CM} = \dfrac{a^2}{2} + \dfrac{1}{4} \times (-a^2) + \dfrac{2}{7}(-a^2) + \dfrac{1}{14} \times \dfrac{a^2}{2}.$

$$\overrightarrow{AN}.\overrightarrow{CM} = \frac{14a^2 - 7a^2 - 8a^2 + a^2}{28} = 0.$$

Donc **les droites (*AN*) et (*CM*) sont orthogonales**.

7 → Énoncé p. 231

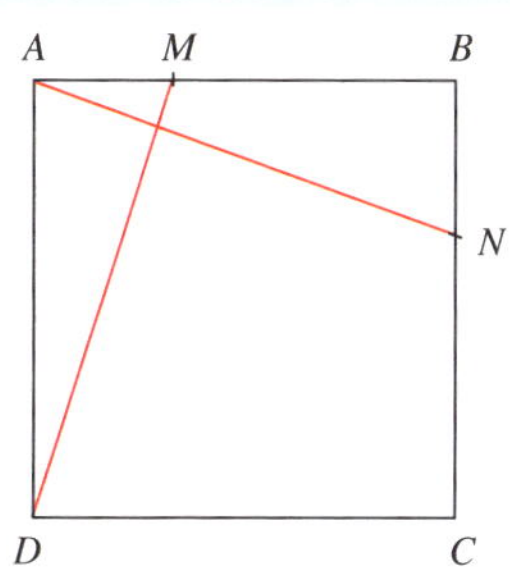

$\overrightarrow{DM} = \overrightarrow{DA} + \overrightarrow{AM} = \overrightarrow{DA} + k\overrightarrow{AB}$;
$\overrightarrow{AN} = \overrightarrow{AB} + \overrightarrow{BN} = \overrightarrow{AB} + k\overrightarrow{BC}$.
$\overrightarrow{DM}.\overrightarrow{AN} = (\overrightarrow{DA} + k\overrightarrow{AB}).(\overrightarrow{AB} + k\overrightarrow{BC})$
$\overrightarrow{DM}.\overrightarrow{AN} = \overrightarrow{DA}.\overrightarrow{AB} + k\overrightarrow{DA}.\overrightarrow{BC} + k\overrightarrow{AB}^2 + k^2\overrightarrow{AB}.\overrightarrow{BC}$.
Désignons par a la mesure du côté du carré :
$\overrightarrow{DA}.\overrightarrow{AB} = 0$, car les droites (DA) et (AB) sont orthogonales ;
$\overrightarrow{DA}.\overrightarrow{BC} = \overrightarrow{DA}.(-\overrightarrow{DA}) = -\overrightarrow{DA}^2 = -a^2$;
$\overrightarrow{AB}^2 = a^2$;
$\overrightarrow{AB}.\overrightarrow{BC} = 0$, car les droites (AB) et (BC) sont orthogonales.
D'où $\overrightarrow{DM}.\overrightarrow{AN} = -ka^2 + ka^2 = 0$. **Les droites (DM) et (AN) sont donc orthogonales.**

8 → *Énoncé p. 232*

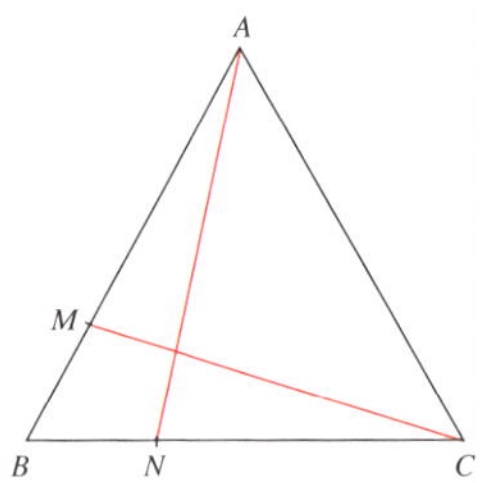

$\overrightarrow{AN} = \overrightarrow{AB} + \overrightarrow{BN} = \overrightarrow{AB} + k\overrightarrow{BC}$;
$\overrightarrow{CM} = \overrightarrow{CB} + \overrightarrow{BM} = \overrightarrow{CB} + k\overrightarrow{BA}$.
(AN) et (CM) sont des droites orthogonales si, et seulement si :

$$\overrightarrow{AN}.\overrightarrow{CM} = 0.$$

$\overrightarrow{AN}.\overrightarrow{CM} = 0$ équivaut successivement à : $(\overrightarrow{AB} + k\overrightarrow{BC}).(\overrightarrow{CB} + k\overrightarrow{BA}) = 0$
$\overrightarrow{AB}.\overrightarrow{CB} + k\overrightarrow{AB}.\overrightarrow{BA} + k\overrightarrow{BC}.\overrightarrow{CB} + k^2\overrightarrow{BC}.\overrightarrow{BA} = 0$
$\overrightarrow{BA}.\overrightarrow{BC} - k\overrightarrow{AB}^2 - k\overrightarrow{BC}^2 + k^2\overrightarrow{BC}.\overrightarrow{BA} = 0$.

On désigne par a le côté du triangle ABC :

$$\overrightarrow{BA}.\overrightarrow{BC} = BA \times BC \times \cos 60° = \frac{a^2}{2} ;$$

$$\overrightarrow{AB}^2 = \overrightarrow{BC}^2 = a^2.$$

Par conséquent : $\overrightarrow{AN}.\overrightarrow{CM} = 0$ équivaut successivement à :

$$\frac{a^2}{2} - ka^2 - ka^2 + k^2\frac{a^2}{2} = 0$$

comme $a \neq 0$:

$$\frac{1}{2} - 2k + \frac{k^2}{2} = 0$$

$$1 - 4k + k^2 = 0.$$

On multiplie par 2 tous les termes de l'équation pour n'avoir que des entiers.

k est solution de l'équation $X^2 - 4X + 1 = 0$.
Le discriminant de cette équation est $\Delta = (-4)^2 - 4 \times 1 = 12 = (2\sqrt{3})^2$.

$\Delta > 0$, l'équation admet deux solutions :

$$X_1 = \frac{4-2\sqrt{3}}{2} = 2-\sqrt{3} \quad \text{et} \quad X_2 = \frac{4+2\sqrt{3}}{2} = 2+\sqrt{3}.$$

Parmi ces deux nombres, seul X_1 appartient à l'intervalle $]0 ; 1[$.

D'où $\boldsymbol{k = 2 - \sqrt{3}}$.

9 → Énoncé p. 236 **1°** I est le milieu de $[BC]$,

donc $\overrightarrow{AI} = \frac{1}{2}(\overrightarrow{AB} + \overrightarrow{AC})$,

et $\overrightarrow{KL} = \overrightarrow{AL} - \overrightarrow{AK}$,

d'où $\overrightarrow{AI}.\overrightarrow{KL} = \frac{1}{2}(\overrightarrow{AB} + \overrightarrow{AC}).(\overrightarrow{AL} - \overrightarrow{AK})$,

$\overrightarrow{AI}.\overrightarrow{KL} = \frac{1}{2}(\overrightarrow{AB}.\overrightarrow{AL} + \overrightarrow{AC}.\overrightarrow{AL} - \overrightarrow{AB}.\overrightarrow{AK} - \overrightarrow{AC}.\overrightarrow{AK})$.

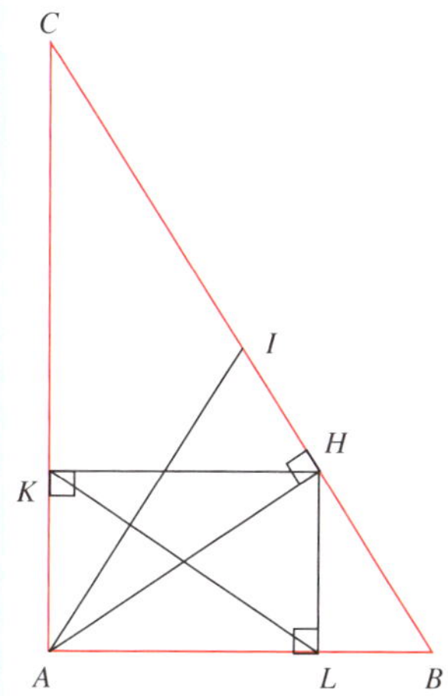

Or $\overrightarrow{AC}.\overrightarrow{AL} = 0$, car les droites (AB) et (AC) sont orthogonales.

De même, $\overrightarrow{AB}.\overrightarrow{AK} = 0$.

Donc $\boldsymbol{\overrightarrow{AI}.\,\overrightarrow{KL} = \frac{1}{2}(\overrightarrow{AB}.\,\overrightarrow{AL} - \overrightarrow{AC}.\,\overrightarrow{AK})}$.

2° $\boldsymbol{\overrightarrow{AH}.\overrightarrow{BC} = 0}$; on décompose : $\overrightarrow{BC} = \overrightarrow{AC} - \overrightarrow{AB}$.

D'où $\quad \overrightarrow{AH}.(\overrightarrow{AC} - \overrightarrow{AB}) = 0$

$\overrightarrow{AH}.\overrightarrow{AC} - \overrightarrow{AH}.\overrightarrow{AB} = 0$

ou encore $\quad \boldsymbol{\overrightarrow{AB}.\overrightarrow{AH} - \overrightarrow{AC}.\overrightarrow{AH} = 0}$.

3° $\overrightarrow{AB}.\overrightarrow{AL} = \overrightarrow{AB}.(\overrightarrow{AH} + \overrightarrow{HL}) = \overrightarrow{AB}.\overrightarrow{AH} + \overrightarrow{AB}.\overrightarrow{HL}$.

Or (AB) et (HL) sont orthogonales, donc $\overrightarrow{AB}.\overrightarrow{HL} = 0$.

D'où $\quad \boldsymbol{\overrightarrow{AB}.\overrightarrow{AL} = \overrightarrow{AB}.\overrightarrow{AH}}$.

De même :

$$\boldsymbol{\overrightarrow{AC}.\overrightarrow{AK}} = \overrightarrow{AC}.(\overrightarrow{AH} + \overrightarrow{HK}) = \overrightarrow{AC}.\overrightarrow{AH} + \overrightarrow{AC}.\overrightarrow{HK} = \boldsymbol{\overrightarrow{AC}.\overrightarrow{AH}}.$$

Donc $\quad \overrightarrow{AB}.\overrightarrow{AL} - \overrightarrow{AC}.\overrightarrow{AK} = \overrightarrow{AB}.\overrightarrow{AH} - \overrightarrow{AC}.\overrightarrow{AH} = 0$.

Par conséquent, $\overrightarrow{AI}.\,\overrightarrow{KL} = 0$, ce qui signifie que **les droites (AI) et (KL) sont orthogonales**.

10 → Énoncé p. 236 1° $2MA^2 + 3MB^2 = 2\overrightarrow{MA}^2 + 3\overrightarrow{MB}^2$

$= 2(\overrightarrow{MG} + \overrightarrow{GA})^2 + 3(\overrightarrow{MG} + \overrightarrow{GB})^2$

$= 2\overrightarrow{MG}^2 + 4\overrightarrow{MG}.\overrightarrow{GA} + 2\overrightarrow{GA}^2 + 3\overrightarrow{MG}^2 + 6\overrightarrow{MG}.\overrightarrow{GB} + 3\overrightarrow{GB}^2$

$= 5\overrightarrow{MG}^2 + 2\overrightarrow{MG}.(2\overrightarrow{GA} + 3\overrightarrow{GB}) + 2\overrightarrow{GA}^2 + 3\overrightarrow{GB}^2$

$= 5\overrightarrow{MG}^2 + 2\overrightarrow{GA}^2 + 3\overrightarrow{GB}^2$, car $2\overrightarrow{GA} + 3\overrightarrow{GB} = \vec{0}$.

D'où $\mathbf{2MA^2 + 3MB^2 = 5MG^2 + 2GA^2 + 3GB^2}$.

> On décompose les vecteurs $\overrightarrow{MA}$ et $\overrightarrow{MB}$ à l'aide de la relation de Chasles, car, avec les distances, on a $MA \leqslant MG + GA$ et $MB \leqslant MG + GB$.

2° *a)* On a : $2\overrightarrow{GA} + 3\overrightarrow{GB} = \vec{0}$, d'où $2\overrightarrow{GA} + 3\overrightarrow{GA} + 3\overrightarrow{AB} = \vec{0}$,

c'est-à-dire : $5\overrightarrow{GA} + 3\overrightarrow{AB} = \vec{0}$,

d'où : $\mathbf{\overrightarrow{GA} = -\frac{3}{5}\overrightarrow{AB}}$.

De même : $2\overrightarrow{GB} + 2\overrightarrow{BA} + 3\overrightarrow{GB} = \vec{0}$,

c'est-à-dire : $5\overrightarrow{GB} + 2\overrightarrow{BA} = \vec{0}$,

d'où : $\mathbf{\overrightarrow{GB} = \frac{2}{5}\overrightarrow{AB}}$.

b) On obtient alors, en terme de distances :

$\mathbf{GA = \frac{3}{5}AB = 3}$ et $\mathbf{GB = \frac{2}{5}AB = 2}$.

3° $2MA^2 + 3MB^2 = 5MG^2 + 2GA^2 + 3GB^2$

$= 5MG^2 + 2 \times 3^2 + 3 \times 2^2$

$= 5MG^2 + 30$.

Donc, pour tout point M du plan :

$\mathbf{2MA^2 + 3MB^2 = 5MG^2 + 30}$.

4° $2MA^2 + 3MB^2 = 50$ si, et seulement si, $5MG^2 + 30 = 50$,

c'est-à-dire : $5MG^2 = 50 - 30$, soit : $MG^2 = 4$.

$2MA^2 + 3MB^2 = 50$ si, et seulement si, $MG = 2$ (puisque $MG \geqslant 0$).

L'ensemble cherché est le cercle de centre G et de rayon 2.

> Le cercle de centre G et de rayon 2 est l'ensemble des points M du plan tels que $GM = 2$.

(On peut remarquer que B appartient à ce cercle ; en effet : $BG = \frac{2}{5}$ et $AB = 2$.)

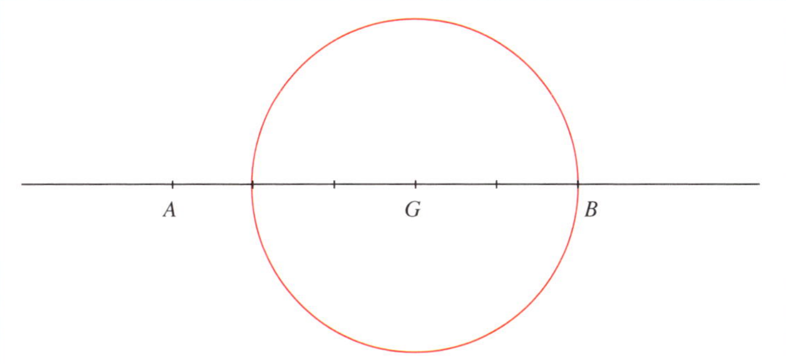

11 → Énoncé p. 233

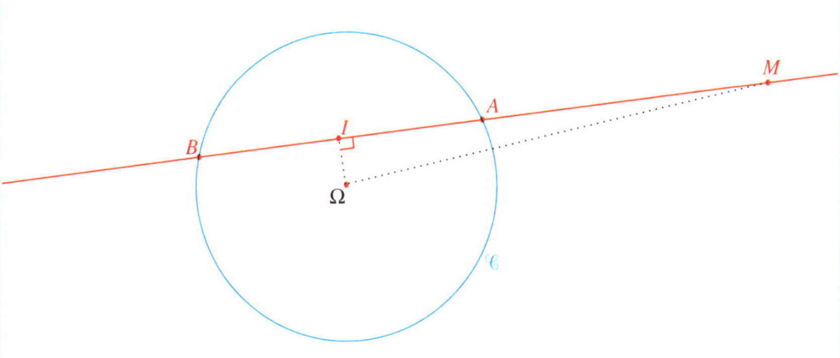

1° Par la relation de Chasles :

$\overrightarrow{MA} = \overrightarrow{MI} + \overrightarrow{IA}$ et $\overrightarrow{MB} = \overrightarrow{MI} + \overrightarrow{IB}$.

Comme I est le milieu du segment $[AB]$, alors $\overrightarrow{IB} = -\overrightarrow{IA}$.

Donc, $\overrightarrow{MB} = \overrightarrow{MI} - \overrightarrow{IA}$.

On obtient en remplaçant :

$\overrightarrow{MA}.\overrightarrow{MB} = (\overrightarrow{MI} + \overrightarrow{IA}).(\overrightarrow{MI} - \overrightarrow{IA})$

$\overrightarrow{MA}.\overrightarrow{MB} = \overrightarrow{MI}^2 - \overrightarrow{IA}^2$

$\boldsymbol{\overrightarrow{MA}.\overrightarrow{MB} = MI^2 - IA^2}$.

2° I étant le milieu de la corde $[AB]$ du cercle $\mathscr{C}$, la droite $(I\Omega)$ est orthogonale à la droite (AB).

Le triangle $MI\Omega$ est rectangle en I, donc par la propriété de Pythagore :
$MI^2 + I\Omega^2 = M\Omega^2$
D'où $MI^2 = M\Omega^2 - I\Omega^2$.
De même pour le triangle $AI\Omega$ rectangle en I : $IA^2 + I\Omega^2 = A\Omega^2$.
D'où : $IA^2 = A\Omega^2 - I\Omega^2$.

On obtient donc en remplaçant :

$\overrightarrow{MA}.\overrightarrow{MB} = MI^2 - IA^2 = (M\Omega^2 - I\Omega^2) - (A\Omega^2 - I\Omega^2)$

$\overrightarrow{MA}.\overrightarrow{MB} = M\Omega^2 - A\Omega^2$.

Or $[A\Omega]$ est un rayon du cercle $\mathscr{C}$, donc $R = A\Omega$.

Finalement $\boldsymbol{\overrightarrow{MA}.\overrightarrow{MB} = M\Omega^2 - R^2}$.

3° Soit M un point quelconque du plan.

a) $M \in (E) \Leftrightarrow f(M) = R^2$
$M \in (E) \Leftrightarrow M\Omega^2 - R^2 = R^2$
$M \in (E) \Leftrightarrow M\Omega^2 = 2R^2$
$M \in (E) \Leftrightarrow M\Omega = R\sqrt{2}$ car $M\Omega \geq 0$ et $R > 0$.

On en déduit que (E) est le cercle de centre Ω et de rayon $R\sqrt{2}$.

b) $M \in (F) \Leftrightarrow f(M) = 0$
$M \in (F) \Leftrightarrow M\Omega^2 - R^2 = 0$
$M \in (F) \Leftrightarrow M\Omega^2 = R^2$
$M \in (F) \Leftrightarrow M\Omega = R$

On en déduit que (F) est le cercle $\mathscr{C}$ lui-même.

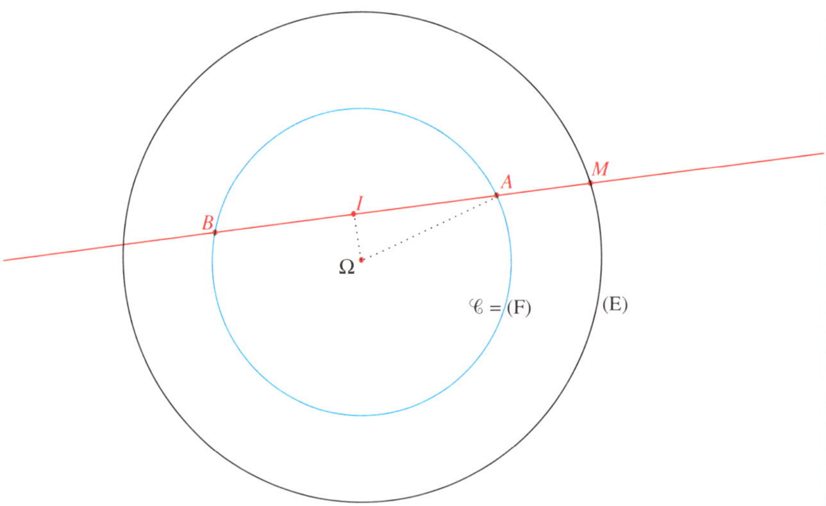

Applications du produit scalaire

CHAPITRE 12

1 Rappel des différentes expressions d'un produit scalaire

$\vec{u}$ et $\vec{v}$ sont deux vecteurs non nuls du plan ; O, A, B sont trois points du plan tels que $\vec{u} = \overrightarrow{OA}$ et $\vec{v} = \overrightarrow{OB}$.

■ Si H est le projeté orthogonal de B sur la droite (OA), alors :
- $\vec{u}.\vec{v} = \overrightarrow{OA}.\overrightarrow{OB} = OA \times OH$ si $\overrightarrow{OA}$ et $\overrightarrow{OH}$ sont de même sens ;
- $\vec{u}.\vec{v} = \overrightarrow{OA}.\overrightarrow{OB} = -\ OA \times OH$ si $\overrightarrow{OA}$ et $\overrightarrow{OH}$ sont de sens contraires.

■ $\vec{u}.\vec{v} = \|\vec{u}\| \times \|\vec{v}\| \times \cos \alpha$, où α où est une mesure de l'angle $\widehat{AOB}$, $\|\vec{u}\| = OA$ et $\|\vec{v}\| = OB$, et plus généralement : $\vec{u}.\vec{v} = \|\vec{u}\| \times \|\vec{v}\| \times \cos(\vec{u} ; \vec{v})$, où $(\vec{u} ; \vec{v})$ est une mesure de l'angle orienté des vecteurs $\vec{u}$ et $\vec{v}$.

■ $\vec{u}.\vec{v} = \dfrac{1}{2}\left[\|\vec{u} + \vec{v}\|^2 - \|\vec{u}\|^2 - \|\vec{v}\|^2\right]$.

$\vec{u}.\vec{v} = \dfrac{1}{4}\left[\|\vec{u} + \vec{v}\|^2 - \|\vec{u} - \vec{v}\|^2\right]$.

■ $\vec{u}$ et $\vec{u}'$ sont deux vecteurs du plan muni d'un **repère orthonormé** $(O ; I, J)$.
Si $\vec{u}(x ; y)$ et $\vec{u}'(x' ; y')$, alors $\vec{u}.\vec{u}' = xx' + yy'$.

2 Équations de droites et de cercles

A. Vecteur normal et équation d'une droite dans un repère orthonormé du plan

■ Soit $\mathscr{D}$ une droite du plan.
On appelle **vecteur normal** à la droite $\mathscr{D}$ tout vecteur non nul $\vec{n}$ orthogonal à tout vecteur directeur de la droite $\mathscr{D}$.

> Soit A un point et $\vec{n}$ un vecteur non nul du plan.
> La droite $\mathscr{D}$ passant par A et de vecteur normal $\vec{n}$ est l'ensemble des points M du plan tels que $\boldsymbol{\overrightarrow{AM}.\vec{n} = 0}$.

Si, dans un repère orthonormé du plan, on donne $A(x_A ; y_A)$, $M(x ; y)$ et $\vec{n}(a ; b)$, alors la relation $\overrightarrow{AM}.\vec{u} = 0$ s'écrit $a(x - x_A) + b(y - y_A) = 0$.
On obtient ainsi une équation cartésienne de la droite $\mathscr{D}$.

■ **Réciproquement**

> Soit a et b sont deux réels non simultanément nuls et c un réel quelconque.
> Toute relation de la forme $ax + by + c = 0$ est une équation cartésienne d'une droite de vecteur normal $\vec{n}(a ; b)$.

Droites perpendiculaires

Soit $\mathcal{D}$ et $\mathcal{D}'$ deux droites d'équations cartésiennes respectives $ax + by + c = 0$ et $a'x + b'y + c' = 0$.

$\mathcal{D}$ et $\mathcal{D}'$ sont perpendiculaires si, et seulement si, $\boldsymbol{aa' + bb' = 0}$.

B. Équation d'un cercle dans un repère orthonormé du plan

Soit Ω un point du plan et R un réel positif.
Le **cercle $\mathscr{C}$ de centre Ω et de rayon R** est l'ensemble des points M du plan tels que $\Omega M = R$.

Si, dans un repère orthonormé du plan, on donne $\Omega(x_\Omega\,;\,y_\Omega)$ et $M(x\,;\,y)$, alors la relation $\Omega M = R$ équivaut à $\Omega M^2 = R^2$ qui s'écrit $(x - x_\Omega)^2 + (y - y_\Omega)^2 = R^2$.
On obtient ainsi une équation cartésienne du cercle $\mathscr{C}$.

Soit A et B deux points du plan.
Le **cercle $\mathscr{C}$ de diamètre $[AB]$** est l'ensemble des points M du plan tels que $\overrightarrow{MA}.\overrightarrow{MB} = 0$.

Dans un repère orthonormé du plan, la relation $\overrightarrow{MA}.\overrightarrow{MB} = 0$ s'écrit sous la forme $x^2 + y^2 + ax + by + c = 0$, où a, b et c sont trois nombres réels.
On obtient ainsi une équation cartésienne du cercle $\mathscr{C}$.

3 Calculs d'angles et de longueurs

A. Théorème de la médiane

Soit ABC un triangle et I le milieu du segment $[BC]$:

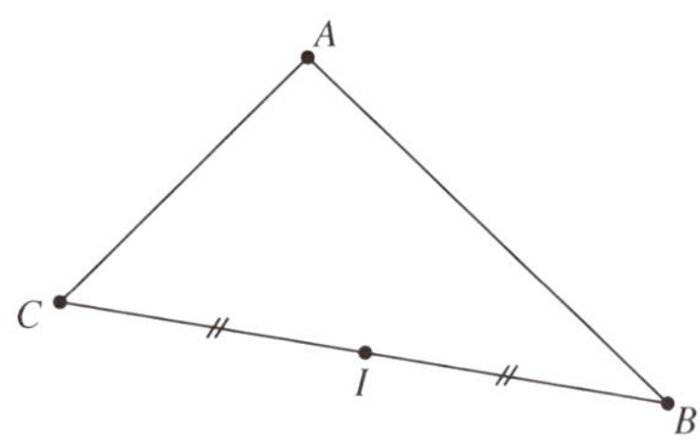

$$AB^2 + AC^2 = 2AI^2 + \frac{BC^2}{2}$$

On a également les relations suivantes :

$$AB^2 - AC^2 = 2\overrightarrow{IA}.\overrightarrow{BC} \quad \text{et} \quad \overrightarrow{AB}.\overrightarrow{AC} = AI^2 - \frac{BC^2}{4}$$

B. Formule du cosinus (dite formule d'Al-Kashi)

Soit ABC un triangle quelconque ; on a :
$BC^2 = AB^2 + AC^2 - 2AB \times AC \times \cos \widehat{BAC}$.
Et en permutant les lettres :
$AB^2 = AC^2 + BC^2 - 2AC \times BC \times \cos \widehat{ACB}$,
$AC^2 = AB^2 + BC^2 - 2AB \times BC \times \cos \widehat{ABC}$.

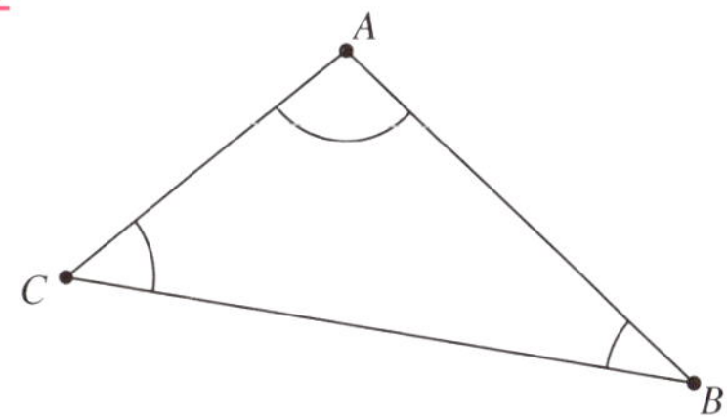

4 Formules de trigonométrie

A. Formules d'addition des sinus et des cosinus

Pour tous réels a et b, on a :

$$\cos(a - b) = \cos(a)\cos(b) + \sin(a)\sin(b)$$
$$\sin(a - b) = \sin(a)\cos(b) - \cos(a)\sin(b)$$
$$\cos(a + b) = \cos(a)\cos(b) - \sin(a)\sin(b)$$
$$\sin(a + b) = \sin(a)\cos(b) + \cos(a)\sin(b)$$

B. Formules de duplication des sinus et des cosinus

Pour tout réel a, on a :

$$\cos(2a) = \cos^2(a) - \sin^2(a) = 2\cos^2(a) - 1 = 1 - 2\sin^2(a)$$
$$\sin(2a) = 2\sin(a)\cos(a)$$

Remarque :
On en déduit les formules suivantes, appelées **formules de linéarisation** :

$$\cos^2(a) = \frac{1 + \cos(2a)}{2} \quad \text{et} \quad \sin^2(a) = \frac{1 - \cos(2a)}{2}$$

1 Déterminer une équation de droite à l'aide d'un vecteur normal

EXERCICE TYPE

Dans un repère orthonormé $(O\ ;\ I, J)$ du plan, on donne les points $A(2\ ;\ 1)$, $B(4\ ;\ 5)$ et $C(1\ ;\ 4)$.

1° Déterminer une équation de la droite $\mathcal{D}$ orthogonale à (AB) contenant C.

2° Déterminer une équation de la droite (AB).

CORRIGÉ COMMENTÉ

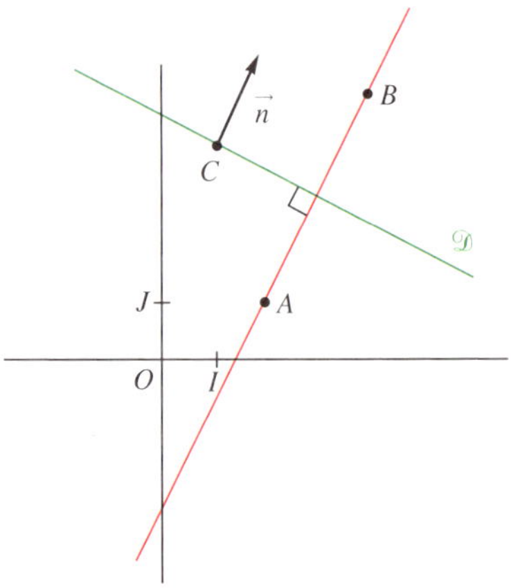

1° $\overrightarrow{AB}$ est un vecteur directeur de la droite (AB), donc tout vecteur $\vec{n}$ non nul colinéaire à $\overrightarrow{AB}$ est un vecteur normal à $\mathcal{D}$.

On a $A(2\ ;\ 1)$ et $B(4\ ;\ 5)$, donc $\overrightarrow{AB}(4-2\ ;\ 5-1)$, c'est-à-dire $\overrightarrow{AB}(2\ ;\ 4)$.

Pour avoir des coordonnées « simples », choisissons $\vec{n} = \frac{1}{2}\overrightarrow{AB}$ soit $\vec{n}(1\ ;\ 2)$.

Soit $M(x\ ;\ y)$ un point quelconque du plan.

$M \in \mathcal{D}$ si, et seulement si, $\vec{n}.\overrightarrow{CM} = 0$, avec $\overrightarrow{CM}(x-1\ ;\ y-4)$.

$\vec{n}.\overrightarrow{CM} = 0$ si, et seulement si, $1 \times (x-1) + 2(y-4) = 0$,

$x - 1 + 2y - 8 = 0$, $x + 2y - 9 = 0$.

$\boldsymbol{x + 2y - 9 = 0}$ **est une équation de la droite** $\mathcal{D}$ et s'écrit, de façon équivalente, sous la forme $\boldsymbol{y = -\frac{1}{2}x + \frac{9}{2}}$.

2° Le vecteur $\vec{n}(1\ ;\ 2)$ est un vecteur directeur de la droite (AB).

Donc le vecteur $\vec{n}'(2\ ;\ -1)$ est un vecteur orthogonal à $\vec{n}$, c'est-à-dire un vecteur normal à (AB).

> Pour tous réels a et b, le vecteur $\vec{n}'(b\ ;\ -a)$ est orthogonal au vecteur $\vec{n}(a\ ;\ b)$.

On en déduit $M \in (AB)$ si, et seulement si, $\vec{n}'.\overrightarrow{AM} = 0$, avec $\overrightarrow{AM}(x - 2 \,;\, y - 1)$.
(On peut aussi écrire $\vec{n}'.\overrightarrow{BM} = 0$.)
$\vec{n}'.\overrightarrow{AM} = 0$ si, et seulement si, $2(x - 2) + (-1)(y - 1) = 0$, $2x - 4 - y + 1 = 0$, $y = 2x - 3$.

La droite (AB) a pour équation réduite $y = 2x - 3$.

À RETENIR

- Un vecteur $\vec{n}$ est normal à une droite $\mathscr{D}$, s'il est différent du vecteur nul et orthogonal à tout vecteur directeur de $\mathscr{D}$.
- **Pour trouver une équation** d'une droite $\mathscr{D}$ dont on connaît un point $A(x_A \,;\, y_A)$ et un vecteur normal $\vec{n}(a \,;\, b)$, il suffit de **traduire analytiquement** la relation $\vec{n}.\overrightarrow{AM} = 0$, soit $a(x - x_A) + b(y - y_A) = 0$.

2 Déterminer une équation de cercle dans un repère orthonormé

EXERCICE TYPE

Soit $(O \,;\, I, J)$ un repère orthonormé du plan.

1° Déterminer une équation du cercle de centre $\Omega(2 \,;\, 1)$ contenant le point $A(3 \,;\, 4)$.

2° Montrer que l'ensemble des points $M(x \,;\, y)$ vérifiant :
$x^2 + y^2 + 2x - 6y + 8 = 0$ est un cercle dont on donnera le centre et le rayon.

3° Déterminer une équation du cercle de diamètre $[BC]$ avec $B(-1 \,;\, 2)$ et $C(4 \,;\, 2)$.

CORRIGÉ COMMENTÉ

1°

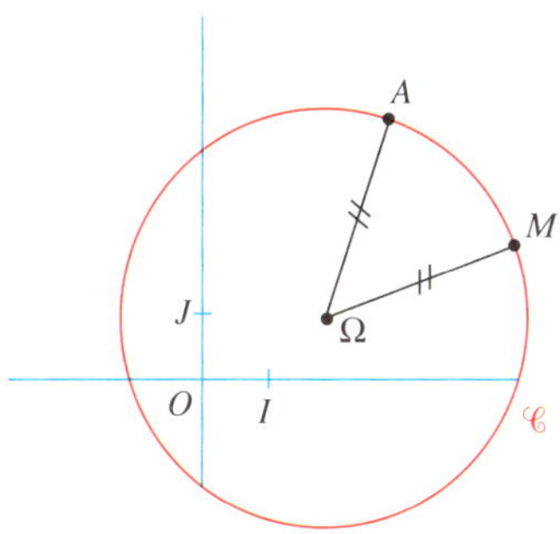

Un point M appartient au cercle de centre Ω et de rayon R si, et seulement, si $\Omega M = R$.

Le rayon du cercle $\mathscr{C}$ de centre Ω et contenant le point A est ΩA.
On a $\overrightarrow{\Omega A}(1\ ;\ 3)$ donc $\Omega A = \sqrt{1^2 + 3^2} = \sqrt{10}$.
Soit $M(x\ ;\ y)$ un point quelconque.
$M \in \mathscr{C}$ si, et seulement si, $\Omega M = \sqrt{10}$;
$M \in \mathscr{C}$ si, et seulement si, $\Omega M^2 = 10$;
$M \in \mathscr{C}$ si, et seulement si, $(x - 2)^2 + (y - 1)^2 = 10$.
Une équation du cercle $\mathscr{C}$ est $(x - 2)^2 + (y - 1)^2 = 10$
(ou, en développant, $\mathbf{x^2 + y^2 - 4x - 2y - 5 = 0}$).

2° Pour prouver que l'équation donnée est celle d'un cercle, il faut montrer qu'elle est équivalente à une équation du type $(x - a)^2 + (y - b)^2 = R^2$ qui caractérise le cercle de centre $\Omega(a\ ;\ b)$ et de rayon R.
L'équation donnée est équivalente à $x^2 + 2x + y^2 - 6y + 8 = 0$.
La méthode consiste à reconnaître dans $(x^2 + 2x + \ldots)$ et dans $(y^2 - 6y + \ldots)$ le début de produits remarquables : $(x + \ldots)^2$ et $(y - \ldots)^2$.
On a en effet :
$x^2 + 2x = \mathbf{x^2 + 2x + 1} - 1 = \mathbf{(x + 1)^2} - 1$ et $y^2 - 6y = \mathbf{y^2 - 6y + 9} - 9 = \mathbf{(y - 3)^2} - 9$.
L'équation $x^2 + 2x + y^2 - 6y + 8 = 0$ est donc successivement équivalente à :
$x^2 + 2x + y^2 - 6y + 8 = 0$
$(x + 1)^2 - 1 + (y - 3)^2 - 9 + 8 = 0$
$(x + 1)^2 + (y - 3)^2 = 2$
$(x - (-1))^2 + (y - 3)^2 = (\sqrt{2})^2$.
Il s'agit d'une équation du cercle de centre $\Omega'(-1\ ;\ 3)$ et de rayon $\sqrt{2}$.

3° Soit $\mathscr{C}'$ le cercle de diamètre $[BC]$.
Soit $M(x\ ;\ y)$ un point quelconque.
On a $\overrightarrow{BM}(x + 1\ ;\ y - 2)$ et $\overrightarrow{CM}(x - 4\ ;\ y - 2)$.
Alors :
$M \in \mathscr{C}'$ si, et seulement si, $\overrightarrow{BM}.\overrightarrow{CM} = 0$;
$M \in \mathscr{C}'$ si, et seulement si,
$(x + 1)(x - 4) + (y - 2)(y - 2) = 0$;
$M \in \mathscr{C}'$ si, et seulement si,
$x^2 - 3x - 4 + y^2 - 4y + 4 = 0$;
$M \in \mathscr{C}'$ si, et seulement si,
$x^2 - 3x + y^2 - 4y = 0$.
Une équation du cercle de diamètre $[BC]$ est $x^2 + y^2 - 3x - 4y = 0$.
(On remarque, à l'aide de l'équation trouvée, que ce cercle passe par l'origine O du repère.)

Un point M appartient au cercle de diamètre $[BC]$ si, et seulement si, $(MB) \perp (MC)$.

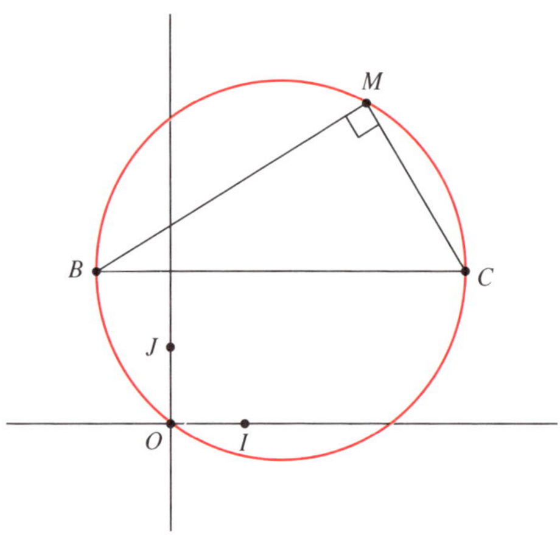

On aurait pu également calculer les cordonnées du centre et le rayon, puis employer la même méthode qu'à la question 1°.

À RETENIR

• Dès que l'on **connaît le centre** $\Omega(x_\Omega\,;\,y_\Omega)$ d'un cercle $\mathscr{C}$ **et son rayon** R, on est en mesure de **déterminer une équation de ce cercle :**
$M \in \mathscr{C}$ équivaut à $\Omega M^2 = R^2$, ce qui se traduit par $(x - x_\Omega)^2 + (y - y_\Omega)^2 = R^2$.
• Si l'on connaît les extrémités A et B de l'un de ses diamètres, on peut également **traduire** analytiquement la relation $\overrightarrow{AM}.\overrightarrow{BM} = 0$.
• Une relation liant l'abscisse x et l'ordonnée y d'un point M sera une équation d'un cercle si elle peut se mettre sous la forme $(x - a)^2 + (y - b)^2 = R^2$ (où a et b sont des réels et R un réel strictement positif) revient à trouver l'équation du cercle de centre $I(a\,;\,b)$ et de rayon R.
On pourra **faire apparaître des carrés** en regroupant les termes en x d'une part, et ceux en y d'autre part, et en écrivant des développements de produits remarquables.
Attention ! Une équation de la forme $(x - a)^2 + (y - b)^2 = c$, avec $c < 0$, ne définit aucun point du plan.

3 Calculer des angles et des longueurs

EXERCICE TYPE

Soit ABC un triangle tel que $AB = 8$ cm, $AC = 5$ cm et $\widehat{BAC} = 60°$.

1° Calculer BC.

2° On appelle I le milieu du segment $[BC]$.
a) Calculer la valeur exacte de AI, puis en donner une valeur approchée à 0,1 cm près.
b) En déduire des valeurs approchées à 0,1 degré près des mesures des angles $\widehat{BAI}$ et $\widehat{CAI}$.

CORRIGÉ COMMENTÉ

1° On utilise ici la formule d'Al-Kashi pour calculer la longueur BC :

> La formule d'Al-Kashi est également appelée *théorème de Pythagore généralisé.*

$$\begin{aligned} BC^2 &= AB^2 + AC^2 - 2AB \times AC \times \cos \widehat{BAC} \\ &= 8^2 + 5^2 - 2 \times 8 \times 5 \times \cos 60° \\ &= 64 + 25 - 40 \\ &= 49. \end{aligned}$$

D'où $\boldsymbol{BC = 7}$ **cm.**

Remarque :
Il est possible d'obtenir ce résultat en développant le carré scalaire du vecteur $\overrightarrow{BC}$ que l'on aura décomposé en $\overrightarrow{BA} + \overrightarrow{AC}$. En effet :

$$BC^2 = \overrightarrow{BC}^2 = (\overrightarrow{BA} + \overrightarrow{AC})$$
$$= \overrightarrow{BA}^2 + \overrightarrow{AC}^2 + 2\overrightarrow{BA}.\overrightarrow{AC}$$
$$= BA^2 + AC^2 - 2\overrightarrow{AB}.\overrightarrow{AC}.$$

Or $\overrightarrow{AB}.\overrightarrow{AC} = AB \times AC \times \cos \widehat{BAC}$ ce qui redonne bien la formule d'Al-Kashi.

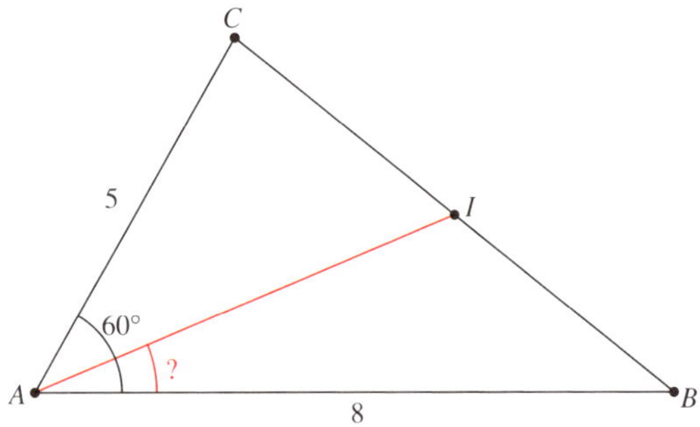

2° *a)* On applique ici le théorème de la médiane.

On a en effet $AB^2 + AC^2 = 2AI^2 + \dfrac{BC^2}{2}$, qui entraîne :

$$AI^2 = \frac{1}{2}\left(AB^2 + AC^2 - \frac{BC^2}{2}\right)$$

$$AI^2 = \frac{1}{2}\left(8^2 + 5^2 - \frac{7^2}{2}\right) = \frac{129}{4}.$$

D'où $AI = \dfrac{\sqrt{129}}{2}$, soit $AI = 5,7$ cm à 0,1 cm près par excès.

Remarque :
On aurait pu également utiliser la relation : $\overrightarrow{AB}.\overrightarrow{AC} = AI^2 - \dfrac{1}{4}BC^2$,

qui donne $AI^2 = \dfrac{1}{4}BC^2 - \overrightarrow{AB}.\overrightarrow{AC} = \dfrac{1}{4}BC^2 - AB \times AC \times \cos \widehat{BAC}$.

b) On applique, dans le triangle AIB, la formule d'Al-Kashi qui donne le carré de la longueur du côté **opposé** à l'angle cherché.

On a $BI^2 = AB^2 + AI^2 - 2AB \times AI \times \cos \widehat{BAI}$.

Cette fois, on connaît les longueur des côtés $\left(BI = \dfrac{1}{2}BC = \dfrac{7}{2}\right)$, et on cherche une mesure de l'angle.

$$\text{Donc } \cos \widehat{BAI} = \frac{AB^2 + AI^2 - BI^2}{2AB \times AI} = \frac{8^2 + \left(\frac{\sqrt{129}}{2}\right)^2 - \left(\frac{7}{2}\right)^2}{2 \times 8 \times \left(\frac{\sqrt{129}}{2}\right)} = \frac{84}{8\sqrt{129}} = \frac{7\sqrt{129}}{86}.$$

La calculatrice (touche [Acs] ou [$\cos^{-1}$]) donne **$\widehat{BAI} = 22,4°$ à 0,1° près par défaut.**

On en déduit $\widehat{CAI} = 60° - \widehat{BAI}$, soit **$\widehat{CAI} = 37,6°$ à 0,1° près par excès.**

À RETENIR

• Les différentes expressions du produit scalaire font intervenir des longueurs et des angles. Un même produit scalaire calculé par deux méthodes différentes, le développement d'un carré scalaire bien choisi ou l'utilisation d'une formule démontrée dans le cours va en général permettre d'exprimer la donnée manquante en fonction des grandeurs connues.

• Dans la pratique, on doit :

– **comparer les données et les formules** afin de déterminer la relation à appliquer ou la « stratégie » à adopter pour trouver les données manquantes ;

– **appliquer** correctement les **formules** en faisant attention à l'unité de mesure des angles (degrés ou radians).

4 Transformer des expressions trigonométriques en utilisant les formules d'addition et de duplication

EXERCICE TYPE

1° Démontrer que, pour tout réel x, $\cos(x) + \cos\left(x + \frac{2\pi}{3}\right) + \cos\left(x - \frac{2\pi}{3}\right) = 0$.

2° En remarquant que $\frac{\pi}{12} = \frac{\pi}{3} - \frac{\pi}{4}$, calculer la valeur exacte de $\sin\left(\frac{\pi}{12}\right)$.

3° En remarquant que $\frac{\pi}{4} = 2 \times \frac{\pi}{8}$, calculer la valeur exacte de $\cos\left(\frac{\pi}{8}\right)$ et de $\sin\left(\frac{\pi}{8}\right)$.

CORRIGÉ COMMENTÉ

1° On utilise ici les formules d'addition des cosinus :
Pour tout réel x, on a en effet :

> Il existe de nombreux moyens mnémotechniques pour retenir ces formules.

$$\cos\left(x + \frac{2\pi}{3}\right) = \cos(x)\cos\left(\frac{2\pi}{3}\right) - \sin(x)\sin\left(\frac{2\pi}{3}\right)$$
$$= \cos(x) \times \left(-\frac{1}{2}\right) - \sin(x) \times \left(\frac{\sqrt{3}}{2}\right)$$

et $$\cos\left(x - \frac{2\pi}{3}\right) = \cos(x)\cos\left(\frac{2\pi}{3}\right) + \sin(x)\sin\left(\frac{2\pi}{3}\right)$$
$$= \cos(x) \times \left(-\frac{1}{2}\right) + \sin(x) \times \left(\frac{\sqrt{3}}{2}\right).$$

On en déduit alors :

$$\cos\left(x + \frac{2\pi}{3}\right) + \cos\left(x - \frac{2\pi}{3}\right) = 2 \times \cos(x) \times \left(-\frac{1}{2}\right) = -\cos(x)$$

et ainsi $\mathbf{\cos(x) + \cos\left(x + \frac{2\pi}{3}\right) + \cos\left(x - \frac{2\pi}{3}\right) = 0.}$

2° On applique ici la formule d'addition des sinus :

$$\sin\left(\frac{\pi}{12}\right) = \sin\left(\frac{\pi}{3} - \frac{\pi}{4}\right) = \sin\left(\frac{\pi}{3}\right)\cos\left(\frac{\pi}{4}\right) - \cos\left(\frac{\pi}{3}\right)\sin\left(\frac{\pi}{4}\right) = \frac{\sqrt{3}}{2} \times \frac{\sqrt{2}}{2} - \frac{1}{2} \times \frac{\sqrt{2}}{2}$$

soit $\mathbf{\sin\left(\frac{\pi}{12}\right) = \frac{\sqrt{6} - \sqrt{2}}{4}}$.

3° On applique maintenant la formule de duplication du cosinus (en posant $a = \frac{\pi}{8}$).

On a $\cos\left(\frac{\pi}{4}\right) = 2\cos^2\left(\frac{\pi}{8}\right) - 1$ qui entraîne $\cos^2\left(\frac{\pi}{8}\right) = \dfrac{\cos\left(\frac{\pi}{4}\right) + 1}{2} = \dfrac{\frac{\sqrt{2}}{2} + 1}{2} = \dfrac{\sqrt{2} + 2}{4}$.

Comme $0 < \frac{\pi}{8} < \frac{\pi}{2}$, le cosinus de $\frac{\pi}{8}$ est strictement positif, alors $\mathbf{\cos\left(\frac{\pi}{8}\right) = \frac{\sqrt{\sqrt{2}+2}}{2}}$.
Pour trouver la valeur de $\sin\left(\frac{\pi}{8}\right)$, on utilise également la formule de duplication **du cosinus**.

On a, en effet, $\cos\left(\frac{\pi}{4}\right) = 1 - 2\sin^2\left(\frac{\pi}{8}\right)$ qui entraîne $\sin^2\left(\frac{\pi}{8}\right) = \dfrac{1 - \cos\left(\frac{\pi}{4}\right)}{2} = \dfrac{2 - \sqrt{2}}{4}$.

Comme $0 < \frac{\pi}{8} < \frac{\pi}{2}$, le sinus de $\frac{\pi}{8}$ est strictement positif.

Alors $\mathbf{\sin\left(\frac{\pi}{8}\right) = \sqrt{\frac{2 - \sqrt{2}}{4}} = \frac{\sqrt{2 - \sqrt{2}}}{2}}$.

À RETENIR

Les formules d'addition et de duplication permettent de simplifier des expressions trigonométriques ou de calculer les sinus et cosinus de réels à partir de valeurs connues.
Il est pour cela essentiel de bien **connaître ces formules**, mais aussi les **valeurs particulières des sinus et cosinus. (*cf.* chapitre 10).** On peut, pour cela s'aider d'un cercle trigonométrique.

Exercices d'entraînement

1 ★ 5 min

Dans un repère orthonormé du plan, soit le triangle ABC tel que $A(0\ ;-1)$, $B(3\ ;2)$ et $C(-2\ ;5)$.

1° Déterminer une équation de la hauteur issue de B.

2° Déterminer une équation de la médiatrice de $[AB]$.

→ Corrigé p. 258

2 ★ 10 min

$(O\ ; I, J)$ est un repère orthonormé du plan.
$\mathscr{C}$ est le cercle de centre $A(3\ ;2)$ et de rayon 5.

1° Vérifier que le point $B(6\ ;-2)$ appartient à $\mathscr{C}$.

2° Établir une équation de la tangente (Δ) au cercle $\mathscr{C}$ en B.

→ Corrigé p. 259

3 ★ 15 min

$(O\ ; I, J)$ est un repère orthonormé du plan.
On donne les points $A(-1\ ;4)$, $B(3\ ;2)$ et $C(5\ ;4)$.
Calculer les coordonnées du centre E du cercle circonscrit au triangle ABC et son rayon.
Indications : Le centre du cercle circonscrit est le point de concours des médiatrices des côtés du triangle ABC. On déterminera des équations de deux médiatrices, en utilisant la propriété *« une médiatrice d'un côté est orthogonale à ce côté et contient son milieu ».*

→ Corrigé p. 260

4 ★ 10 min

Dans un repère orthonormé $(O\ ; I, J)$, soit les points $A(-2\ ;2)$ et $B(4\ ;0)$.
Soit $\mathscr{C}$ le cercle de diamètre $[AB]$.

1° Déterminer une équation du cercle $\mathscr{C}$.

2° Déterminer le centre Ω et le rayon R du cercle $\mathscr{C}$. En déduire une équation du cercle $\mathscr{C}$ par une méthode différente de celle utilisée à la question 1°.

→ Corrigé p. 260

5 ★ **10 min**

Déterminer si les équations suivantes sont celles d'un cercle.
Si elles le sont, préciser alors le centre et le rayon du cercle.

1° $(x-1)^2+(y+3)^2=4$.

2° $x^2+(y+1)^2=1$.

3° $x^2+y^2-10x+4y+20=0$.

4° $x^2+y^2+4x+6=0$.

→ Corrigé p. 261

6 ★★ **10 min**

ABCD est un parallélogramme tel que $AB=3$ cm ; $AD=2$ cm et $AC=4$ cm .

1° Calculer le produit scalaire $\overrightarrow{AB}.\overrightarrow{AD}$. En déduire une valeur approchée de la mesure en degrés de $\widehat{BAD}$ à 0,1 degré près.

2° Calculer la distance *BD*. En donner une valeur approchée à 0,01 cm près.

→ Corrigé p. 262

7 ★★ **10 min**

On considère un triangle *ABC* tel que $AB=7$ cm et $AC=8$ cm.
On appelle *I* le milieu du segment [*BC*] et on suppose que $AI=5$ cm.

1° Calculer la distance *BC*. En donner une valeur approchée à 0,01 cm près.

2° En déduire une valeur approchée de la mesure en degrés de $\widehat{BAC}$ à 0,1 degré près.

→ Corrigé p. 263

8 ★★ **10 min**

ABCD est un rectangle tel que $AB=8$ cm et $AD=6$ cm .
On appelle *I* et *J* les milieux respectifs des segments [*BC*] et [*CD*].

1° Calculer le produit scalaire $\overrightarrow{AI}.\overrightarrow{AJ}$.

2° En déduire une valeur approchée de la mesure en degrés de $\widehat{IAJ}$ à 0,1 degré près.

→ Corrigé p. 263

9 ★★ 10 min

Soit A et B deux points du plan tels que $AB = 4$ cm.
On désigne par I le milieu du segment $[AB]$.

1° Déterminer l'ensemble des points M du plan tels que $MA^2 + MB^2 = 26$.

2° Déterminer l'ensemble des points M du plan tels que $\overrightarrow{MA}.\overrightarrow{MB} = -3$.

→ Corrigé p. 264

10 ★ 5 min

Démontrer que, pour tout réel x, $\sin(x) + \sin\left(x + \frac{2\pi}{3}\right) + \sin\left(x - \frac{2\pi}{3}\right) = 0$.

→ Corrigé p. 265

11 ★ 5 min

En remarquant que $\frac{7\pi}{12} = \frac{\pi}{3} + \frac{\pi}{4}$, calculer les valeurs exactes de $\cos\left(\frac{7\pi}{12}\right)$ et $\sin\left(\frac{7\pi}{12}\right)$.
En déduire les valeurs exactes de $\cos\left(\frac{5\pi}{12}\right)$ et $\sin\left(\frac{5\pi}{12}\right)$.

→ Corrigé p. 265

12 ★ 5 min

En remarquant que $\frac{3\pi}{4} = 2 \times \frac{3\pi}{8}$, calculer la valeur exacte de $\cos\left(\frac{3\pi}{8}\right)$ et de $\sin\left(\frac{3\pi}{8}\right)$.

→ Corrigé p. 265

13 ★★ 10 min

On donne $\cos\theta = \frac{\sqrt{6} - \sqrt{2}}{4}$, avec $\theta \in \left[0 ; \frac{\pi}{2}\right]$.
Calculer $\cos(2\theta)$, puis en déduire θ.

→ Corrigé p. 266

14 ★★ 15 min

Simplifier les expressions suivantes définies pour tous réels $x \neq k\frac{\pi}{2}$ $(k \in \mathbb{Z})$.

1° $\frac{\sin(2x)}{\sin(x)} - \frac{\cos(2x)}{\cos(x)}$.

2° $\frac{\sin(3x)}{\sin(x)} - \frac{\cos(3x)}{\cos(x)}$.

3° $\frac{\sin(3x)}{\sin(x)} + \frac{\cos(3x)}{\cos(x)}$.

→ Corrigé p. 266

15 ★★★ 15 min

Résoudre dans $\mathbb{R}$ les équations suivantes.

1° $\sin x \cos x = \frac{\sqrt{3}}{4}$.

2° $\cos^2 x - \sin^2 x = \frac{\sqrt{2}}{2}$.

3° $2 \cos^2 x = \sin 2x$.

→ Corrigé p. 267

Exercices-bilans

16 ★★★ 20 min

Soit $ABCD$ un rectangle de centre O tel que $AB = 5$ cm et $BC = 3$ cm.
On appelle H et K les projetés orthogonaux respectifs des points B et D sur la droite (AC).

1° Calculer le produit scalaire $\overrightarrow{OA}.\overrightarrow{OB}$.
En déduire une valeur approchée d'une mesure en degrés de $\widehat{AOB}$ à 0,1° près.

2° Calculer le produit scalaire $\overrightarrow{AC}.\overrightarrow{AD}$. En déduire la longueur AK.

3° Calculer de même la longueur CH. En déduire HK.

4° Calculer BH et BK.
En déduire une valeur approchée d'une mesure en degrés de $\widehat{HBK}$ à 0,1° près.

→ Corrigé p. 268

17 ★★ 20 min

Soit $(O\ ;\ I, J)$ un repère orthonormé du plan.

1° Construire la droite $\mathscr{D}$ d'équation $y = 2x + 1$.

2° Déterminer un vecteur normal à $\mathscr{D}$.

3° Soit le point $A(3\ ;\ 2)$. Déterminer une équation de la droite Δ orthogonale à $\mathscr{D}$, contenant le point A.

4° Déterminer, par le calcul, les coordonnées du point d'intersection H des droites $\mathscr{D}$ et Δ.

5° Calculer la distance AH (cette distance est appelée « distance du point A à la droite $\mathscr{D}$ »).

6° Établir une équation du cercle $\mathscr{C}$ de centre A, tangent à $\mathscr{D}$.

→ Corrigé p. 269

18 ★★★ 25 min

Le but de l'exercice est de résoudre dans l'intervalle $[0 ; 2\pi[$ l'équation :

$$\cos x + \sin x = 1.$$

Première méthode :

1° Montrer que, pour tout réel x, $\cos x + \sin x = \sqrt{2}\cos\left(x - \frac{\pi}{4}\right)$.

2° En déduire que $\cos x + \sin x = 1 \Leftrightarrow \cos\left(x - \frac{\pi}{4}\right) = \frac{\sqrt{2}}{2}$.

3° Déterminer les solutions dans $[0 ; 2\pi[$ de l'équation $\cos x + \sin x = 1$.

Seconde méthode :

1° Montrer que, pour tout réel x, $(\cos x + \sin x)^2 = 1 + \sin(2x)$.

2° En déduire que, si $\cos x + \sin x = 1$, alors $\sin(2x) = 0$

3° Déterminer les solutions dans $[0 ; 2\pi[$ de l'équation $\cos x + \sin x = 1$.

→ *Corrigé p. 270*

1 → *Énoncé p. 253*

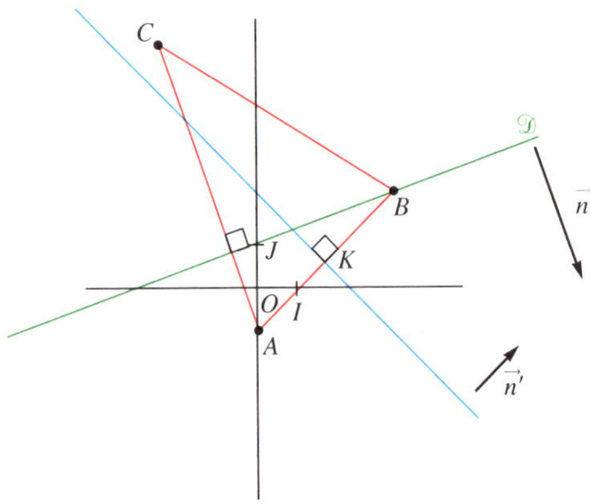

1° Soit 𝒟 la hauteur issue de B. 𝒟 est la droite orthogonale à (AC) contenant B ; $\overrightarrow{AC}(-2\ ;\ 6)$ est donc un vecteur normal à 𝒟.
$\vec{n} = -\dfrac{1}{2}\overrightarrow{AC}$ est donc aussi un vecteur normal à 𝒟 et $\vec{n}(1\ ;\ -3)$.
Soit un point $M(x\ ;\ y)$.
$M \in$ 𝒟 si, et seulement si, $\vec{n}.\overrightarrow{BM} = 0$
$1 \times (x-3) + (-3) \times (y-2) = 0$
$x - 3y + 3 = 0$
$y = \dfrac{1}{3}x + 1.$
L'équation réduite de 𝒟 est $y = \dfrac{1}{3}x + 1$.

2° Soit Δ la médiatrice de $[AB]$. Δ est la droite orthogonale à (AB), contenant le milieu K de $[AB]$; $\overrightarrow{AB}(3\ ;\ 3)$ est donc un vecteur normal à Δ.
$\vec{n}' = \dfrac{1}{3}\overrightarrow{AB}$ est donc aussi un vecteur normal à Δ et $\vec{n}'(1\ ;\ 1)$.
Le milieu K de $[AB]$ a pour coordonnées $\left(\dfrac{0+3}{2}\ ;\ \dfrac{-1+2}{2}\right)$, c'est-à-dire $K\left(\dfrac{3}{2}\ ;\ \dfrac{1}{2}\right)$.
$M \in \Delta$ si, et seulement si, $\vec{n}'.\overrightarrow{KM} = 0$
$1 \times \left(x - \dfrac{3}{2}\right) + 1 \times \left(y - \dfrac{1}{2}\right) = 0$
$x + y - 2 = 0$
$y = -x + 2.$
L'équation réduite de Δ est $y = -x + 2$.

2 → *Énoncé p. 253*

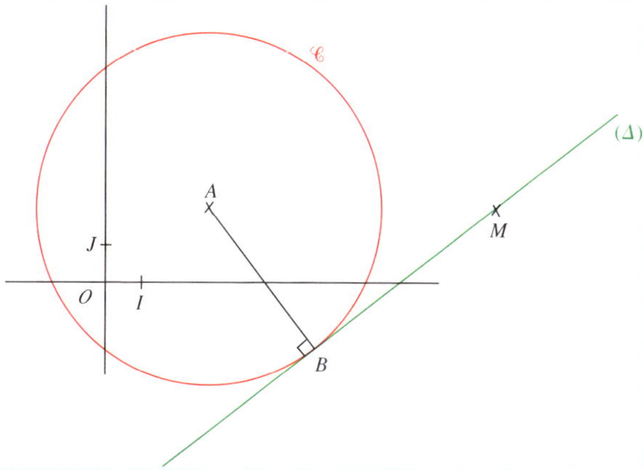

1° Pour montrer que B appartient au cercle $\mathscr{C}$, il suffit de calculer AB et de montrer que AB est égal au rayon de $\mathscr{C}$.

$\overrightarrow{AB}(6-3\ ;-2-2)$; $\overrightarrow{AB}(3\ ;-4)$.

D'où $\|\overrightarrow{AB}\| = \sqrt{(3)^2+(-4)^2} = \sqrt{9+16} = \sqrt{25} = 5$.

$AB = 5$, donc **B appartient au cercle $\mathscr{C}$.**

> On utilise la propriété suivante : si $\vec{u}\begin{pmatrix}x\\y\end{pmatrix}$, alors $\|\vec{u}\| = \sqrt{x^2+y^2}$.

2° La tangente (Δ) en B au cercle $\mathscr{C}$ est la droite orthogonale à (AB) contenant B.

• Soit M un point du plan.

M appartient à (Δ) si, et seulement si, les vecteurs $\overrightarrow{AB}$ et $\overrightarrow{BM}$ sont orthogonaux, c'est-à-dire si, et seulement si, $\overrightarrow{AB}.\overrightarrow{BM} = 0$.

Désignons par $(x\ ;y)$ les coordonnées du point M.

On a alors $\overrightarrow{BM}(x-6\ ;y+2)$ et $\overrightarrow{AB}(3\ ;-4)$.

Donc M appartient à (Δ) si, et seulement si, $3(x-6)-4(y+2)=0$, ce qui équivaut à $3x-4y-26=0$.

La condition $3x-4y-26=0$ est nécessaire et suffisante pour qu'un point $M(x\ ;y)$ appartiennent à la droite (Δ). Il s'agit donc d'une équation de (Δ).

(Δ) a pour équation $3x-4y-26=0$ ou $y=\frac{3}{4}x-\frac{13}{2}$.

3 → *Énoncé p. 253*

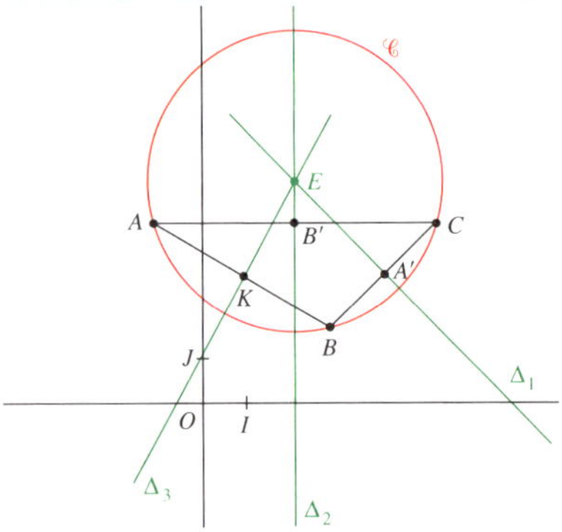

Notons Δ_1, Δ_2 et Δ_3 les médiatrices respectives des côtés [*BC*], [*CA*] et [*AB*]. Pour connaître *E*, il suffit de déterminer l'équation de deux d'entre elles.

• La détermination de Δ_2 est immédiate :
la droite (*AC*) est parallèle à l'axe des abscisses, donc Δ_2 est parallèle à l'axe des ordonnées. D'autre part, Δ_2 passe par le milieu *B'* de [*AC*], avec *B'*(2 ; 4).
D'où $\mathbf{\Delta_2 : x = 2}$.

• Déterminons une équation de Δ_1 :
par exemple, $\overrightarrow{BC}(2\,;\,2)$ est un vecteur normal à Δ_1 et *A'*(4 ; 3) appartient à Δ_1.
Pour $M(x\,;\,y)$, $\overrightarrow{A'M}.\overrightarrow{BC} = 0$ se traduit par : $2(x-4)+2(y-3)=0$
c'est-à-dire $x + y - 7 = 0$.
D'où $\mathbf{\Delta_1 : x + y - 7 = 0}$.

Les coordonnées de *E* vérifient :

$$\begin{cases} x = 2 \\ x + y - 7 = 0 \end{cases} \quad \text{soit} \quad \begin{cases} x = 2 \\ y = 5. \end{cases}$$

Donc ***E* (2 ; 5)**.
Pour le rayon du cercle circonscrit à *ABC*, on calcule *EA* ou *EB* ou *EC*.
Par exemple, $\overrightarrow{EA}(-3\,;\,-1)$ d'où $EA = \sqrt{(-3)^2 + (-1)^2} = \sqrt{10}$.
D'où $\boldsymbol{R = \sqrt{10}}$.

4 → *Énoncé p. 253* **1°** Le cercle 𝒞 est l'ensemble des points *M* du plan tels que

$$\overrightarrow{AM}.\overrightarrow{BM} = 0.$$

Désignons par $(x\,;\,y)$ les coordonnées du point *M*.
On a alors $\overrightarrow{AM}(x+2\,;\,y-2)$ et $\overrightarrow{BM}(x-4\,;\,y)$.
Donc *M* appartient à 𝒞 si, et seulement si, $(x+2)(x-4)+(y-2)y=0$
ce qui équivaut à $x^2 - 2x - 8 + y^2 - 2y = 0$.
Une équation de 𝒞 est donc $\boldsymbol{x^2 + y^2 - 2x - 2y - 8 = 0}$.

2° Le centre Ω de $\mathscr{C}$ est le point de coordonnées $\left(\dfrac{-2+4}{2} ; \dfrac{2+0}{2}\right)$, c'est-à-dire **$\Omega(-1 ; 1)$.**

Le rayon R du cercle est $R = \Omega A = \Omega B = \dfrac{AB}{2}$.

$\overrightarrow{\Omega A}(-3 ; 1)$ d'où $\Omega A = \sqrt{(-3)^2 + 1^2} = \sqrt{9+1} = \sqrt{10}$ donc $\boldsymbol{R = \sqrt{10}}$.

Soit $M(x ; y)$ un point quelconque du plan.

$M \in \mathscr{C}$ si et seulement si $\Omega M = \sqrt{10}$.

$M \in \mathscr{C}$ si et seulement si $\Omega M^2 = 10$.

$M \in \mathscr{C}$ si et seulement si $(x-1)^2 + (y-1)^2 = 10$.

Une équation du cercle $\mathscr{C}$ est $(x-1)^2 + (y-1)^2 = 10$ (ou sous forme développée **$x^2 + y^2 - 2x - 2y - 8 = 0$**).

5 → *Énoncé p. 254* 1° Soit le point $\Omega(1 ; -3)$.

Si M est un point de coordonnées $(x ; y)$, alors $\Omega M^2 = (x-1)^2 + (y+3)^2$.

$(x-1)^2 + (y+3)^2 = 4$ équivaut à $\Omega M^2 = 4$, c'est-à-dire $\Omega M = 2$ (puisque $\Omega M \geqslant 0$).

$(x-1)^2 + (y+3)^2 = 4$ est une équation du cercle de centre $\Omega(1 ; -3)$ et de rayon 2.

2° Soit le point $\Omega(0 ; -1)$; $\Omega M^2 = (x-0)^2 + (y+1)^2 = x^2 + (y+1)^2$.

$x^2 + (y+1)^2 = 1$ équivaut à $\Omega M^2 = 1$, c'est-à-dire $\Omega M = 1$ (puisque $\Omega M \geqslant 0$).

$x^2 + (y+1)^2 = 1$ est une équation du cercle de centre $\Omega(0 ; -1)$ et de rayon 1.

3° Dans $x^2 + y^2 - 10x + 4y + 20$, regroupons les termes en x : $x^2 - 10x$ est le début du développement de $(x-5)^2 = x^2 - 10x + 25$.

Puis, regroupons les termes en y : $y^2 + 4y$ est le début du développement de $(y+2)^2 = y^2 + 4y + 4$.

> La technique est la même que celle consistant à mettre un trinôme du second degré sous forme canonique.

$x^2 + y^2 - 10x + 4y + 20 = 0$ équivaut à $(x-5)^2 - 25 + (y+2)^2 - 4 + 20 = 0$

équivaut à $(x-5)^2 + (y+2)^2 = 9$.

On reconnaît une équation du cercle de centre $\Omega(5 ; -2)$ et de rayon 3.

4° Dans $x^2 + y^2 + 4x + 6$, regroupons les termes en x :

$x^2 + 4x$ est le début du développement de $(x+2)^2 = x^2 + 4x + 4$.

$x^2 + y^2 + 4x + 6 = 0$ équivaut à $(x+2)^2 - 4 + y^2 + 6 = 0$

équivaut à $(x+2)^2 + y^2 = -2$.

Une somme de deux carrés étant de signe positif, il n'existe aucun point $M(x ; y)$ tel que $(x+2)^2 + y^2 = -2$.

Il ne s'agit donc pas de l'équation d'un cercle.

6 → *Énoncé p. 254*

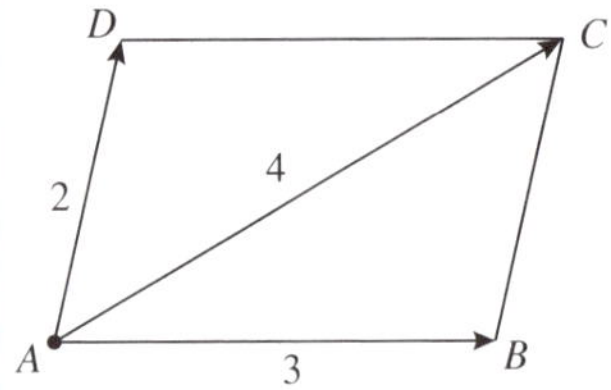

1° Puisque l'on ne connaît ni la position du projeté orthogonal de D sur (AB), ni une mesure de l'angle $\widehat{BAD}$, la seule méthode possible pour calculer le produit scalaire demandé est l'utilisation d'une formule avec les normes.

L'égalité $\vec{u}.\vec{v} = \frac{1}{2}\left[\|\vec{u}+\vec{v}\|^2 - \|\vec{u}\| - \|\vec{v}\|^2\right]$ avec $\vec{u} = \overrightarrow{AB}$ et $\vec{v} = \overrightarrow{AD}$, donne :

$$\overrightarrow{AB}.\overrightarrow{AD} = \frac{1}{2}\left[\|\overrightarrow{AB}+\overrightarrow{AD}\|^2 - \|\overrightarrow{AB}\|^2 - \|\overrightarrow{AD}\|^2\right] = \frac{1}{2}\left(AC^2 - AB^2 - AD^2\right)$$

car $\overrightarrow{AB} + \overrightarrow{AD} = \overrightarrow{AC}$, puisque $ABCD$ est un parallélogramme.

On en déduit $\overrightarrow{AB}.\overrightarrow{AD} = \frac{1}{2}(16 - 9 - 4)$, c'est-à-dire $\boldsymbol{\overrightarrow{AB}.\overrightarrow{AD} = \frac{3}{2}}$.

Remarque :

On aurait pu aboutir au même résultat en développant AC^2.

En effet, $AC^2 = \overrightarrow{AC}^2 = (\overrightarrow{AB} + \overrightarrow{AD})^2 = AB^2 + AD^2 + 2\overrightarrow{AB}.\overrightarrow{AD}$.

On sait alors que $\overrightarrow{AB}.\overrightarrow{AD} = AB \times AD \times \cos\widehat{BAD}$,

d'où $\cos\widehat{BAD} = \dfrac{\overrightarrow{AB}.\overrightarrow{AD}}{AB \times AD} = \dfrac{\frac{3}{2}}{6} = \dfrac{3}{12} = \dfrac{1}{4}$.

La calculatrice donne alors **$\widehat{BAD}$ = 75,5° à 0,1° près par défaut.**

> La calculatrice doit être correctement configurée (Touche (setup)) pour donner les résultats en degrés.

2° La formule d'Al-Kashi dans le triangle ABD donne :

$$BD^2 = AB^2 + AD^2 - 2AB \times AD \times \cos\widehat{BAD} = 9 + 4 - 2 \times 3 \times 2 \times \frac{1}{4} = 10.$$

D'où **$BD = \sqrt{10}$, soit BD = 3,16 cm à 0,01 cm près par défaut.**

7 → *Énoncé p. 254*

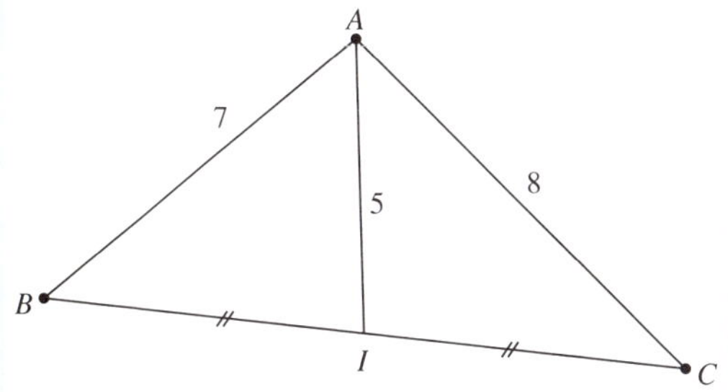

1° Le théorème de la médiane dans le triangle ABC donne :

$$AB^2 + AC^2 = 2AI^2 + \frac{BC^2}{2}.$$

On en déduit alors $BC^2 = 2AB^2 + 2AC^2 - 4AI^2 = 2 \times 49 + 2 \times 64 - 4 \times 25 = 126$.

D'où **$BC = \sqrt{126}$, soit $BC \approx 11{,}22$ cm à 0,01 cm près par défaut.**

2° On applique, dans le triangle ABC, la formule d'Al-Kashi qui donne le carré de la longueur du côté opposé à l'angle cherché :

On a $BC^2 = AB^2 + AC^2 - 2AB \times AC \times \cos \widehat{BAC}$.

Donc $\cos \widehat{BAC} = \dfrac{AB^2 + AC^2 - BC^2}{2AB \times AC} = \dfrac{7^2 + 8^2 - 126}{2 \times 7 \times 8} = \dfrac{-13}{112}$.

La calculatrice (touche Acs ou $\cos^{-1}$) donne **$\widehat{BAC} = 96{,}7°$ à 0,1° près par défaut.**

8 → *Énoncé p. 254*

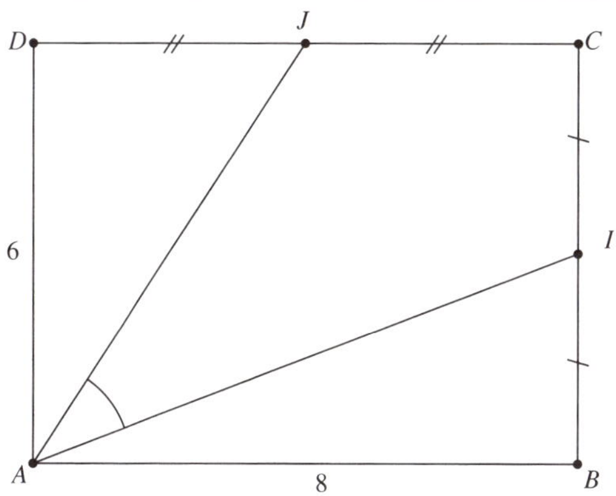

1° Il serait possible de calculer les longueurs AI, AJ et IJ, puis d'en déduire le produit scalaire $\overrightarrow{AI}.\overrightarrow{AJ}$ à l'aide d'une formule faisant intervenir les normes.

Utilisons plutôt la relation de Chasles qui permet d'aboutir plus rapidement au résultat :
$\overrightarrow{AI}.\overrightarrow{AJ} = (\overrightarrow{AB} + \overrightarrow{BI}).(\overrightarrow{AD} + \overrightarrow{DJ})$
$= \overrightarrow{AB}.\overrightarrow{AD} + \overrightarrow{AB}.\overrightarrow{DJ} + \overrightarrow{BI}.\overrightarrow{AD} + \overrightarrow{BI}.\overrightarrow{DJ} = 0 + AB \times DJ + BI \times AD + 0$
(car $\overrightarrow{AB}$ et $\overrightarrow{AD}$ sont orthogonaux, $\overrightarrow{BI}$ et $\overrightarrow{DJ}$ sont colinéaires de même sens, $\overrightarrow{BI}$ et $\overrightarrow{AD}$ sont colinéaires de même sens, et $\overrightarrow{BI}$ et $\overrightarrow{DJ}$ sont orthogonaux).
On en déduit $\overrightarrow{AI}.\overrightarrow{AJ} = 8 \times 4 + 3 \times 6$, soit $\boldsymbol{\overrightarrow{AI}.\overrightarrow{AJ} = 50}$.

2° L'égalité $\overrightarrow{AI}.\overrightarrow{AJ} = AI \times AJ \times \cos \widehat{IAJ}$ donne $\cos \widehat{IAJ} = \dfrac{\overrightarrow{AI}.\overrightarrow{AJ}}{AI \times AJ}$.
Les triangles ABI et ADJ sont rectangles. On en déduit :
$AI^2 = AB^2 + BI^2 = 8^2 + 3^2 = 64 + 9 = 73$, d'où $AI = \sqrt{73}$
et $AJ^2 = AD^2 + DJ^2 = 6^2 + 4^2 = 36 + 16 = 52$, d'où $AJ = \sqrt{52}$.
On a enfin $\cos \widehat{IAJ} = \dfrac{50}{\sqrt{73} \times \sqrt{52}} = \dfrac{50}{\sqrt{3\,796}}$.
La calculatrice (touche Acs ou $\cos^{-1}$) donne $\boldsymbol{\widehat{IAJ} = 35{,}8°}$ **à 0,1° près par excès.**

9 → Énoncé p. 255 1° Pour tout point M du plan, le théorème de la médiane donne :

> Travailler par équivalences successives évite d'avoir à démontrer une réciproque.

$MA^2 + MB^2 = 2MI^2 + \dfrac{AB^2}{2} = 2MI^2 + \dfrac{4^2}{2} = 2MI^2 + 8$
(car ici $AB = 4$). Alors $MA^2 + MB^2 = 26 \Leftrightarrow 2MI^2 + 8 = 26 \Leftrightarrow MI^2 = 9 \Leftrightarrow MI = 3$.
L'ensemble cherché est donc **le cercle $\mathscr{C}_1$ de centre I et de rayon 3.**

2° Pour tout point M du plan, on a (d'après la dernière égalité citée dans le paragraphe relatif au théorème de la médiane) :
$\overrightarrow{MA}.\overrightarrow{MB} = MI^2 - \dfrac{AB^2}{4} = MI^2 - \dfrac{4^2}{4} = MI^2 - 4$.
D'où $\overrightarrow{MA}.\overrightarrow{MB} = -3 \Leftrightarrow MI^2 - 4 = -3 \Leftrightarrow MI^2 = 1 \Leftrightarrow MI = 1$.
L'ensemble cherché est donc le **cercle $\mathscr{C}_2$ de centre I et de rayon 1.**

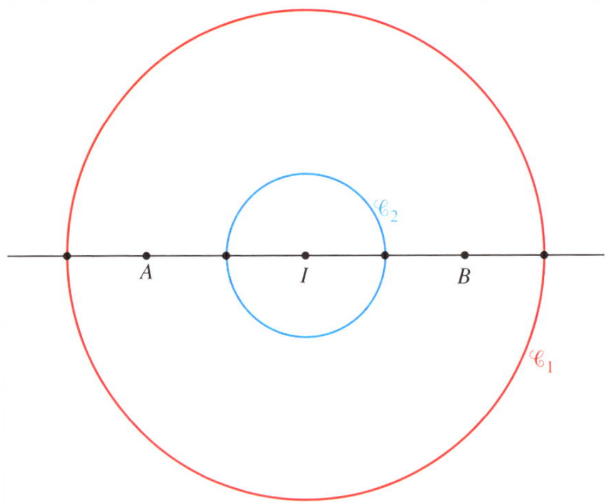

10 → *Énoncé p. 255* Pour tout réel x, on a :

$$\sin\left(x+\frac{2\pi}{3}\right)=\sin(x)\cos\left(\frac{2\pi}{3}\right)+\cos(x)\sin\left(\frac{2\pi}{3}\right)=\sin(x)\times\left(-\frac{1}{2}\right)+\cos(x)\times\left(\frac{\sqrt{3}}{2}\right)$$

et $\sin\left(x-\frac{2\pi}{3}\right)=\sin(x)\cos\left(\frac{2\pi}{3}\right)-\cos(x)\sin\left(\frac{2\pi}{3}\right)=\sin(x)\times\left(-\frac{1}{2}\right)-\cos(x)\times\left(\frac{\sqrt{3}}{2}\right)$.

On en déduit :

$$\sin\left(x+\frac{2\pi}{3}\right)+\sin\left(x-\frac{2\pi}{3}\right)=\sin(x)\times\left(-\frac{1}{2}\right)+\sin(x)\times\left(-\frac{1}{2}\right)=-\sin(x),$$

d'où $\mathbf{\sin(x)+\sin\left(x+\frac{2\pi}{3}\right)+\sin\left(x-\frac{2\pi}{3}\right)=0}$.

11 → *Énoncé p. 255* On applique les formules d'addition :

$$\cos\left(\frac{7\pi}{12}\right)=\cos\left(\frac{\pi}{3}+\frac{\pi}{4}\right)=\cos\left(\frac{\pi}{3}\right)\cos\left(\frac{\pi}{4}\right)-\sin\left(\frac{\pi}{3}\right)\sin\left(\frac{\pi}{4}\right)=\frac{1}{2}\times\frac{\sqrt{2}}{2}-\frac{\sqrt{3}}{2}\times\frac{\sqrt{2}}{2},$$

soit $\mathbf{\cos\left(\frac{7\pi}{12}\right)=\frac{\sqrt{2}-\sqrt{6}}{4}}$.

$$\sin\left(\frac{7\pi}{12}\right)=\sin\left(\frac{\pi}{3}+\frac{\pi}{4}\right)=\sin\left(\frac{\pi}{3}\right)\cos\left(\frac{\pi}{4}\right)+\cos\left(\frac{\pi}{3}\right)\sin\left(\frac{\pi}{4}\right)=\frac{\sqrt{3}}{2}\times\frac{\sqrt{2}}{2}+\frac{1}{2}\times\frac{\sqrt{2}}{2},$$

soit $\mathbf{\sin\left(\frac{7\pi}{12}\right)=\frac{\sqrt{6}+\sqrt{2}}{4}}$.

On remarque ensuite que $\frac{5\pi}{12}=\pi-\frac{7\pi}{12}$.

Les formules liant les angles associés (*cf.* chapitre 10 p. 188) donnent :

$\cos\left(\frac{5\pi}{12}\right)=-\cos\left(\frac{7\pi}{12}\right)$ et $\sin\left(\frac{5\pi}{12}\right)=\sin\left(\frac{7\pi}{12}\right)$ d'où $\mathbf{\cos\left(\frac{5\pi}{12}\right)=\frac{\sqrt{6}-\sqrt{2}}{4}}$ et $\mathbf{\sin\left(\frac{5\pi}{12}\right)=\frac{\sqrt{6}+\sqrt{2}}{4}}$.

12 → *Énoncé p. 255* On applique les deux « variantes » de la formule de duplication du cosinus $\left(\text{en posant } a=\frac{3\pi}{8}\right)$ ce qui donne :

$$\cos\left(\frac{3\pi}{4}\right)=2\cos^2\left(\frac{3\pi}{8}\right)-1,\text{ d'où }\cos^2\left(\frac{3\pi}{8}\right)=\frac{\cos\left(\frac{3\pi}{4}\right)+1}{2}=\frac{-\frac{\sqrt{2}}{2}+1}{2}=\frac{2-\sqrt{2}}{4}.$$

Comme $0<\frac{3\pi}{8}<\frac{\pi}{2}$, le cosinus de $\frac{3\pi}{8}$ est strictement positif.

Alors $\mathbf{\cos\left(\frac{3\pi}{8}\right)=-\frac{\sqrt{2-\sqrt{2}}}{2}}$.

D'autre part, $\cos\left(\frac{3\pi}{4}\right)=1-2\sin^2\left(\frac{3\pi}{8}\right)$ qui entraîne $\sin^2\left(\frac{3\pi}{8}\right)=\frac{1-\cos\left(\frac{3\pi}{4}\right)}{2}=\frac{2+\sqrt{2}}{4}$.

Comme $0 < \frac{3\pi}{8} < \frac{\pi}{2}$, le sinus de $\frac{3\pi}{8}$ est strictement positif.

Alors $\mathbf{\sin\left(\frac{3\pi}{8}\right) = \frac{\sqrt{2+\sqrt{2}}}{2}}$.

13 → *Énoncé p. 255* On utilise ici une formule de duplication du cosinus :

On a $\cos(2\theta) = 2\cos^2(\theta) - 1 = 2\left(\frac{\sqrt{6}-\sqrt{2}}{4}\right)^2 - 1 = \frac{6+2-2\sqrt{12}}{8} - 1$

$= -\frac{\sqrt{12}}{4} = -\frac{\sqrt{3}}{2}$.

Comme $\theta \in \left[0 ; \frac{\pi}{2}\right]$ alors $2\theta \in [0 ; \pi]$

et donc nécessairement $2\theta = \frac{5\pi}{6}$.

On en déduit donc $\mathbf{\theta = \frac{5\pi}{12}}$.

> Il y a une infinité de réels ayant un cosinus donné. La recherche dans un intervalle permet ici de déterminer celui qui convient.

14 → *Énoncé p. 255* Chacune des expressions données se simplifiera après réduction au même dénominateur et application des formules d'addition :

1° Pour tout $x \neq k\frac{\pi}{2}$ $(k \in \mathbb{Z})$, on a :

$$\frac{\sin(2x)}{\sin(x)} - \frac{\cos(2x)}{\cos(x)} = \frac{\sin(2x)\cos(x) - \cos(2x)\sin(x)}{\sin(x)\cos(x)}$$

$$= \frac{\sin(2x - x)}{\sin(x)\cos(x)} = \frac{\sin(x)}{\sin(x)\cos(x)}.$$

On en déduit donc $\mathbf{\frac{\sin(2x)}{\sin(x)} - \frac{\cos(2x)}{\cos(x)} = \frac{1}{\cos(x)}}$.

2° Pour tout $x \neq k\frac{\pi}{2}$ $(k \in \mathbb{Z})$, on a :

$$\frac{\sin(3x)}{\sin(x)} - \frac{\cos(3x)}{\cos(x)} = \frac{\sin(3x)\cos(x) - \cos(3x)\sin(x)}{\sin(x)\cos(x)}$$

$$= \frac{\sin(3x - x)}{\sin(x)\cos(x)} = \frac{\sin(2x)}{\sin(x)\cos(x)}.$$

Mais comme $\sin(2x) = 2\sin(x)\cos(x)$,

on en déduit que $\mathbf{\frac{\sin(3x)}{\sin(x)} - \frac{\cos(3x)}{\cos(x)} = 2}$.

3° Pour tout $x \neq k\frac{\pi}{2}$ ($k \in \mathbb{Z}$), on a :

$$\frac{\sin(3x)}{\sin(x)} + \frac{\cos(3x)}{\cos(x)} = \frac{\sin(3x)\cos(x) + \cos(3x)\sin(x)}{\sin(x)\cos(x)}$$

$$= \frac{\sin(3x + x)}{\sin(x)\cos(x)} = \frac{\sin(4x)}{\sin(x)\cos(x)}.$$

Or $\sin(4x) = 2\sin(2x)\cos(2x)$ et $\sin(2x) = 2\sin(x)\cos(x)$, alors $\sin(4x) = 4\sin(x)\cos(x)\cos(2x)$,

et on en déduit que $\mathbf{\frac{\sin(3x)}{\sin(x)} + \frac{\cos(3x)}{\cos(x)} = 4\cos(2x)}$.

15 → *Énoncé p. 256* On utilisera dans cet exercice les formules de duplication pour se ramener à une équation trigonométrique du type $\cos X = \cos a$ ou $\sin X = \sin a$ étudié dans le chapitre 10 (méthode 4, page 199).

1° Pour tout nombre réel x :

$$\sin x \cos x = \frac{\sqrt{3}}{4} \Leftrightarrow 2\sin x \cos x = \frac{\sqrt{3}}{2} \Leftrightarrow \sin(2x) = \frac{\sqrt{3}}{2} \Leftrightarrow \sin(2x) = \sin\left(\frac{\pi}{3}\right)$$

et $\sin(2x) = \sin\left(\frac{\pi}{3}\right) \Leftrightarrow 2x = \frac{\pi}{3} + 2k\pi$ ou $2x = \pi - \frac{\pi}{3} + 2k\pi$, $k \in \mathbb{Z}$

$$\Leftrightarrow x = \frac{\pi}{6} + k\pi \text{ ou } x = \frac{\pi}{3} + k\pi,\ k \in \mathbb{Z}.$$

L'ensemble des solutions est $\boldsymbol{S = \left\{\frac{\pi}{6} + k\pi\ ;\ \frac{\pi}{3} + k\pi,\ k \in \mathbb{Z}\right\}}$.

2° Pour tout nombre réel x :

$$\cos^2 x - \sin^2 x = \frac{\sqrt{2}}{2} \Leftrightarrow \cos(2x) = \frac{\sqrt{2}}{2} \Leftrightarrow \cos(2x) = \cos\left(\frac{\pi}{4}\right)$$

et $\cos(2x) = \cos\left(\frac{\pi}{4}\right) \Leftrightarrow 2x = \frac{\pi}{4} + 2k\pi$ ou $2x = -\frac{\pi}{4} + 2k\pi$, $k \in \mathbb{Z}$

$$\Leftrightarrow x = \frac{\pi}{8} + k\pi \text{ ou } x = -\frac{\pi}{8} + k\pi,\ k \in \mathbb{Z}.$$

L'ensemble des solutions est $\boldsymbol{S = \left\{\frac{\pi}{8} + k\pi\ ;\ -\frac{\pi}{8} + k\pi,\ k \in \mathbb{Z}\right\}}$.

3° Pour tout nombre réel x :

$2\cos^2 x = \sin 2x \Leftrightarrow 2\cos^2 x = 2\sin x \cos x \Leftrightarrow 2\cos x(\cos x - \sin x) = 0$.

Donc $2\cos^2 x = \sin 2x \Leftrightarrow \cos x = 0$ ou $\cos x = \sin x$.

Or $\cos x = 0 \Leftrightarrow x = \frac{\pi}{2} + k\pi$, $k \in \mathbb{Z}$

et $\cos x = \sin x \Leftrightarrow x = \frac{\pi}{4} + k\pi$, $k \in \mathbb{Z}$ (chap. 10, ex. 9, question *e)*, p. 203).

L'ensemble des solutions est $\boldsymbol{S = \left\{\frac{\pi}{2} + k\pi\ ;\ \frac{\pi}{4} + k\pi,\ k \in \mathbb{Z}\right\}}$.

16 → *Énoncé p. 256*

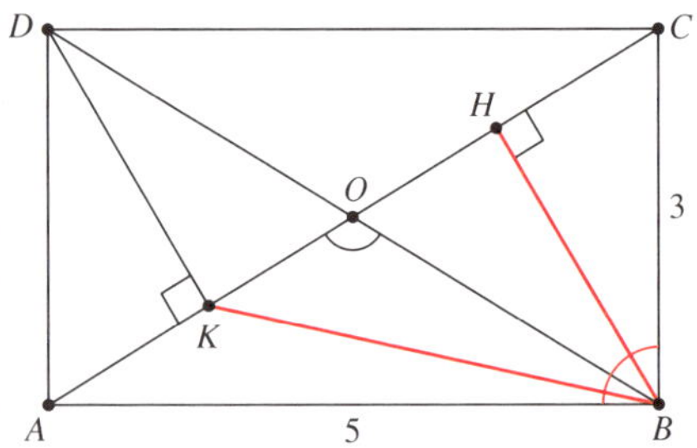

1° On a $\overrightarrow{OA} = \frac{1}{2}\overrightarrow{CA} = \frac{1}{2}(\overrightarrow{CB} + \overrightarrow{BA})$ et $\overrightarrow{OB} = \frac{1}{2}\overrightarrow{DB} = \frac{1}{2}(\overrightarrow{DA} + \overrightarrow{AB})$.

On a alors :

$$\overrightarrow{OA}.\overrightarrow{OB} = \frac{1}{4}(\overrightarrow{CB}.\overrightarrow{DA} + \overrightarrow{CB}.\overrightarrow{AB} + \overrightarrow{BA}.\overrightarrow{DA} + \overrightarrow{BA}.\overrightarrow{AB})$$

$$= \frac{1}{4}(CB^2 + 0 + 0 - AB^2) = \frac{1}{4}(3^2 - 5^2).$$

On calcule ici $\overrightarrow{OA}.\overrightarrow{OB}$ par deux méthodes différentes.

On trouve donc $\boldsymbol{\overrightarrow{OA}.\overrightarrow{OB} = -4}$.

On a d'autre part $\overrightarrow{OA}.\overrightarrow{OB} = OA \times OB \times \cos\widehat{AOB} = OA^2 \cos\widehat{AOB}$, car $OA = OB$,

alors $\cos\widehat{AOB} = \dfrac{\overrightarrow{OA}.\overrightarrow{OB}}{OA^2}$.

Mais $OA = \frac{1}{2}CA$, donc $OA^2 = \frac{1}{4}CA^2 = \frac{1}{4}(CB^2 + BA^2) = \frac{1}{4}(3^2 + 5^2) = \frac{34}{4} = \frac{17}{2}$.

D'où $\cos\widehat{AOB} = -\dfrac{4}{\frac{17}{2}} = \dfrac{-8}{17}$. La calculatrice donne alors $\boldsymbol{\widehat{AOB} = 118{,}1°}$ **à 0,1° près par excès.**

2° On a $\overrightarrow{AC}.\overrightarrow{AD} = AD \times AD = AD^2$, car C se projette orthogonalement en D sur la droite (AD). Donc $\boldsymbol{\overrightarrow{AC}.\overrightarrow{AD} = 9}$.

On a d'autre part $\overrightarrow{AC}.\overrightarrow{AD} = AC \times AK$, car D se projette orthogonalement en K sur la droite (AC).

On déduit de ces deux égalités $AC \times AK = 9$, d'où $AK = \dfrac{9}{AC}$.

Or $AC = \sqrt{34}$, donc $\boldsymbol{AK = \dfrac{9}{\sqrt{34}}}$**, soit environ 1,54 cm.**

3° On obtient HC en calculant le produit scalaire $\overrightarrow{CA}.\overrightarrow{CB}$ par deux méthodes différentes.

$\overrightarrow{CA}.\overrightarrow{CB} = CB \times CB = CB^2$, car A se projette orthogonalement en B sur la droite (CB).
Donc $\overrightarrow{CA}.\overrightarrow{CB} = 9$.
$\overrightarrow{CA}.\overrightarrow{CB} = CA \times CH$, car B se projette orthogonalement en H sur la droite (AC).

On en déduit alors que $CA \times CH = 9$, d'où $CH = \frac{9}{CA}$, soit $\boldsymbol{CH = \frac{9}{\sqrt{34}}}$.

(On pouvait également invoquer la symétrie de la figure par rapport au point O pour affirmer que $AK = CH$.)

Les points A, K, H et C étant alignés, on a :

$AK + KH + HC = AC$, d'où $HK = AC - AK - HC = AC - 2AK = \sqrt{34} - \frac{18}{\sqrt{34}}$ qui donne, en réduisant au même dénominateur, $\boldsymbol{HK = \frac{16}{\sqrt{34}}}$**, soit environ 2,74 cm.**

4° Le triangle BHC étant rectangle en H, on a $BH^2 = BC^2 - CH^2 = 9 - \frac{81}{34} = \frac{225}{34}$.

D'où $\boldsymbol{BH = \frac{15}{\sqrt{34}}}$.

Le triangle BHK étant rectangle en H, on a $BK^2 = BH^2 + HK^2 = \frac{225}{34} + \frac{256}{34} = \frac{481}{34}$.

D'où $\boldsymbol{BK = \frac{\sqrt{481}}{\sqrt{34}}}$.

Dans ce même triangle, on déduit $\cos \widehat{HBK} = \frac{BH}{BK} = \frac{15}{\sqrt{481}}$.

La calculatrice donne alors $\boldsymbol{\widehat{HBK} = 46{,}8°}$ **à 0,1° près par défaut.**

17 → Énoncé p. 256 1° La droite $\mathscr{D}$ contient les points $E(0\,;1)$ et $F(1\,;3)$.

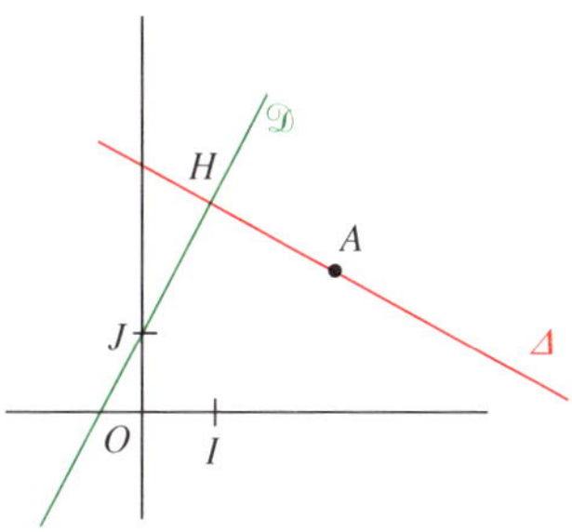

2° $\overrightarrow{EF}(1\,;2)$ est un vecteur directeur de $\mathscr{D}$, donc $\boldsymbol{\vec{n}(-2\,;1)}$ **est un vecteur normal à** $\mathscr{D}$.

3° $\vec{u}(1\,;2)$ est un vecteur normal à Δ.

Soit un point $M(x\,;y)$.

$M \in \Delta$ si, et seulement si, $\vec{u}.\overrightarrow{AM} = 0$;

$M \in \Delta$ si, et seulement si, $1 \times (x-3) + 2 \times (y-2) = 0$;

$M \in \Delta$ si, et seulement si, $x + 2y - 7 = 0$;

$M \in \Delta$ si, et seulement si, $y = -\frac{1}{2}x + \frac{7}{2}$.

Une équation de Δ est $\boldsymbol{y = -\frac{1}{2}x + \frac{7}{2}}$.

4° Le point d'intersection $H(x\,;y)$ des droites $\mathscr{D}$ et Δ vérifie : $\begin{cases} y = 2x + 1 \\ y = -\frac{1}{2}x + \frac{7}{2} \end{cases}$;

ce système équivaut successivement à : $\begin{cases} y = 2x + 1 \\ 2x + 1 = -\dfrac{1}{2}x + \dfrac{7}{2} \end{cases}$

$$\begin{cases} y = 2x + 1 \\ \dfrac{5}{2}x = \dfrac{5}{2} \end{cases}$$

$$\begin{cases} y = 3 \\ x = 1 \end{cases}$$

D'où $\boldsymbol{H(1\,;\,3)}$.

5° $\overrightarrow{AH}(-2\,;\,1)$, d'où $\boldsymbol{AH} = \sqrt{(-2)^2 + 1^2} = \boldsymbol{\sqrt{5}}$.

6° Le cercle $\mathscr{C}$ de centre A, tangent à $\mathscr{D}$ est le cercle dont un rayon est $[AH]$, puisque (AH) est orthogonale à $\mathscr{D}$.
Soit un point $M(x\,;\,y)$.
$M \in \mathscr{C}$ si, et seulement si, $AM = \sqrt{5}$;
$M \in \mathscr{C}$ si, et seulement si, $AM^2 = 5$;
$M \in \mathscr{C}$ si, et seulement si, $(x-3)^2 + (y-2)^2 = 5$.
Une équation du cercle $\mathscr{C}$ est $(x-3)^2 + (y-2)^2 = 5$
(ou, sous forme développée $\boldsymbol{x^2 + y^2 - 6x - 4y + 8 = 0}$).

18 → *Énoncé p. 257* **Première méthode**

1° Pour tout nombre réel x,

$$\cos\left(x - \frac{\pi}{4}\right) = \cos x \cos\left(\frac{\pi}{4}\right) + \sin x \sin\left(\frac{\pi}{4}\right)$$
$$= \cos x \times \left(\frac{\sqrt{2}}{2}\right) + \sin x \times \left(\frac{\sqrt{2}}{2}\right) = \frac{\sqrt{2}}{2}(\cos x + \sin x).$$

D'où $\cos x + \sin x = \dfrac{2}{\sqrt{2}} \cos\left(x - \dfrac{\pi}{4}\right) = \boldsymbol{\sqrt{2}\cos\left(x - \dfrac{\pi}{4}\right)}$.

2° Pour tout réel x, $\cos x + \sin x = 1 \Leftrightarrow \sqrt{2}\cos\left(x - \dfrac{\pi}{4}\right) = 1$

$$\Leftrightarrow \cos\left(x - \frac{\pi}{4}\right) = \frac{1}{\sqrt{2}}$$

$$\boldsymbol{\cos x + \sin x = 1 \Leftrightarrow \cos\left(x - \frac{\pi}{4}\right) = \frac{\sqrt{2}}{2}}.$$

3° $\cos\left(x - \dfrac{\pi}{4}\right) = \dfrac{\sqrt{2}}{2} \Leftrightarrow \cos\left(x - \dfrac{\pi}{4}\right) = \cos\left(\dfrac{\pi}{4}\right)$

$$\Leftrightarrow x - \frac{\pi}{4} = \frac{\pi}{4} + 2k\pi \text{ ou } x - \frac{\pi}{4} = -\frac{\pi}{4} + 2k\pi,\ k \in \mathbb{Z}$$
$$\Leftrightarrow x = \frac{\pi}{2} + 2k\pi \text{ ou } x = 2k\pi,\ k \in \mathbb{Z}.$$

L'ensemble des solutions dans $[0\,;\,2\pi[$ de l'équation $\cos x + \sin x = 1$ est $\boldsymbol{S = \left\{0\,;\,\frac{\pi}{2}\right\}}$.

Seconde méthode

1° Pour tout nombre réel x, $(\cos x + \sin x)^2 = \cos^2 x + \sin^2 x + 2\cos x \sin x$.
Or $\cos^2 x + \sin^2 x = 1$ et $2\cos x \sin x = \sin(2x)$.
On a bien $\boldsymbol{(\cos x + \sin x)^2 = 1 + \sin(2x)}$.

2° Si $\cos x + \sin x = 1$, alors $(\cos x + \sin x)^2 = 1$, d'où $1 + \sin(2x) = 1$, c'est-à-dire $\boldsymbol{\sin(2x) = 0}$.

La réciproque est ici fausse. En effet, si $(\cos x + \sin x)^2 = 1$, alors $\cos x + \sin x = 1$ ou $\cos x + \sin x = -1$.

3° $\sin(2x) = 0 \Leftrightarrow 2x = 2k\pi$ ou $2x = \pi + 2k\pi,\ k \in \mathbb{Z}$

$$\Leftrightarrow x = k\pi \text{ ou } x = \frac{\pi}{2} + k\pi,\ k \in \mathbb{Z}.$$

Les solutions dans $[0\,;\,2\pi[$ de l'équation $\sin(2x) = 0$ sont 0, $\frac{\pi}{2}$, π et $\frac{3\pi}{2}$.

D'après la question 2°, on peut affirmer que les solutions de l'équation $\cos x + \sin x = 1$ font partie des quatre valeurs ci-dessus.

Une rapide vérification montre que 0 et $\frac{\pi}{2}$ sont solutions, alors que π et $\frac{3\pi}{2}$ ne le sont pas.

Donc l'ensemble des solutions dans $[0\,;\,2\pi[$ de l'équation $\cos x + \sin x = 1$ est :

$$\boldsymbol{S = \left\{0\,;\,\frac{\pi}{2}\right\}}.$$

CHAPITRE 13

Statistique descriptive – Analyse de données

1 Quelques rappels

A. Vocabulaire statistique

Population

Ensemble des individus sur lesquels porte l'étude statistique. On note n l'effectif total de la population.

Caractère

Propriété étudiée sur la population.

On note x le caractère et $x_1, x_2, \ldots, x_p$ les p « valeurs » ou « modalités » qu'il peut prendre.

Effectif de x_i

Nombre d'individus pour lequel le caractère a la valeur x_i.

On note n_i l'effectif de x_i.

Fréquence f_i de x_i

$f_i = \dfrac{n_i}{n}$.

Remarques :

- $f_1 + f_2 + \ldots + f_p = \sum_{i=1}^{p} f_i = 1$
- $n = n_1 + n_2 + \ldots + n_p = \sum_{i=1}^{p} n_i$

B. Moyenne et médiane

Soit $(x_i\,;\,n_i)$ une série statistique ; la **moyenne** $\overline{x}$ de cette série est :

$$\overline{x} = \frac{n_1x_1 + n_2x_2 + \ldots + n_px_p}{n} = \frac{1}{n}\sum_{i=1}^{p} n_ix_i$$

ou

$$\overline{x} = f_1x_1 + f_2x_2 + \ldots + f_px_p = \sum_{i=1}^{p} f_ix_i$$

Dans le cas d'un regroupement par classes (intervalles), on prend pour valeur de x_i le centre de chaque classe.

La **médiane** M d'une série statistique est le nombre tel que :
50 % au moins des données sont inférieures ou égales à ce nombre
et 50 % au moins des données sont supérieures ou égales à ce nombre.

- En théorie et pour certaines séries, il peut y avoir plusieurs (et même une infinité de) possibilités de choisir la médiane.
- Dans la pratique, on appliquera la règle suivante.
- Lorsque le caractère étudié est **discret** et que les données sont rangées par **ordre croissant**,
– si la série est de taille $2k + 1$ (nombre impair de données), la médiane est la valeur du terme de rang $k + 1$;
– si la série est de taille $2k$ (nombre pair de données), la médiane est la demi-somme des termes de rangs k et $k + 1$.
- Lorsque le caractère étudié est **continu,** la médiane est l'abscisse du point d'ordonnée $\frac{n}{2}$ du polygone des effectifs cumulés croissants.
- Moyenne et médiane sont des **caractéristiques de position**. La moyenne est la plus simple à calculer, mais la médiane a l'avantage de ne pas être influencée par les valeurs extrêmes, souvent peu significatives.

2 Écart type et écart interquartile

A. Variance et écart type

La **variance** V d'une série $(x_i\,;\,n_i)$ est le nombre :

$$V = \frac{1}{n}\left[n_1(x_1 - \bar{x})^2 + n_2(x_2 - \bar{x})^2 + \ldots + n_p(x_p - \bar{x})^2\right]$$

$$= \frac{1}{n}\sum_{i=1}^{p} n_i(x_i - \bar{x})^2.$$

L'**écart type** s est la racine carrée de la variance : $s = \sqrt{V}$.

- On peut démontrer que V se calcule aussi par la formule :

$$V = \frac{1}{n}\sum_{i=1}^{p} n_i x_i^2 - (\bar{x})^2.$$

- V est la moyenne des carrés des déviations par rapport à la moyenne.
- La fonction $x \mapsto \frac{1}{n}\sum_{i=1}^{p} n_i(x_i - x)^2$ est minimale pour $x = \bar{x}$.
Son minimum est donc V.

■ Dans le cas d'un regroupement par classes (intervalles), on prend pour valeur de x_i le centre de chaque classe.

■ On vous demandera, le plus souvent, de déterminer variance et écart type à l'aide de la calculatrice ou d'un logiciel (tableur) et le détail des calculs ne sera pas exigé.

B. Écart interquartile

Le **premier quartile** d'une série statistique est la **plus petite** valeur Q_1 du caractère telle qu'au moins 25 % des données soient **inférieures ou égales** à Q_1.
Le **troisième quartile** d'une série statistique est la **plus petite** valeur Q_3 du caractère telle qu'au moins 75 % des données soient **inférieures ou égales** à Q_3.
Le nombre $I = Q_3 - Q_1$ est appelé « **écart interquartile** ».

■ On pourrait définir de même les déciles (partage de la série par tranches de 10 %), les centiles (partage de la série par tranches de 1 %)…

■ Écart type et écart interquartile sont des **caractéristiques de dispersion**.

C. Influence d'une transformation affine

Si l'on applique à une série statistique la transformation affine $x \mapsto ax + b$, on obtient sur les valeurs caractéristiques les effets suivants.

	Série $(x_i\,;\,n_i)$	**Série $(ax_i + b\,;\,n_i)$**
Moyenne	$\overline{x}$	$a\overline{x} + b$
Écart type	s	$\lvert a \rvert\, s$
Médiane	M	$aM + b$
Écart interquartile	I	$\lvert a \rvert\, I$

3 Diagramme en boîte (boîte à moustaches)

■ Un diagramme en boîte est un graphique comportant :
– un **rectangle** de largeur quelconque dont les deux extrémités sont les quartiles Q_1 et Q_3 ;
– une barre dans le rectangle qui indique la valeur de la médiane M ;
– des « **moustaches** » dont les longueurs, à partir de la médiane, présentent l'amplitude de l'intervalle contenant les données significatives de la série statistique.

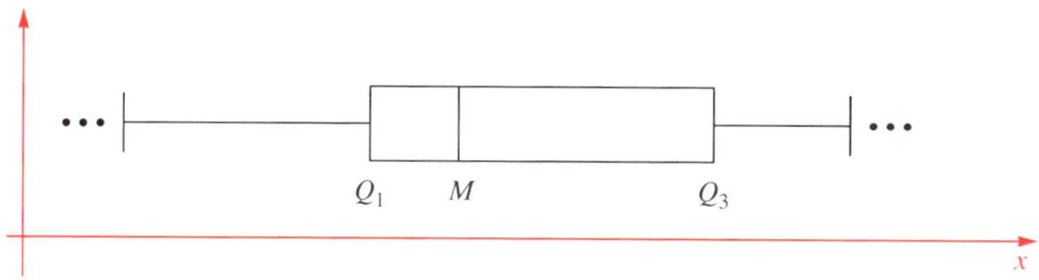

■ On peut rencontrer plusieurs définitions différentes du diagramme en boîte, mais dans chacune, le principe reste identique.

En particulier, les « moustaches » peuvent avoir pour extrémités x_{min} et x_{max} (les valeurs extrêmes de la série) ou des valeurs représentant un intervalle contenant un pourcentage donné d'individus (déciles, centiles...).

■ Les instructions du programme de 1re S conseillent d'utiliser les premier et neuvième déciles x_1 et x_9 comme extrémités des « moustaches » (ce que nous ferons en l'absence de consignes contraires).

■ Il peut y avoir quelques valeurs situées à l'extérieur de l'intervalle délimité par les « moustaches » : ce sont des « valeurs aberrantes » (ou « *outliers* »). On les représente par des points sur le graphique.

1 Utiliser la calculatrice pour déterminer la variance et l'écart type d'une série statistique

EXERCICE TYPE

Le tableau ci-dessous donne la répartition des salaires mensuels nets des employés d'une entreprise de taille moyenne :

Salaires (en k€)	[0,6 ; 1,2[	[1,2 ; 1,8[	[1,8 ; 2,4[	[2,4 ; 3[	[3 ; 3,6[	[3,6 ; 4,2[
Effectifs	20	25	50	55	40	10

Déterminer, à l'aide de la calculatrice, la moyenne, la variance et l'écart type de cette série statistique.

CORRIGÉ COMMENTÉ

1° Le caractère étudié ici (le salaire net) est considéré comme un caractère continu ; ses valeurs sont regroupées par classes.

Sur les calculatrices de marque CASIO

En mode statistiques, on a accès à un tableau dans lequel on entre les données de l'exercice : valeurs du caractère en liste 1 et effectifs associés en liste 2.

Pour effectuer les calculs demandés, il faut au préalable que la calculatrice soit correctement configurée.

Pour cela, on sélectionne les commandes CALC puis SET.

Les deux premières lignes affichées doivent être les suivantes (dans le cas contraire, les modifier à l'aide des menus) :

```
1Var XList  :List1
1Var Freq   :List2
```

Cela indique en effet que pour les calculs relatifs aux séries statistiques à une variable, les valeurs du caractère X sont entrées en liste 1 et les effectifs (ou fréquences) en liste 2.

Une pression sur EXIT permet de revenir au tableau de valeurs.

On sélectionne ensuite la commande 1VAR et les résultats s'affichent :

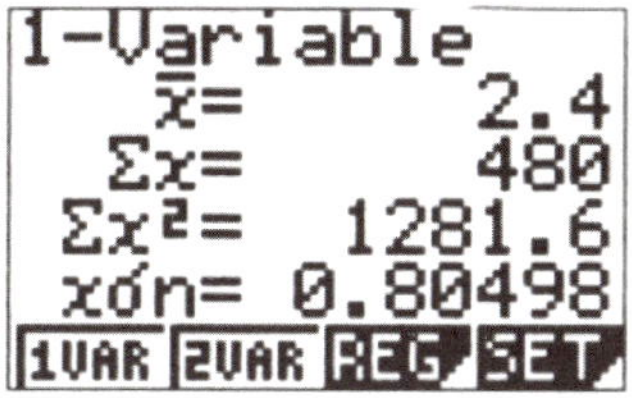

La **moyenne** de cette série ($\bar{x}$) est de **2,4** et **l'écart type** xσn d'environ **0,805**.
La **variance** est alors égale au carré de l'écart type, soit environ **0,648**.

Sur les calculatrices de marque TI

Le passage en mode statistiques (touche (stats)) provoque l'affichage du menu :

On entre alors dans le sous-menu EDIT pour accéder au tableau de données :

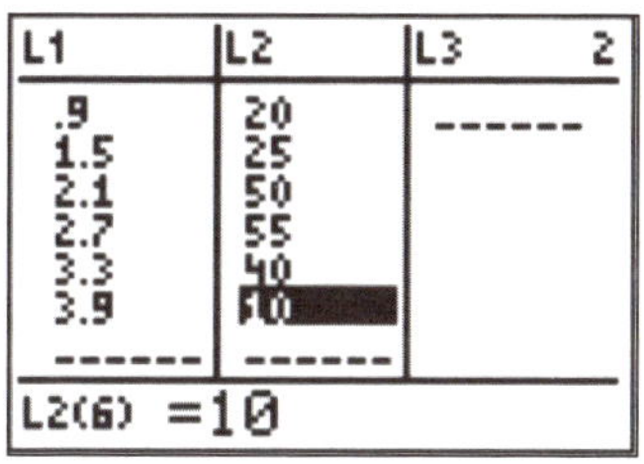

On sélectionne à nouveau (stats), puis CALC puis 1:Stats 1-Var.
On doit enfin indiquer dans quelles listes se trouvent les données :
Stats 1-Var (L1,L2) puis (entrer).
Les résultats attendus s'affichent alors :

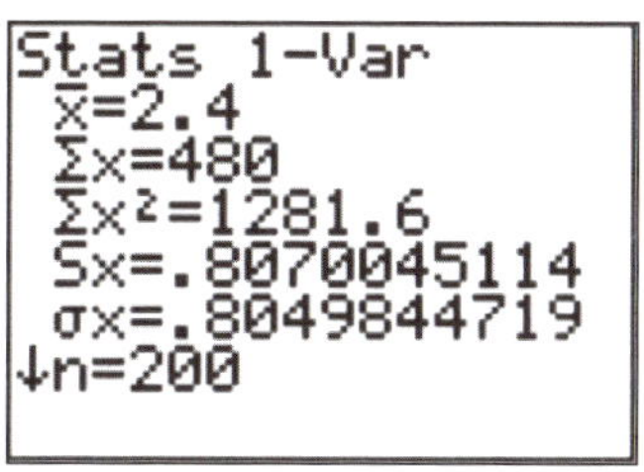

L'utilisation d'une calculatrice pour les calculs fastidieux ne doit cependant pas dispenser de connaître les formules.

À RETENIR

- Les calculatrices scientifiques disposent toutes d'un **mode « statistiques »** et permettent de se dispenser de calculs longs et souvent fastidieux.
Il est donc essentiel d'en connaître parfaitement l'usage.
- Les données sont entrées dans un tableau, les valeurs du caractère dans une colonne et les effectifs dans une autre.
- La machine calcule alors automatiquement les caractéristiques de la série et en particulier la **moyenne** et **l'écart type**.
- La **variance** est égale au **carré de l'écart type**.

2 Calculer l'écart interquartile et construire un diagramme en boîte d'une série statistique dans le cas d'une variable discrète

EXERCICE TYPE

Dans une classe, la liste des notes obtenues à un devoir de mathématiques par les élèves classés par ordre alphabétique est la suivante :
8 ; 6 ; 9 ; 18 ; 9 ; 11 ; 9 ; 13 ; 7 ; 13 ; 14 ; 7 ; 10 ; 10 ; 10 ; 7 ; 13 ; 14 ; 10 ; 13 ; 15 ; 5 ; 16 ; 13 ; 9 ; 10 ; 7 ; 12 ; 5 ; 12 ; 2 ; 9 ; 9 ; 8 ; 8 ; 3.
Calculer la médiane, l'écart interquartile et construire le diagramme en boîte de cette série.
(On prendra les 1er et 9e déciles comme extrémités des « moustaches » du diagramme.)

CORRIGÉ COMMENTÉ

Il s'agit ici de données discrètes.
Pour déterminer médiane et quartiles, il faut ranger les données par ordre croissant :
2 ; 3 ; 5 ; 5 ; 6 ; 7 ; 7 ; 7 ; 7 ; 8 ; 8 ; 8 ; 9 ; 9 ; 9 ; 9 ; 9 ; 9 ; 10 ; 10 ; 10 ; 10 ; 10 ; 11 ; 12 ; 12 ; 13 ; 13 ; 13 ; 13 ; 13 ; 14 ; 14 ; 15 ; 16 ; 18.
Il y a ici 36 données.
- Comme 36 est un nombre pair et que $36 = 2 \times 18$, la médiane est, par convention, la demi-somme des 18e et 19e notes (égales respectivement à 9 et 10) soit 9,5.

La médiane de cette série est égale à 9,5.
- Comme il y a 36 données, 25 % de l'effectif représente 9 données.

La 9e note rangée par ordre croissant est 7.
Il y a donc 25 % des notes qui sont inférieures ou égales à 7.

Le premier quartile de cette série est 7.
75 % de l'effectif représente 27 données.
Le troisième quartile de la série est donc la 27ᵉ note rangée par ordre croissant, soit 13.
L'écart interquartile de cette série est $I = 13 - 7 = 6$.

• $36 \times \dfrac{10}{100} = 3{,}6$.

La plus petite valeur telle que 10 % des données soient inférieures à cette valeur est la 4ᵉ note.
Le premier décile d_1 est égal à 5.

$36 \times \dfrac{90}{100} = 32{,}4$.

La plus petite valeur telle que 90 % des données soient inférieures à cette valeur est la 33ᵉ note.
Le neuvième décile d_9 est égal à 14.
On dispose ainsi de toutes les données pour construire le **diagramme en boîte** de la série :

Il existe des variantes dans la taille des moustaches : valeurs extrêmes ; 1ᵉʳ et 9ᵉ déciles.
Il faut se conformer aux directives de l'énoncé.

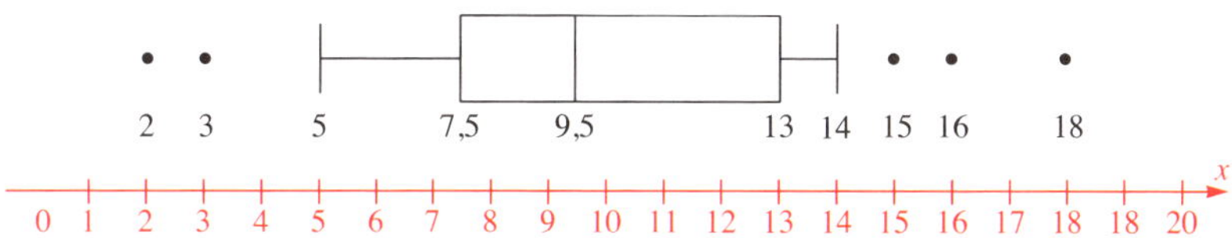

Les notes 2, 3, 15, 16, 18 sont situées en dehors du diagramme : ce sont des valeurs aberrantes. On les représente par un point. Elles sont considérées comme peu significatives.
Les calculatrices disposent de fonctions statistiques donnant immédiatement ces résultats.

On entre les données :

On lance les calculs :

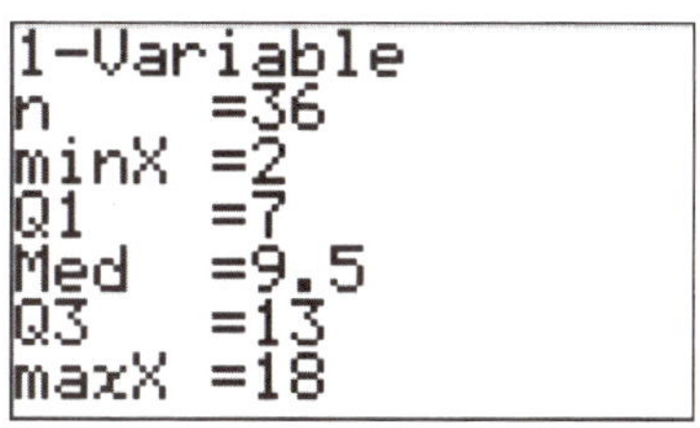

On trace le diagramme :

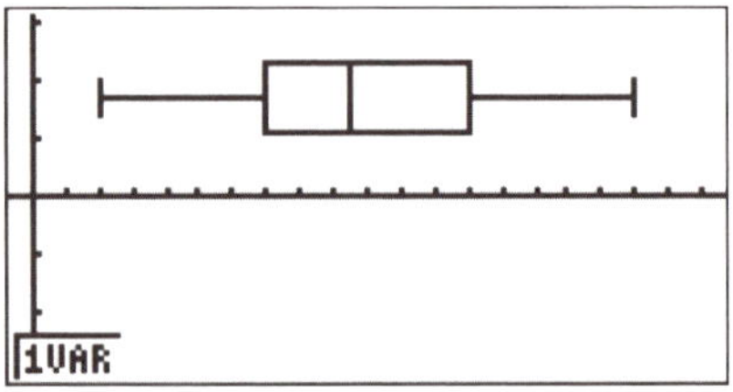

Attention néanmoins, car la plupart des modèles construisent des diagrammes dont les extrémités sont x_{min} et x_{max} (il n'y a, dans ce cas, pas de valeurs aberrantes).

À RETENIR

Pour calculer la médiane et les quartiles, il faut ranger par ordre croissant les données dont on dispose.

- Si la série est de taille $N = 2k + 1$ (nombre impair de données), la **médiane** est la valeur du terme de rang $k + 1$.
- Si la série est de taille $N = 2k$, la **médiane** est la demi-somme des termes de rangs k et $k + 1$.
- Le **1er quartile** est la valeur dont le rang est le plus petit entier supérieur ou égal à $\frac{N}{4}$ et le **3e quartile** est celle dont le rang est le plus petit entier supérieur ou égal à $\frac{3N}{4}$.
- Pour calculer **l'écart interquartile**, on fait la différence entre le troisième et le premier quartile.
- On procède de même pour calculer les 1er et 9e déciles.

3 Calculer l'écart interquartile et construire un diagramme en boîte d'une série statistique dans le cas d'une variable continue

EXERCICE TYPE

On reprend le tableau de répartition des salaires mensuels nets des employés d'une entreprise de taille moyenne utilisé à la méthode 1.

Salaires (en k€)	[0,6 ; 1,2[	[1,2 ; 1,8[	[1,8 ; 2,4[	[2,4 ; 3[	[3 ; 3,6[	[3,6 ; 4,2[
Effectifs	20	25	50	55	40	10

Construire, pour cette série, le polygone des effectifs cumulés croissants.
En déduire la médiane et les quartiles.
Construire le diagramme en boîte en prenant les valeurs extrêmes de la série pour extrémités des « moustaches ».

CORRIGÉ COMMENTÉ

Dans un premier temps, complétons le tableau, en calculant les effectifs cumulés croissants :

Salaires	[0,6 ; 1,2[	[1,2 ; 1,8[	[1,8 ; 2,4[	[2,4 ; 3[	[3 ; 3,6[	[3,6 ; 4,2[
Effectifs cumulés croissants	20	45	95	150	190	200

On peut alors construire, dans un repère, le polygone des effectifs cumulés croissants. Celui-ci est une ligne brisée passant par les points de coordonnées (0,6 ; 0) ; (1,2 ; 20) ; (1,8 ; 45) et ainsi de suite jusqu'au point de coordonnées (4,2 ; 200).

La médiane est l'abscisse du point du polygone d'ordonnée 100.

On lit sur le graphique $M \approx$ **2,5** .

Le premier quartile est l'abscisse du point d'ordonnée 50 et le troisième quartile est l'abscisse du point d'ordonnée 150.

On lit sur le graphique $Q_1 \approx$ **1,9** et $Q_3 =$ **3** .

La lecture graphique étant peu précise, on peut obtenir médiane et quartiles de façon plus précise en effectuant une interpolation linéaire.

La médiane M appartient à l'intervalle [2,4 ; 3[.

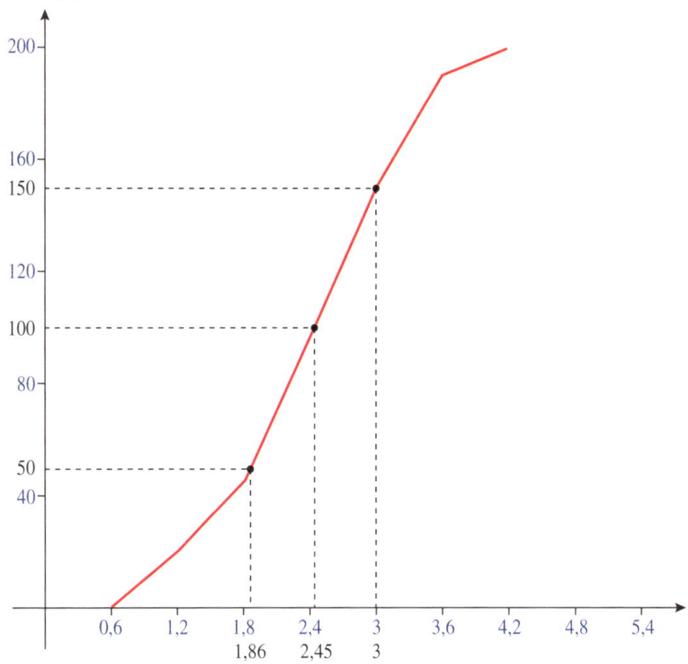

Sur le polygone des effectifs cumulés croissants, les points de coordonnées (2,4 ; 95) ; (M ; 100) et (3 ; 150) sont alignés.
Cet alignement se traduit par l'égalité :

$\dfrac{100-95}{M-2{,}4}=\dfrac{150-95}{3-2{,}4}$ qui donne $M=\dfrac{0{,}6}{55}\times 5+2{,}4$ soit $\boldsymbol{M\approx 2{,}45}$.

> Cette formule n'est autre que l'égalité des coefficients directeurs pour des points alignés.

On trouve le premier quartile par la même méthode :

On a $\dfrac{50-45}{Q_1-1{,}8}=\dfrac{95-45}{2{,}4-1{,}8}$ qui donne $\boldsymbol{Q_1=1{,}86}$.

Par lecture du tableau, on a immédiatement $\boldsymbol{Q_3=3}$.

On peut alors construire le diagramme en boîte de cette série de donnée :

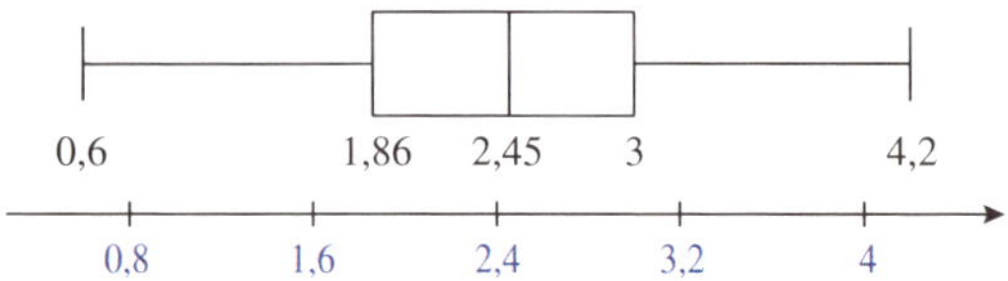

À RETENIR

- Dans le cas d'un caractère continu, médiane, quartile (et éventuellement déciles) s'obtiennent par exemple à l'aide du **polygone des effectifs cumulés croissants**.
- La médiane est l'abscisse du point d'ordonnée $\dfrac{N}{2}$, les quartiles les abscisses des points d'ordonnées $\dfrac{N}{4}$ et $\dfrac{3N}{4}$ où N est l'effectif total de la série.
- Pour plus de précision, il est parfois demandé de réaliser une **interpolation linéaire** qui consiste à traduire numériquement l'alignement des points afin de trouver leurs abscisses.

Exercices d'entraînement

1 ★ 5 min

Ce tableau donne la répartition des salaires mensuels nets des employés d'une grande entreprise.

Salaires (en k€)	[1,2 ; 1,6[	[1,6 ; 1,8[	[1,8 ; 2[	[2 ; 2,2[	[2,2 ; 2,6[
Effectifs	50	1 200	800	100	50

Calculer la moyenne, la variance et l'écart type de cette série statistique.

→ *Corrigé p. 287*

2 ★ 10 min

Dans une classe, la liste des notes obtenues à un devoir de mathématiques par les élèves classés par ordre alphabétique est la suivante :
8 ; 6 ; 9 ; 18 ; 9 ; 11 ; 9 ; 13 ; 7 ; 13 ; 14 ; 7 ; 10 ; 10 ; 10 ; 7 ; 13 ; 14 ; 10 ; 13 ; 15 ; 5 ; 16 ; 13 ; 9 ; 10 ; 7 ; 12 ; 5 ; 12 ; 2 ; 9 ; 9 ; 8 ; 8.

1° Reproduire et compléter ce tableau.

Note x_i	2	
Effectif n_i	1	

2° Déterminer des valeurs approchées à 10^{-1} près de la moyenne $\overline{x}$ et de l'écart type s de cette série statistique.

3° Quel est le pourcentage de notes appartenant à l'intervalle $[\overline{x} - s\ ;\ \overline{x} + s]$?

→ *Corrigé p. 287*

3 ★ **15 min**

Une machine remplit automatiquement des sachets d'épices. On prélève un échantillon de la production : après pesée, on obtient la distribution des masses des sachets suivante.

Masse (en grammes)	Effectif
moins de 39	3
moins de 39,5	8
moins de 40	18
moins de 40,5	31
moins de 41	51
moins de 41,5	69
moins de 42	84
moins de 42,5	95
moins de 43	99
moins de 44	100
plus de 44	0

1° Faire un nouveau tableau donnant les effectifs par classes sur le modèle du tableau ci-dessous.

Masse (en grammes)	[38 ; 39[	[39 ; 39,5[	[39,5 ; 40[	…
Effectifs				

2° Calculer la moyenne de cette série statistique.

3° Calculer l'écart type de la distribution des masses des sachets d'épices.

4° La production de la machine est jugée bonne si la série des mesures de l'échantillon remplit les trois conditions suivantes :
– la moyenne $\overline{x}$ appartient à l'intervalle [40,5 ; 41] ;
– l'écart type s est strictement inférieur à 2 ;
– au moins 90 % de l'effectif figure dans l'intervalle $[\overline{x} - 2s\ ;\ \overline{x} + 2s]$.
La production de la machine est-elle bonne ?

→ Corrigé p. 287

4 ★★ **10 min**

Dans une classe de 35 élèves, la moyenne obtenue à un devoir est de 8 avec un écart type de 1.
Quelle transformation affine doit-on effectuer sur chacune des notes pour obtenir une moyenne de 10 avec un écart type égal à 1,5 ?

→ Corrigé p. 288

5 ★ **10 min**

Dans la même classe, on relève les notes obtenues à un devoir de français.
Ces notes sont les suivantes : 2 ; 13 ; 3 ; 3 ; 10 ; 4 ; 12 ; 4 ; 10 ; 5 ; 5 ; 13 ; 12 ; 11 ; 6 ; 6 ; 2 ; 10 ; 7 ; 11 ; 7 ; 0 ; 7 ; 8 ; 8 ; 11 ; 8 ; 8 ; 9 ; 7 ; 10 ; 12 ; 6 ; 12 ; 11.
Calculer la médiane, l'écart interquartile et construire le diagramme en boîte de cette série.
(On prendra les 1er et 9e déciles comme extrémité des « moustaches ».)

→ *Corrigé p. 288*

6 ★ **10 min**

Un biologiste a obtenu les données suivantes sur le nombre de vertèbres de poissons d'une espèce particulière vivant dans un lac.

Nombre de vertèbres	104	105	106	107	108	109	110	111	112	113	114	115
Nombre de poissons	1	2	10	12	25	40	35	32	11	5	2	2

Calculer la médiane et l'écart interquartile du nombre de vertèbres pour cette espèce de poisson.
Construire le diagramme en boîte de cette série (on prendra les valeurs extrêmes comme extrémités des « moustaches »).

→ *Corrigé p. 288*

7 ★★ **15 min**

En reprenant le tableau des salaires de l'exercice **1**, déterminer par lecture graphique, la médiane et les quartiles de cette série de données, puis retrouver ces résultats à l'aide d'une interpolation linéaire.

→ *Corrigé p. 289*

Exercice-bilan

8 ★ **20 min**

Dans un journal local, on peut lire, avec leur nom, l'âge de décès de 92 hommes et de 88 femmes d'une petite ville pendant l'année 2010.
Les données brutes sont les suivantes.

Hommes

25, 65, 79, 59, 58, 77, 73, 33, 75, 68, 66, 75, 71, 63, 89,
66, 77, 84, 84, 79, 77, 59, 60, 81, 45, 65, 84, 31, 67, 82,
74, 78, 86, 76, 56, 59, 56, 78, 84, 62, 48, 79, 41, 60, 41,

79, 71, 72, 34, 43, 59, 53, 68, 65, 89, 54, 59, 83, 77, 77, 75, 61, 73, 76, 52, 68, 87, 62, 72, 52, 71, 79, 81, 80, 58, 86, 75, 83, 63, 63, 80, 59, 84, 64, 64, 79, 79, 63, 75, 63, 68, 63.

Femmes

94, 82, 63, 56, 90, 88, 72, 76, 94, 89, 67, 88, 82, 82, 61, 97, 88, 68, 89, 91, 56, 85, 77, 68, 81, 88, 45, 73, 97, 78, 83, 74, 91, 80, 76, 80, 95, 62, 98, 73, 66, 90, 71, 73, 66, 55, 53, 94, 57, 69, 62, 81, 80, 90, 81, 43, 76, 91, 88, 87, 73, 80, 87, 87, 84, 64, 78, 77, 64, 54, 81, 88, 84, 85, 74, 44, 84, 97, 54, 76, 87, 59, 80, 72, 90, 90, 70, 87.

À l'aide de la calculatrice ou d'un tableur :

1° calculer la moyenne, la variance et l'écart type de chacune des deux séries de données ;

2° calculer la médiane et les quartiles des deux séries, et déterminer leur écart interquartile ;

3° construire, sur la même échelle, les diagrammes en boîte des deux séries, les comparer et conclure. (On prendra pour cet exercice des « moustaches » de longueur 1,5 *I* où *I* est l'écart interquartile, sans toutefois dépasser les valeurs extrêmes de la série.)

→ *Corrigé p. 290*

COURS | MÉTHODES | EXERCICES | **CORRIGÉS**

1 → *Énoncé p. 283* La calculatrice donne $\overline{x} = 1{,}8$ et $s \approx 0{,}158$. On en déduit $V \approx 0{,}158^2$ soit $V \approx 0{,}025$.

La **moyenne de cette série est 1,8. Le salaire moyen de cette entreprise est de 1 800 €.**

La variance de cette série est d'environ 0,0250 et l'écart type est environ égal à 0,158 k€.

On n'oubliera pas de choisir, pour valeur dans les calculs, le centre de chaque intervalle.

2 → *Énoncé p. 283* 1° On complète le tableau suivant :

Note x_i	2	5	6	7	8	9	10	11	12	13	14	15	16	18
Effectif n_i	1	2	1	4	3	6	5	1	2	5	2	1	1	1

2° La calculatrice donne $\overline{x} = 10{,}0286$ et $s \approx 3{,}36$.

On prendra alors $\boldsymbol{\overline{x} = 10}$ **et** $\boldsymbol{s = 3{,}4}$ **à** $\boldsymbol{10^{-1}}$ **près.**

3° Ne connaissant pas les valeurs exactes de $\overline{x} - s$ et de $\overline{x} + s$, on doit donc donner un intervalle approché dont on est sûr qu'il contiendra $[\overline{x} - s\ ;\ \overline{x} + s]$.

On sait, d'après la calculatrice, que $10 \leqslant \overline{x} \leqslant 10{,}1$ et $3{,}3 \leqslant s \leqslant 3{,}4$.

On en déduit que $6{,}6 \leqslant \overline{x} - s \leqslant 6{,}8$ et que $13{,}3 \leqslant \overline{x} + s \leqslant 13{,}5$.

Pour être certain du résultat, on prend une valeur approchée par défaut de la borne inférieure et une valeur approchée par excès de la borne supérieure, c'est-à-dire $[6{,}6\ ;\ 13{,}5]$.

Il y a 26 notes dans cet intervalle (c'est-à-dire comprises entre 7 et 13), soit $\dfrac{26 \times 100}{35} \approx$ **74 % des notes.**

3 → *Énoncé p. 284* 1° On complète le tableau suivant :

Masses	[38 ; 39[	[39 ; 39,5[	[39,5 ; 40[	[40 ; 40,5[	[40,5 ; 41[
Effectifs	3	5	10	13	20

Masses	[41 ; 41,5[	[41,5 ; 42[	[42 ; 42,5[	[42,5 ; 43[	[43 ; 44[
Effectifs	18	15	11	4	1

2° La moyenne de cette série statistique est $\boldsymbol{\overline{x} = 40{,}955}$.

3° La calculatrice donne un écart type $s \approx$ **1,016.**

4° Les deux premières conditions sont vérifiées de façon immédiate.

$\overline{x} - 2s \approx 38{,}9$ et $\overline{x} + 2s \approx 42{,}9$.

On remarque que 92 sachets sont dans [39 ; 42,5[, lui-même inclus dans $[\overline{x} - 2s\ ;\ \overline{x} + 2s]$. La troisième condition est bien vérifiée.

La production est donc bonne.

4 → Énoncé p. 284 Soit $x \mapsto ax + b$ la transformation, affine effectuée sur les notes.
La moyenne subit la même transformation, soit $10 = 8a + b$.
L'écart type est multiplié par $|a|$, donc $|a| = 1{,}5$.
Si $a = 1{,}5$, alors $b = -2$.
Si $a = -1{,}5$, alors $b = 22$.
Deux transformations sont possibles, mais seule la première conserve l'ordre des notes, car la fonction affine associée est croissante.

> On utilisera les propriétés relatives à l'influence d'une transformation affine (voir page 274).

Pour obtenir une moyenne de 10 avec un écart type de 1,5 on doit effectuer la transformation affine $x \mapsto 1{,}5\,x - 2$.

5 → Énoncé p. 285 Le rangement des notes par ordre croissant donne :
0 ; 2 ; 2 ; 3 ; 3 ; 4 ; 4 ; 5 ; 5 ; 6 ; 6 ; 6 ; 7 ; 7 ; 7 ; 7 ; 8 ; 8 ; 8 ; 8 ; 9 ; 10 ; 10 ; 10 ; 10 ; 11 ; 11 ; 11 ; 11 ; 12 ; 12 ; 12 ; 12 ; 13 ; 13.
Il y a 35 valeurs, **la médiane** est la 18e note soit $\boldsymbol{M = 8}$.
$\frac{35}{4} = 8{,}75$. Le premier quartile est alors la 9e note soit $\boldsymbol{Q_1 = 5}$.
$\frac{3}{4} \times 35 = 26{,}25$. Le troisième quartile est donc la 27e note soit $\boldsymbol{Q_3 = 11}$.
L'écart interquartile vaut $\boldsymbol{I = 6}$.
Pour construire le diagramme en boîte, nous avons besoin de calculer les 1er et 9e déciles.
$\frac{35}{10} = 3{,}5$. Le premier décile est la 4e note soit $d_1 = 3$.
$\frac{9 \times 35}{10} = 31{,}5$. Le neuvième décile est la 32e note soit $d_9 = 12$.
D'où le diagramme en boîte suivant :

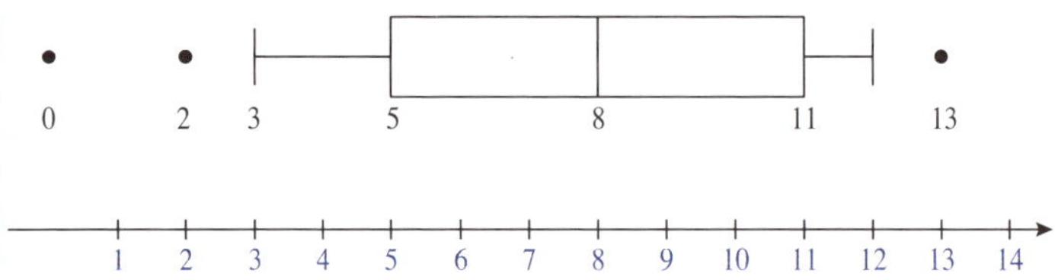

6 → Énoncé p. 285 La série comporte 177 valeurs ; la médiane est la 89e valeur, soit $M = 109$.
Le premier quartile est la 45e valeur, soit $Q_1 = 108$ et le troisième quartile est la 133e valeur soit $Q_3 = 111$.

L'écart interquartile est donc, $I = 3$.

On en déduit le diagramme en boîte suivant :

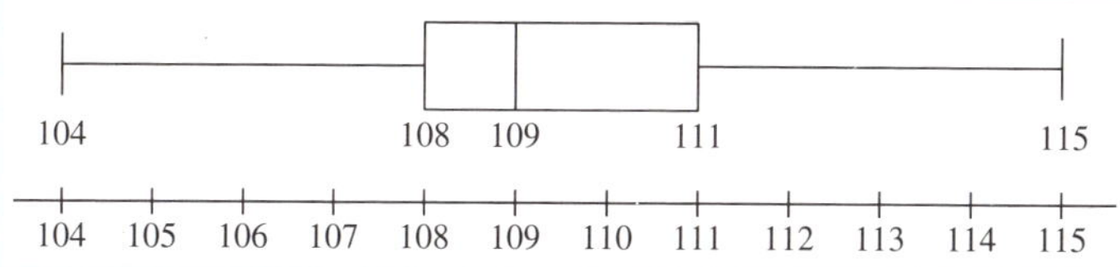

7 → *Énoncé p. 285* On construit le polygone des effectifs cumulés croissants à l'aide du tableau suivant :

Salaire	[1,2 ; 1,6[	[1,6 ; 1,8[	[1,8 ; 2[	[2 ; 2,2[	[2,2 ; 2,6[
Effectifs cumulés croissants	50	1250	2050	2150	2200

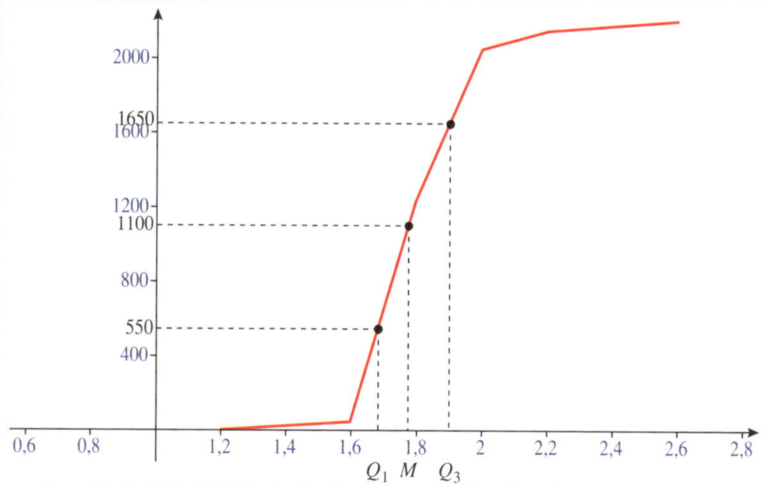

La médiane est l'abscisse du point d'ordonnée 1100.

On lit approximativement $M \approx 1{,}75$

Les quartiles sont les abscisses des points d'ordonnées respectives 550 et 1650.

On lit $Q_1 \approx 1{,}7$ et $Q_3 \approx 1{,}9$.

Par interpolation linéaire, on a :

$$\frac{1\,100 - 50}{M - 1{,}6} = \frac{1\,250 - 50}{1{,}8 - 1{,}6} \text{ d'où } M \approx 1{,}775 \text{ ;}$$

$$\frac{550 - 50}{Q_1 - 1{,}6} = \frac{1\,250 - 50}{1{,}8 - 1{,}6} \text{ d'où } Q_1 \approx 1{,}68 \text{ ;}$$

et enfin $\dfrac{1\,650 - 1\,250}{Q_3 - 1{,}8} = \dfrac{2\,050 - 1\,250}{2 - 1{,}8}$ d'où $Q_3 \approx 1{,}9$.

> L'interpolation linéaire consiste à écrire l'égalité des coefficients directeurs avec les points d'un même segment.

8 → Énoncé p. 285 1° Pour la première série : $\bar{x} \approx$ **67,8** et $s \approx$ **13,75** d'où $V \approx$ **189,05**.
Pour la seconde série : $\bar{x} \approx$ **77,3** et $s \approx$ **13,18** d'où $V \approx$ **173,73**.

2° Pour la première série : $M = 69{,}5$; $Q_1 = 60$; $Q_3 = 79$; $I = 19$.
Pour la seconde série : $M = 80$; $Q_1 = 69$; $Q_3 = 88$; $I = 19$.

3° Dans les deux cas, les longueurs des « moustaches » sont au maximum égales à $1{,}5 \times 19 = 28{,}5$ sans toutefois qu'elles dépassent les valeurs extrêmes des séries.
Pour la première série, l'extrémité inférieure est donc de $Q_1 - 28{,}5$ soit 31,5.
Pour la seconde, $Q_1 - 28{,}5 = 40{,}5$ qui est inférieur à la donnée minimale. On limitera donc le diagramme à la plus petite valeur de la série, soit 43.
Par contre, dans les deux cas, $Q_3 + 28{,}5$ est supérieure aux valeurs maximales des séries.
On prendra donc les valeurs maximales pour extrémités des « moustaches ».
On obtient les diagrammes suivants :

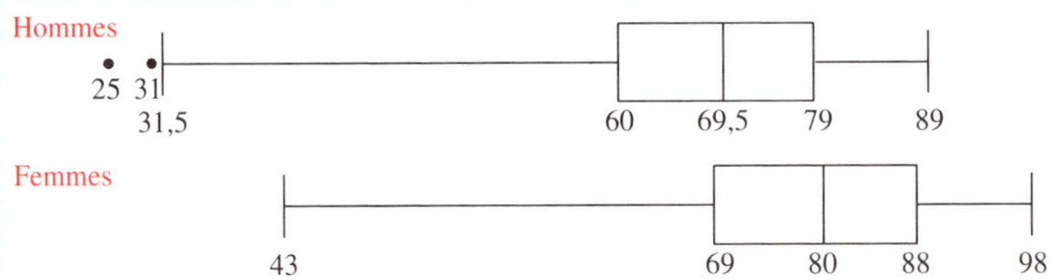

On observe que, pour un écart interquartile identique ($I = 19$), les quartiles de la série « décès des femmes » sont supérieurs de 9 à ceux des hommes, la médiane étant elle-même supérieure de 10,5 à celle des hommes.

Variables aléatoires discrètes

CHAPITRE 14

1 Variables aléatoires discrètes

A. Variable aléatoire et loi de probabilité

On est souvent amené à associer une valeur numérique à chaque issue d'une expérience aléatoire (somme des numéros des faces d'un dé, gain ou perte à un jeu, etc.).

▪ On considère donc une expérience aléatoire d'univers fini Ω muni d'une probabilité P.
On appelle **variable aléatoire** toute fonction notée X définie sur Ω et à valeurs dans R.

▪ Si $X(\Omega) = \{x_1 ; x_2 ; \dots ; x_n\}$ est l'ensemble des valeurs prises par X, on note $(X = x_i)$ l'ensemble des éléments de Ω dont l'image par X est x_i.
$(X = x_i)$ est donc un événement inclus dans Ω de probabilité $p_i = p(X = x_i)$.
La fonction qui à chaque x_i de $X(\Omega)$ associe la probabilité p_i est appelée **loi image** de P par X ou plus simplement « **loi de probabilité de X** ».

Remarque : On a $\sum_{i=1}^{n} P(X = x_i) = 1$.

B. Espérance, variance, écart type

L'espérance mathématique, la variance et l'écart type de la loi de probabilité de X sont aussi appelés **espérance, variance et écart type de la variable aléatoire X.**

On a donc :

$$E(X) = \sum_{i=1}^{n} x_i P(X = x_i)$$

$$V(X) = \sum_{i=1}^{n} (x_i - E(X))^2 \times P(X = x_i)$$

et $\sigma(X) = \sqrt{V(X)}$

C. Influence d'une transformation affine

Si l'on applique à chaque x_i la transformation affine $x \quad ax + b$, on obtient une nouvelle variable aléatoire notée $aX + b$.
On a alors les relations suivantes :

$$E(aX + b) = aE(X) + b$$

$$V(aX + b) = a^2 V(X)$$

et $\sigma(aX + b) = |a| \sigma(X)$

D. Épreuve de Bernoulli, loi de Bernoulli

Soit un ensemble Ω muni d'une probabilité P.

On appelle **épreuve de Bernoulli** de paramètre p une expérience aléatoire n'ayant que deux issues possibles, appelées couramment « succès » et « échec » avec des probabilités respectives p et $1 - p$ ($p \in [0 ; 1]$).

■ Sur l'univers {succès, échec}, on peut alors définir une variable aléatoire X prenant la valeur 1 en cas de succès et 0 en cas d'échec. On a donc $P(X = 0) = 1 - p$ et $P(X = 1) = p$.
La loi de la variable aléatoire X est appelée **loi de Bernoulli de paramètre p**.
On démontre que l'espérance de X est $E(X) = p$; sa variance est $V(X) = p(1 - p)$ et son écart type est $\sigma(X) = \sqrt{p(1 - p)}$.

2 Répétition d'expérience identiques et indépendantes

A. Généralités

■ Lorsque l'on répète plusieurs fois, successivement ou simultanément, la même expérience aléatoire réalisée dans des conditions strictement identiques, on est alors dans la situation d'une **répétition d'expériences identiques et indépendantes**. C'est le cas, par exemple, de tirages **successifs et avec remise**.

■ Une telle situation peut se représenter à l'aide d'un arbre pondéré.

■ On admet que la probabilité d'une liste de résultats est le **produit** des probabilités de chaque résultat.

B. Un cas particulier : la loi géométrique tronquée

On effectue au maximum n épreuves de Bernoulli de paramètre p successives et indépendantes et on appelle X le numéro de l'épreuve qui apporte le premier succès.
On convient en outre que $X = 0$ si toutes les épreuves ne donnent que des « échecs ».
En notant E et S les événements « échec » et « succès » et en supposant que l'on s'arrête dès que l'on obtient un succès, on peut représenter l'expérience par un arbre pondéré :

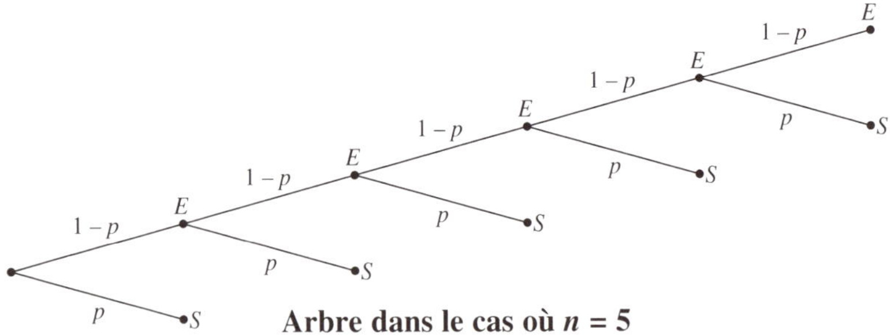

Arbre dans le cas où $n = 5$

X est une alors une variable aléatoire qui prend les valeurs 0, 1, 2, …, n et on a :

$$\begin{cases} P(X = k) = (1 - p)^{k-1} p \\ P(X = 0) = (1 - p)^n \end{cases} \quad \text{pour tout } k \in \{1, 2, \ldots, n\}.$$

La loi de la variable aléatoire X est appelée **la loi géométrique tronquée** de paramètres n et p.

3 Loi binomiale

A. Schéma de Bernoulli

On appelle **schéma de Bernoulli** de paramètres n et p toute expérience aléatoire consistant à répéter n fois de façon indépendante une épreuve de Bernoulli de paramètre p (c'est-à-dire ayant p comme probabilité de « succès »).

En notant E et S les événements « échec » et « succès » on peut représenter l'expérience par un arbre pondéré :

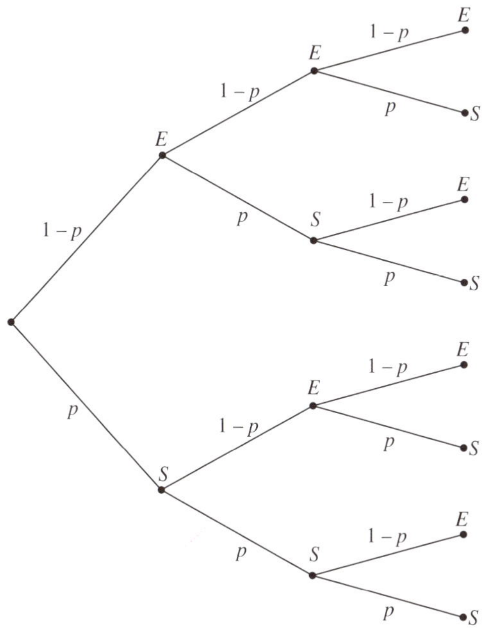

Arbre dans le cas où $n = 3$

B. Coefficients binomiaux

■ Pour tous entiers n et k, avec $0 \leqslant k \leqslant n$, on note $\binom{n}{k}$ (on dit « k parmi n ») le nombre de chemins de l'arbre réalisant exactement k succès parmi les n répétitions.
Les nombres $\binom{n}{k}$ sont parfois appelés « **coefficients binomiaux** » en raison de leur rôle joué dans une formule dite « du binôme » ne figurant pas au programme.

■ On a alors :

Pour tout entier naturel n, $\binom{n}{0} = 1$ et $\binom{n}{n} = 1$.

On démontre que :

Pour tous entiers n et k, avec $0 \leqslant k \leqslant n$, $\binom{n}{k} = \binom{n}{n-k}$.

Pour tous entiers n et k, avec $0 \leqslant k \leqslant n-1$,

$$\binom{n}{k} + \binom{n}{k+1} = \binom{n+1}{k+1} \quad \text{(Formule de Pascal).}$$

■ On présente souvent les coefficients binomiaux dans un tableau triangulaire appelé **triangle de Pascal**.

1					
1	1				
1	2	1			
1	3	3	1		
1	4	6	4	1	
1	5	10	10	5	1

Le coefficient binomial $\binom{n}{k}$ est placé à l'intersection de la ligne n et de la colonne k du tableau. La formule de Pascal permet de construire le tableau de « proche en proche », la somme de deux coefficients contigus donnant le coefficient placé juste en dessous de celui de droite.

Remarque : Les calculatrices permettent d'obtenir directement les nombres $\binom{n}{r}$ (touches [nCr], [C(n,r)], ou [combinaison(n,r)] selon les modèles).

C. Variable aléatoire et loi binomiale

■ La variable aléatoire X qui compte le nombre de succès sur l'ensemble des n épreuves est appelée **variable aléatoire binomiale de paramètres n et p.**
La loi de X, appelée **loi binomiale de paramètres n et p** est donnée par :
pour tout entier naturel k appartenant à $\{0, 1, 2, \ldots, n\}$:

$$P(X = k) = \binom{n}{k} p^k (1-p)^{n-k}$$

On démontre que l'espérance de X est $E(X) = np$; sa variance est $V(X) = np(1 - p)$ et son écart type est $\sigma(X) = \sqrt{np(1-p)}$.

■ On peut représenter une loi binomiale à l'aide d'un **diagramme en bâtons** ou d'un **nuage de points**.
Pour chaque entier k compris entre 0 et n, repéré sur l'axe des abscisses, on construit un « bâton » dont la hauteur est proportionnelle à $P(X = k)$ ou le point de coordonnées $(k\ ;\ P(X = k))$.

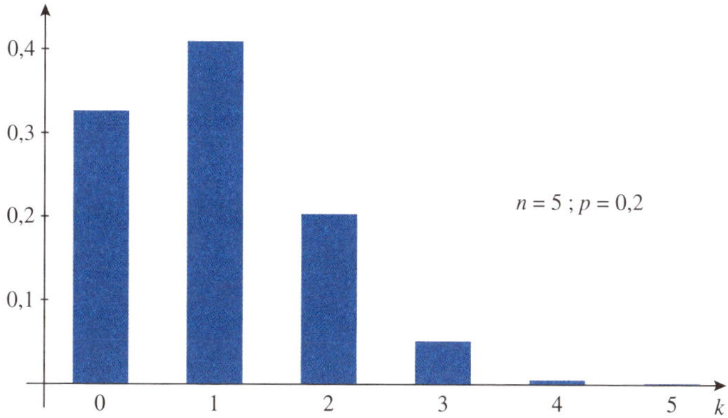

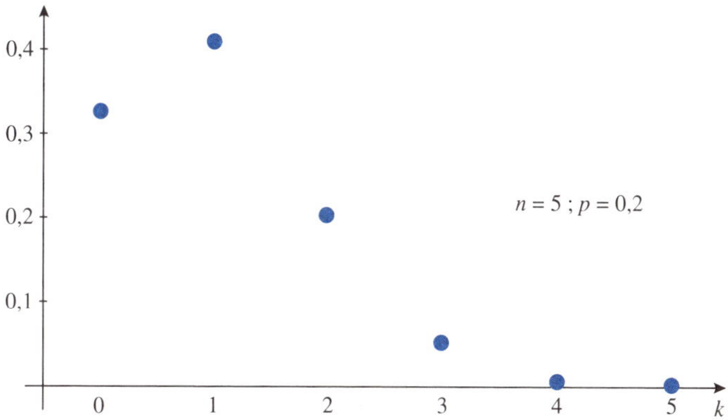

D. Utilisation de la loi binomiale pour une prise de décision à partir d'une fréquence

■ On considère une population dans laquelle **on suppose** que la proportion d'un certain caractère est p.
Pour juger de cette hypothèse, on y prélève, au hasard et avec remise, un échantillon de taille n sur lequel on observe une fréquence f du caractère.

On décidera alors de **rejeter l'hypothèse** selon laquelle la proportion dans la population est p lorsque la fréquence f observée est **trop éloignée de p, dans un sens ou dans l'autre.**

■ Pour déterminer si l'on doit ou non rejeter l'hypothèse, on choisit de fixer **un seuil de décision de t %**, de sorte que la probabilité de rejeter l'hypothèse, alors qu'elle est vraie, soit inférieure à ce seuil.
Lorsque la proportion dans la population vaut p, la variable aléatoire X correspondant au nombre de fois où le caractère est observé dans un échantillon aléatoire de taille n, suit la loi binomiale de paramètres n et p.
À l'aide de la table de la loi binomiale de paramètres n et p, on détermine le plus petit entier a tel que $P(X < a) > \frac{t}{200}$ et le plus petit entier b tel que $P(X < b) \geqslant 1 - \frac{t}{200}$.

■ La règle de décision est alors la suivante :
• si la fréquence observée f appartient à l'intervalle $\left[\frac{a}{n} ; \frac{b}{n}\right]$ (appelé intervalle de fluctuation à $100 - t$ %), on considère que l'hypothèse selon laquelle la proportion est p dans la population n'est pas remise en question et **on ne rejette pas cette hypothèse** ;
• sinon, on **rejette** l'hypothèse selon laquelle cette proportion vaut p.
Remarques : Dans la plupart des exercices, on prend $t = 5$ %.
L'intervalle de fluctuation à 95 % est alors l'intervalle $\left[\frac{a}{n} ; \frac{b}{n}\right]$ défini par :
• a est le plus petit entier tel que $P(X < a) > 0{,}025$;
• b est le plus petit entier tel que $P(X < b) > 0{,}975$.
Si l'on représente la loi binomiale par un diagramme en bâtons, on peut mettre en évidence l'intervalle de fluctuation et les « zones de rejet » de l'hypothèse.

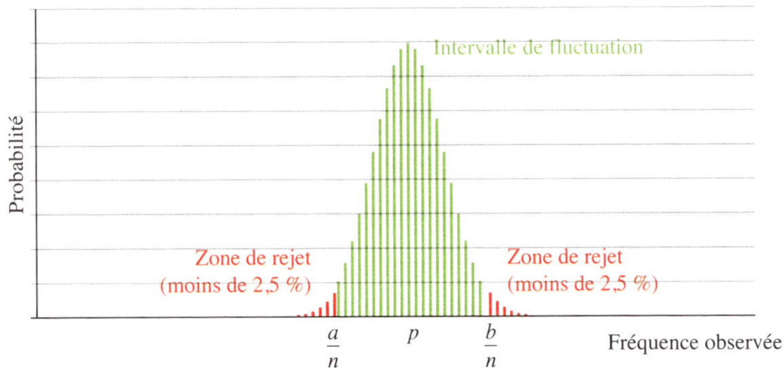

■ Pour $n > 30$, $np > 5$ et $n(p - 1) > 5$, on observe que l'intervalle de fluctuation à 95 % $\left[\frac{a}{n} ; \frac{b}{n}\right]$ est sensiblement le même que l'intervalle $\left[p - \frac{1}{\sqrt{n}} ; p + \frac{1}{\sqrt{n}}\right]$, proposé dans le programme de Seconde.

1 Déterminer la loi de probabilité d'une variable aléatoire

EXERCICE TYPE

Un jeu consiste à tirer au hasard une carte d'un jeu de 32 cartes.
Avant de jouer, on mise 1 €.
À chaque tirage on associe un gain ou une perte défini de la façon suivante :
– si on tire un as, on gagne 5 € ;
– si on tire une figure, on gagne 2 € ;
– dans les autres cas, on perd la mise.
On appelle X le « gain algébrique » (c'est-à-dire négatif en cas de perte) associé à chaque partie.

1° Déterminer la loi de probabilité de X.

2° Calculer l'espérance de X et l'écart type de X.

CORRIGÉ COMMENTÉ

1° L'univers Ω associé au tirage au hasard d'une carte est l'ensemble des 32 cartes du jeu.
La probabilité P sur Ω suit la loi équirépartie.
Si l'on tire un as, on gagne 5 € auxquels on doit retirer 1 € de mise, ce qui produit un gain « net » de 4 €.
De même, lorsqu'on tire une figure, le gain produit est de 1 €.
Enfin, dans les autres cas, on perd la mise de 1 €, ce qui produit un « gain » négatif de – 1 €.
X prend donc les valeurs – 1, 1 et 4 et on note $\mathbf{X(\Omega) = \{-1\,;\,1\,;\,4\}}$.
Déterminer la loi de probabilité de X consiste à calculer, pour chacune des trois valeurs de $X(\Omega)$, la probabilité d'obtention de ces valeurs.
• La probabilité de gagner 4 € (événement noté $X = 4$) est égale à la probabilité de tirer un as.
Il y a 4 as dans le jeu donc $\mathbf{P(X = 4) = \frac{4}{32} = \frac{1}{8}}$.
• La probabilité de gagner 1 € (événement noté $(X = 1)$) est égale à la probabilité de tirer une figure (roi, dame ou valet).
Il y a 12 figures dans le jeu (4 rois, 4 dames et 4 valets) donc $\mathbf{P(X = 1) = \frac{12}{32} = \frac{3}{8}}$.
• La probabilité de perdre 1 € (événement $(X = -1)$) peut se calculer de deux manières :
– soit directement, en notant qu'il y a 16 cartes qui ne sont ni as ni figure, d'où
$\mathbf{P(X = -1) = \frac{16}{32} = \frac{1}{2}}$.

– soit en remarquant que la somme des probabilités de tous les éléments de $X(\Omega)$ vaut 1, ce qui entraîne :

$$P(X = -1) = 1 - \frac{1}{8} - \frac{3}{8} = \frac{1}{2}.$$

On peut résumer les résultats trouvés dans un tableau :

x_i	-1	1	4
$P(X = x_i)$	$\frac{1}{2}$	$\frac{3}{8}$	$\frac{1}{8}$

2° On a $E(X) = -1 \times \frac{1}{2} + 1 \times \frac{3}{8} + 4 \times \frac{1}{8}$ soit $\mathbf{E(X) = \frac{3}{8} = 0,375}$ **.**

Le gain moyen par partie que l'on peut espérer obtenir en jouant un très grand nombre de parties va tendre vers 0,375 €.

Utilisons le mode statistique d'une calculatrice pour calculer l'écart type de X :

On entre les données dans le tableau :

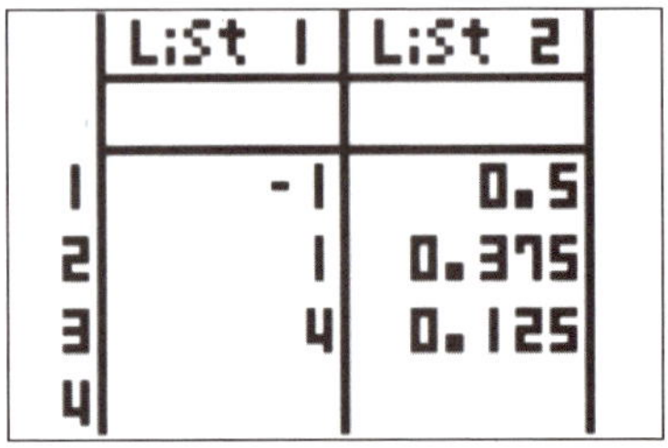

puis on effectue les calculs :

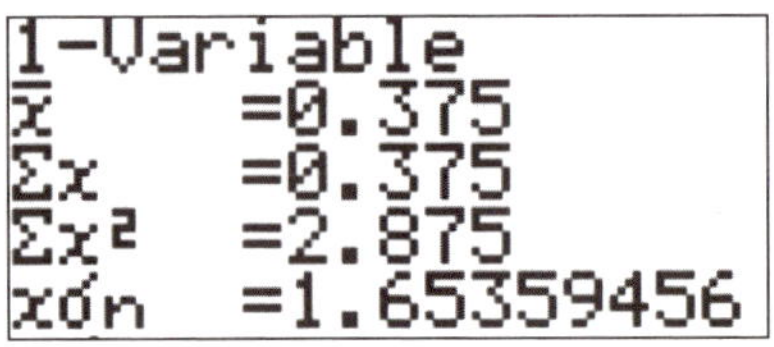

On lit donc **$\sigma(X) \approx 1,65$ €.**

Notons que l'on retrouve sur ce dernier écran la valeur de $E(X)$.

Espérance et écart type sont exprimés dans la même unité que la variable aléatoire X.

À RETENIR

- Pour déterminer la **loi de probabilité** d'une variable aléatoire X, il faut déterminer **toutes les valeurs** prises par X, puis calculer **la probabilité** de chacune de ces valeurs.
- On calcule ces probabilités à l'aide de la loi définie sur l'ensemble de départ Ω, qui est le plus souvent la loi équirépartie.
On peut présenter les résultats dans un tableau.
- **Espérance, variance et écart type** s'obtiennent à l'aide de la **calculatrice** en mode « statistiques ». En effet, les formules utilisées sont les mêmes que celles de moyenne, variance et écart type en statistiques (voir chap. 13).

2 Calculer des probabilités lors de la répétition d'épreuves identiques et indépendantes

EXERCICE TYPE

On dispose d'un dé cubique parfaitement équilibré possédant une face verte, deux faces noires et trois faces rouges.
Un jeu consiste à lancer deux fois de suite et de manière indépendante ce dé.
On note à chaque lancer la couleur de la face obtenue.

1° Construire un arbre pondéré représentant cette expérience.

2° Calculer la probabilité pour qu'à l'issue d'un jeu, les deux faces obtenues soient noires.

3° Soit l'événement B : « les deux faces obtenues sont de la même couleur ».

Démontrer que la probabilité de l'événement B est égale à $\frac{7}{18}$.

4° Calculer la probabilité pour qu'à l'issue d'un jeu, les deux faces obtenues soient de couleurs différentes.

CORRIGÉ COMMENTÉ

1° Jouer une partie revient à répéter deux fois, de manière indépendante, l'épreuve aléatoire consistant à lancer le dé.
À chaque lancer, la probabilité d'obtenir les faces verte, noire et rouge sont respectivement égales à $\frac{1}{6}$, $\frac{1}{3}$ et $\frac{1}{2}$.

On en déduit l'arbre pondéré ci-contre.

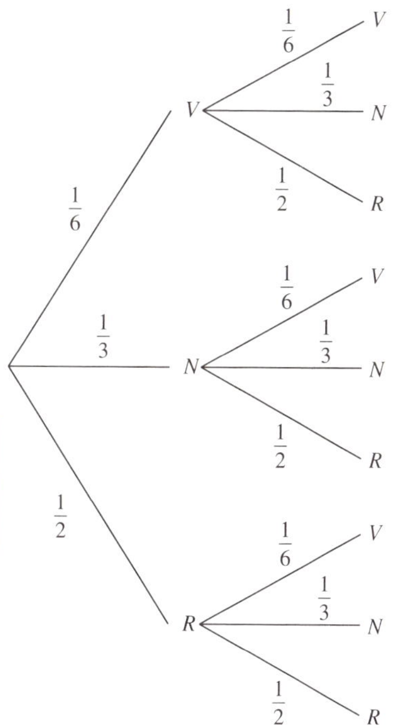

Il n'est pas toujours nécessaire de construire la totalité de l'arbre, notamment lorsqu'il y a un grand nombre d'issues.

2° Dans le cas de la répétition d'expériences identiques et indépendantes, la probabilité d'une liste de résultats (représentée par un chemin allant de la racine à l'extrémité de l'arbre) est le produit des probabilités de chaque résultat.
Soit A l'événement « les deux faces obtenues sont noires ».
Il n'y a qu'un chemin sur l'arbre qui amène à ce résultat avec, sur chaque branche, une probabilité égale à $\frac{1}{3}$. On a donc $\boldsymbol{P(A) = \frac{1}{3} \times \frac{1}{3} = \frac{1}{9}}$.

3° Il y a trois chemins sur l'arbre qui conduisent à deux faces de la même couleur :

V-V avec une probabilité de $\frac{1}{6} \times \frac{1}{6} = \frac{1}{36}$;

N-N avec un probabilité de $\frac{1}{9}$;

et R-R avec un probabilité de $\frac{1}{2} \times \frac{1}{2} = \frac{1}{4}$.

B est la réunion de ces trois événements deux à deux incompatibles.

On en déduit que $P(B) = \frac{1}{36} + \frac{1}{9} + \frac{1}{4} = \frac{1+4+9}{36} = \frac{14}{36}$ soit $\boldsymbol{P(B) = \frac{7}{18}}$.

4° L'événement C : « les deux faces obtenues sont de couleurs différentes » est l'événement contraire de B.
On en déduit que $P(C) = 1 - P(B) = 1 - \frac{7}{18}$ soit $\boldsymbol{P(C) = \frac{11}{18}}$.

À RETENIR

Dans le cas d'une expérience obtenue par **répétition d'épreuves identiques et indépendantes**, on doit, dans la plupart des cas, construire **un arbre pondéré**, c'est-à-dire un arbre où figure sur chaque branche la probabilité de l'issue correspondante.

– Un **chemin** sur l'arbre représente l'événement réalisé en suivant les branches successives.

– La probabilité d'un chemin est alors égale au **produit** des probabilités inscrites sur chaque branche du chemin.

– Enfin, la probabilité d'un événement A est la **somme** des probabilités des chemins qui aboutissent à A.

3 Reconnaître et appliquer la loi binomiale

EXERCICE TYPE

On jette 5 fois de suite un dé bien équilibré et on désigne par X la variable aléatoire égale au nombre de 6 obtenus.

1° Justifier que la loi de X est une loi binomiale et déterminer ses paramètres. La représenter graphiquement puis calculer son espérance et son écart type.

2° Quelle est la probabilité que l'on obtienne exactement deux fois le 6 ?

3° Quelle est la probabilité que l'on obtienne au moins quatre fois le 6 ?

4° Quelle est la probabilité que l'on obtienne au moins une fois le 6 ?

CORRIGÉ COMMENTÉ

1° L'expérience qui consiste à lancer le dé dans l'espoir d'obtenir 6 est une épreuve de Bernoulli de paramètre $\frac{1}{6}$.
En effet il n'y a bien que deux possibilités – obtenir le 6 ou ne pas l'obtenir – de probabilités respectives $\frac{1}{6}$ et $\frac{5}{6}$, l'obtention du 6 étant considérée comme un succès.
On répète alors 5 fois de suite cette expérience de façon indépendante, le résultat d'un lancer n'ayant pas d'influence sur les suivants.

> Il est indispensable de justifier avec précision la nature de la loi.

La variable aléatoire X qui compte le nombre de 6, c'est-à-dire le nombre de succès, suit alors **la loi binomiale de paramètres $n = 5$** (nombre de lancers) **et $p = \frac{1}{6}$** (probabilité d'un succès).

Dans ce cas, pour tout entier k compris entre 0 et 5, on a :

$$P(X = k) = \binom{5}{k} \times \left(\frac{1}{6}\right)^k \times \left(\frac{5}{6}\right)^{5-k}.$$

La calculatrice ou un tableur nous donne des valeurs approchées de ces probabilités :

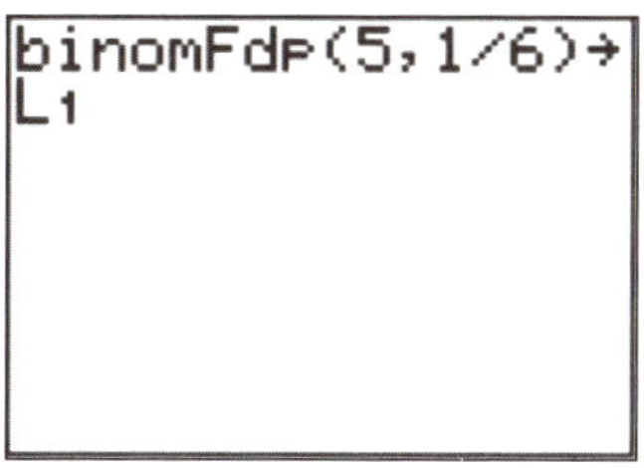

On aurait pu également trouver ces valeurs une par une en utilisant par exemple la 5e ligne du triangle de Pascal : 1 5 10 10 5 1.
On construit ensuite la représentation graphique de cette loi :

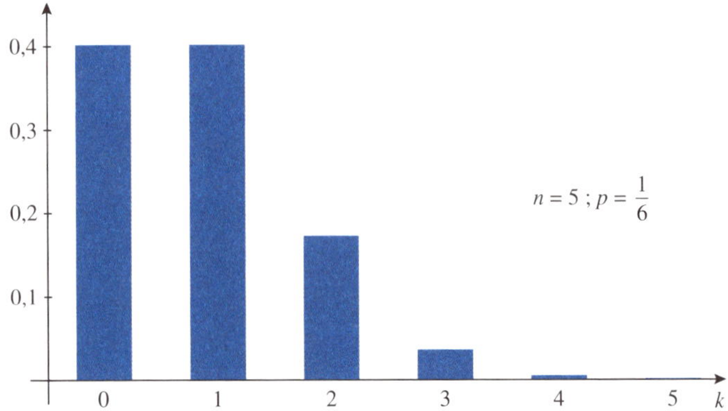

Les formules du cours donnent : $\boldsymbol{E(X) = 5 \times \frac{1}{6} = \frac{5}{6}}$ et $\boldsymbol{\sigma(X) = \sqrt{5 \times \frac{1}{6} \times \frac{5}{6}} = \sqrt{\frac{25}{36}} = \frac{5}{6}}$.

2° La probabilité que l'on obtienne exactement deux fois le 6 est $P(X = 2)$.
On a, d'après la question précédente, $\boldsymbol{P(X = 2) \approx 0{,}16}$.
On peut trouver la valeur exacte de cette probabilité en posant le calcul :
$P(X = 2) = \binom{5}{2} \times \left(\frac{1}{6}\right)^2 \times \left(\frac{5}{6}\right)^3 = 10 \times \frac{5^3}{6^5} = \frac{1\,250}{7\,776}$.

3° La probabilité d'obtenir au moins quatre fois le 6 est $P(X = 4) + P(X = 5)$.
La calculatrice donne $\boldsymbol{P(X = 4) + P(X = 5) \approx 0{,}0033}$.
On peut trouver la valeur exacte de cette probabilité en posant le calcul :
$P(X = 4) + P(X = 5) = \binom{5}{4} \times \left(\frac{1}{6}\right)^4 \times \left(\frac{5}{6}\right)^1 + \binom{5}{5} \times \left(\frac{1}{6}\right)^5 = 5 \times \frac{5}{6^5} + \frac{1}{6^5} = \frac{13}{3\,888}$.

4° L'événement « obtenir au moins une fois le 6 » que l'on peut noter $(X \geqslant 1)$ est le contraire de l'événement « ne jamais obtenir le 6 » soit $(X = 0)$.
On a donc $P(X \geqslant 1) = 1 - P(X = 0)$. Or $P(X = 0) \approx 0{,}4$ alors $\boldsymbol{P(X \geqslant 1) \approx 0{,}6}$.

À RETENIR

- On est en présence d'une **loi binomiale** lorsque l'on **répète *n* fois de suite, et de façon indépendante**, la même expérience n'ayant que **deux issues possibles**, succès ou échec.
- On détermine alors la probabilité p du succès.

La variable aléatoire égale au **nombre de succès** obtenus à l'issue des n expériences, est une **variable binomiale de paramètres *n* et *p***.
- Les tableurs, ainsi que certains modèles de calculatrices, donnent automatiquement des valeurs approchées des $P(X = k)$ présentées dans un tableau.

4 Déterminer un intervalle de fluctuation et prendre une décision à partir d'une fréquence

EXERCICE TYPE

Une publicité pour un produit affirme : « 78 % des acheteurs du produit en sont satisfaits. »
Afin de tester l'exactitude de cette publicité, on interroge 100 acheteurs choisis au hasard et on leur demande s'ils sont ou non satisfaits du produit (on suppose que le nombre d'acheteurs est suffisamment grand pour considérer qu'il s'agit de tirages avec remise).

1° En supposant qu'il y a effectivement 78 % d'acheteurs satisfaits, justifier que la loi de la variable aléatoire X donnant le nombre d'acheteurs satisfaits dans un échantillon de 100 acheteurs choisis au hasard est une loi binomiale de paramètres $n = 100$ et $p = 0{,}78$.

2° Déterminer l'intervalle de fluctuation à 95 % obtenu à l'aide de la loi binomiale de paramètres $n = 100$ et $p = 0{,}78$.

3° Sur les 100 acheteurs interrogés, 71 se disent satisfaits du produit. Peut-on considérer, au seuil de 5 %, la publicité comme exacte ?

CORRIGÉ COMMENTÉ

1° Choisir un acheteur au hasard et lui demander s'il est satisfait du produit est une épreuve de Bernoulli puisqu'il n'y a que deux issues possibles : « satisfait » ou « non satisfait ».
En faisant l'hypothèse que la publicité est vraie, la probabilité qu'un acheteur choisi au hasard soit satisfait est égale à $p = 0{,}78$.
On répète alors 100 fois cette épreuve de façon indépendante. **La variable aléatoire X suit donc bien la loi binomiale de paramètres $n = 100$ et $p = 0{,}78$.**

2° On construit, à l'aide d'un tableur ou d'une calculatrice la table des probabilités cumulées $P(X \leqslant k)$ de la loi X.

On utilise pour cela l'instruction binomcdf (pour TI) et Binomial C. D. (pour Casio).

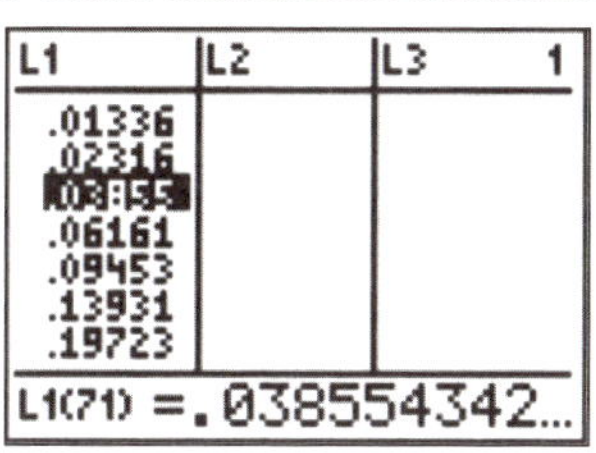

« binomcdf » pour *binomial cumulative distribution fonction* ; « C.D. » pour *cumulative distribution.*

On voit ici que le plus petit entier a tel que $P(X < \boldsymbol{a}) > 0{,}025$ est le 71e terme de la liste donc $a = 70$ (car le 1er terme correspond à $k = 0$, le 2e à $k = 1$, etc.)

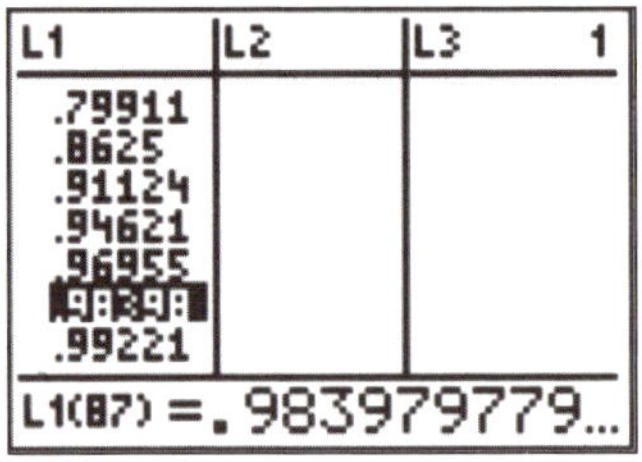

et que le plus petit entier b tel que $P(X \leqslant \boldsymbol{b}) \geqslant 0{,}975$ est le 87e terme de la liste, soit $b = 86$.

Comme $n = 100$, on a $\dfrac{a}{n} = 0{,}70$ et $\dfrac{b}{n} = 0{,}86$.

L'intervalle de fluctuation à 95 % de la fréquence, construit à partir de la loi binomiale de paramètre 100 et 0,78, est donc [0,70 ; 0,86].

3° La proportion d'acheteurs satisfaits dans l'échantillon est égale à 0,71 qui appartient à l'intervalle [0,70 ; 0,86].

L'échantillon ne permet pas, au seuil de 5 %, de rejeter l'hypothèse.

On considérera donc que **la publicité n'est pas mensongère.**

À RETENIR

- Pour décider de rejeter ou non l'hypothèse qu'une proportion p d'une population vérifie un certain caractère, on déterminera, pour un échantillon de taille n, l'intervalle de fluctuation à un seuil donné, construit à l'aide de la variable aléatoire binomiale X de paramètres n et p.
- Cet intervalle est $\left[\dfrac{a}{n} ; \dfrac{b}{n}\right]$ où a est le plus petit entier tel que $P(X \leqslant \boldsymbol{a}) > \dfrac{t}{200}$ et b le plus petit entier tel que $P(X \leqslant \boldsymbol{b}) \geqslant 1 - \dfrac{t}{200}$.

Pour cela, on parcourt la table des probabilités cumulées $P(X \leqslant \boldsymbol{k})$, établie au tableur, à la calculatrice ou très souvent donnée dans l'énoncé.

- Si la proportion f d'individus vérifiant le caractère dans l'échantillon est dans l'intervalle de fluctuation, on ne peut pas rejeter l'hypothèse, donc on l'accepte. Sinon, l'hypothèse est rejetée.

Exercices d'entraînement

1 ★ 5 min

On jette un dé équilibré.
On définit une variable aléatoire X en associant à chaque lancer le nombre :
- -10 si on obtient le numéro 1 ;
- 0 si on obtient les numéros 2, 3, 4 ou 5 ;
- 10 si on obtient le numéro 6.

Déterminer la loi de probabilité de X, son espérance mathématique et son écart type.

→ Corrigé p. 311

2 ★★ 10 min

On lance deux dés indiscernables et on note (i, j) les deux numéros sortis.
On considère la variable aléatoire X qui, au couple (i, j), fait correspondre la somme $i + j$.
Déterminer la loi de probabilité de X et son espérance mathématique.

→ Corrigé p. 311

3 ★★ 10 min

On lance deux fois de suite un dé cubique équilibré et l'on note b le résultat du premier lancer et c le résultat du second.
On considère alors l'équation du second degré $x^2 + bx + c = 0$.
On désigne par X la variable aléatoire égale au nombre de solutions dans $\mathbb{R}$ de cette équation.
Déterminer la loi de probabilité de X.

→ Corrigé p. 312

4 ★★ 15 min

La cible d'un jeu de fléchettes est un disque de rayon 15 cm, partagé en trois zones limitées par des cercles concentriques de rayons respectifs 10 cm et 5 cm.

1° On suppose qu'un joueur réussit à toucher la cible dans 90 % des cas et que sa fléchette atteint une zone avec une probabilité proportionnelle à l'aire de cette zone.
Calculer les probabilités pour ce joueur d'atteindre chacune des trois zones de la cible.

2° Le joueur marque 10 points si sa fléchette atteint la zone jaune, 5 points si elle atteint la zone rouge et 2 points si elle atteint la zone bleue.
Par contre, le joueur perd n points s'il rate la cible.
Calculer la valeur de n pour que ce jeu soit équitable.

→ Corrigé p. 313

5 ★★ 15 min

Dans un stand de tir, un tireur effectue des tirs successifs pour atteindre un ballon afin de le crever.
À chacun de ces tirs, il a la probabilité 0,2 de crever le ballon. Le tireur s'arrête quand le ballon est crevé. Les tirs successifs sont supposés indépendants.

1° Quelle est la probabilité qu'au bout de deux tirs le ballon soit intact ?

2° Quelle est la probabilité que le ballon soit crevé au deuxième tir ?

3° Quelle est la probabilité p_n que le ballon soit crevé au n-ième tir ?

4° Écrire un algorithme permettant de trouver le plus petit entier n à partir duquel on a $p_n < 10^{-4}$? Donner la valeur de n trouvée.

→ Corrigé p. 313

6 ★ 10 min

Dans un jeu de 32 cartes, on tire 6 fois de suite une carte en la remettant dans le jeu après chaque tirage et on désigne par X la variable aléatoire égale au nombre de fois où l'on obtient une figure (valet, dame ou roi) parmi les 6 tirages.

1° Justifier que la loi de X est une loi binomiale et déterminer ses paramètres. La représenter graphiquement puis calculer son espérance et son écart type.

2° Quelle est la probabilité que l'on obtienne exactement trois fois une figure ?

3° Quelle est la probabilité que l'on obtienne au plus une figure ?

4° Quelle est la probabilité que l'on obtienne au moins une fois une figure ?

→ Corrigé p. 314

7 ★ 5 min

Un tireur atteint sa cible 2 fois sur 3.
Il tire 10 fois de suite sur la cible. Calculer la probabilité qu'il l'atteigne exactement 5 fois.

→ Corrigé p. 315

8 ★ 5 min

Une maladie est apparue dans le cheptel bovin d'un pays. Elle touche 0,5 % de ce cheptel.

1° On choisit au hasard un animal dans le cheptel. Quelle est la probabilité qu'il soit malade ?

2° *a)* On choisit successivement et au hasard 10 animaux. On appelle X la variable aléatoire égale au nombre d'animaux malades parmi eux. Montrer que X suit une loi binomiale dont on donnera les paramètres. Calculer son espérance mathématique.
b) On désigne par A l'événement « il y a exactement deux animaux malades parmi les 10. »
On désigne par B l'événement « au moins un animal est malade parmi les 10 ».
Calculer les probabilités de A et de B.

→ *Corrigé p. 316*

9 ★ 5 min

La probabilité pour qu'un article produit par une usine soit défectueux est égale à 0,02.
Un lot de 1000 articles est produit.

1° Calculer le nombre moyen d'articles défectueux.

2° Quelle est la probabilité pour que, dans ce lot, le nombre d'articles défectueux soit égal à ce nombre moyen ?

→ *Corrigé p. 316*

10 ★★ 10 min

Le quotidien d'un grand pays démocratique publie : « le gouvernement recueille ce mois-ci 36 % d'opinions favorables. »
Pour tester l'exactitude de cette affirmation, on effectue un sondage auprès d'un échantillon représentatif de 500 personnes choisies au hasard et avec remise.

1° Si on suppose l'affirmation vraie, quelle loi suit la variable aléatoire X donnant le nombre de personnes de l'échantillon ayant une opinion favorable au gouvernement.

2° On donne ci-dessous un extrait de la table des valeurs approchées des probabilités cumulées $P(X \leqslant k)$ où X suit la loi binomiale de paramètres $n = 500$ et $p = 0{,}36$.

k	$P(X \leqslant k)$
157	0,017311219
158	0,021813072
159	0,02725989
160	0,033789689
…	…
199	0,964673885
200	0,971253632
201	0,976777673
202	0,981377053

a) Déterminer l'intervalle de fluctuation à 95 % obtenu à l'aide de la loi de X.
b) Dans l'échantillon, 158 personnes ont une opinion favorable au gouvernement.
Peut-on considérer, au seuil de 5 %, l'affirmation du quotidien comme exacte ?

→ Corrigé p. 316

11 ★★ 10 min

Dans un magazine, on peut lire l'affirmation suivante : « 2 personnes sur 3 font du sport au moins une fois par semaine. »
On interroge 200 personnes choisies au hasard et avec remise.
144 d'entre elles affirment faire du sport chaque semaine.
Peut-on considérer, au seuil de 5 %, l'affirmation du magazine comme exacte ?

→ Corrigé p. 316

Exercices-bilans

12 ★★ 20 min

Une pizzeria doit servir un client qui se trouve à 6 km et qui exige d'être livré à 20 h 00 précisément.
Pour se déplacer, le livreur utilise un scooter qui roule constamment à 36 km/h (on néglige les phases d'accélération et de décélération).
Sur son trajet, il va rencontrer 2 feux tricolores non synchronisés et indépendants.
S'il arrive à un feu orange, il s'arrête 60 secondes et repart.
S'il arrive à un feu rouge, il s'arrête 30 secondes et repart.
Pour chaque feu :
– la probabilité d'être vert à l'arrivée du livreur est $\frac{1}{2}$,
– la probabilité d'être orange à l'arrivée du livreur est $\frac{1}{4}$.
Soit T la variable aléatoire égale au temps en minutes mis par le livreur pour arriver à destination.

1° *a)* Calculer, en justifiant le calcul, la probabilité $p(T = 11)$.
b) Donner la loi de probabilité de T.

2° Calculer l'espérance mathématique de T.
Donner à 10^{-2} près une valeur approchée de son écart type.

3° Le livreur part à 19 h 49.
a) Quelle est la probabilité pour le livreur d'arriver en retard ?
b) Quelle est la probabilité pour le livreur d'arriver en avance ? (D'après *BAC*)

→ Corrigé p. 317

13 ★★ 20 min

Une boîte contient 18 jetons blancs (B), 6 jetons jaunes (J), 4 jetons verts (V) et 2 jetons rouges (R) , tous indiscernables au toucher.
Un jeu consiste à tirer au hasard un jeton de la boîte et à noter sa couleur.
Si le jeton est rouge, le joueur gagne 8 euros.
Si le jeton est vert, le joueur gagne 5 euros.
Si le jeton est jaune, le joueur ne gagne rien et ne perd rien.
Si le jeton est blanc, le joueur perd a euros (a désigne un nombre réel positif).

1° On note X la variable aléatoire représentant le gain algébrique du joueur (compté négativement quand il perd).
a) Donner la loi de probabilité de X.
b) Calculer a pour que le jeu soit équitable, c'est-à-dire pour que l'espérance $E(X)$ soit nulle.

2° Un joueur est considéré comme gagnant s'il a obtenu un gain strictement positif.
a) Quelle est la probabilité p qu'un joueur gagne ?
b) Un joueur joue 5 parties consécutives indépendantes. Quelle est la probabilité qu'il gagne exactement 2 fois ? exactement 5 fois ?
c) Quel est le nombre moyen de parties gagnantes dans la situation décrite en 2° *b)* ?

→ Corrigé p. 318

14 ★★★ 25 min

On lance un dé tétraédrique dont les quatre faces portent respectivement les nombres 1, 2, 3 et 4.
On lit le nombre sur la face cachée.
Pour $k \in \{1\,;\,2\,;\,3\,;\,4\}$, on note p_k la probabilité d'obtenir le nombre k sur la face cachée.
Le dé est déséquilibré de telle sorte que les nombres p_1, p_2, p_3 et p_4, dans cet ordre, forment une progression arithmétique.

1° Sachant que $p_4 = 0{,}4$ démontrer que $p_1 = 0{,}1$; $p_2 = 0{,}2$ et $p_3 = 0{,}3$.

2° On lance le dé trois fois de suite. On suppose que les lancers sont deux à deux indépendants.
a) Quelle est la probabilité d'obtenir dans l'ordre les nombres 1, 2, 4 ?
b) Quelle est la probabilité d'obtenir trois nombres distincts rangés dans l'ordre croissant ?

3° On lance 10 fois de suite le dé. On suppose les lancers deux à deux indépendants. On note X la variable aléatoire qui décompte le nombre de fois où le chiffre 4 est obtenu.
a) Pour $0 \leqslant i \leqslant 10$, exprimer en fonction de i la probabilité de l'événement $(X = i)$.
b) Calculer l'espérance mathématique de X. Interpréter le résultat obtenu.
c) Calculer la probabilité de l'événement $(x > 1)$. On donnera une valeur arrondie au millième.

4° Soit n un entier naturel non nul. On lance n fois le dé, les lancers étant encore supposés indépendants deux à deux. On note u_n la probabilité d'obtenir pour la première fois le chiffre 4 au n-ième lancer.
a) Montrer que (u_n) est une suite géométrique.
b) Calculer $S_n = \sum_{i=1}^{n} u_i$. Justifier que la suite (S_n) est strictement croissante.
c) Déterminer le plus petit entier n tel que $S_n > 0{,}999$.

→ Corrigé p. 318

1 → *Énoncé p. 305* Le dé étant équilibré, la loi de probabilité sur l'univers est équirépartie.

On en déduit que $P(X = -10) = \frac{1}{6}$; $P(X = 0) = \frac{4}{6} = \frac{2}{3}$ et $P(X = 10) = \frac{1}{6}$.

On peut résumer les résultats dans un tableau :

x_i	-10	0	10
$P(X = x_i)$	$\frac{1}{6}$	$\frac{2}{3}$	$\frac{1}{6}$

On a alors $E(X) = -10 \times \frac{1}{6} + 0 \times \frac{2}{3} + 10 \times \frac{1}{6}$ soit $\mathbf{E(X) = 0.}$

On en déduit alors $\sigma(X) = \sqrt{(-10)^2 \times \frac{1}{6} + 0^2 \times \frac{2}{3} + 10^2 \times \frac{1}{6}} = \sqrt{\frac{200}{6}} = \sqrt{\frac{100}{3}}$

soit $\boldsymbol{\sigma(X) = \frac{10\sqrt{3}}{3}}$.

2 → *Énoncé p. 305* Soit Ω l'ensemble des couples de deux entiers compris entre 1 et 6 représentant les lancers de deux dés indiscernables.

La probabilité P définie sur Ω est équirépartie.

L'ensemble des valeurs prises par X est $X(\Omega) = \{2, 3, 4, 5, 6, 7, 8, 9, 10, 11, 12\}$.

Pour déterminer la loi de X, on peut s'aider du tableau suivant :

1er dé / **2d dé**	**1**	**2**	**3**	**4**	**5**	**6**
1	2	3	4	5	6	7
2	3	4	5	6	7	8
3	4	5	6	7	8	9
4	5	6	7	8	9	10
5	6	7	8	9	10	11
6	7	8	9	10	11	12

L'événement $(X = 2)$ ne contient qu'un seul élément : le couple (1, 1),
donc $P(X = 2) = \frac{1}{36}$.

L'événement $(X = 3)$ contient deux éléments : $(X = 3) = \{(1, 2) ; (2, 1)\}$
donc $P(X = 3) = \frac{2}{36}$.

On déterminera ainsi de suite les probabilités d'obtenir toutes les sommes.

On peut placer les résultats dans un tableau.

x_i	2	3	4	5	6	7	8	9	10	11	12
p_i	$\frac{1}{36}$	$\frac{2}{36}$	$\frac{3}{36}$	$\frac{4}{36}$	$\frac{5}{36}$	$\frac{6}{36}$	$\frac{5}{36}$	$\frac{4}{36}$	$\frac{3}{36}$	$\frac{2}{36}$	$\frac{1}{36}$

On peut ensuite calculer $E(X)$:

$$E(X) = \frac{2}{36} + \frac{6}{36} + \frac{12}{36} + \frac{20}{36} + \frac{30}{36} + \frac{42}{36} + \frac{40}{36} + \frac{36}{36} + \frac{30}{36} + \frac{22}{36} + \frac{12}{36}$$

$$E(X) = \frac{252}{36} = 7.$$

On vérifie que la somme des probabilités est égale à 1.

3 → *Énoncé p. 306* Soit Ω l'ensemble des couples de deux entiers compris entre 1 et 6 représentant les lancers de deux dés indiscernables.
La probabilité P définie sur Ω est équirépartie.
Le nombre et l'existence des solutions de l'équation $x^2 + bx + c = 0$ dépend du signe de $\Delta = b^2 - 4c$.
Dressons le tableau contenant tous les discriminants possibles en fonction de b et c :

1er dé = b / 2d dé = c	**1**	**2**	**3**	**4**	**5**	**6**
1	– 3	0	5	12	21	32
2	– 7	– 4	1	8	17	28
3	– 11	– 8	– 3	4	13	24
4	– 15	– 12	– 7	0	9	20
5	– 19	– 16	– 11	– 4	5	16
6	– 23	– 20	– 15	– 8	1	12

Ce tableau montre que le discriminant peut être négatif, nul ou positif et donc que l'équation peut avoir 0, 1 ou 2 solutions.

$X(\Omega)$ est l'ensemble des valeurs prises par X : ici, le nombre de solutions de l'équation.

On a alors $X(\Omega) = \{0, 1, 2\}$.
L'événement $(X = 0)$ contient tous les couples (b, c) pour lesquels le discriminant est strictement négatif.
Il y en a 17 ce qui entraîne $\boldsymbol{P(X = 0) = \frac{17}{36}}$.
L'événement $(X = 1)$ contient tous les couples (b, c) pour lesquels le discriminant est nul. Il y en a 2 d'où $\boldsymbol{P(X = 1) = \frac{2}{36}}$.
Enfin, il y a 17 couples pour lesquels le discriminant est strictement positif, d'où $\boldsymbol{P(X = 2) = \frac{17}{36}}$.

On peut résumer les résultats dans un tableau :

x_i	0	1	2
$P(X = x_i)$	$\frac{17}{36}$	$\frac{2}{36}$	$\frac{17}{36}$

4 → Énoncé p. 306 1° Le disque central de la cible a pour aire $\pi \times 5^2 = 25\pi$ cm².
La couronne rouge a pour aire $\pi \times 10^2 - \pi \times 5^2 = 75\pi$ cm².
Enfin la couronne bleue a pour aire $\pi \times 15^2 - \pi \times 10^2 = 125\pi$ cm².
Les probabilités p_1, p_2 et p_3 d'atteindre respectivement chacune de ces zones sont donc proportionnelles à 25, 75 et 125 ou encore à 1, 3 et 5.
On a donc $p_2 = 3p_1$ et $p_3 = 5p_1$.
De plus, si p_0 est la probabilité de manquer la cible, on a $p_0 + p_1 + p_2 + p_3 = 1$.
L'énoncé suggère que $p_0 = 0{,}1 = \frac{1}{10}$. On en déduit $\boldsymbol{p_1 = \frac{1}{10}}$, $\boldsymbol{p_2 = \frac{3}{10}}$ **et** $\boldsymbol{p_3 = \frac{5}{10}}$.

2° Il faut définir une variable aléatoire X égale au gain algébrique marqué par un joueur.
La loi de probabilité de X est alors résumée dans le tableau :

x_i	$-n$	2	5	10
$P(X = x_i)$	$\frac{1}{10}$	$\frac{5}{10}$	$\frac{3}{10}$	$\frac{1}{10}$

Le jeu est dit équitable lorsque l'espérance de gain est nulle.
On a ici $E(X) = (-n) \times \frac{1}{10} + 2 \times \frac{5}{10} + 5 \times \frac{3}{10} + 10 \times \frac{1}{10}$

$$= \frac{-n + 35}{10}.$$

Le jeu sera donc équitable lorsque $\boldsymbol{n = 35}$.

> Un jeu est dit équitable lorsque son espérance mathématique est nulle.

5 → Énoncé p. 306 Il s'agit ici d'une expérience où l'on répète plusieurs fois de façon indépendante la même épreuve. Cette épreuve a deux issues possibles : « crever le ballon » (événement C avec une probabilité de 0,2) ou « ne pas crever le ballon » (événement $\overline{C}$ avec une probabilité de 0,8).

1° Lorsque le tireur tire 2 fois, on peut représenter l'expérience à l'aide de l'arbre suivant :

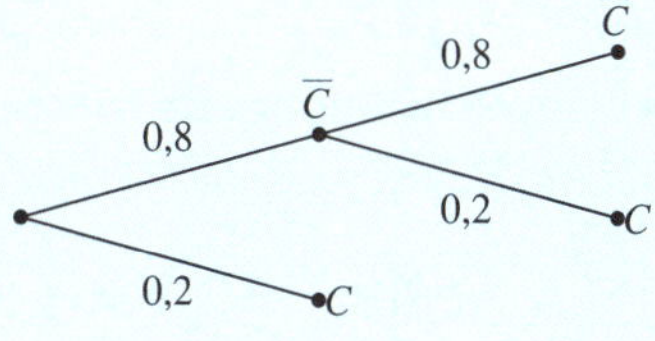

La probabilité que le ballon soit intact au bout de deux tirs est $p = 0{,}8^2 = \mathbf{0{,}64}$.

2° Il faut que le ballon ne soit pas crevé au premier tir et le soit au deuxième. La probabilité qu'exactement deux tirs suffisent est $p_2 = 0{,}8 \times 0{,}2 = \mathbf{0{,}16}$ **.**

3° On peut étendre l'arbre précédent à plus de deux tirages :

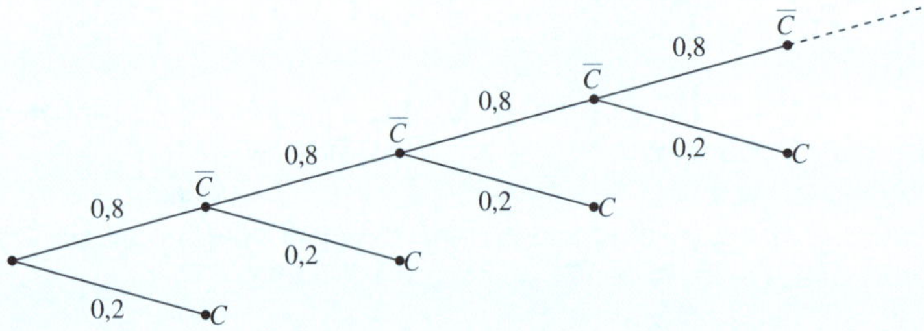

Il faut que le ballon ne soit pas crevé au $n - 1$ premiers tirs et le soit au $n$ième. La probabilité qu'exactement n tirs suffisent est $\boldsymbol{p_n = 0{,}8^{n-1} \times 0{,}2}$.

4°

Variables
N, nombre entier naturel
P, nombre réel
Traitement
Affecter à N la valeur 1
Affecter à P la valeur 0,2
Tant que P $\geqslant$ 0,0001 **faire**
N prend la valeur N + 1
P prend la valeur 0,8 × P
Fin tant que
Afficher N

Le plus petit entier n à partir duquel $p_n \leqslant 0{,}0001$ est $\boldsymbol{n = 36}$.

6 → *Énoncé p. 306* 1° L'épreuve qui consiste à tirer une carte dans un jeu de 32 dans l'espoir d'obtenir une figure est une épreuve de Bernoulli.

Le succès est l'obtention d'une figure et a pour probabilité $p = \frac{12}{32} = \frac{3}{8}$.

On répète 6 fois de suite cette épreuve de façon indépendante puisque l'on remet à chaque fois la carte tirée.

La variable aléatoire X qui compte le nombre de succès suit donc la loi binomiale de paramètres $n = 6$ et $p = \frac{3}{8}$.

Pour tout entier k tel que $0 \leqslant k \leqslant 6$, on a $P(X = k) = \binom{6}{k} \times \left(\frac{3}{8}\right)^k \times \left(\frac{5}{8}\right)^{6-k}$.

La calculatrice donne des valeurs approchées de ces probabilités :

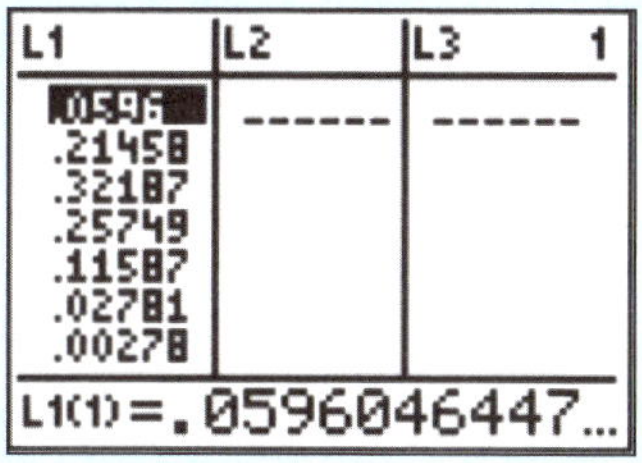

On utilise ici la fonction **binomFdp** (TI) ou **Binomial P.D** (Casio).

On peut alors construire une représentation graphique de cette loi :

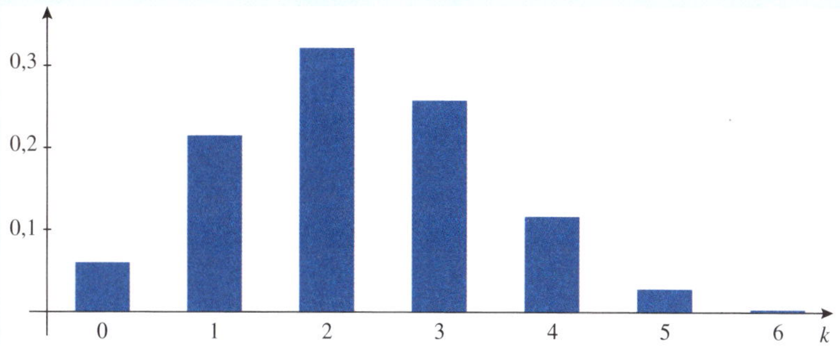

On a $E(X) = 6 \times \frac{3}{8} = \mathbf{\frac{9}{4}}$ et $\sigma(X) = \sqrt{6 \times \frac{3}{8} \times \frac{5}{8}} = \mathbf{\frac{3\sqrt{10}}{8}}$.

2° La calculatrice donne $\mathbf{P(X = 3) \approx 0{,}257}$.

3° La probabilité d'obtenir au plus une figure est :
$P(X = 0) + P(X = 1) \approx 0{,}060 + 0{,}215$ soit $\mathbf{P(X = 0) + P(X = 1) \approx 0{,}275}$.

4° L'événement « obtenir au moins une fois une figure » est l'événement contraire de « ne jamais obtenir de figure ». Sa probabilité est donc $\mathbf{1 - P(X = 0) \approx 0{,}94}$.

7 → *Énoncé p. 306* Si on appelle X la variable aléatoire égale au nombre de fois où le tireur atteint sa cible au cours des 10 tirs, alors X suit la loi binomiale de paramètres $n = 10$ et $p = \frac{2}{3}$.

La probabilité qu'il atteigne exactement 5 fois la cible est :

$$P(X = 5) = \binom{10}{5} \times \left(\frac{2}{3}\right)^5 \times \left(\frac{1}{3}\right)^5.$$

On trouve à la calculatrice $\mathbf{P(X = 5) \approx 0{,}137}$.

8 → *Énoncé p. 307* 1° La probabilité qu'un animal soit malade est :

$$p = \frac{5}{1\,000} = \frac{0,5}{100} \text{ soit } \boldsymbol{p = 0,005}.$$

2° *a)* Le tirage d'un animal est une épreuve de Bernoulli. On suppose le cheptel assez important, donc les tirages successifs de 10 animaux sont indépendants.
X suit alors la loi binomiale de paramètres : $n = 10$ et $p = 0,005$.
On a $\boldsymbol{E(X)} = n \times p = 10 \times 0,005 = \boldsymbol{0,05}$.

b) On a $\boldsymbol{P(A)} = p(X = 2) = \binom{10}{2} \times 0,005^2 \times 0,995^8 = 45 \times 0,005^2 \times 0,995^8 \approx \boldsymbol{1,08.10^{-3}}$.

On a $\boldsymbol{p(B)} = p(X \geqslant 1) = 1 - p(X = 0) = 1 - 0,995^{10} \approx \boldsymbol{0,049}$.

9 → *Énoncé p. 307* 1° Si X est la variable aléatoire égale au nombre d'articles défectueux dans un lot de 1 000 articles alors X suit la loi binomiale de paramètres $n = 1\,000$ et $p = 0,02$.

Le nombre moyen d'articles défectueux est égal à l'espérance mathématique de X.
On a $E(X) = np = 1\,000 \times 0,02 = 20$.
Il y a en moyenne 20 articles défectueux par lot de 1000.

2° $P(X = 20) = \binom{1\,000}{20} \times 0,02^{20} \times 0,98^{980}$ qui est environ égal à **0,09**.

10 → *Énoncé p. 307* 1° X suit la loi binomiale de paramètres $\boldsymbol{n = 500}$ **et** $\boldsymbol{p = 0,36}$.

2° *a)* Le plus petit entier a tel que $P(X \leqslant \boldsymbol{a}) > 0,025$ est 159.
Le plus petit entier b tel que $P(X \leqslant \boldsymbol{b}) > 0,975$ est 201.

On a $\frac{a}{500} = 0,318$ et $\frac{b}{500} = 0,402$.

L'intervalle de fluctuation à 95 % construit à l'aide de la loi binomiale est **[0,318 ; 0,402]**.

> Un extrait des tables de probabilités est très souvent fourni avec l'énoncé, notamment dans les sujets d'examen.

b) La proportion de personnes ayant une opinion favorable dans l'échantillon est $\frac{158}{500} = 0,316$ qui n'appartient pas à l'intervalle de fluctuation à 95 %.
Au seuil de 5 %, on considère comme fausse l'affirmation du quotidien.

11 → *Énoncé p. 308* On détermine l'intervalle de fluctuation à 95 % construit à l'aide de la loi binomiale de paramètres $n = 200$ et $p = \frac{2}{3}$.
Un tableur ou une calculatrice ou une calculatrice donne les valeurs de a et b:

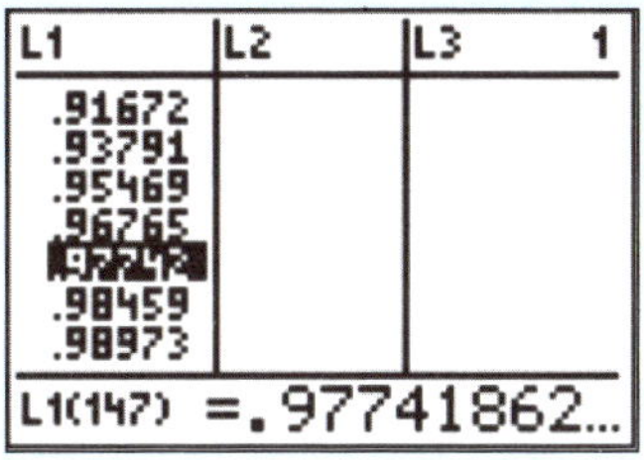

on trouve $a = 120$ et $b = 146$.

On en déduit l'intervalle de fluctuation à 95 % : $\boldsymbol{I = [0,6\ ;\ 0,73]}$.
La proportion de personnes faisant du sport dans l'échantillon est 0,72 qui appartient à l'intervalle I.
Au seuil de 5 %, on ne peut donc pas rejeter l'hypothèse.
On considérera donc que **l'affirmation du magazine est exacte.**

12 → *Énoncé p. 308* Notons V, O et R les événements respectifs « le feu rencontré est respectivement vert », « orange » et « rouge ».

On obtient alors l'arbre suivant :

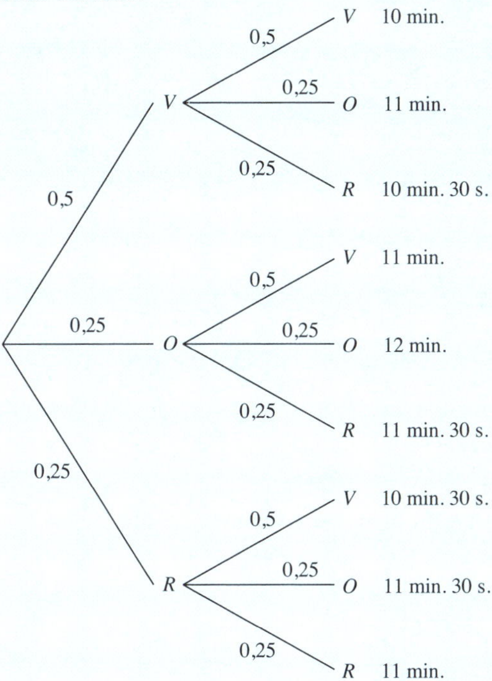

On en déduit $T(\Omega) = \{10 ; 10{,}5 ; 11 ; 11{,}5 ; 12\}$.

1° *a)* L'événement ($T = 11$) est réalisé de trois manières différentes correspondant à trois chemins sur l'arbre.

Alors $P(T = 11) = \frac{1}{2} \times \frac{1}{4} + \frac{1}{4} \times \frac{1}{2} + \frac{1}{4} \times \frac{1}{4} = \mathbf{\frac{5}{16}}$.

b) De même $P(T = 10) = \frac{1}{2} \times \frac{1}{2} = \mathbf{\frac{1}{4}}$; $P(T = 10{,}5) = \frac{1}{2} \times \frac{1}{4} + \frac{1}{4} \times \frac{1}{2} = \mathbf{\frac{1}{4}}$;

$P(T = 11{,}5) = \frac{1}{4} \times \frac{1}{4} + \frac{1}{4} \times \frac{1}{4} = \mathbf{\frac{1}{8}}$; enfin $P(T = 12) = \frac{1}{4} \times \frac{1}{4} = \mathbf{\frac{1}{16}}$.

D'où le tableau :

t_i	10 min.	10,5 min.	11 min.	11,5 min.	12 min.
$P(T = t_i)$	$\frac{1}{4}$	$\frac{1}{4}$	$\frac{5}{16}$	$\frac{1}{8}$	$\frac{1}{16}$

2° L'espérance mathématique $E(T)$ est :

$$E(T) = 10 \times \frac{1}{4} + 10{,}5 \times \frac{1}{4} + 11 \times \frac{5}{16} + 11{,}5 \times \frac{1}{8} + 12 \times \frac{1}{16} = \frac{172}{16} = \frac{43}{4} = 10{,}75$$

soit **$E(T) = 10$ min 45 s.**

$$V(T) = 10^2 \times \frac{1}{4} + (10{,}5)^2 \times \frac{1}{4} + 11^2 \times \frac{5}{16} + (11{,}5)^2 \times \frac{1}{8} + 12^2 \times \frac{1}{16} - 10{,}75^2$$

$$V(T) = \frac{11}{32}.$$

Alors $\sigma(T) = V(T) = \sqrt{\frac{11}{32}}$ d'où **$\sigma(T) \approx 0{,}59$ à 10^{-2} près.**

3° *a)* Le livreur arrivera en retard s'il met plus de 11 minutes pour aller chez le client. On cherche donc $P(T > 11)$.

$P(T > 11) = P(T = 11{,}5) + P(T = 12) = \frac{1}{8} + \frac{1}{16} = \frac{3}{16}$.

La probabilité que le livreur arrive en retard est égale à $\frac{3}{16}$.

b) Le livreur arrivera en avance s'il met moins de 11 minutes pour aller chez le client. On cherche donc $P(T < 11)$.

$P(T < 11) = P(T = 10) + P(T = 10{,}5) = \frac{1}{4} + \frac{1}{4} = \frac{1}{2}$.

La probabilité que le livreur arrive en avance est égale à $\mathbf{\frac{1}{2}}$.

13 → Énoncé p. 309 1° *a)* La loi de X se résume dans le tableau suivant :

x_i	$-a$	0	5	8
$P(X = x_i)$	$\frac{9}{15}$	$\frac{3}{15}$	$\frac{2}{15}$	$\frac{1}{15}$

b) On a $E(X) = \frac{-9a + 18}{15}$.

Le jeu est équitable lorsque $E(X) = 0$ c'est-à-dire lorsque $\boldsymbol{a = 2}$.

2° *a)* On a $p = P(X = 5) + P(X = 8) = \frac{2}{15} + \frac{1}{15} = \frac{3}{15}$ d'où $\boldsymbol{p = \frac{1}{5}}$.

b) La variable aléatoire Y donnant le nombre de parties gagnées parmi les 5 parties jouées suit la loi binomiale de paramètres $n = 5$ et $p = \frac{1}{5}$.

On a alors $P(Y = 2) = \binom{5}{2} \times \left(\frac{1}{5}\right)^2 \times \left(\frac{4}{5}\right)^3 = 10 \times \frac{4^3}{5^5} = 0{,}2048$

et $P(Y = 5) = \binom{5}{5} \times \left(\frac{1}{5}\right)^5 = 1 \times \frac{1}{5^5} = \frac{1}{3\,125}$ soit $\boldsymbol{P(Y = 5) = 0{,}00032}$.

c) Le **nombre moyen de parties gagnantes** est $E(Y) = np = 5 \times \frac{1}{5} = \mathbf{1}$.

> Lorsqu'on réalise un très grand nombre de séries de 5 parties, on peut donc espérer gagner en moyenne une fois par série de 5 parties.

14 → Énoncé p. 309 1° Il existe un réel a tel que $p_2 = p_1 + a$; $p_3 = p_1 + 2a$ et $p_4 = p_1 + 3a$ (a est la raison de la suite arithmétique).

Or $p_4 = 0{,}4$ d'où $p_1 = 0{,}4 - 3a$; $p_2 = 0{,}4 - 2a$ et $p_3 = 0{,}4 - a$.

La relation $p_1 + p_2 + p_3 + p_4 = 1$ donne alors :

$0{,}4 - 3a + 0{,}4 - 2a + 0{,}4 - a + 0{,}4 = 1$ d'où $a = 0{,}1$.

On en déduit $\boldsymbol{p_1 = 0{,}1}$ **;** $\boldsymbol{p_2 = 0{,}2}$ **et** $\boldsymbol{p_3 = 0{,}3}$.

2° On répète trois fois de suite et de façon indépendante la même expérience. La probabilité d'une liste de résultats sera le produit des probabilités de chaque résultat.

a) La probabilité d'obtenir dans l'ordre 1, 2, 4 est $p_1 \times p_2 \times p_4 = 0{,}1 \times 0{,}2 \times 0{,}4$ soit **0,008**.

b) Il y a quatre façons d'obtenir trois nombres rangés dans l'ordre croissant :

1, 2, 3   1, 2, 4   1, 3, 4 et 2, 3, 4.

La probabilité de cet événement est :

$$0{,}1 \times 0{,}2 \times 0{,}3 + 0{,}1 \times 0{,}2 \times 0{,}4 + 0{,}1 \times 0{,}3 \times 0{,}4 + 0{,}2 \times 0{,}3 \times 0{,}4 \text{ soit } \mathbf{0{,}05}.$$

3° *a)* X suit la loi binomiale de paramètres $n = 10$ et $p = 0{,}4$.

On a donc, pour $0 \leqslant i \leqslant 10$, $\boldsymbol{P(X = i) = \binom{10}{i} \times 0{,}4^i \times 0{,}6^{10-i}}$.

b) $E(X) = np = 10 \times 0{,}4 = 4$.
Lorsqu'on réalise un très grand nombre de séries de 10 lancers, on peut espérer obtenir en **moyenne 4 fois le chiffre 4** par série de 10 lancers.
c) $P(X > 1) = 1 - P(X = 0) - P(X = 1)$.
La calculatrice donne $\boldsymbol{P(X > 1) \approx 0{,}954}$ (arrondi au millième).

4° *a)* On répète n fois de suite et de façon indépendante la même expérience. La probabilité d'une liste de résultats sera le produit des probabilités de chaque résultat. Obtenir pour la première fois le chiffre 4 au n-ième lancer revient à ne pas obtenir le 4 lors des $(n - 1)$ièmes lancer et de l'obtenir au n-ième. On en déduit donc $u_n = 0{,}6^{n-1} \times 0{,}4$.
On reconnaît alors le terme général de **la suite géométrique de premier terme $u_1 = 0{,}4$ et de raison $q = 0{,}6$.**
b) S_n est la somme des n premiers termes consécutifs de la suite (u_n).
La formule du cours (voir chap. 7) donne :

$$S_n = u_1 \times \frac{1 - q^n}{1 - q} = 0{,}4 \times \frac{1 - 0{,}6^n}{1 - 0{,}6} \text{ donc } \boldsymbol{S_n = 1 - 0{,}6^n}.$$

Pour tout $n \geqslant 1$ on a $S_{n+1} - S_n = u_{n+1}$ or $u_{n+1} > 0$ **donc la suite (S_n) est strictement croissante.**
c) $S_n > 0{,}999 \Leftrightarrow 1 - 0{,}6^n > 0{,}999 \Leftrightarrow 0{,}6^n < 0{,}001$.
On fait alors afficher à la calculatrice le tableau donnant les premières valeurs des puissances de 0,6.
La plus petite valeur de n telle que $S_n > 0{,}999$ est $\boldsymbol{n = 14}$.

Achevé d'imprimer en Slovaquie par Polygraf
Dépôt légal: Juin 2014
Collection n° 66 - Édition n° 01 - 17/1460/9